混凝土
框架结构工程实例
手算与电算设计解析

周俐俐　编著

化学工业出版社

·北京·

本书依据现行《建筑抗震设计规范》(GB 50011—2010)、《混凝土结构设计规范》(GB 50010—2010)、《建筑地基基础设计规范》(GB 50007—2011)、《高层建筑混凝土结构技术规程》(JGJ 3—2010)等国家标准和规范编写，完整阐述并深度解析了混凝土框架结构工程实例的手算过程和电算过程。全书的主要内容包括钢筋混凝土框架结构设计必备知识、框架结构工程实例手算解析、框架结构工程实例电算解析（包括PMCAD、SATWE、JCCAD、结构施工图绘制、框架 PK 电算结果与手算结果对比分析等 5 部分）和混凝土结构设计常用资料。全书内容丰富翔实，具有很强的可操作性和实用性。

本书可作为高等院校土木工程及相关专业学生和混凝土结构设计新人的指导用书，也可供网络教育、自学考试及工程结构设计人员等不同层次的读者参考。

图书在版编目 (CIP) 数据

混凝土框架结构工程实例手算与电算设计解析/周俐
俐编著 .—北京：化学工业出版社，2014.11（2020.5 重印）
ISBN 978-7-122-21670-0

Ⅰ.①混…　Ⅱ.①周…　Ⅲ.①混凝土框架-框架结构-
结构设计　Ⅳ.①TU323.504

中国版本图书馆 CIP 数据核字（2014）第 198423 号

责任编辑：彭明兰　　　　　　　　　　装帧设计：关　飞
责任校对：王素芹

出版发行：化学工业出版社（北京市东城区青年湖南街 13 号　邮政编码 100011）
印　　装：北京科印技术咨询服务有限公司数码印刷分部
787mm×1092mm　1/16　印张 26¼　字数 687 千字
2020 年 5 月北京第 1 版第 5 次印刷

购书咨询：010-64518888
售后服务：010-64518899
网　　址：http://www.cip.com.cn
凡赊买本书，如有缺损质量问题，本社销售中心负责调换。

定　　价：69.00 元

前　言

PKPM 系列程序是中国建筑科学研究院开发的土木建筑结构设计软件，包含结构、特种结构、建筑、设备、钢结构、节能等设计部分。目前全国大部分建筑设计院均应用该系列程序进行建筑结构设计。当前许多高校土木工程专业都以应用较广泛的框架结构作为毕业设计的内容，要求学生在结构设计中采用手算为主、电算（一般采用 PKPM 系列程序）复核的方法，完成结构设计任务。

笔者在从事几年的建筑结构设计工作之后又转入高校从事教育工作，每年指导土木工程专业的毕业设计，深感学生完成专业课程不等于会做设计，而如何进行结构设计在一般教科书中是很少系统讨论的。本书是为指导大学本科（专科）高年级学生毕业设计和刚参加工作的结构设计人员而编写的。在编写过程中，笔者结合二十多年的教学心得和工程实践经验，采用国家现行的《建筑抗震设计规范》（GB 50011—2010）、《混凝土结构设计规范》（GB 50010—2010）、《建筑地基基础设计规范》（GB 50007－2011）、《高层建筑混凝土结构技术规程》（JGJ 3—2010）等国家标准和规范编写，写入了大量的设计计算实例和设计资料，完整阐述并深度解析了混凝土框架结构工程实例的手算设计过程和电算设计过程。手算可使学生较好地了解建筑结构设计的全过程，较深入地掌握建筑结构的设计方法，较全面地学习综合运用力学、材料、结构、抗震等方面知识的能力，为今后的工作奠定更扎实的基础。电算可使学生一出校门就能尽快地胜任设计工作，然后再在实践中逐步提高。本书编写体系简明扼要、重点突出，编写内容丰富翔实，可操作性和实用性强。

本书可作为高等院校土木工程及相关专业学生和混凝土结构设计新人的指导用书，也可供网络教育、自学考试及工程结构设计人员等不同层次的读者参考。

本书由周俐俐编写完成。在编写过程中，张志强、周珂、郑伟、齐年平、高伟参与了框架部分内力计算，在此一并表示感谢。

在编写本书的过程中，参考了大量的文献资料。在此，谨向这些文献的作者表示衷心的感谢。虽然编写工作是努力和认真的，但由于编者水平有限，疏漏之处在所难免，恳请读者惠予指正。

周俐俐

2014 年 7 月

于西南科技大学科大花园

目　录

第❶章　钢筋混凝土框架结构设计必备知识　/1

第❷章　框架结构工程实例手算解析　/83

第❸章 框架结构工程实例电算解析——模型建立（PMCAD） / 203

第❹章 框架结构工程实例电算解析——三维分析（SATWE） / 257

第5章 框架结构工程实例电算解析——结构施工图绘制 / 308

第6章 框架结构工程实例电算解析——基础设计（JCCAD） / 344

第 **7** 章 框架手算结果与 PK 电算结果对比分析 */ 366*

第 **8** 章 混凝土结构设计常用资料 */ 385*

第1章

钢筋混凝土框架结构设计必备知识

1.1 钢筋混凝土框架结构设计

1.1.1 框架结构的适用范围

1.1.1.1 框架结构的受力特点

框架结构由框架梁、柱、楼板等主要构件组成，其特点是柱网布置灵活，便于获得较大的使用空间。框架梁和框架柱既承受竖向荷载，又承受风、地震作用等水平荷载，在这些荷载的共同作用下，一般情况下框架底部柱 M、N、V 最大，往上逐渐减小，底部框架柱多属小偏心受压构件，顶部几层柱则可能为大偏心受压构件；当荷载条件大致相同时，各层框架梁的 M、V 较为接近，变化不大。

水平荷载作用下框架结构的水平侧移由两部分组成。一部分属剪切变形，这是由框架整体受剪，梁、柱杆件发生弯曲变形而产生的水平位移。一般底层层间变形最大，向上逐渐减小。另一部分是弯曲变形，这是由框架在抵抗倾覆弯矩时发生的整体弯曲，由柱子的拉伸和压缩而产生的水平位移。当框架结构高宽比不大于 4 时，框架水平侧移中弯曲变形部分所占比例很小，位移曲线一般呈剪切型。框架结构的抗侧力刚度较小。

1.1.1.2 框架结构的适用范围

框架结构体系的主要缺点是侧向刚度较小，当房屋层数过多时，会产生过大的侧移，易引起非结构构件（如隔墙、装饰等）破坏，而不能满足使用要求。因此，框架结构适用于非抗震设计时的多层及高层建筑，抗震设计时的多层及小高层建筑（7 度区及 7 度区以下）。

在非地震区，钢筋混凝土框架结构一般不超 15 层。国外一般认为钢框架 30 层以下是经济的，钢筋混凝土框架 15 层以下是经济的。

抗震设计的高烈度区的高层建筑不宜采用纯框架结构，宜优先考虑框架-剪力墙结构。大量的工程实践表明：高烈度区的高层建筑采用纯框架结构，即使结构计算通过（某些控制指标符合规范要求，如侧移限值等），在结构受力上也是不合理、不经济的。这样的框架结构，梁、柱截面偏大，耗钢量大，地震时，抗震性能不好，侧向位移较大，围护结构、隔墙、管道等将遭受较大破坏。即使主体结构损坏不大，非结构构件的破坏严重，损失也将很巨大。一般 8 度区高度超过 20m 采用框架结构不经济，因此 6 层以上的建筑结构宜采用框架-剪力墙结构或壁式框架结构。

抗震设计的框架结构不宜采用单跨框架。这是因为单跨框架的抗侧刚度小，耗能能力弱，结构超静定次数少，一旦柱子出现塑性铰（在强震下不可避免），出现连续倒塌的可能性很大，这就违背了"大震不倒"的设计思想。

1.1.2 框架体系的结构布置

1.1.2.1 平面形状

（1）确定平面形状的原则

确定多高层建筑的平面形状，应该遵循这样一个原则：即通过合理的功能分区，将整个建筑分为若干个独立的单元，在每一个独立结构单元内，使结构简单、规则、对称，减少偏心，刚度和承载力分布均匀，这样的结构受力明确，传力直接，有利于抵抗水平和竖向荷载，减少扭转影响，减少构件的应力集中。对于抗震设计的高层建筑，更应注意平面形状的简单、规则、均匀，以减少震害。

（2）建筑平面形状

图 1.1(a)～(e) 所示的平面形状是具有两个或多个对称轴的正方形、矩形（矩形平面的长宽比不宜大于2）、正多边形、圆形、三角形，平面规则、对称，对抗震有利。

在沿海地区，当风荷载成为高层建筑的控制性荷载时，宜采用风压较小的平面形状，如圆形、正多边形、椭圆形、鼓形等平面，以利于抗风设计。而不采用对抗风设计不利的图 1.1(m)、(q)、(r)、(s) 所示的 H 形、弧形、Y 形、V 形等平面形状。

图 1.1(k)、(l)、(p) 等平面形状比较不规则、不对称，传力路线复杂，容易引起结构的较大扭转和一些部位的应力集中。为了保证楼板在平面内有很大的刚度，也为了防止或减轻建筑物各部分之间振动不同步，图 1.1 中各建筑平面的外伸段长度应尽可能小些。

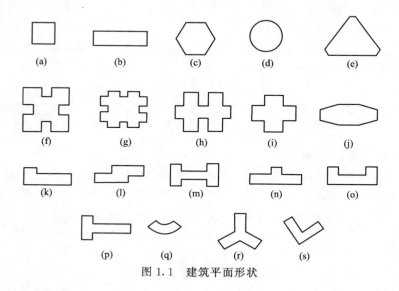

图 1.1 建筑平面形状

（3）平面局部尺寸要求

建筑的平面长度不宜过长，长宽比 L/B 不宜过大。平面过于狭长的建筑物在地震时由于两端地震波输入有相位差而容易产生不规则振动，也即振动不同步，产生较大的震害。突出部分长度 l 不宜过大（图 1.2），因为平面有较长的外伸时，外伸段容易产生局部振动而

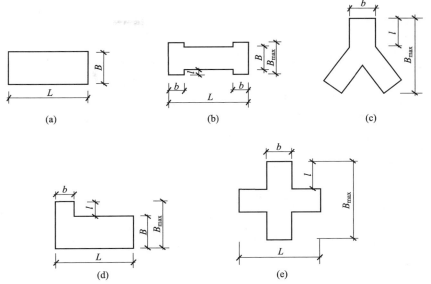

图 1.2　建筑平面

引发凹角（即阴角处容易受拉）处破坏。

对于抗震设计的 A 级高度高层建筑，《高层建筑混凝土结构技术规程》[（JGJ 3—2010），以下简称《高规》] 规定了平面各部分尺寸的要求宜满足表 1.1 的要求。

表 1.1　平面尺寸及突出部位尺寸的比值限值

抗震设防烈度	L/B	l/B_{max}	l/b
6 度、7 度	≤6.0	≤0.35	≤2.0
8 度、9 度	≤5.0	≤0.30	≤1.5

（4）复杂平面形状的加强措施

目前在工程设计中应用的多数计算分析方法和计算机软件，大多假定楼板在平面内不变形，平面内刚度为无限大，这对于大多数工程来说是可以接受的。但当建筑平面复杂，导致楼板平面比较狭长、有较大的凹入和开洞而使楼板有较大削弱时，楼板可能产生显著的面内变形，这时宜采用考虑楼板变形影响的计算方法，并应采取相应的加强措施。

当楼板平面过于狭长、有较大的凹入和开洞而使楼板有过大削弱时，应在设计中考虑楼板变形产生的不利影响。楼板凹入和开洞尺寸不宜大于楼面宽度的一半，楼板开洞总面积不宜超过楼面面积的 30%；在扣除凹入和开洞后，楼板在任一方向的最小净宽度不宜小于5m，且开洞后每一边的楼板净宽度不应小于2m，如图 1.3（a）所示。图 1.3（b）所示的建筑平面则属于不规则平面。

如果由于功能或者地形的原因，采用复杂的平面形状而又不能满足表 1.1 的要求，则应进行更细致的抗震验算并在构造上应予以加强。《高规》规定了不宜采用角部重叠的平面图形或细腰形平面图形（图 1.4）。角部重叠和细腰形的平面图形，在中央部位形成狭窄部分，地震时容易产生震害，尤其在凹角部位，因为应力集中容易使楼板开裂、破坏，不宜采用。如采用，这些部位应采取加大楼板厚度、增加板内配筋、设置集中配筋的边梁、配置 45°斜向钢筋等方法予以加强。

如图 1.5 所示的井字形平面建筑，由于立面阴影的要求，平面凹入很深，中央设置楼电梯间后，楼板四边所剩无几，由于外伸段长，容易产生不均匀振动，楼板变形较大；凹角处

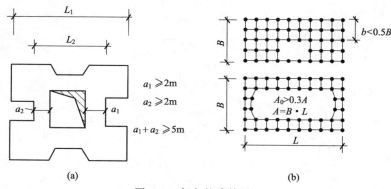

图 1.3　复杂的建筑平面

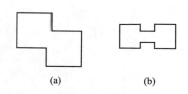

图 1.4　对抗震不利的建筑平面

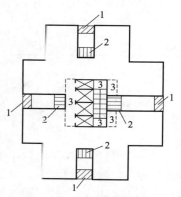

图 1.5　井字形建筑平面

楼板平面内应力集中，这些都容易使建筑物在地震中发生震害。为了减轻震害的发生，提高建筑物的抗震能力，可采取以下三种加强措施：

① 在外伸段末端（图 1.5 中 1）设置拉梁或拉板（板厚可为 250～300mm），梁、板内加强配筋；

② 在深凹处（图 1.5 中 2）增设不上人的外挑板或设置阳台，利用阳台板增大连接部位宽度，减少外伸长度，在板内配置双层双向钢筋，每层、每向配筋率为 0.25％；

③ 由于楼、电梯间开洞较大，是楼板的薄弱部位，所以在图 1.5 中 3 的虚线范围内，楼板宜适当加厚。如一般部位楼板厚 80mm，则该部位楼板可加厚至 120mm。

在图 1.6 的不规则平面中，图 1.6(a) 的重叠长度太小，应力集中十分显著，宜增设斜角板增强，斜角板宜加厚并设边梁，边梁内配置 1％ 以上的拉筋。图 1.6(b) 中的哑铃形平面中，狭窄的楼板连接部分是薄弱部位。经动力学分析表明：板中剪力在两侧反向振动时可能达到很大的数值。因此，连接部位板厚应增大；板内设置双层双向钢筋网，每层、每向配筋率不小于 0.25％；边梁内配置不小于 1％ 的受拉钢筋。

(5)　复杂平面形状的调整措施

对于复杂的建筑平面，在方案阶段结构设计人员密切与建筑专业配合，通过协商，适当调整建筑平面，可做到在满足功能和建筑艺术的前提下，使结构布置更为合理。如图 1.7 所示的平面，由于两端楼、电梯井斜放，整个建筑物无一对称轴，如图 1.7(a) 所示；如果调

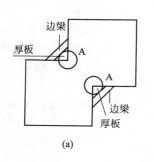

(a)

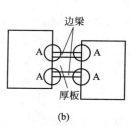

(b)

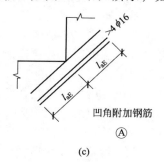

(c)

图 1.6　凹角部位楼板的加强

整一个端筒的方向，则有一条对称轴，较为合理，如图 1.7（b）所示；进一步调整两个端筒方向，则可得到双轴对称的平面布置，更为理想，如图 1.7（c）所示。

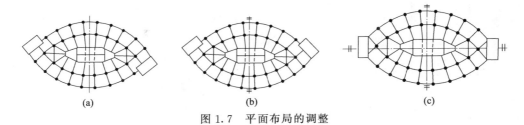

图 1.7　平面布局的调整

1.1.2.2　平面布置

《高规》规定在高层建筑的一个独立结构单元内，宜使结构平面形状简单、规则，刚度和承载力分布均匀。不应采用严重不规则的平面布置。

（1）扭转效应的限制

结构平面不对称，造成质量和刚度偏心；结构平面规则，但结构刚度不对称；结构抗侧力构件不对称或荷载、质量分布不均匀；结构上下层的质心或刚心不在同一铅垂线上或相距过远；结构单元过长等，以上这些因素在地震时会造成建筑各部分运动的相位差，从而引起结构的扭转效应。国内外的历次大地震震害表明，平面不规则、质量与刚度偏心和抗扭刚度太弱的结构，在地震中受到了严重的破坏。国内一些振动台模型试验结果也表明，扭转效应会导致结构的严重破坏。对结构的扭转效应需从两个方面加以限制。

① 限制结构平面布置的不规则性，避免产生过大的偏心而导致结构产生较大的扭转效应。在考虑偶然偏心影响（对多层建筑可不考虑偶然偏心影响）的地震作用下，楼层竖向构件的最大水平位移和层间位移，A 级高度高层建筑不宜大于该楼层平均值的 1.2 倍，不应大于该楼层平均值的 1.5 倍；B 级高度高层建筑、混合结构高层建筑及《高规》第 10 章所指的复杂高层建筑不宜大于该楼层平均值的 1.2 倍，不应大于该楼层平均值的 1.4 倍。

② 限制结构的抗扭刚度不能太弱。结构扭转为主的第一自振周期 T_t 与平动为主的第一自振周期 T_1 之比，A 级高度高层建筑不应大于 0.9，B 级高度高层建筑、混合结构高层建筑及《高规》第 10 章所指的复杂高层建筑不应大于 0.85。当两者接近时，由于振动耦联的影响，结构的扭转效应明显增大。抗震设计中应采取措施减小周期比 T_t/T_1 值，使结构具有必要的抗扭刚度。若周期比 T_t/T_1 不满足本条规定的上限值时，应调整抗侧力结构的布置，增大结构的抗扭刚度。

扭转耦联振动的主方向，可通过计算振型方向因子来判断。在两个平动和一个转动构成的三个方向因子中，当转动方向因子大于 0.5 时，则该振型可以认为是扭转为主的振型。

（2）框架结构的梁、柱连接

框架结构是由梁、柱构件组成的空间结构，既承受竖向荷载，又承受风荷载和地震作用，因此，必须设计成梁柱双向拉结的高次超静定刚架体系来可靠地承担竖向荷载和水平荷载的作用，并且应具有足够的侧向刚度，以满足规范、规程所规定的楼层层间最大位移与层高之比的限值。

框架结构由于建筑使用功能或立面外形的需要，如图 1.8 所示在沿纵向边框架局部凸出，形成了纵向框架梁与横向框架梁相连的无框架柱的 A 点，也即采用铰接处理。此类情况在框架结构中属于个别铰接，是允许的。因为如果在 A 点再设柱或形成两根纵梁相连的扁大柱，将使相邻双柱或扁柱，在水平地震作用下吸收大量楼层剪力，造成平面内各抗侧力

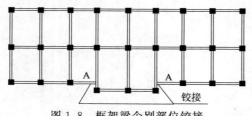

图 1.8　框架梁个别部位铰接

的竖向构件（框架柱）刚度不均匀，尤其当局部凸出部位在端部或平面中不对称时，将产生扭转效应。

另一种常见的采用框架结构或底部框架上部砖房结构的住宅建筑中，在楼梯设计布置时，如图 1.9(a) 所示，两根 KZ6 和一根 KZ7 相距太近，对抗震不利。这时可采取框架梁个别部位的铰接处理，通常有两种做法，去掉一根 KZ7，如图 1.9(b) 所示；或者去掉两根 KZ6，如图 1.9(c) 所示；不过最好调整建筑方案，改变布局，这样对结构有利。

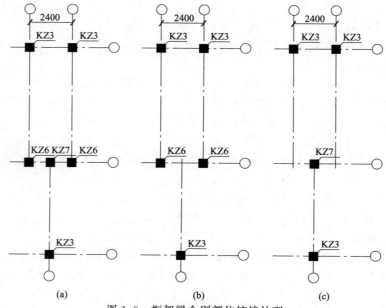

图 1.9　框架梁个别部位铰接处理

（3）柱网布置

框架结构柱网的开间和进深应根据建筑使用功能要求，结合受力的合理性、方便施工、经济性等因素确定。

大柱网 ［图 1.10(a)］ 适用于建筑平面要求有较大空间的房屋，如商场、车站、展览馆、停车库、宾馆的门厅、餐厅等，但框架梁的截面尺寸较大。在有抗震设防的框架房屋

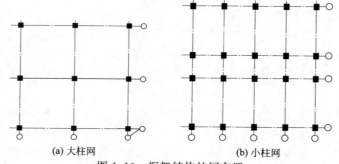

(a) 大柱网　　　　(b) 小柱网

图 1.10　框架结构柱网布置

中，过大的柱网将给实现强柱弱梁及延性框架增加一定的困难。

小柱网［图 1.10(b)］梁柱截面尺寸较小，适用于饭店、办公楼、医院病房楼等分隔墙体较多的建筑。但走廊处梁断面小，不利于抗震。

1.1.2.3 竖向布置

历次地震震害表明：结构刚度沿竖向突变、外形外挑或内收等，都会产生某些楼层的变形过分集中，出现严重震害甚至倒塌。所以设计中应力求结构竖向体型规则、均匀，避免有过大的外挑和内收。结构的侧向刚度宜下大上小，逐渐均匀变化，不应采用竖向布置严重不规则的结构。

① 正常设计的高层建筑下部楼层侧向刚度宜大于上部楼层的侧向刚度，否则变形会集中于刚度小的下部楼层而形成结构薄弱层，所以抗震设计的高层建筑结构，下层侧向刚度不宜小于上部相邻楼层的 70%，或其上相邻三层侧向刚度平均值的 80%。

② 楼层抗侧力结构的承载能力突变将会导致薄弱层破坏，因此，《高规》规定 A 级高度高层建筑的楼层层间抗侧力结构的受剪承载力不宜小于其上一层受剪承载力的 80%，不应小于其上一层受剪承载力的 65%；B 级高度高层建筑的楼层层间抗侧力结构的受剪承载力不应小于其上一层受剪承载力的 75%。楼层层间抗侧力结构受剪承载力是指在所考虑的水平地震作用方向上，该层全部柱及剪力墙的受剪承载力之和。

③ 中国建筑科学研究院的计算分析和试验研究表明，当结构上部楼层相对于下部楼层收进时，收进的部位越高、收进后的平面尺寸越小，结构的高振型反应越明显，因此对收进后的平面尺寸加以限制。当上部结构楼层相对于下部楼层外挑时，结构的扭转效应和竖向地震作用效应明显，对抗震不利，因此对其外挑尺寸加以限制，设计上应考虑竖向地震作用影响。《高规》规定在抗震设计时，结构竖向抗侧力构件宜上下连续贯通。当结构上部楼层收进部位到室外地面的高度 H_1 与房屋高度 H 之比大于 0.2 时，上部楼层收进后的水平尺寸 B_1 不宜小于下部楼层水平尺寸 B 的 0.75 倍［图 1.11(a)、(b)］；当上部结构楼层相对于下部楼层外挑时，下部楼层的水平尺寸 B 不宜小于上部楼层水平尺寸 B_1 的 0.9 倍，且水平外挑尺寸 a 不宜大于 4m［图 1.11(c)、(d)］。

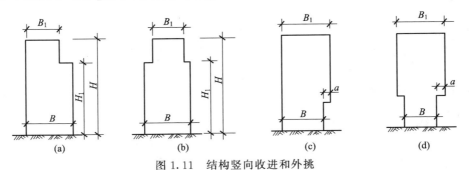

图 1.11 结构竖向收进和外挑

④ 顶层取消部分墙、柱而形成空旷房间时，其楼层侧向刚度和承载力可能比其下部楼层相差较多，是不利于抗震的结构，应进行详细的计算分析，并采取有效的构造措施。如采用弹性时程分析进行补充计算、柱子箍筋应全长加密配置、大跨度屋面构件要考虑竖向地震产生的不利影响等。

1.1.3 框架结构的基本要求

1.1.3.1 现浇钢筋混凝土房屋的最大适用高度

对于钢筋混凝土结构的多高层建筑，从安全和经济诸方面综合考虑，其适用高度应有限值。

《建筑抗震设计规范》（GB 50011—2010）规定了现浇钢筋混凝土房屋的结构类型及其适用的最大高度（表1.2）。平面和竖向均不规则的结构或建造于Ⅳ类场地的结构，适用的最大高度应适当降低。

表1.2　现浇钢筋混凝土房屋适用的最大高度　　　　　　单位：m

结构类型	抗震设防烈度				
	6度	7度	8度(0.2g)	8度(0.3g)	9度
框架	60	50	40	35	24
框架-抗震墙	130	120	100	80	50

注：房屋高度指室外地面到主要屋面板板顶的高度（不包括局部突出屋顶部分）。

《高规》明确划分了A级高度钢筋混凝土高层建筑和B级高度钢筋混凝土高层建筑。A级高度钢筋混凝土高层建筑是指符合表1.3高度限值的建筑，也是目前数量最多，应用最广泛的建筑。当框架-剪力墙、剪力墙及筒体结构超出表1.3的高度时，确定为B级高度高层建筑。B级高度高层建筑的最大适用高度不宜超过表1.4的规定。

表1.3　A级高度钢筋混凝土高层建筑的最大适用高度　　　　　　单位：m

结构体系	非抗震设计	抗震设防烈度				
		6度	7度	8度		9度
				0.20g	0.30g	
框架	70	60	50	40	35	—
框架-剪力墙	150	130	120	100	80	50

注：房屋高度指室外地面到主要屋面高度，不包括局部突出屋面的电梯机房、水箱、构架等高度。

表1.4　B级高度钢筋混凝土高层建筑的最大适用高度　　　　　　单位：m

结构体系	非抗震设计	抗震设防烈度			
		6度	7度	8度	
				0.20g	0.30g
框架-剪力墙	170	160	140	120	100

注：房屋高度指室外地面到主要屋面高度，不包括局部突出屋面的电梯机房、水箱、构架等高度。

1.1.3.2　抗震等级的划分

抗震设计时，钢筋混凝土房屋应根据烈度、结构类型和房屋高度采用不同的抗震等级（表1.5），并应符合相应的计算和构造措施要求。

表1.5　现浇钢筋混凝土房屋的抗震等级

结构类型		抗震设防烈度							
		6度		7度			8度		9度
框架结构	高度/m	≤24	>24	≤24		>24	≤24		>24	≤24
	框架	四	三	三		二	二		一	—
	大跨度框架	三		二			一			—
框架-抗震墙结构	高度/m	≤60	>60	≤24	25～60	>60	≤24	25～60	>60	≤24	25～50
	框架	四	三	四	三	二	三	二	一	二	一
	抗震墙	三		三	二		二	一		一

注：建筑场地为Ⅰ类时，除6度外可按表内降低一度所对应的抗震等级采取抗震构造措施，但相应的计算要求不应降低。

《高规》分别规定了 A 级高度和 B 级高度钢筋混凝土房屋的抗震等级，如表 1.6 和表 1.7 所示。表 1.5 中的框架-抗震墙结构和表 1.6、表 1.7 中的框架-剪力墙是同一含义。

表 1.6　A 级高度的高层建筑结构抗震等级

结构类型		抗震设防烈度						
		6 度		7 度		8 度		9 度
框架结构		三		二		一		一
框架-剪力墙结构	高度/m	≤60	>60	≤60	>60	≤60	>60	≤50
	框架	四	三	三	二	二	一	一
	剪力墙	三		二		一		一

注：接近或等于高度分界时，应结合房屋不规则程度及场地、地基条件适当确定抗震等级。

表 1.7　B 级高度的高层建筑结构抗震等级

结构类型		抗震设防烈度		
		6 度	7 度	8 度
框架-剪力墙	框架	二	一	一
	剪力墙	二	一	特一

1.1.3.3　房屋的高宽比要求

高层建筑的高宽比，是对结构刚度、整体稳定、承载能力和经济合理性的宏观控制。钢筋混凝土高层建筑结构适用的最大高宽比不宜超过表 1.8 的数值。

表 1.8　钢筋混凝土高层建筑结构适用的最大高宽比

结构体系	非抗震设计	抗震设防烈度		
		6 度、7 度	8 度	9 度
框架	5	4	3	—
板柱-剪力墙	6	5	4	—
框架-剪力墙、剪力墙	7	6	5	4
框架-核心筒	8	7	6	4
筒中筒	8	8	7	5

1.1.3.4　抗震措施和抗震构造措施

抗震措施指除地震作用计算和抗力计算以外的抗震设计内容，包括抗震构造措施。抗震构造措施是指根据抗震概念设计原则，一般不需计算而对结构和非结构各部分必须采取的细部要求。抗震构造措施的主要内容包括以下几个方面：

① 竖向构件的轴压比要求；

② 构件的最小截面尺寸要求（如框架梁柱截面的最小宽度和最小高度、剪跨比、跨高比和现浇板的最小厚度等）；

③ 构件的最小配筋率要求（如纵筋和箍筋的最小配筋率、竖向分布筋和水平分布筋的最小配筋率、纵筋的最大间距和最小净距等）；

④ 箍筋及加密区要求（如箍筋最小直径、最大肢距、最大间距和加密区长度等）；

⑤ 特一级抗震的构件内力调整及相关配筋构造要求；

⑥ 其他相关构造要求。

1.1.3.5 延性框架的设计要求

结构或构件的延性要求不是通过计算确定，而是通过采取一系列的构造措施实现的。框架结构要保证其具有足够的延性，必须按规范、规程所规定的不同抗震等级采取相应的构造措施，如梁和柱的剪压比要求、柱的轴压比要求、按强剪弱弯要求增大框架梁和框架柱端部截面的剪力、按强柱弱梁要求增大框架柱的柱端弯矩、按强节点要求计算框架节点的剪力设计值、按强柱根要求增大框架柱柱根弯矩、框架角柱的弯矩及剪力增大、梁端截面受压区高度限值、梁和柱端箍筋加密区及最小最大配筋率等，这些内容将在后面的设计实例中具体说明。所谓"强"通常是采用增大系数的方法实现。比如为满足梁和柱的剪压比要求，必须有足够截面尺寸及混凝土强度等级，而不是配置箍筋所能达到要求的，梁的剪压比对梁截面尺寸起控制作用，一般柱的截面剪压比不起控制作用，而剪跨比小于 2（即短柱）的截面剪压比可能起控制作用。

1.1.3.6 避免短柱的措施

国内外历次震害调查和模拟试验结果均表明，短柱容易发生沿斜裂缝截面滑移、混凝土严重剥落等脆性破坏。其破坏特点是裂缝几乎遍布柱全高，斜向裂缝贯通后，强度急剧下降，破坏非常突然。尤其是当同一楼层同时存在长柱和短柱时，常由于短柱率先失效，而导致建筑物的局部乃至整体倒塌。因此，在结构的抗震设计中，应首先设法不使短柱成为主要抗震构件，当无法避免使用短柱时，应该采取必要的措施。

（1）短柱的分类

框架的柱端一般同时存在着弯矩 M 和剪力 V，剪跨比是反映柱截面所承受的弯矩与剪力相对大小的一个参数，根据柱的剪跨比 $\lambda = M/(Vh_0)$ 的大小分为长柱、短柱和极短柱。当 $\lambda > 2$（当柱反弯点在柱高度 H_0 中部时，$\lambda = \dfrac{M}{Vh_0} = \dfrac{VH_0/2}{Vh_0} = \dfrac{H_0}{2h_0} > 2$，即 $H_0/h_0 > 4$）时为长柱；当 $1.5 \leqslant \lambda \leqslant 2$ 时为短柱；当 $\lambda < 1.5$ 时为极短柱。h_0 为与弯矩 M 平行方向柱截面的有效高度。

剪跨比是影响钢筋混凝土柱破坏形态的最重要的因素，剪跨比较小的柱子都会出现斜裂缝而导致剪切破坏。通常用配置横向钢筋（箍筋）的办法以避免过早出现剪切破坏。

（2）短柱的破坏形式

试验表明：长柱一般发生弯曲破坏；短柱多数发生剪切破坏。抗震设计的框架结构柱，柱端的剪力一般较大，从而剪跨比 λ 较小，易形成短柱或极短柱，产生斜裂缝导致剪切破坏。柱的三种剪切破坏（即斜压破坏、剪压破坏和斜拉破坏）均属于脆性破坏，在设计中应特别注意避免发生这类破坏。

多高层建筑的框架、框架-剪力墙等结构体系中，由于设置设备层，层高矮而柱截面大等原因，某些工程中短柱难以避免。如果同一楼层均为短柱，各柱之间抗侧刚度不很悬殊，这种情况下按有关规定进行内力分析和截面设计，结构安全是可以保证的。应避免同一楼层出现少数短柱，因为少数短柱的抗侧刚度远大于一般柱的抗侧刚度。在水平地震作用或风荷载作用下吸收较多水平剪力，尤其在框架（纯框架）结构中的少数短柱，一旦遭遇超过地震设防烈度的情况，可能使少数短柱遭受严重破坏，同楼层柱各个击破，像多米诺骨牌一样，这样结构就不安全。

（3）框架结构楼梯平台避免短柱的措施

《高规》的强制性条文规定：框架结构按抗震设计时，不应采用部分由砌体墙承重之混合形式。框架结构中的楼、电梯间及局部出屋顶的电梯机房、楼梯间、水箱间等，不应采用砌体墙承重，应采用框架承重，屋顶设置的水箱和其他设备应可靠地支承在框架主体上。框架结构与砌体结构是两种截然不同的结构体系，两种结构体系所用的承重材料完全不同，其抗侧刚度、变形能力、结构延性、抗震性能等，相差很大。如在同一结构单元中采用部分由砌体墙承重、部分由框架承重的混合承重形式，必然会导致建筑物受力不合理、变形不协调，对建筑物的抗震能力产生很不利的影响。因此，纯框架结构的楼梯间中间休息平台处的

平台梁，其支承通常是生根于下层框架梁的楼梯柱。中间休息平台处靠近外侧部分的支承梁，通常由设置在框架柱之间的柱间梁承担，这样，柱间梁时常使支承该梁的框架柱形成短柱。为了避免出现短柱，可在平台靠踏步处设平台梁，平台板外端不再设梁而梯段板外伸悬挑板，如图1.12所示。

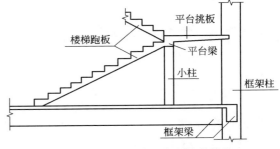

图 1.12　楼梯平台避免短柱的措施

（4）框架结构短柱的抗震设计

当某些工程设计难以避免短柱时，设计成短柱是可以允许的。抗震设计的框架短柱需要计算以下内容。

① 柱的剪压比。

$$V \leqslant \frac{1}{\gamma_{RE}}(0.15\beta_c f_c b h_0) \tag{1.1}$$

式中　V——柱计算截面的剪力设计值，kN 或 N；

　　　f_c——混凝土轴心受压强度设计值，N/mm²；

　　　b——矩形截面的宽度，mm；

　　　h_0——柱截面计算方向有效高度，mm；

　　　β_c——混凝土强度影响系数，当不大于 C50 时取 1.0；C80 时取 0.8；在 C50 和 C80 之间时可按线性内插取用；

　　　γ_{RE}——承载力抗震调整系数，此处可取 0.85。

② 柱的轴压比。对于剪跨比 $1.5 < \lambda \leqslant 2$ 的短柱，其轴压比限值比一般长柱的轴压比限值更严格，不应超过表 1.9 的规定。对于剪跨比 $\lambda < 1.5$ 的极短柱，其轴压比限值应专门研究并采取特殊构造措施，可采用型钢混凝土柱或芯柱。

表 1.9　短柱的轴压比限值

结构类型	抗震等级			
	一级	二级	三级	四级
框架	0.60	0.70	0.80	0.85
框架-剪力墙、板柱-剪力墙、框架核心筒、筒中筒	0.70	0.80	0.85	0.90
部分框支剪力墙	0.55	0.65	—	

③ 抗震等级为一级和特一级的短柱，其单侧纵向受拉钢筋的配筋率不宜大于 1.2%。

④ 采取有效的配筋方式和合理的构造措施，以增强短柱的抗剪承载能力和变形能力，防止发生以混凝土破坏为先导的脆性破坏，使它转化为像普通柱那样以钢筋屈服为先导的有预兆的延性破坏。短柱加密区范围箍筋的体积配箍率应满足公式（1.32）的要求，且宜采用复合螺旋箍或井字复合箍，其箍筋体积配箍率不应小于 1.2%；设防烈度为 9 度时，不应小

于 1.5%。

　　⑤ 短柱的箍筋应沿柱全高加密，箍筋的直径不应小于 10mm，肢距不大于 200mm；间距不应大于 100mm，一级时尚不应大于 6 倍的纵向钢筋直径。

　　⑥ 在适当的部位设置一定数量的剪力墙，增加一道抗震防线，增强抗倒塌能力。

　　⑦ 对于短柱，尽可能采用高强混凝土，以减小柱子截面尺寸，加大剪跨比。尽量减小梁的截面高度，减小梁对柱的约束程度。

1.2　钢筋混凝土楼板设计

1.2.1　楼板构造要求

　　楼板是建筑结构中的主要组成部分之一，是承受竖向荷载和保证水平力作用沿水平方向传递的主要横向构件，因此，在多高层建筑中必须保证其具有足够的刚度和整体性。楼板一般分为现浇板、叠合板和预制板三大类。其中现浇梁板式楼盖是最常用的楼盖形式，它有较好的技术经济指标。根据结构形式的不同分为单向板、双向板肋梁楼盖、井字梁楼盖、密肋楼盖。当层高有限，梁的截面高度受到限制时，可以采用无梁楼盖和预应力楼盖。

1.2.1.1　板的分类

　　根据受力的不同，楼板一般可分为单向板和双向板。钢筋混凝土楼盖结构中由纵横两个方向的梁把楼板分割为很多区格板，每一区格的板一般在四边都有梁或墙支承，形成四边支承板。为了设计上的方便，《混凝土结构设计规范》（GB 50010—2010）第 9.1.1 条规定：

　　① 当长边与短边长度之比小于或等于 1.0 时，应按双向板计算；

　　② 当长边与短边长度之比大于 1.0，但小于 3.0 时，宜按双向板计算；当按沿短边方向受力的单向板计算时，应沿长边方向布置足够数量的构造钢筋；

　　③ 当长边与短边长度之比大于或等于 3.0 时，可按沿短边方向受力的单向板计算。

　　两对边支承的板按单向板计算。在双向板肋梁楼盖中，由梁划分的区格尺寸不宜过小，板区格过小时，梁的数量增多，施工复杂，板受力小，材料得不到充分利用。板区格也不宜过大，板区格过大时，板的厚度增加，材料用量增多，结构自重增大，同样也不经济。双向板肋梁楼盖中，双向板区格一般以 3～5m 比较合适，当柱网尺寸较大时，可以增设梁，使板区格尺寸控制在较为合理的范围之内。

1.2.1.2　板的厚度

　　板的厚度应满足承载力、刚度和裂缝控制的要求，还应满足使用要求、施工方便及经济等方面的要求，一般可根据刚度的要求确定板的跨厚比，由表 1.10 初估板的厚度，同时应满足表 1.11 的最小厚度要求。板厚的模数为 10mm。

表 1.10　一般不作挠度验算的板的厚度参考尺寸

板的种类				
单向板	双向板	悬臂板	无梁楼盖（有柱帽）	无梁楼盖（无柱帽）
$l/30$	$l/40$	$l/12$	$l/35$	$l/30$

　　注：1. l 为板的计算跨度；对双向板为短边计算跨度；对无梁楼盖为区格长边计算跨度。

　　2. 悬臂板根部最小厚度限值：悬臂长度≤500mm 时应≥70mm；悬臂长度>500mm 时应≥80mm 及 $l/10$ 两者中的大值。

表 1.11　现浇钢筋混凝土板的最小厚度　　　　　　　　　　单位：mm

板 的 类 别		最小厚度
单向板	屋面板	60
	民用建筑楼板	60
	工业建筑楼板	70
	行车道下的楼板	80
双向板		80
密肋楼盖	面板	50
	肋高	250
悬臂板（根部）	悬臂长度不大于 500mm	60
	悬臂长度 1200mm	100
无梁楼板		150
现浇空心楼盖		200

1.2.2　板的受力钢筋和构造钢筋

1.2.2.1　板的受力钢筋

由计算确定的受力钢筋有承受负弯矩的板面负筋和承受正弯矩的正筋两种。一般采用 HPB300 或 HRB335。支座负钢筋端部应做成直钩支撑在底模上，为了施工中不易被踩下，负钢筋直径一般不小于 8mm，宜采用 10mm 或 12mm。为了施工方便，选择板内正、负钢筋时，一般宜使它们的间距相同而直径不同，直径不宜多于两种。

连续板受力钢筋的配筋方式有弯起式和分离式两种。分离式配筋的钢筋锚固稍差，耗钢量略高，但设计和施工都比较方便，是目前最常用的方式。当板厚超过 120mm 且所受动荷载不大时，可采用分离式配筋。当多跨单向板、多跨双向板采用分离式配筋时，跨中正弯矩钢筋宜全部伸入支座；支座负弯矩钢筋向跨内的延伸长度应覆盖负弯矩图并满足钢筋锚固的要求。

当板厚超过 120mm，且承受的动荷载较大时，不宜采用分离式配筋，应采用弯起式配筋。弯起式配筋的钢筋锚固较好，可节省钢材，但施工较复杂。弯起钢筋弯起的角度一般采用 30°，当板厚超过 120mm 时，可采用 45°。采用弯起式配筋，应注意相邻两跨跨中及中间支座钢筋直径和间距相互配合，间距变化应有规律。

一般对普通梁板类受弯构件，当混凝土强度等级采用 C20～C35、受力钢筋选用 HRB335 级钢筋或 HRB400 级钢筋时，可以获得较好的性价比。

板中受力钢筋的最小直径和常用直径可参考表 1.12。板中受力钢筋的间距可参考表 1.13。

表 1.12　板中受力钢筋的直径　　　　　　　　　　单位：mm

直径	支承板			悬臂板		预制板
	板厚			悬出长度		板厚
	$h<100$	$100\leqslant h\leqslant150$	$h>150$	$l\leqslant500$	$l>500$	$h\leqslant50$
最小	6	8	12	6	8	3
常用	6～10	8～12	12～16	6～8	8～12	3～6

表 1.13　板中受力钢筋的间距　　　　　　　　　　　　　单位：mm

间距	板厚 $h \leqslant 150$	板厚 $h > 150$
最大	200	$1.5h$ 且 $\leqslant 250$
最小	70	70

1.2.2.2　板的构造钢筋

（1）板中分布钢筋的直径及间距

分布钢筋的主要作用：浇筑混凝土时固定受力钢筋的位置；承受混凝土收缩和温度变化所产生的内力；承受并分布板上局部荷载产生的内力；对四边支承板，可承受在计算中未考虑但实际存在的长跨方向的弯矩。

当按单向板设计时，除沿受力方向布置受力钢筋外，尚应在垂直受力方向布置分布钢筋。分布筋放在受力筋的内侧，以保证受力筋有足够的有效高度。单位长度上分布钢筋的截面面积不宜小于单位宽度上受力钢筋截面面积的 15%，且不宜小于该方向板截面面积的 0.15%；分布钢筋的间距不宜大于 250mm，直径不宜小于 6mm；对集中荷载较大的情况，分布钢筋的截面面积应适当增加，其间距不宜大于 200mm。

（2）与主梁垂直的附加负筋

当现浇板的受力钢筋与梁平行时，应沿梁长度方向配置间距不大于 200mm 且与梁垂直的上部构造钢筋，其直径不宜小于 8mm，且单位长度内的总截面面积不宜小于板中单位宽度内受力钢筋截面面积的三分之一。对"单位长度内的构造钢筋总截面面积不宜小于板中单位宽度内受力钢筋截面面积的三分之一"的理解需要注意，有人认为"不论受力钢筋和构造钢筋是否采用同一强度等级的钢筋，一律将受力钢筋面积除以 3 作为构造钢筋的配筋面积"，这种理解是错误的。正确的配筋方法是：当受力钢筋的强度等级高于构造钢筋时，将受力钢筋的面积换算成与构造钢筋强度等级相同的钢筋的面积，然后除以 3 作为构造钢筋的配筋面积。该构造钢筋伸入板内的长度从梁边算起每边不宜小于板计算跨度 l_0 的四分之一。

（3）与承重砌体墙垂直的附加负筋

对与支承结构整体浇筑或嵌固在承重砌体墙内的现浇混凝土板，应沿支承周边配置上部构造钢筋，其直径不宜小于 8mm，间距不宜大于 200mm，并应符合下列规定。

现浇楼盖周边与混凝土梁或混凝土墙整体浇筑的单向板或双向板，应在板边上部设置垂直于板边的构造钢筋，其截面面积不宜小于板跨中相应方向纵向钢筋截面面积的三分之一；该钢筋自梁边或墙边伸入板内的长度，在单向板中不宜小于受力方向板计算跨度的五分之一；在双向板中不宜小于板短跨方向计算跨度的四分之一；在板角处该钢筋应沿两个垂直方向布置或按放射状布置；当柱角或墙的阳角突出到板内且尺寸较大时，亦应沿柱边或墙阳角边布置构造钢筋，该构造钢筋伸入板内的长度应从柱边或墙边算起。上述上部构造钢筋应按受拉钢筋锚固在梁内、墙内或柱内。

嵌固在砌体墙内的现浇混凝土板，其上部与板边垂直的构造钢筋伸入板内的长度，从墙边算起不宜小于板短边跨度的七分之一；在两边嵌固于墙内的板角部分，应配置双向上部构造钢筋，该钢筋伸入板内的长度从墙边算起不宜小于板短边跨度的四分之一；沿板的受力方向配置的上部构造钢筋，其截面面积不宜小于该方向跨中受力钢筋截面面积的三分之一；沿非受力方向配置的上部构造钢筋，可根据经验适当减少。

（4）控制板温度、收缩裂缝的构造钢筋

现浇板出现裂缝的重要原因是由于混凝土收缩和温度变化而在现浇楼板内引起的约束拉应力。设置温度收缩钢筋有助于减少这类裂缝。由于受力钢筋和分布钢筋可以起到一定的抵抗温度、收缩应力的作用，所以主要应在未配钢筋的部位或配筋数量不足的部位沿两个正交方向（特别是温度、收缩应力的主要作用方向）布置温度收缩钢筋。板中温度、收缩应力目前还不易准确计算。《混凝土结构设计规范》（GB 50010—2010）规定在温度、收缩应力较大的现浇板区域内，钢筋间距宜取为150～200mm，并应在板的未配筋表面布置温度收缩钢筋，板的上、下表面沿纵、横两个方向的配筋率均不宜小于0.1%。温度收缩钢筋可利用原有钢筋贯通布置，也可另行设置构造钢筋网，并与原有钢筋按受拉钢筋的要求搭接或在周边构件中锚固。

屋面板应有足够的刚度，一般应采用全现浇屋盖，楼板的厚度不宜小于120mm。屋盖板受温度变化影响较大，为防止和减小裂缝的出现，宜采用双层双向拉通钢筋，钢筋宜采用细而密，且间距控制在150mm以内。当屋面板的长度大于30m时，应在构造上加强其抗温度变化措施，各跨板底部钢筋排列间距及规格尽可能统一，以便将底部钢筋拉通，如不能拉通时应按受拉搭接。

1.3 框架梁设计

1.3.1 框架梁截面尺寸确定和布置

1.3.1.1 框架梁截面尺寸确定

框架梁截面尺寸应根据承受竖向荷载大小、跨度、抗震设防烈度、混凝土强度等级等诸多因素综合考虑确定。在一般荷载情况下，一般梁及框架梁的截面尺寸可参考表1.14的数值。有时为了降低楼层高度，或便于通风管道等通行，必要时可设计成宽度较大的扁梁。当梁高较小时，除验算其承载力外，还应注意满足刚度及剪压比的要求。

表 1.14 梁截面尺寸的估算

构件种类	简支	多跨连续	悬臂	说明
次梁	$h \geqslant \frac{1}{15}l$	$h = \left(\frac{1}{18} \sim \frac{1}{12}\right)l$	$h \geqslant \frac{1}{6}l$	现浇整体肋形梁
主梁	$h \geqslant \frac{1}{12}l$	$h = \left(\frac{1}{12} \sim \frac{1}{8}\right)l$	$h \geqslant \frac{1}{6}l$	现浇整体肋形梁
独立梁	$h \geqslant \frac{1}{12}l$	$h = \frac{1}{15}l$	$h \geqslant \frac{1}{6}l$	—
框架梁		$h = \left(\frac{1}{10} \sim \frac{1}{8}\right)l$	—	1. 现浇整体式框架梁（荷载较大或跨度较大时） 2.《高规》规定框架结构主梁的梁高可取 $h = \left(\frac{1}{18} \sim \frac{1}{10}\right)l$
		$h = \left(\frac{1}{12} \sim \frac{1}{10}\right)l$		现浇整体式框架梁（荷载较小或跨度较小时）
		$h = \left(\frac{1}{10} \sim \frac{1}{8}\right)l$		装配整体式或装配式框架梁
框架扁梁		$h = \left(\frac{1}{18} \sim \frac{1}{15}\right)l$		现浇整体式钢筋混凝土框架扁梁（扁梁的截面高度应不小于1.5倍板的厚度）

构件种类	简支	多跨连续	悬臂	说明
框架扁梁	$h=\left(\dfrac{1}{25}\sim\dfrac{1}{20}\right)l$		—	预应力混凝土框架扁梁（扁梁的截面高度应不小于 1.5 倍板的厚度）
井字梁	$h=\left(\dfrac{1}{20}\sim\dfrac{1}{15}\right)l$		—	—

注：1. 表中 l 为梁的计算跨度，h 为梁的截面高度，b 为梁的截面高度。对于矩形截面梁，$b/h=1/3.5\sim1/2$，对于 T 形截面梁，$b/h=1/4\sim1/2.5$。

2. 当 $l\geqslant9m$ 时，表中数值乘 1.2 系数。

3. 表中数值适用于普通混凝土和 $f_y\leqslant400\text{N/mm}^2$ 的钢筋。

梁的截面尺寸还应满足构造要求，为方便施工，梁截面宽度一般宜采用 120mm、150mm、180mm、200mm、220mm、250mm、300mm，当梁截面宽度大于 250mm 时，一般应以 50mm 为模数。现浇钢筋混凝土结构中主梁的截面宽度不应小于 200mm，次梁的截面宽度不应小于 150mm。

梁的截面高度一般宜采用 250mm、300mm、350mm、400mm、450mm、500mm、550mm、600mm、650mm、700mm、750mm、800mm、900mm、1000mm，当梁截面高度大于 800mm 时，一般应以 100mm 为模数。框架梁的截面高度不宜小于 400mm，且也不宜大于 1/4 净跨。

现浇钢筋混凝土结构中，如主梁下部钢筋为单层配置时，一般主梁至少应比次梁高出 50mm，并应将次梁下部纵向钢筋设置在主梁下部纵向钢筋上面，以保证次梁支座反力传给主梁。如果主梁下部钢筋为双层配置，或附加横向钢筋采用吊筋时，主梁应比次梁高出 100mm；当次梁高度大于主梁时，应将次梁接近支座（主梁）附近设计成变截面，使主梁比次梁高出不小于 50mm；如主梁与次梁必须等高时，次梁底层钢筋应置于主梁底层钢筋上面，并加强主梁在该处的箍筋或设置吊筋。

1.3.1.2 框架梁的布置

(1) 框架结构的次梁

框架结构中由梁、柱组成抗侧力结构，在抗震设计时应有足够的延性。框架结构中的次梁是楼板的组成部分，承受竖向荷载并传递给框架梁，有抗震设计与无抗震设计一样可不考虑其延性的要求，次梁箍筋按剪力确定，构造按非抗震设计时梁的要求，没有 135°弯钩及 10 倍直径直段的要求。

(2) 梁柱偏心

《高规》规定：框架梁、柱中心线宜重合，当梁柱中心线不能重合时，在计算中应考虑偏心对梁柱节点核心区受力和构造的不利影响，以及梁荷载对柱子的偏心影响。梁、柱中心线之间的偏心距，9 度抗震设防时不应大于柱截面在该方向宽度的 1/4；非抗震设计和 6～8 度抗震设计时不宜大于柱截面在该方向宽度的 1/4，如偏心距大于该方向柱宽的 1/4 时，可采取增设梁的水平加腋等措施。设置水平加腋后，仍须考虑梁荷载对柱子的偏心影响。

1.3.2 框架梁截面承载力计算

1.3.2.1 框架梁正截面受弯承载力计算

在完成梁的内力组合后，即可按《混凝土结构设计规范》（GB 50010—2010）的规定进行正截面承载力计算，但在框架梁的抗震设计时，应在受弯承载力计算公式右边除以相应的承载力抗震调整系数 γ_{RE}，γ_{RE} 按表 1.15 的规定取值。即

$$M\leqslant\frac{1}{\gamma_{RE}}\left[\alpha_1 f_c bx\left(h_0-\frac{x}{2}\right)+f_y'A_s'(h_0-a_s')\right]\qquad(1.2)$$

$$\alpha_1 f_c b x = f_y A_s - f'_y A'_s \qquad (1.3)$$

同时应满足：$\xi \leqslant \xi_b$；$x \geqslant 2a'_s$。

式中　α_1——混凝土强度系数，当混凝土强度等级不超过 C50 时，$\alpha_1 = 1.0$，当混凝土强度等级为 C80 时，$\alpha_1 = 0.94$，其间按线性内插法确定；

　　f_c——混凝土轴心受压强度设计值，N/mm²；

A_s、A'_s——受拉区、受压区纵向普通钢筋的截面面积，mm²；

　　b——矩形截面的宽度或倒 T 形截面的腹板宽度，mm；

　　h_0——截面有效高度，mm；

　　a'_s——受压区纵向普通钢筋合力点至截面受压边缘的距离，mm。

在计算中，梁端纵向受拉钢筋的配筋率不应大于 1.5%，计入纵向受压钢筋的梁端混凝土受压区高度 x 应符合下列要求。

一级抗震等级：

$$x \leqslant 0.25 h_0 \qquad (1.4)$$

二、三级抗震等级：

$$x \leqslant 0.35 h_0 \qquad (1.5)$$

表 1.15　承载力抗震调整系数 γ_{RE}

材料	结构构件	受力状态	γ_{RE}
钢	柱，梁，支撑，节点板件，螺栓，焊缝	强度	0.75
	柱，支撑	稳定	0.80
砌体	两端均有构造柱、芯柱的抗震墙	受剪	0.9
	其他抗震墙	受剪	1.0
混凝土	梁	受弯	0.75
	轴压比小于 0.15 的柱	偏压	0.75
	轴压比不小于 0.15 的柱	偏压	0.80
	抗震墙	偏压	0.85
	各类构件	受剪、偏拉	0.85

1.3.2.2　框架梁斜截面受剪承载力计算

(1) 剪压比限值

剪压比是截面上平均剪应力与混凝土轴心抗压强度设计值的比值，以 $V/(f_c b h_0)$ 表示，用以说明截面上承受名义剪应力的大小。梁的截面出现斜裂缝之前，构件剪力基本上由混凝土抗剪强度来承受。如果构件截面的剪压比过大，混凝土就会过早被压坏，待箍筋充分发挥作用时，混凝土抗剪承载力已极大的降低。因此，必须对剪压比加以限制。实际上，对梁的剪压比的限制，就是对梁最小截面的限制。

非抗震设计时，矩形、T 形和 I 形截面受弯构件的受剪截面应符合下式的要求：

当 $h_w/b \leqslant 4$ 时

$$V \leqslant 0.25 \beta_c f_c b h_0 \qquad (1.6)$$

当 $h_w/b \geqslant 6$ 时

$$V \leqslant 0.2 \beta_c f_c b h_0 \qquad (1.7)$$

当 $4 < h_w/b < 6$ 时，按线性内插法确定。

式中　V——构件斜截面上的最大剪力设计值，kN 或 N；

　　β_c——混凝土强度影响系数：当混凝土强度等级不超过 C50 时，β_c 取 1.0；当混凝土强度等级为 C80 时，β_c 取 0.8；其间按线性内插法确定；

　　b——矩形截面的宽度，T 形截面或 I 形截面的腹板宽度；

h_0——截面的有效高度；

h_w——截面的腹板高度，矩形截面，取有效高度；T 形截面，取有效高度减去翼缘高度；I 形截面，取腹板净高。

抗震设计时，考虑地震组合的矩形、T 形和 I 形截面框架梁，当跨高比大于 2.5 时，其截面尺寸与剪力设计值应符合下式的要求：

$$V \leqslant \frac{1}{\gamma_{RE}}(0.20\beta_c f_c b h_0) \tag{1.8}$$

对于跨高比不大于 2.5 的框架梁，其截面尺寸与剪力设计值应符合下式的要求：

$$V \leqslant \frac{1}{\gamma_{RE}}(0.15\beta_c f_c b h_0) \tag{1.9}$$

(2) 根据"强剪弱弯"的原则调整梁的截面剪力

为避免梁在弯曲破坏前发生剪切破坏，应按"强剪弱弯"的原则调整框架梁端截面组合的剪力设计值。对于抗震等级为一、二、三级的框架梁端截面剪力设计值 V，应按下式调整：

$$V = \eta_{vb}(M_b^l + M_b^r)/l_n + V_{Gb} \tag{1.10}$$

9 度设防烈度的各类框架和一级抗震等级的框架结构，还应满足：

$$V = 1.1(M_{bua}^l + M_{bua}^r)/l_n + V_{Gb} \tag{1.11}$$

四级抗震等级，取地震作用组合下的剪力设计值。

式中　　　V——梁端截面组合的剪力设计值，kN 或 N；

l_n——梁的净跨，mm；

V_{Gb}——考虑地震作用组合时的重力荷载代表值（9 度时高层建筑还应包括竖向地震作用标准值）产生的剪力设计值，可按简支梁计算确定，kN 或 N；

M_b^l、M_b^r——分别为梁左右端截面反时针或顺时针方向组合的弯矩设计值，一级框架两端弯矩均为负弯矩时，绝对值较小的弯矩应取零，kN·m 或 N·m；

M_{bua}^l、M_{bua}^r——分别为梁左右端截面反时针或顺时针方向实配的正截面抗震受弯承载力所对应的弯矩值，根据实配钢筋面积（计入受压钢筋和梁有效翼缘宽度范围内的楼板钢筋）和材料强度标准值确定，需要考虑承载力抗震调整系数，kN·m 或 N·m；

η_{vb}——梁端剪力增大系数，一级取 1.3，二级取 1.2，三级取 1.1。

根据本条规定，对于抗震等级为一、二、三级的框架梁，当考虑地震荷载进行内力组合时，其剪力可不必组合，而设计剪力 V 可直接依据公式(1.10) 或公式(1.11) 给出。

(3) 梁斜截面受剪承载力

和非抗震设计类似，梁的受剪承载力主要由混凝土和抗剪钢筋两部分承担，但是在反复荷载作用下，混凝土的抗剪作用将有明显的削弱，其原因是梁的受压区混凝土不再完整，斜裂缝的反复张开和闭合，使骨料咬合作用下降，严重时混凝土将剥落。根据试验资料，在反复荷载作用下梁的受剪承载力比静荷载作用下约降低 20%～40%。对于矩形、T 形和工字形截面的一般框架梁，斜截面受剪承载力应按下式计算。

抗震设计时：

$$V \leqslant \frac{1}{\gamma_{RE}}\left[0.6\alpha_{cv} f_t b h_0 + f_{yv}\frac{A_{sv}}{s}h_0\right] \tag{1.12}$$

非抗震设计时：

$$V \leqslant \alpha_{cv} f_t b h_0 + f_{yv}\frac{A_{sv}}{s}h_0 \tag{1.13}$$

式中　α_{cv}——斜截面混凝土受剪承载力系数，对于一般受弯构件取 0.7；对集中荷载作用下

（包括作用有多种荷载，其中集中荷载对支座截面或节点边缘所产生的剪力值占总剪力的 75% 以上的情况）的独立梁，取 α_{cv} 为 $\dfrac{1.75}{\lambda+1}$，λ 为计算截面的剪跨比，可取 λ 等于 a/h_0，当 λ 小于 1.5 时，取 1.5，当 λ 大于 3 时，取 3，a 取集中荷载作用点至支座截面或节点边缘的距离；

f_t——混凝土轴心抗拉强度设计值，N/mm^2；

f_{yv}——箍筋抗拉强度设计值，N/mm^2；

A_{sv}——配置在同一截面内箍筋各肢的全部截面面积，$A_{sv}=nA_{sv1}$，此处，n 为在同一截面内箍筋的肢数，A_{sv1} 为单肢箍筋的截面面积，mm^2；

s——沿构件长度方向的箍筋间距，mm。

1.3.3 框架梁的纵向钢筋

1.3.3.1 纵向受拉钢筋的最小配筋率

（1）抗震设计时纵向受拉钢筋的最小配筋率

钢筋混凝土梁的纵向受力钢筋的面积应按设计计算确定，抗震设计时纵向受拉钢筋的最小配筋率应符合表 1.16 的规定。

表 1.16　抗震设计时框架梁纵向受拉钢筋的最小配筋率　　　　单位：%

抗震等级	梁 中 位 置	
	支座	跨中
一级	0.4 和 $80f_t/f_y$ 中的较大值	0.3 和 $65f_t/f_y$ 中的较大值
二级	0.3 和 $65f_t/f_y$ 中的较大值	0.25 和 $55f_t/f_y$ 中的较大值
三、四级	0.25 和 $55f_t/f_y$ 中的较大值	0.2 和 $45f_t/f_y$ 中的较大值

因为梁端有箍筋加密区，箍筋间距较密，这对于发挥受压钢筋的作用起了很好的保证作用。所以在框架梁的两端箍筋加密区范围内，纵向受压钢筋（A_s'）与纵向受拉钢筋（A_s）的截面面积的比值，对一级抗震等级要求 $A_s'/A_s \geqslant 0.5$，对二、三级抗震等级要求 $A_s'/A_s \geqslant 0.3$。

（2）非抗震设计时纵向受拉钢筋的最小配筋率

非抗震设计时钢筋混凝土结构构件中纵向受力钢筋的配筋百分率不应小于表 1.17 中规定的数值。

表 1.17　非抗震设计时钢筋混凝土结构构件中纵向受力钢筋的最小配筋百分率　　　　单位：%

受力类型			最小配筋百分率
受压构件	全部纵向钢筋	强度等级 500MPa	0.50
		强度等级 400MPa	0.55
		强度等级 300MPa、335MPa	0.60
	一侧纵向钢筋		0.20
受弯构件、偏心受拉、轴心受拉构件一侧的受拉钢筋			0.20 和 $45f_t/f_y$ 中的较大值

注：1. 受压构件全部纵向钢筋最小配筋率，当采用 C60 以上强度等级的混凝土时，应按表中规定增大 0.10。

2. 板类受弯构件（不包括悬臂板）的受拉钢筋，当采用强度等级 400MPa、500MPa 的钢筋时，其最小配筋百分率应允许采用 0.15 和 $45f_t/f_y$ 中的较大值。

3. 偏心受拉构件中的受压钢筋，应按受压构件一侧纵向钢筋考虑。

4. 受压构件的全部纵向钢筋和一侧纵向钢筋的配筋率以及轴心受拉构件和小偏心受拉构件一侧受拉钢筋的配筋率均应按构件的全截面面积计算。

5. 受弯构件、大偏心受拉构件一侧受拉钢筋的配筋率应按全截面面积扣除受压翼缘面积 $(b_f'-b)h_f'$ 后的截面面积计算。

6. 当钢筋沿构件截面周边布置时，"一侧纵向钢筋" 系指沿受力方向两个对边中的一边布置的纵向钢筋。

1.3.3.2 纵向受拉钢筋的最大配筋率

（1）抗震设计时纵向受拉钢筋的最大配筋率

框架梁端截面混凝土受压区高度与有效高度之比，即 $\xi=\dfrac{x}{h_0}$，抗震等级为一级时不应大于 0.25，二、三级时不应大于 0.35。抗震设计时，梁端纵向受拉钢筋的配筋率不应大于 1.5%；梁端截面的底面和顶面纵向钢筋截面面积的比值，除按计算确定外，一级不应小于 0.5，二、三级不应小于 0.3。

（2）非抗震设计时纵向受拉钢筋的最大配筋率

非抗震设计时纵向受拉钢筋的最大配筋率按 $\rho_{\max}=\xi_b\cdot\alpha_1\cdot\dfrac{f_c}{f_y}$ 计算，其中 ξ_b 是混凝土的相对界限受压区高度，是指在适筋梁与超筋梁的界限破坏时，等效受压区高度与截面有效高度之比；α_1 取为 1.0，当混凝土强度等级为 C80 时，α_1 取为 0.94，其间按线性内插法确定；f_c 为混凝土轴心抗压强度设计值；f_y 为钢筋的抗拉强度设计值。

1.3.3.3 纵向受力钢筋的层数

纵向受力钢筋的层数，与梁的宽度、钢筋根数、直径、间距、保护层厚度等有关。通常将钢筋沿梁宽度内平均放置，并尽可能地排成一层，以增大梁截面的内力臂，提高梁的受弯承载力，当钢筋根数较多，导致排成一层不能满足钢筋净距及保护层厚度的要求时，可排成两层，但其受弯承载力较差。一般不宜多于两层。梁截面排成一层时的钢筋最多根数见表 1.18。

表 1.18　梁内钢筋排成一层时的最多根数

梁宽 /mm	钢筋直径/mm								
	10	12	14	16	18	20	22	25	28
150	3(3)	3($\frac{2}{3}$)	$\frac{2}{3}$(2)	$\frac{2}{3}$($\frac{2}{3}$)	2(2)	2(2)	2(2)	2(2)	2(1)
200	$\frac{4}{5}$(4)	4(4)	4($\frac{3}{4}$)	$\frac{3}{4}$($\frac{3}{4}$)	$\frac{3}{4}$(3)	3(3)	3(3)	3(2)	$\frac{2}{3}$(2)
250	$\frac{5}{6}$($\frac{5}{6}$)	$\frac{5}{6}$(5)	5(5)	5($\frac{4}{5}$)	$\frac{4}{5}$($\frac{4}{5}$)	4(4)	4(4)	$\frac{3}{4}$($\frac{3}{4}$)	3(3)
300	7($\frac{6}{7}$)	$\frac{6}{7}$($\frac{6}{7}$)	$\frac{6}{7}$(6)	6($\frac{5}{6}$)	$\frac{5}{6}$(5)	$\frac{5}{6}$(5)	5(4)	$\frac{4}{5}$(4)	4(4)
350	$\frac{8}{9}$($\frac{8}{9}$)	$\frac{7}{8}$($\frac{7}{8}$)	$\frac{7}{8}$($\frac{7}{8}$)	$\frac{6}{7}$(7)	$\frac{6}{7}$(7)	$\frac{6}{7}$(6)	6($\frac{5}{6}$)	$\frac{5}{6}$($\frac{5}{6}$)	$\frac{4}{5}$($\frac{4}{5}$)
400	$\frac{9}{10}$($\frac{9}{10}$)	$\frac{9}{10}$(8)	$\frac{8}{9}$($\frac{8}{9}$)	$\frac{8}{9}$(8)	$\frac{7}{8}$($\frac{7}{8}$)	$\frac{7}{8}$($\frac{7}{8}$)	7($\frac{6}{7}$)	$\frac{6}{7}$($\frac{6}{7}$)	$\frac{5}{6}$($\frac{5}{6}$)
500	$\frac{12}{13}$($\frac{11}{13}$)	$\frac{11}{12}$($\frac{11}{12}$)	$\frac{10}{12}$($\frac{10}{11}$)	$\frac{10}{11}$($\frac{10}{11}$)	$\frac{10}{11}$($\frac{10}{9}$)	$\frac{10}{11}$($\frac{10}{9}$)	$\frac{8}{9}$($\frac{7}{9}$)	$\frac{7}{8}$($\frac{7}{9}$)	$\frac{7}{8}$($\frac{6}{8}$)

注：1. 表中分数值，其分子为梁截面上部钢筋排成一层时的最多根数，分母为梁截面下部钢筋排成一层时的最多根数；不是分数的，说明梁截面上部、下部钢筋根数一样多。

2. 表中采用梁的混凝土保护层厚度为 25mm（30mm）两种。

1.3.3.4 通长纵向钢筋

《高规》和《混凝土结构设计规范》（GB 50010—2010）均规定，沿梁全长顶面和底面应至少各配置两根纵向钢筋，一、二级抗震设计时钢筋直径不应小于 14mm，且分别不应小于梁两端顶面和底面纵向配筋中较大截面面积的 1/4；三、四级抗震设计和非抗震设计时钢筋直径不应小于 12mm。

　　沿梁全长需配置一定数量的通长钢筋是考虑框架梁在地震作用过程中反弯点位置可能发生变化，如在水平地震作用时楼面可能无活荷载而梁端弯矩变号点比有活荷载时向跨中延伸；非抗震设计时，活荷载各跨不利分布时梁端弯矩变号点也会向跨中延伸。如果设置通长钢筋，可保证梁各个部位的这部分钢筋都能发挥其受拉承载力。

　　一、二级抗震等级的框架梁内贯通中柱的每根纵向钢筋的直径，对矩形截面柱，不宜大于柱在该方向截面尺寸的 1/20；对圆形截面柱，不宜大于纵向钢筋所在位置柱截面弦长的 1/20。这是因为考虑地震作用时，防止梁在反复荷载作用时钢筋滑移，锚固失效而破坏。

1.3.4　框架梁的箍筋和构造钢筋

1.3.4.1　框架梁的箍筋

　　梁的箍筋作用是既要承受剪力，满足梁斜截面承载力的要求，又要约束纵向钢筋及混凝土使它们共同工作。有抗震设计时，梁端箍筋加密是提高梁延性的有效措施。因此，有抗震设计与无抗震设计箍筋的设置要求是不同的。

　　(1) 抗震设计时箍筋的设置要求

　　① 梁端箍筋的加密区长度、箍筋最大间距和箍筋最小直径，应按表 1.19 采用；当梁端纵向受拉钢筋配筋率大于 2% 时，表中箍筋最小直径应增大 2mm。

表 1.19　框架梁梁端箍筋加密区的构造要求　　　　　　单位：mm

抗震等级	加密区长度	箍筋最大间距	箍筋最小直径	箍筋最小直径（当纵筋配筋率＞2%时）
一级	梁高的 2 倍和 500 中的较大值	纵向钢筋直径的 6 倍，梁高的 1/4 和 100 中的最小值	10	12
二级	梁高的 1.5 倍和 500 中的较大值	纵向钢筋直径的 8 倍，梁高的 1/4 和 100 中的最小值	8	10
三级		纵向钢筋直径的 8 倍，梁高的 1/4 和 150 中的最小值	8	10
四级			6	8

　　② 第一个箍筋应设置在距构件节点边缘不大于 50mm 处。

　　③ 梁箍筋加密区长度内的箍筋肢距：一级抗震等级不宜大于 200mm 及 20 倍箍筋直径的较大值；二、三级抗震等级不宜大于 250mm 及 20 倍箍筋直径较大值，四级抗震等级不宜大于 300mm。

　　④ 在纵向钢筋搭接长度范围内的箍筋间距，钢筋受拉时不应大于搭接钢筋较小直径的 5 倍，且不应大于 100mm；钢筋受压时不应大于搭接钢筋较小直径的 10 倍，且不应大于 200mm。

　　⑤ 框架梁非加密区箍筋最大间距不宜大于加密区箍筋间距的 2 倍。梁的箍筋应有 135° 弯钩，弯钩端部直段长度不应小于 10 倍箍筋直径和 75mm。

　　⑥ 沿梁全长箍筋的配筋率要求。

　　箍筋的配筋率用配箍率 ρ_{sv} 来表示，具体按式(1.14)进行计算。不同抗震等级 ρ_{sv} 的要求不同，梁箍筋的最小配箍率列于表 1.20 中。

$$\rho_{sv} = \frac{A_{sv}}{bs} \geqslant n\frac{f_t}{f_{yv}} \tag{1.14}$$

式中 A_{sv}——配置在同一截面内箍筋各肢的全部截面面积，$A_{sv}=mA_{sv1}$，此处，m 为在同一截面内箍筋的肢数，A_{sv1} 为单肢箍筋的截面面积，mm^2；

f_t——混凝土的抗拉强度设计值，N/mm^2；

f_{yv}——箍筋抗拉强度设计值，N/mm^2，按 f_y 值采用；

n——系数，一级 $n=0.3$，二级 $n=0.28$，三、四级 $n=0.26$；

b——梁截面宽度，mm；

s——沿构件长度方向的箍筋间距，mm。

表 1.20 框架梁箍筋的最小配箍率 ρ_{sv}　　　　　　单位：%

箍筋种类	n	混凝土强度等级				
		C20	C25	C30	C35	C40
HPB300	0.24	0.098	0.113	0.127	0.140	0.152
	0.26	0.106	0.122	0.138	0.151	0.165
	0.28	0.114	0.132	0.148	0.163	0.177
	0.30	0.122	0.141	0.159	0.174	0.190
HRB335	0.24	0.088	0.102	0.114	0.126	0.137
	0.26	0.095	0.110	0.124	0.136	0.148
	0.28	0.103	0.119	0.133	0.147	0.160
	0.30	0.110	0.127	0.143	0.157	0.171
HRB400	0.24	0.073	0.085	0.095	0.105	0.114
	0.26	0.079	0.092	0.103	0.113	0.124
	0.28	0.086	0.099	0.111	0.122	0.133
	0.30	0.092	0.106	0.119	0.131	0.143
HRB500	0.24	0.061	0.070	0.079	0.087	0.094
	0.26	0.066	0.076	0.085	0.094	0.102
	0.28	0.071	0.082	0.092	0.101	0.110
	0.30	0.076	0.088	0.099	0.108	0.118

（2）非抗震设计时箍筋的设置要求

梁中箍筋的最大间距宜符合表 1.21 的规定，当 $V>0.7f_tbh_0$ 时，箍筋的配筋率 ρ_{sv} 应满足：$\rho_{sv}=\dfrac{A_{sv}}{bs}\geqslant 0.24\dfrac{f_t}{f_{yv}}$，具体数值可参考表 1.20。

表 1.21 梁中箍筋的最大间距　　　　　　单位：mm

梁高 h	$V>0.7f_tbh_0$	$V\leqslant 0.7f_tbh_0$
$150<h\leqslant 300$	150	200
$300<h\leqslant 500$	200	300
$500<h\leqslant 800$	250	350
$h>800$	300	400

当梁中配有按计算需要的纵向受压钢筋时，箍筋应做成封闭式；此时，箍筋的间距不应大于 $15d$（d 为纵向受压钢筋的最小直径），同时不应大于 400mm；当一层内的纵向受压钢

筋多于 5 根且直径大于 18mm 时，箍筋间距不应大于 $10d$；当梁的宽度大于 400mm 且一层内的纵向受压钢筋多于 3 根时，或当梁的宽度不大于 400mm 但一层内的纵向受压钢筋多于 4 根时，应设置复合箍筋。

在纵向受力钢筋搭接长度范围内应配置箍筋，其直径不应小于搭接钢筋较大直径的 0.25 倍。当钢筋受拉时，箍筋间距不应大于搭接钢筋较小直径的 5 倍，且不应大于 100mm；当钢筋受压时，箍筋间距不应大于搭接钢筋较小直径的 10 倍，且不应大于 200mm。当受压钢筋直径 $d > 25mm$ 时，应在搭接接头两个端面外 100mm 范围内各设置两个箍筋。

对截面高度 $h > 800mm$ 的梁，其箍筋直径不宜小于 8mm；对截面高度 $h \leqslant 800mm$ 的梁，其箍筋直径不宜小于 6mm。当梁中配有计算需要的纵向受压钢筋时，箍筋直径不应小于纵向受压钢筋最大直径的 0.25 倍。

在弯剪扭构件中，箍筋的配筋率 ρ_{sv} 应满足：$\rho_{sv} = \dfrac{A_{sv}}{bs} \geqslant 0.28 \dfrac{f_t}{f_{yv}}$，具体数值可参考表 1.20。间距应符合表 1.21 的规定，其中受扭所需的箍筋应做成封闭式，且应沿截面周边布置；当采用复合箍筋时，位于截面内部的箍筋不应计入受扭所需的箍筋面积；受扭所需箍筋的末端应做成 135°弯钩，弯钩端头平直段长度不应小于 $10d$（d 为箍筋直径）。

（3）箍筋的肢数和肢宽

箍筋的肢数有单肢、双肢和四肢。梁截面宽 $b \leqslant 150mm$，且上、下只有一根纵向钢筋时，才采用单肢箍筋。梁截面宽 $b \leqslant 400mm$，且一层内的纵向受压钢筋不多于 4 根时，可采用双肢箍筋。梁截面宽 $b > 400mm$，且一层内的纵向受压钢筋多于 3 根时，或当梁截面宽 b 不大于 400mm，但一层内的纵向受压钢筋多于 4 根时，应设置复合箍筋。梁中一层的纵向受拉钢筋多于 5 根时，宜采用四肢箍筋。

1.3.4.2 梁的构造钢筋

（1）梁的架立钢筋

当梁顶面箍筋转角处无纵向受力钢筋时，应设置架立钢筋。架立钢筋的直径应不小于表 1.22 中的数值。

表 1.22　框架梁架立钢筋的最小直径

条件	$l_0 < 4m$	$4m \leqslant l_0 \leqslant 6m$	$l_0 > 6m$
直径 d/mm	8	10	12

注：l_0 为梁的计算跨度。

绑扎骨架配筋中，采用双肢箍筋时，架立钢筋为 2 根；采用四肢箍筋时，架立钢筋为 4 根。若为多肢时，架立钢筋数应与箍筋肢数相同。

（2）梁侧纵向构造腰筋

当梁的截面尺寸较大时，有可能在梁侧面产生垂直于梁轴线的收缩裂缝。为此，应在梁两侧沿梁长度方向设置纵向构造钢筋，也即腰筋。《混凝土结构设计规范》（GB 50010—2010）规定当梁的腹板高度 $h_w \geqslant 450mm$ 时，在梁的两个侧面应沿高度配置纵向构造钢筋，每侧纵向构造钢筋（不包括梁上、下部受力钢筋及架立钢筋）的截面面积不应小于腹板截面面积 bh_w 的 0.1%，且其间距不宜大于 200mm。腹板高度 h_w 对矩形截面为有效高度；对 T 形截面为有效高度减去翼缘高度；对工字形截面，为腹板净高。

根据上述的腰筋设计规定，下面举例说明腰筋的设置。对常见的现浇钢筋混凝土梁板结构，当梁高 $h = 600mm$，有效高度 $h_0 = 565mm$。如果现浇板厚（即翼缘高度）为 120mm，

$h_w = 445\text{mm} < 450\text{mm}$，梁侧可不设纵向构造钢筋即腰筋；如果现浇板厚为110mm，$h_w = 455\text{mm} > 450\text{mm}$，必须设腰筋且每侧腰筋必须设两根，否则腰筋间距已大于200mm。仅仅是板厚10mm的变化，出现从每侧不需要设腰筋到需设两道腰筋，这反映了规范的一些不协调之处。

梁两侧纵向构造腰筋，一般仅伸至支座中，若按计算配置时，则在梁端应满足受拉钢筋的锚固要求。

梁两侧纵向构造腰筋宜用拉结筋连系。拉结筋直径与梁截面宽度b有关。当$b \leqslant 350\text{mm}$时，直径为6mm；当$b > 350\text{mm}$时，直径为8mm。一般可比梁箍筋直径小一级或者相同，其间距一般为箍筋间距的2倍，并不大于600mm。

（3）集中力作用处附加横向钢筋

次梁与主梁相交处，在主梁高度范围内受到次梁传来的集中荷载的作用。次梁顶部在负弯矩作用下将产生裂缝。因次梁传来的集中荷载将通过其受压区的剪切面传至主梁截面高度的中、下部，使其下部混凝土可能产生斜裂缝，最后被拉脱而发生局部破坏。因此，为保证主梁在这些部位有足够的承载力，位于梁下部或梁截面高度范围内的集中荷载，应全部由附加横向钢筋（箍筋、吊筋）承担，如图1.13所示，附加横向钢筋宜优先采用附加箍筋。箍筋应布置在长度为$s = 2h_1 + 3b$的范围内。当采用吊筋时，其弯起段应伸至梁上边缘，且末端水平段长度在受拉区不应小于$20d$，在受压区不应小于$10d$，d为弯起钢筋的直径。

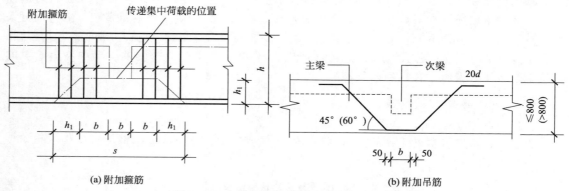

图1.13 主梁与次梁相交处附加横向钢筋

附加横向钢筋所需的总截面面积由下式计算：

$$F \leqslant 2f_y A_{sb} \sin\alpha + mnf_{yv} A_{sv1} \tag{1.5}$$

式中 F——由次梁传递的集中荷载设计值，N或kN；

      f_y——吊筋的抗拉强度设计值，N/mm^2；

      f_{yv}——附加箍筋的抗拉强度设计值，N/mm^2；

      A_{sb}——一根吊筋的截面面积，mm^2；

      A_{sv1}——单肢箍筋的截面面积，mm^2；

      m——附加箍筋的排数；

      n——在同一截面内附加箍筋的肢数；

      α——吊筋与梁轴线间的夹角。

如果集中荷载全部由附加吊筋承受，则

$$A_{sb} \geqslant \frac{F}{2f_y \sin\alpha} \tag{1.16}$$

附加吊筋可承受的集中荷载设计值可直接参考表 1.23 中数值，也可根据集中荷载设计值直接选择附加吊筋的根数和直径。

表 1.23　附加吊筋可承受的集中荷载设计值 F　　　　　单位：N

吊筋直径 d/mm			12	14	16	18	20	22	25	28	32
α＝45°	HPB300 吊筋根数	1	43148	58803	76749	97178	119897	145098	187482	235212	307188
		2	86295	117606	153499	194355	239794	290197	374965	470424	614377
		3	129443	176409	230248	291533	359691	435295	562447	705636	921565
	HRB335 吊筋根数	1	47942	65337	85277	107975	133219	161220	208314	261347	341320
		2	95884	130673	170554	215950	266438	322441	416627	522693	682641
		3	143826	196010	255831	323926	399657	483661	624941	784040	1023961
	HRB400 吊筋根数	1	57530	78404	102332	129570	159863	193464	249976	313616	409585
		2	57530	156808	204665	259140	319725	386929	499953	627232	819169
		3	57530	235212	306997	388711	479588	580393	749929	940848	1228754
	HRB500 吊筋根数	1	69516	94738	123652	156564	193167	233770	302055	378953	494915
		2	139031	189476	247304	313128	386335	467539	604110	757905	989829
		3	208547	284214	370955	469692	579502	701309	906164	1136858	1484744
α＝60°	HPB300 吊筋根数	1	52845	72019	93998	119018	146843	177708	229618	288075	376227
		2	105690	144037	187997	238036	293687	355417	459236	576149	752455
		3	158535	216056	281995	357054	440530	533125	688854	864224	1128682
	HRB335 吊筋根数	1	58717	80021	104443	132242	163159	197454	255131	320083	418030
		2	117433	160041	208885	264484	326318	394908	510262	640166	836061
		3	176150	240062	313328	396726	489478	592361	765393	960249	1254091
	HRB400 吊筋根数	1	70460	96025	125331	158690	195791	236945	306157	384100	501637
		2	70460	192050	250662	317381	391582	473889	612315	768199	1003273
		3	70460	288075	375994	476071	587373	710834	918472	1152299	1504910
	HRB500 吊筋根数	1	85139	116030	151442	191751	236581	286308	369940	464120	606144
		2	170278	232060	302884	383502	473162	572616	739880	928241	1212288
		3	255417	348090	454326	575253	709742	858924	1109820	1392361	1818433

如果集中荷载全部由附加箍筋承受，则

$$A_{sv1} \geqslant \frac{F}{mnf_{yv}} \tag{1.17}$$

附加箍筋可承受的集中荷载设计值可直接参考表 1.24 中数值，也可根据集中荷载设计值直接选择附加箍筋的根数和直径。

表 1.24　附加箍筋可承受的集中荷载设计值 F　　　　　单位：N

钢筋级别	箍筋直径/mm	双肢箍 次梁两侧的箍筋根数			四肢箍 次梁两侧的箍筋根数		
		2	4	6	2	4	6
HPB300	6	30564	61128	91692	61128	122256	183384
	8	54324	108648	162972	108648	217296	325944
	10	84780	169560	254340	169560	339120	508680
	12	122148	244296	366444	244296	488592	732888

钢筋级别	箍筋直径/mm	双肢箍 次梁两侧的箍筋根数			四肢箍 次梁两侧的箍筋根数		
		2	4	6	2	4	6
HRB335	8	60360	120720	181080	120720	241440	362160
	10	94200	188400	282600	188400	376800	565200
	12	135720	271440	407160	271440	542880	814320
HRB400	8	72432	144864	217296	144864	289728	434592
	10	113040	226080	339120	226080	452160	678240
	12	162864	325728	488592	325728	651456	977184
HRB500	8	87522	175044	262566	175044	350088	525132
	10	136590	273180	409770	273180	546360	819540
	12	196794	393588	590382	393588	787176	1180764

1.3.5 框架梁抗震设计实例

已知框架梁梁端组合弯矩设计值如图 1.14 所示，抗震等级为一级，梁截面尺寸为 300mm×750mm，柱截面尺寸为 500mm×500mm。A 端实配负弯矩钢筋 7Φ25（$A_s^t = 3436mm^2$），正弯矩钢筋 4Φ22（$A_s^b = 1520mm^2$）。B 端实配负弯矩钢筋 10Φ25（$A_s' = 4909mm^2$），正弯矩钢筋 4Φ22（$A_s^b = 1520mm^2$）。混凝土强度等级采用 C30，纵向受力钢筋采用 HRB335 级钢筋，箍筋采用 HPB300 级钢筋。

要求对此框架梁进行抗震设计。

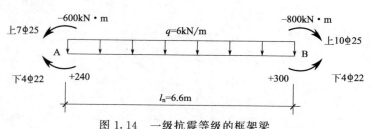

图 1.14 一级抗震等级的框架梁

【解】 1. 根据"强剪弱弯"的原则调整梁的截面剪力，确定梁端剪力设计值

（1）框架梁为一级抗震等级，$\eta_{vb} = 1.3$，由公式 $V = \eta_{vb}(M_b^l + M_b^r)/l_n + V_{Gb}$，则

$$V_b = 1.3 \frac{M_b^l + M_b^r}{l_n} + \frac{1.2}{2}ql_n$$

由梁端弯矩按逆时针方向计算时：

$$V_b = 1.3 \times \frac{600 + 300}{6.6} + 1.2 \times \frac{1}{2} \times 6 \times 6.6 = 1.3 \times \frac{900}{6.6} + 23.760 = 201.03(kN)$$

由梁端弯矩按顺时针方向计算时：

$$V_b = 1.3 \times \frac{800 + 240}{6.6} + 1.2 \times \frac{1}{2} \times 6 \times 6.6 = 1.3 \times \frac{1040}{6.6} + 23.760 = 228.61(kN)$$

（2）同时一级抗震等级的框架梁需要满足：

$$V_b = 1.1 \frac{M_{bua}^l + M_{bua}^r}{l_n} + \frac{1.2}{2}ql_n$$

在这里约定，一层钢筋时，$h_0=h-40$，两层钢筋时，$h_0=h-60$，三层钢筋时，$h_0=h-75$。注意计算 M_{bua}^l 和 M_{bua}^r 时是根据实配钢筋面积（计入受压钢筋）和材料强度标准值确定的。

由梁端弯矩按逆时针方向计算时：

$$M_{bua}^l=\frac{1}{0.75}\times335\times3436\times(750-60)=1059(kN\cdot m)$$

$$M_{bua}^r=\frac{1}{0.75}\times335\times1520\times(750-40)=482(kN\cdot m)$$

$$V_b=1.1\times\frac{1059+482}{6.6}+1.2\times\frac{1}{2}\times6\times6.6=280.59(kN)$$

由梁端弯矩按顺时针方向计算时：

$$M_{bua}^l=\frac{1}{0.75}\times335\times1520\times(750-40)=482(kN\cdot m)$$

$$M_{bua}^r=\frac{1}{0.75}\times335\times4909\times(750-75)=1480(kN\cdot m)$$

$$V_b=1.1\times\frac{1480+482}{6.6}+1.2\times\frac{1}{2}\times6\times6.6=350.76(kN)$$

所以，最后调整后的梁端剪力设计值为 $V_b=350.76kN$。

2. 验算剪压比限值

框架梁跨高比近似取为：$6.6/0.75=8.8>2.5$，则：

$$\frac{1}{\gamma_{RE}}(0.2f_cbh_0)=\frac{1}{0.85}\times(0.2\times14.3\times300\times710)=716.68(kN)>350.76kN$$

所以，满足要求。

3. 斜截面受剪承载力计算

（1）混凝土受剪承载力为：

$$V_c=0.6\alpha_{cv}f_tbh_0=0.6\times0.7\times1.43\times300\times710=127.93(kN)$$

（2）计算所需箍筋面积：由公式（1.12），$V\leqslant\frac{1}{\gamma_{RE}}\left[0.6\alpha_{cv}f_tbh_0+f_{yv}\frac{A_{sv}}{s}h_0\right]$，则

$$350760=\frac{1}{0.85}\times(127930+f_{yv}\frac{A_{sv}}{s}h_0)$$

则

$$\frac{A_{sv}}{s}=\frac{0.85\times350760-127930}{270\times710}=0.888(mm^2/mm)$$

（3）梁端箍筋加密区间距，$s=6d$（即 $s=6\times25=150mm$）、$\frac{1}{4}h_b$（即 $s=\frac{1}{4}\times750=187mm$）或 $100mm$ 三者中的最小值，所以取 $s=100mm$，则

$$A_{sv}=0.888\times100=88.8(mm^2)$$

选 $\phi10$，4 肢箍，$A_{sv}=314mm^2>88.8mm^2$（满足要求）。

4. 验算配箍率

一级抗震等级，$\rho_{sv}=\frac{A_{sv}}{bs}\geqslant0.3\frac{f_t}{f_{yv}}$

支座加密区：$\rho_{sv}=\frac{A_{sv}}{bs}=\frac{314}{300\times100}=1.05\%>0.3\times\frac{1.43}{270}=0.16\%$

中部非加密区：取 $s=200mm$

$$\rho_{sv}=\frac{A_{sv}}{bs}=\frac{314}{300\times200}=0.52\%>0.3\times\frac{1.43}{270}=0.16\%$$

所以，箍筋满足要求。

5. 梁纵筋锚固

（1）受拉钢筋的锚固长度。由《混凝土结构设计规范》（GB 50010—2010）可知，受拉钢筋的锚固长度为：

$$l_a = \zeta_a \alpha \frac{f_y}{f_t} d = 1.0 \times 0.14 \times \frac{300}{1.43} \times 25 = 734.27 \text{（mm）}$$

（2）一级抗震等级要求锚固长度：$l_{aE} = 1.15 l_a = 1.15 \times 734.27 = 845 \text{（mm）}$

水平锚固段长度：$l_h \geqslant 0.4 l_{aE} = 0.4 \times 845 = 340 \text{（mm）}$

梁负钢筋锚入边柱（边柱截面尺寸为 500mm×500mm）水平长度为 $500 - 35 = 465 \text{（mm）} > 340\text{mm}$，满足要求。

弯折段要求：$\qquad l_h \geqslant 15d = 15 \times 25 = 375 \text{（mm）}$

梁筋锚固和弯折在梁配筋图中表示。

6. 梁端箍筋加密区长度

$$l_0 = 2.0 h_b = 2 \times 750 = 1500 \text{（mm）}$$

7. 一、二级抗震等级的框架梁内贯通中柱的每根纵向钢筋的直径，对矩形截面柱，不宜大于柱在该方向截面尺寸的 1/20，本实例中柱截面高度 $h_c = 500\text{mm}$，中柱梁负钢筋直径 $d = 25\text{mm}$，则 $d \leqslant h_c/20 = 25$，满足要求。

8. 框架梁配筋构造图

画出框架梁的配筋构造图（图 1.15），图中纵向钢筋的布置和切断点应符合《混凝土结

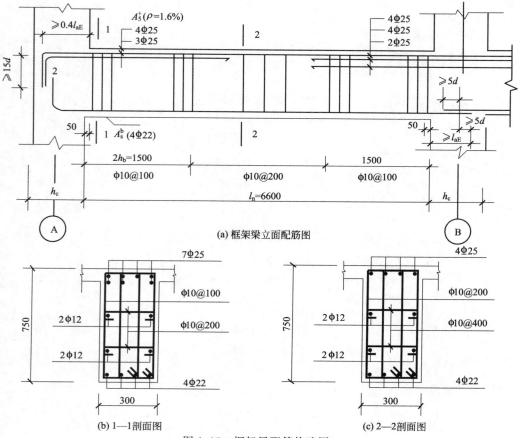

图 1.15　框架梁配筋构造图

构设计规范》（GB 50010—2010）和《建筑抗震设计规范》（GB 50011—2010）的有关要求。

1.4 框架柱设计

1.4.1 框架柱截面尺寸确定

一般框架柱的截面按轴压比先进行估算，同时需要满足构造要求，如框架柱截面高度与宽度一般可取（1/15～1/10）层高。非抗震设计时，柱宽和柱高均不宜小于250mm。抗震设计时，柱截面高度及截面宽度均不宜小于300mm，圆柱的截面直径不宜小于350mm；柱截面高度与宽度的比值不宜大于3。此外，高层建筑框架柱的最小截面高度不宜小于400mm，柱截面宽度不宜小于350mm，柱净高与截面长边尺寸之比宜大于4。

柱的剪跨比宜大于2，以避免产生剪切破坏。在设计中，楼梯间、设备层等部位难以避免短柱时，除应验算柱的受剪承载力以外，还应采取措施提高其延性和抗剪能力。

框架边柱的截面应满足梁的上部纵向受拉钢筋在节点内的锚固要求。如果柱的截面尺寸不满足要求时，梁可以做成探头梁以解决梁上部受拉纵向钢筋的锚固问题。

对有抗震要求的框架梁的纵向受拉钢筋要通过中柱节点时，中柱截面高度不宜小于 $20d$（d 为梁内贯通中柱的受拉钢筋的最大直径）。

由轴压比初步估算框架柱截面尺寸时，可按下式计算：

$$A_c = b_c \times h_c \geqslant \frac{N}{\mu_N f_c} \tag{1.18}$$

式中　A_c——框架柱的截面面积，mm^2；

　　　b_c——框架柱的截面宽度，mm；

　　　h_c——框架柱的截面高度，mm；

　　　N——柱轴向压力设计值，按式(1.19)进行估算，N 或 kN；

　　　μ_N——框架柱的轴压比限值，按表1.25取值；

　　　f_c——柱混凝土抗压强度设计值，N/mm^2。

表 1.25　框架柱轴压比限值

结构体系	抗震等级			
	一级	二级	三级	四级
框架结构	0.65	0.75	0.85	0.90
框架-剪力墙结构、筒体结构	0.75	0.85	0.90	0.95
部分框支剪力墙结构	0.60	0.70	—	

注：1. 轴压比指柱地震作用组合的轴向压力设计值与柱的全截面面积和混凝土轴心抗压强度设计值乘积之比值。

2. 当混凝土强度等级为C65、C70时，轴压比限值宜按表中数值减小0.05；混凝土强度等级为C75、C80时，轴压比限值宜按表中数值减小0.10。

3. 表内限值适用于剪跨比大于2、混凝土强度等级不高于C60的柱；剪跨比不大于2的柱轴压比限值应降低0.05；剪跨比小于1.5的柱，轴压比限值应专门研究并采取特殊构造措施。

4. 沿柱全高采用井字复合箍，且箍筋间距不大于100mm、肢距不大于200mm、直径不小于12mm，或沿柱全高采用复合螺旋箍，且螺距不大于100mm、肢距不大于200mm、直径不小于12mm，或沿柱全高采用连续复合矩形螺旋箍，且螺旋净距不大于80mm、肢距不大于200mm、直径不小于10mm时，轴压比限值均可按表中数值增加0.10。

5. 当柱截面中部设置由附加纵向钢筋形成的芯柱，且附加纵向钢筋的总截面面积不少于柱截面面积的0.8%时，轴压比限值可按表中数值增加0.05；此项措施与注4的措施同时采用时，轴压比限值可按表中数值增加0.15，但箍筋的配箍特征值 λ_v 仍应按轴压比增加0.10的要求确定。

6. 调整后的柱轴压比限值不应大于1.05。

柱轴向压力设计值 N 按下式估算：

$$N = \gamma_G q S n \alpha_1 \alpha_2 \beta \tag{1.19}$$

式中　γ_G——竖向荷载分项系数，（已包含活载），可取 1.25；

　　q——每个楼层上单位面积的竖向荷载标准值，kN/m^2，参考表 1.26 中数值。《高规》第 5.1.8 条的条文说明中有这样的叙述：目前国内钢筋混凝土结构高层建筑由恒载和活载引起的单位面积重力，框架和框架剪力墙结构约为 12～14kN/mm^2，剪力墙和筒体约为 13～16kN/mm^2；

　　S——柱一层的受荷面积，mm^2；图 1.16 中阴影部分分别表示中柱、边柱和角柱的受荷面积；

　　n——柱承受荷载的楼层数；

　　α_1——考虑水平力产生的附加系数，风荷载或四级抗震时，$\alpha_1 = 1.05$；三～一级抗震等级时，$\alpha_1 = 1.05～1.15$；

　　α_2——边柱、角柱轴向力增大系数，边柱 $\alpha_2 = 1.1$，角柱 $\alpha_2 = 1.2$，中柱 $\alpha_2 = 1.0$；

　　β——柱由框架梁与剪力墙连接时，柱轴力折减系数，可取为 0.7～0.8。

表 1.26　竖向荷载标准值估算

结构体系		竖向荷载标准值（已包含活荷载）/(kN/m^2)
框架结构	轻质砖	10～12
	机制砖	12～14
框剪结构	轻质砖	12～14
	机制砖	14～16
筒体、剪力墙结构		15～18

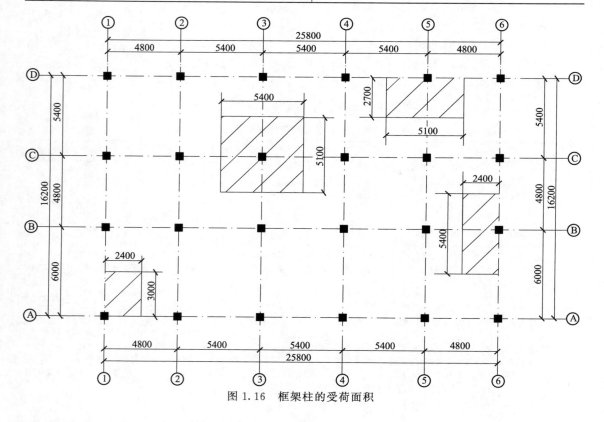

图 1.16　框架柱的受荷面积

1.4.2 框架柱截面承载力计算

1.4.2.1 框架柱正截面受弯承载力计算

① 控制框架柱的轴压比。轴压比是指柱组合的轴压力设计值与柱的全截面面积和混凝土轴心抗压强度设计值乘积之比值，具体参考表 1.25 中的数值。轴压比是影响柱子破坏形态和延性的主要因素之一。试验表明，柱的位移延性随轴压比增大而急剧下降，尤其在高轴压比条件下，箍筋对柱的变形能力的影响越来越不明显。随轴压比的大小，柱将呈现两种破坏形态，即混凝土压碎而受拉钢筋并未屈服的小偏心受压破坏和受拉钢筋首先屈服具有较好延性的大偏心受压破坏。框架柱的抗震设计一般应控制在大偏心受压破坏范围。因此，必须控制轴压比。

② 抗震设计时，一～四级框架的梁、柱节点处，柱端考虑地震作用的组合弯矩值应按下列规定予以调整

一级抗震等级：
$$\sum M_c = \max\{1.2\sum M_{bua}, 1.7\sum M_b\} \tag{1.20}$$

二级抗震等级：
$$\sum M_c = 1.5\sum M_b \tag{1.21}$$

三级抗震等级：
$$\sum M_c = 1.3\sum M_b \tag{1.22}$$

四级抗震等级：
$$\sum M_c = 1.2\sum M_b \tag{1.23}$$

式中　$\sum M_c$——考虑地震作用组合的节点上、下柱端的弯矩设计值之和；柱端弯矩设计值的确定，在一般情况下，可将公式（1.20）至公式（1.23）计算的弯矩之和，按上、下柱端弹性分析所得的考虑地震作用组合的弯矩比进行分配；

　　　　$\sum M_b$——节点左、右梁端截面反时针或顺时针方向组合的弯矩设计值之和，一级框架节点左、右梁端均为负弯矩时，绝对值较小的弯矩应取零；

　　　　$\sum M_{bua}$——同一节点左、右梁端按顺时针和逆时针方向采用实配钢筋截面面积和材料强度标准值，且考虑承载力抗震调整系数计算的正截面抗震受弯承载力所对应的弯矩值之和的较大值；其中梁端的 M_{bua} 应按式（1.11）中的说明计算。

③ 框架底层柱根部对整体框架延性起控制作用，柱脚过早出现塑性铰将影响整个结构的变形及耗能能力。随着底层框架梁铰的出现，底层柱根部弯矩也有增大趋势。为了延缓底层根部柱铰的发生使整个结构的塑性过程得以充分发展，而且底层柱计算长度和反弯点有更大的不确定性，所以应适当加强底层柱的抗弯能力。为此，《混凝土结构设计规范》（GB 50010—2010）和《建筑抗震设计规范》（GB 50011—2010）规定：考虑地震作用组合的框架结构底层柱下端截面和框支柱的顶层柱上端和底层柱下端截面的弯矩设计值，对一、二、三、四级抗震等级应按考虑地震作用组合的弯矩设计值分别乘以系数 1.7、1.5、1.3 和 1.2 确定。底层柱纵向钢筋宜按柱上、下端的不利情况配置。这里的底层指无地下室的基础以上或地下室以上的首层。

④ 考虑到高层建筑底部柱的弯矩设计值的反弯点可能不在柱的层高范围内，柱端弯矩设计值可直接按考虑地震作用组合的弯矩设计值乘以增大系数确定。因此，当反弯点不在柱的层高范围内时，一、二、三、四级抗震等级的框架柱端弯矩设计值应按考虑地震作用组合的弯矩设计值分别直接乘以系数 1.7、1.5、1.3 和 1.2 确定。

⑤ 对于框架顶层柱和轴压比小于 0.15 的柱，因其具有与梁相近的变形能力，所以柱端弯矩设计值可直接取地震作用组合下的弯矩设计值。

⑥ 对一、二、三、四级抗震等级的框架角柱，考虑到在历次强震中其震害相对较重，

加之，角柱还受有扭转、双向剪切等不利影响，在设计中，其弯矩、剪力设计值应取经调整后的弯矩、剪力设计值乘以不小于 1.1 的增大系数。

1.4.2.2　框架柱斜截面受剪承载力计算

（1）剪压比限值

剪压比是柱截面上平均剪应力与混凝土轴心抗压强度设计值的比值，以 $V/(f_cbh_0)$ 表示。如果构件载面的剪压比过大，混凝土就会过早地产生脆性破坏，使箍筋不能充分发挥作用。因此必须对剪压比加以限制。实际上，对柱剪压比的限制，就是对柱最小截面尺寸的限制。

对于剪跨比大于 2 的矩形截面框架柱，其截面尺寸与剪力设计值应符合下式的要求：

$$V \leqslant \frac{1}{\gamma_{RE}}(0.2\beta_c f_c b h_{c0}) \tag{1.24}$$

对于剪跨比不大于 2 的框架短柱，其截面尺寸与剪力设计值应符合下式的要求：

$$V \leqslant \frac{1}{\gamma_{RE}}(0.15\beta_c f_c b h_{c0}) \tag{1.25}$$

剪跨比应按下式计算：

$$\lambda = \frac{M_c}{V_c h_{c0}} \tag{1.26}$$

式中　λ——剪跨比，应按柱端截面组合的弯矩计算值 M_c、对应的截面组合的剪力计算值 V_c 及截面有效高度 h_0 确定，并取上下端计算结果的较大值；反弯点位于柱高中部的框架柱可按柱净高与 2 倍柱截面高度之比计算；

　　　　β_c——混凝土强度影响系数：当混凝土强度等级不超过 C50 时，β_c 取 1.0；当混凝土强度等级为 C80 时，β_c 取 0.8；其间按线性内插法确定；

　　　　V——按"强剪弱弯"的原则调整后的柱端截面组合的剪力计算值，N 或 kN；

　　　　b_c——框架柱的截面宽度，圆形截面柱可按面积相等的方形截面计算，mm；

　　　　h_{cC}——框架柱的截面有效高度，mm；

　　　　f_c——柱混凝土抗压强度设计值，N/mm²。

〔2〕根据"强剪弱弯"的原则调整柱的截面剪力设计值

由于按我国设计规范规定的柱弯矩增大措施，只能适度推迟柱端塑性铰的出现，而不能避免出现柱端塑性铰，因此，对柱端也应提出"强剪弱弯"要求，以保证在柱端塑性铰达到预期的塑性转动之前，柱端塑性铰区不出现剪切破坏。为防止框架柱在压弯破坏之前发生剪切破坏，应按"强剪弱弯"的原则，对抗震等级为一、二、三、四级的框架柱端剪力设计值进行调整，并以此剪力进行柱斜截面计算。

9 度设防烈度的各类框架和一级抗震等级的框架结构，应满足：

$$V = 1.2(M_{cua}^t + M_{cua}^b)/H_n \tag{1.27}$$

二、三、四级抗震等级的框架结构，应满足：

$$V = \eta_{vc}(M_c^t + M_c^b)/H_n \tag{1.28}$$

式中　　　V——柱端截面组合的剪力设计值，kN 或 N；

　　　　　H_n——柱的净高，mm；

　　M_c^t、M_c^b——分别为柱上下端反时针或顺时针方向截面组合的弯矩设计值，应考虑"强柱弱梁"调整、底层柱下端及角柱弯矩放大系数的影响，kN·m 或 N·m；

M_{cua}^t、M_{cua}^b——分别为偏向受压柱的上下端反时针或顺时针方向实配的正截面抗震受弯承载力所对应的弯矩值，根据实配钢筋面积、材料强度标准值和轴压力确定，kN·m 或 N·m；

η_{vc}——柱剪力增大系数，二级取 1.3，三级取 1.2，四级取 1.1。

(3) 柱斜截面受剪承载力

国内有关反复荷载作用下偏压柱塑性铰区的受剪承载力试验表明，反复加载使构件的受剪承载力比单调加载降低约 $10\%\sim30\%$，这主要是由于混凝土受剪承载力降低所致。为此，按框架梁相同的处理原则，给出了混凝土项抗震受剪承载力相当于非抗震情况下混凝土受剪承载力的 60%，而箍筋项抗震受剪承载力与非抗震情况相比不予降低。因此，考虑地震作用组合的框架柱和框支柱的斜截面抗震受剪承载力应按下式计算。

考虑地震作用组合的框架柱和框支柱不出现轴向拉力：

$$V_c \leqslant \frac{1}{\gamma_{RE}} \left[\frac{1.05}{\lambda+1} f_t b h_{c0} + f_{yv} \frac{A_{sv}}{s} h_{c0} + 0.056N \right] \tag{1.29}$$

式中 λ——框架柱和框支柱的计算剪跨比，取 $\lambda = M/(Vh_{c0})$；此处，M 宜取柱上、下端考虑地震作用组合的弯矩设计值的较大值，V 取与 M 对应的剪力设计值，h_{c0} 为柱截面有效高度；当框架结构中的框架柱的反弯点在柱层高范围内时，可取 $\lambda = H_n/(2h_{c0})$，此处，H_n 为柱净高；当 $\lambda < 1.0$ 时，取 $\lambda = 1.0$；当 $\lambda > 3.0$ 时，取 $\lambda = 3.0$；

N——考虑地震作用组合的框架柱和框支柱轴向压力设计值，当 $N > 0.3 f_c A$ 时，取 $N = 0.3 f_c A$。

当考虑地震作用组合的框架柱和框支柱出现拉力时，其斜截面抗震受剪承载力应符合下列规定：

$$V_c \leqslant \frac{1}{\gamma_{RE}} \left[\frac{1.05}{\lambda+1} f_t b h_{c0} + f_{yv} \frac{A_{sv}}{s} h_{c0} - 0.2N \right] \tag{1.30}$$

式中 N——考虑地震作用组合的框架柱轴向拉力设计值。

当上式右边括号内的计算值小于 $f_{yv} A_{sv} h_{c0}/s$ 时，取等于 $f_{yv} A_{sv} h_{c0}/s$，且 $f_{yv} A_{sv} h_{c0}/s$ 值不应小于 $0.36 f_t b_c h_{c0}$。

1.4.3 框架柱的纵向钢筋和梁上立柱的纵向钢筋连接构造

1.4.3.1 框架柱的纵向钢筋

(1) 框架柱纵向钢筋最小配筋率

框架柱纵向钢筋最小配筋率是工程设计中较重要的控制指标。为了避免地震作用下柱过早进入屈服，并获得较大的屈服变形，柱的纵向钢筋必须满足最小配筋率的要求。全部纵向受力钢筋配筋率不应小于表 1.27 规定的最小配筋百分率，柱的纵向钢筋宜按对称配置。同时为防止每侧的配筋过少，故要求每侧钢筋配筋百分率不小于 0.2%。对Ⅳ类场地上的高层建筑，表中的数值应增加 0.1。

表 1.27 柱全部纵向受力钢筋最小配筋百分率　　　　单位：%

柱类型	抗震等级			
	一级	二级	三级	四级
框架中柱、边柱	0.9(1.0)	0.7(0.8)	0.6(0.7)	0.5(0.6)
框架角柱、框支柱	1.1	0.9	0.8	0.7

注：1. 表中括号内的数值用于框架结构的柱。

2. 采用 335MPa 级、400MPa 级纵向受力钢筋时，应分别按表中数值增加 0.1 和 0.05 采用。

3. 当混凝土强度等级为 C60 以上时，应按表中数值增加 0.1 采用。

（2）框架柱纵向钢筋最大配筋率

为防止纵筋配置过多，《混凝土结构设计规范》（GB 50010—2010）对框架柱的全部纵向受力钢筋的最大配筋率根据工程经验做出了规定。框架柱和框支柱中全部纵向受力钢筋配筋率不应大于 5%。柱净高与截面高度的比值为 3～4 的短柱试验表明，此类框架柱易发生黏结型剪刃破坏和对角斜拉型剪切破坏。为减少这种脆性破坏，柱中纵向钢筋的配筋率不宜过大。因比，对一级抗震等级，且剪跨比 $\lambda \leqslant 2$ 的框架柱，规定其每侧的纵向受拉钢筋配筋率不大于 1.2%，且柱全长应采用复合箍筋，当柱一侧纵向受拉钢筋配筋率大于 1.2% 时，柱全长箍筋含箍特征值应增加 0.015。

（3） 抗震设计时，截面尺寸大于 400mm 的柱纵向受力钢筋间距不宜大于 200mm。非抗震设计的偏心受压柱，垂直于弯矩作用平面的纵向受力钢筋以及轴心受压柱中各边的纵向受力钢筋，其间距不应大于 350mm。框架-剪力墙结构中的框架柱，当有设计经验时，纵向受力钢筋的间距可适当放宽。纵向受力钢筋的净距，均不应小于 50mm。

（4） 当柱截面尺寸不超过 400mm 时，纵向受力钢筋的最大间距可以适当放宽。

（5） 纵向受力钢筋直径不宜小于 12mm；圆柱中纵向钢筋应沿周边均匀布置，根数不宜少于 8 根，且不应少于 6 根。

（6） 非抗震设计时，当偏心受压柱的截面高度大于 600mm 时，在侧面应设置直径为 10～16mm 的纵向构造钢筋，并应相应地设置复合箍筋或拉结筋。

（7） 抗震设计时，柱纵向受力钢筋的绑扎接头应避开柱端的箍筋加密区。

（8） 角柱、边柱及剪力墙端柱考虑地震作用组合产生的偏心受拉时，柱内纵筋总面积应比计算值增加 25%。

1.4.3.2　梁上立柱的纵向钢筋连接构造

在框架结构中，有时候需要在框架梁上立柱，比如图 1.17 所示框架结构的楼梯中间休息平台梁，就需要支承在生根于下层框架梁上的小立柱（TZ）上。在图中用虚线圆圈出部分为 TZ 的设置位置。

梁上立柱时的纵向钢筋连接构造分为抗震设计（图 1.18）和非抗震设计（图 1.19）两种情况，纵向钢筋的连接又分为绑扎搭接、机械连接和焊接连接。在图 1.18 和图 1.19 中的梁内设两道柱箍筋。

1.4.4　框架柱的箍筋

1.4.4.1　箍筋的形式

框架柱的箍筋可分为普通箍、复合箍和螺旋箍三种形式。普通箍是指单个的矩形箍。复合箍是指矩形箍与菱形箍，或与多边形箍，或与拉结筋、与圆箍等组成的箍筋。拉结筋宜紧靠纵向钢筋并钩住封闭箍筋。

1.4.4.2　非抗震设计时箍筋的要求

① 非抗震设计时，柱的箍筋应做成封闭式，间距不应大于柱截面的短边尺寸，不大于 400mm 且不大于 15d（绑扎骨架）[20d（焊接骨架）]，d 为纵向受力钢筋的最小直径。

② 箍筋直径不应小于 $d/4$，且不应小于 6mm，d 为纵向钢筋的最大直径；

③ 当柱中全部纵向受力钢筋的配筋率大于 3% 时，箍筋直径不应小于 8mm，间距不应大于纵向受力钢筋最小直径的 10 倍，且不应大于 200mm；箍筋末端应做成 135° 弯钩且弯钩末端平直段长度不应小于箍筋直径的 10 倍；箍筋也可焊成封闭环式，但对焊接封闭环式箍

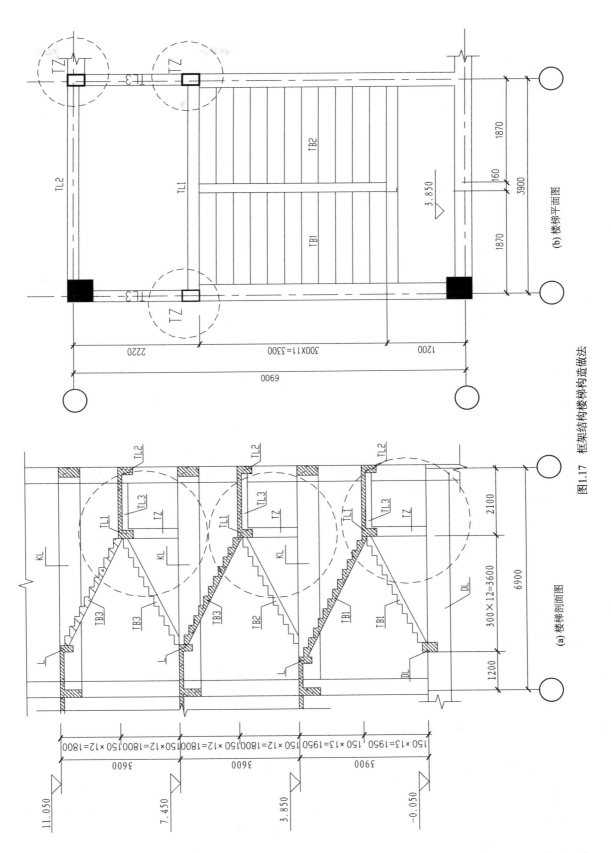

图1.17　框架结构楼梯构造做法

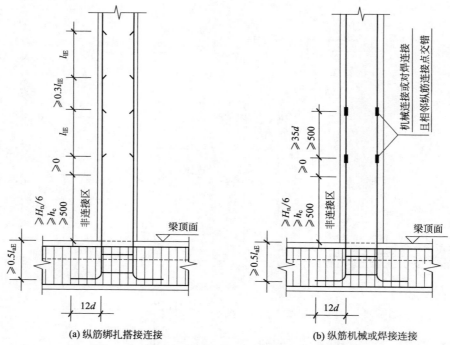

(a) 纵筋绑扎搭接连接

(b) 纵筋机械或焊接连接

图 1.18　抗震设计时梁上立柱的纵向钢筋连接构造

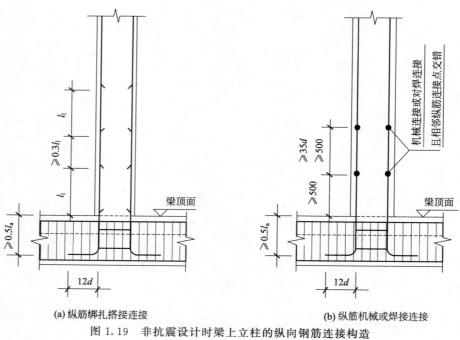

(a) 纵筋绑扎搭接连接

(b) 纵筋机械或焊接连接

图 1.19　非抗震设计时梁上立柱的纵向钢筋连接构造

筋，应避免在施工现场焊接而伤及受力钢筋，宜采用闪光接触对焊等可靠的焊接方法，以确保焊接质量。

④ 当柱截面短边尺寸大于 400mm 且各边纵向钢筋多于 3 根时，或当柱截面短边尺寸不大于 400mm 但各边纵向钢筋多于 4 根时，应设置复合箍筋。

⑤ 柱内纵向钢筋采用搭接做法时，搭接长度范围内箍筋直径不应小于搭接钢筋较大直径的 0.25 倍；在纵向受拉钢筋的搭接长度范围内的箍筋间距不应大于搭接钢筋较小直径的 5 倍，且不应大于 100mm；在纵向受压钢筋的搭接长度范围内的箍筋间距不应大于搭接钢筋较小直径的 10 倍，且不应大于 200mm。当受压钢筋直径大于 25mm 时，应在搭接接头两个端面外 100mm 的范围内各设置两道箍筋。

1.4.4.3　抗震设计时箍筋的要求

(1)　箍筋加密区

抗震设计时，柱箍筋应在下列范围内加密：

① 二层及二层以上的柱两端应取矩形截面柱之长边尺寸（或圆形截面柱之直径）、净高之 1/6 和 500mm 三者之最大值范围内；

② 底层柱刚性地面的上、下各 500mm 的范围内；

③ 底层柱柱根以上 1/3 柱净高的范围内；

④ 剪跨比不大于 2 的柱和因填充墙等形成的柱净高与截面高度之比不大于 4 的柱全高范围内；

⑤ 抗震等级为一级和二级框架的角柱的全高范围；

⑥ 错层处框架柱的全高范围；

⑦ 需要提高变形能力的柱的全高范围。

刚性地面的概念在结构规范里没有明确说明，一般刚性地面可以理解为当结构在受到水平荷载而产生变形时，能够阻碍柱子或墙体侧移的地面。刚性地面可以阻碍结构的侧向位移，但不能作为结构模型竖向构件的计算高度的起点，而嵌固端是竖向构件的计算高度的起点。当结构在受到水平荷载作用时，嵌固端是没有水平位移的，而刚性地面处是可以有水平位移的。一般意义上刚性地面是指配筋混凝土地面，其厚度一般大于 150mm，内配双层或单层双向钢筋，起地面防水作用并加强地面整体性。设计中通常把满足设计刚度的地面也可作为刚性地面。

(2)　箍筋加密区和非加密区的具体要求

① 一般情况下，箍筋的最大间距和最小直径，应按表 1.28 采用。

表 1.28　柱端箍筋加密区和非加密区的构造要求

抗震等级		一级	二级	三级	四级
加密区	最小直径/mm	10	8	8	6（柱根 8）
	最大间距/mm	Min(6d,100)	Min(8d,100)	Min(8d,150)（柱根 100）	Min(8d,150)（柱根 100）
非加密区	最小直径/mm	10	8	8	6（柱根 8）
	最大间距/mm	Min(加密区箍筋间距 2 倍,10d)		Min(加密区箍筋间距 2 倍,15d)	

注：1. d 为柱纵向受力钢筋最小直径。

2. 柱根指框架底层柱下端箍筋加密区。

② 一级框架柱的箍筋直径大于 12mm 且箍筋肢距不大于 150mm 及二级框架柱的箍筋直径不小于 10mm 且箍筋肢距不大于 200mm 时，除底层柱下端外，最大间距应允许采用 150mm；三级抗震等级框架柱的截面尺寸不大于 400mm 时，箍筋最小直径应允许采用 6mm；四级抗震等级框架柱剪跨比不大于 2 时，箍筋直径不应小于 8mm。

③ 剪跨比不大于 2 的柱，箍筋间距不应大于 100mm，一级时不应大于 6 倍的纵向钢筋直径。

④ 箍筋应为封闭式，其末端应做成 135°弯钩且弯钩末端平直段长度不应小于 10 倍的箍

筋直径，且不应小于 75mm。

⑤ 箍筋加密区的箍筋肢距，一级不宜大于 200mm，二级、三级不宜大于 250mm 和 20 倍箍筋直径的较大值，四级不宜大于 300mm。每隔一根纵向钢筋宜在两个方向有箍筋约束；采用拉筋组合箍时，拉筋宜紧靠纵向钢筋并钩住封闭箍。

（3）框架柱箍筋加密区箍筋的体积配箍率

① 框架柱箍筋的体积配箍率。框架柱箍筋的体积配箍率是单位核心混凝土中所含箍筋的体积比率。矩形柱加密区的普通箍、复合箍筋的体积配箍率可按下式计算（单肢箍筋的面积均相同）。

$$\rho_v = \frac{\sum l_n}{(b_c - 2c)(h_c - 2c)} \frac{A_{sv}}{s} \times 100\% \tag{1.31}$$

式中　$\sum l_n$——不计重叠部分的箍筋总长度，mm；

　　　　A_{sv}——单根箍筋的截面面积，mm^2；

　　　　b_c、h_c——矩形截面柱的宽度、高度，mm；

　　　　s——箍筋间距，mm；

　　　　c——混凝土保护层厚度，mm。

② 柱箍筋加密区箍筋的体积配箍率应符合下式要求：

$$\rho_v \geq \lambda_v f_c / f_{yv} \tag{1.32}$$

式中　ρ_v——柱箍筋加密区的体积配箍率，一级不应小于 0.8%，二级不应小于 0.6%，三、四级不应小于 0.4%；计算复合螺旋箍的体积配箍率时，其非螺旋箍的箍筋体积应乘以折减系数 0.80；ρ_v 可按《混凝土结构设计规范》（GB 50010—2010）第 6.6.3 条的规定计算，计算中应扣除重叠部分的箍筋体积，单肢箍筋的面积均相同时可按式(1.31) 计算；

　　　　f_c——混凝土轴心抗压强度设计值；当强度等级低于 C35 时，按 C35 取值；

　　　　f_{yv}——箍筋或拉筋抗拉强度设计值；

　　　　λ_v——最小配箍特征值，按表 1.29 采用。

表 1.29　柱箍筋加密区的箍筋最小配箍特征值

抗震等级	箍筋形式	柱轴压比								
		≤0.30	0.4	0.5	0.6	0.7	0.8	0.9	1.0	1.05
一级	普通箍、复合箍	0.1	0.11	0.13	0.15	0.17	0.20	0.23	—	—
	螺旋箍、复合或连续复合矩形螺旋箍	0.08	0.09	0.11	0.13	0.15	0.18	0.21	—	—
二级	普通箍、复合箍	0.08	0.09	0.11	0.13	0.15	0.17	0.19	0.22	0.24
	螺旋箍、复合或连续复合矩形螺旋箍	0.06	0.07	0.09	0.11	0.13	0.15	0.17	0.20	0.22
三、四级	普通箍、复合箍	0.06	0.07	0.09	0.11	0.13	0.15	0.17	0.20	0.22
	螺旋箍、复合或连续复合矩形螺旋箍	0.05	0.06	0.07	0.09	0.11	0.13	0.15	0.18	0.20

注：1. 普通箍指单个矩形箍或单个圆形箍；螺旋箍指单个螺旋箍；复合箍由矩形、多边形、圆形箍或拉筋组成的箍筋；复合螺旋箍指由螺旋箍与矩形、多边形、圆形箍或拉筋组成的箍筋；连续复合矩形螺旋箍指全部螺旋箍为同一根钢筋加工成的箍筋。

2. 在计算复合螺旋箍的体积配筋率时，其中非螺旋箍筋的体积应乘以系数 0.8。

3. 混凝土强度等级高于 C60 时，箍筋宜采用复合箍、复合螺旋箍或连续复合矩形螺旋箍，当轴压比不大于 0.6 时，其加密区的最小配箍特征值宜按表中数值增加 0.02；当轴压比大于 0.6 时，宜按表中数值增加 0.03。

③ 在柱箍筋加密区外，也即箍筋非加密区的箍筋的体积配箍率不宜小于加密区配箍率的一半；对一、二级抗震等级，箍筋间距不应大于 $10d$；对三、四级抗震等级，箍筋间距不应大于 $15d$，此处，d 为纵向钢筋直径。

1.4.5 框架柱抗震设计实例

已知某楼层框架中柱，抗震等级为二级。轴向压力组合设计值 $N=2710\text{kN}$，柱端组合弯矩设计值分别为 $M_c^t=730\text{kN}\cdot\text{m}$ 和 $M_c^b=770\text{kN}\cdot\text{m}$。梁端组合弯矩值之和 $\sum M_b=900\text{kN}\cdot\text{m}$。选用柱截面 $500\text{mm}\times600\text{mm}$，采用对称配筋，经配筋计算后主要弯矩方向每侧配置 $5\phi25$。梁截面尺寸为 $300\text{mm}\times750\text{mm}$，层高为 4.2m。混凝土强度等级采用 C30，主筋采用 HRB 335 级钢筋，箍筋采用 HPB 300 级钢筋。要求对此框架柱进行抗震设计。

【解】 1. 轴压比验算

由表 1.25 可知，抗震等级为二级的框架柱的轴压比限值是 0.75，则

$$\mu_N=\frac{N}{f_c b_c h_c}=\frac{2710000}{14.3\times500\times600}=0.63<0.75$$

轴压比满足要求。

2. 根据"强柱弱梁"的原则调整柱的弯矩设计值

由公式（1.21）可知，二级抗震等级要求同一节点处梁端、柱端组合弯矩设计值应符合：

$$\sum M_c=1.5\sum M_b$$

则

$$\sum M_c=M_c^t+M_c^b=770+730=1500(\text{kN}\cdot\text{m})>1.5\times\sum M_b=1.5\times900=1350(\text{kN}\cdot\text{m})$$

所以满足强柱弱梁要求，按 $\sum M_c=1500\text{kN}\cdot\text{m}$ 进行计算。

3. 根据"强剪弱弯"的原则调整柱的截面剪力设计值

（1）剪力设计值

由公式（1.28）可知，

$$V_c=1.3\times\frac{M_c^t+M_c^b}{H_n}=1.3\times\frac{770+730}{4.2-0.75}=1.3\times\frac{1500}{3.45}=565.22(\text{kN})$$

（2）剪压比计算

剪跨比 $$\lambda=H_n/(2h_0)=\frac{4.2-0.75}{2\times0.56}=3.08>2$$

由公式（1.24）可知， $$V_c\leqslant\frac{1}{\gamma_{RE}}(0.2\beta_c f_c b_c h_{c0})$$

式中 $h_{c0}=h_c-40$，则 $\dfrac{1}{\gamma_{RE}}(0.2\beta_c f_c b_c h_{c0})=\dfrac{1}{0.85}\times(0.2\times1\times14.3\times500\times560)$

$$=942.12(\text{kN})>565.22\text{kN}$$

所以剪压比满足要求。

（3）箍筋计算

由公式（1.29）可知，$V_c\leqslant\dfrac{1}{\gamma_{RE}}\left[\dfrac{1.05}{\lambda+1}f_t b_c h_{c0}+f_{yv}\dfrac{A_{sv}}{s}h_{c0}+0.056N\right]$

式中混凝土及轴向压力部分承受的剪力 V_{c1} 为：$V_{c1}=\dfrac{1.05}{\lambda+1}f_t b_c h_{c0}+0.056N$

由于柱反弯点在层高范围内，取 $\lambda=\dfrac{H_n}{2H_{c0}}=\dfrac{3.45}{2\times0.560}=3.08>3.0$，取 $\lambda=3.0$

$$N=2710000\text{N}>0.3f_c b_c h_c=0.3\times14.3\times500\times600=1287000(\text{N})$$

故取 $N=1287kN$

所以，$V_{c1}=\dfrac{1.05}{3+1}\times1.43\times500\times560+0.056\times1287000=105105+72072=177177(N)$

所需箍筋：

$$V_c\leqslant\frac{1}{\gamma_{RE}}\left[V_{c1}+f_{yv}\frac{A_{sv}}{s}h_0\right]$$

$$565220=\frac{1}{0.85}\times\left[177177+270\times\frac{A_{sv}}{s}\times560\right]$$

$$\frac{A_{sv}}{s}=2.006(mm^2/mm)$$

对柱端加密区尚应满足：

$$\left.\begin{array}{l}s<8d\ [8\times25=200\ (mm)\ ]\\<100mm\end{array}\right\}取较小者，s=100mm$$

则需 $A_{sv}=100\times2.006=200.6(mm^2)$

选用ϕ10，4 肢箍，则 $A_{sv}=4\times78.5=314(mm^2)>200.6mm^2$，满足要求。

对非加密区，采用 $s=150mm$。

4. 体积配箍率

根据 $\mu_N=0.63$，由表 1.29 查柱箍筋加密区的箍筋最小配箍特征值。由表可知，当 $\mu_N=0.6$ 时，$\lambda_v=0.13$；当 $\mu_N=0.7$ 时，$\lambda_v=0.15$。采用线性插值，可得 $\lambda_v=0.13+\dfrac{0.63-0.6}{0.7-0.6}\times(0.15-0.13)=0.136$，采用井字复合配箍，如图 1.20 所示，其配箍率为：

$$\begin{aligned}\rho_v&=\frac{\sum l_n}{(b_c-2c)(h_c-2c)}\frac{A_{sv}}{s}\times100\%\\&=\frac{4\times(500-2\times25)+4\times(600-2\times25)}{(500-2\times25)\times(600-2\times25)}\times\frac{78.5}{100}\\&=1.27\%>\lambda_v\frac{f_c}{f_{yv}}=0.136\times\frac{16.7}{270}=0.84\%，满足要求。\end{aligned}$$

注意上式计算中 f_c 的取值，本实例混凝土强度等级采用 C30，强度等级低于 C35，所以 f_c 按 C35 取值，即 $f_c=16.7N/mm^2$。

《建筑抗震设计规范》（GB 50011—2010）要求柱箍筋非加密区的体积配箍率不宜小于加密区配箍率的一半，非加密区的箍筋间距 $s=150mm$，其体积配箍率为：

$$\begin{aligned}\rho_v&=\frac{\sum l_n}{(b_c-2c)(h_c-2c)}\frac{A_{sv}}{s}\times100\%\\&=\frac{4\times(500-2\times25)+4\times(600-2\times25)}{(500-2\times25)\times(600-2\times25)}\times\frac{78.5}{150}\\&=0.85\%>0.5\times1.27\%=0.64\%，满足要求。\end{aligned}$$

5. 确定柱端箍筋加密区长度 l_0

$$\left.\begin{array}{l}l_0=h_c=600mm\\H_n/6=3450/6=575\ (mm)\\500mm\end{array}\right\}取大者，l_0=600mm$$

6. 框架柱纵向钢筋的总配筋率，纵筋间距和箍筋肢距也都满足《建筑抗震设计规范》（GB 50011—2010）的要求，验算从略。

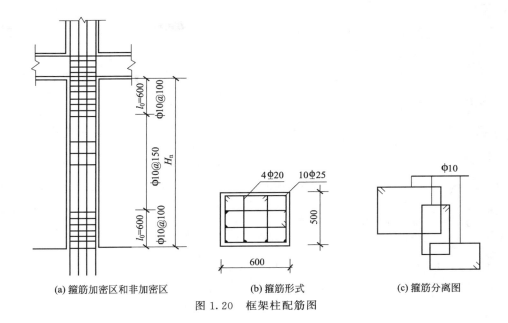

(a) 箍筋加密区和非加密区 (b) 箍筋形式 (c) 箍筋分离图

图 1.20 框架柱配筋图

1.4.6 框架结构节点设计

根据"强节点强锚固弱构件"的设计原则，在框架节点的抗震设计中应满足：节点的承载力不应低于其连接构件（梁、柱）的承载力，梁柱纵筋在节点区应有可靠的锚固。

1.4.6.1 需要进行抗震验算的框架梁柱节点

抗震设计时，一、二、三级抗震等级的框架应进行节点核心区抗震受剪承载力计算。四级抗震等级的框架节点核心区可不进行计算，但应符合抗震构造措施的要求。框支层中间层节点的抗震受剪承载力计算方法及抗震构造措施与框架中间层节点相同。

1.4.6.2 框架梁柱节点的抗震验算

一、二、三级抗震等级的框架梁柱节点核心区组合的剪力设计值 V_j，应按下列公式进行计算。

（1）顶层中间节点和端节点

① 9 度设防烈度的一级抗震等级框架和一级抗震等级的框架结构：

$$V_j = \frac{1.15 \sum M_{bua}}{h_{b0} - a'_s} \tag{1.33}$$

② 其他情况：

$$V_j = \frac{\eta_{jb} \sum M_b}{h_{b0} - a'_s} \tag{1.34}$$

（2）其他层中间节点和端节点

① 9 度设防烈度的一级抗震等级框架和一级抗震等级的框架结构：

$$V_j = \frac{1.15 \sum M_{bua}}{h_{b0} - a'_s} \left(1 - \frac{h_{b0} - a'_s}{H_c - h_b}\right) \tag{1.35}$$

② 其他情况：

$$V_j = \frac{\eta_{jb} \sum M_b}{h_{b0} - a'_s} \left(1 - \frac{h_{b0} - a'_s}{H_c - h_b}\right) \tag{1.36}$$

式中 $\sum M_{bua}$——框架节点左、右两侧的梁端反时针或顺时针方向实配的正截面抗震受弯承载力所对应的弯矩值之和,可根据实配钢筋截面面积(计入纵向受压钢筋)和材料强度标准值确定;

$\sum M_b$——框架节点左、右两侧的梁端反时针或顺时针方向组合弯矩设计值之和,一级抗震等级框架节点左右梁端均为负弯矩时,绝对值较小的弯矩应取零;

η_{jb}——节点剪力增大系数,对于框架结构,一级取 1.50,二级取 1.35,三级取 1.20;对于其他结构中的框架,一级取 1.35,二级取 1.20,三级取 1.10;

h_{b0}、h_b——梁的截面有效高度、截面高度,当节点两侧梁高不相同时,取平均值;

H_c——节点上柱和下柱反弯点之间的距离;

a'_s——梁纵向受压钢筋合力点至截面近边的距离。

1.4.6.3 框架梁柱节点核心区受剪的水平截面应符合的条件

$$V_j \leqslant \frac{1}{\gamma_{RE}}(0.3\eta_j\beta_c f_c b_j h_j) \tag{1.37}$$

式中 h_j——框架节点核心区的截面高度,可取验算方向的柱截面高度,即 $h_j = h_c$;

b_j——框架节点核心区的截面有效验算宽度,当 $b_b \geqslant b_c/2$ 时,可取 $b_j = b_c$;当 $b_b < b_c/2$ 时,可取 $(b_b + 0.5h_c)$ 和 b_c 中的较小值,当梁与柱的中线不重合,且偏心距 $e_0 \leqslant b_c/4$ 时,可取 $(0.5b_b + 0.5b_c + 0.25h_c - e_0)$、$(b_b + 0.5h_c)$ 和 b_c 三者中的最小值;此处,b_b 为验算方向梁截面宽度,b_c 为该侧柱截面宽度;

η_j——正交梁对节点的约束影响系数,当楼板为现浇、梁柱中线重合、四侧各梁截面宽度不小于该侧柱截面宽度的 1/2,且正交方向梁高度不小于较高框架梁高度的 3/4 时,可取 $\eta_j = 1.5$,对 9 度抗震设防烈度,宜取 $\eta_j = 1.25$;当不满足上述约束条件时,应取 $\eta_j = 1.0$。

1.4.6.4 框架梁柱节点的抗震受剪承载力计算公式

(1) 当设防烈度为 9 度时

$$V_j \leqslant \frac{1}{\gamma_{RE}}\left(0.9\eta_j f_t b_j h_j + f_{yv} A_{svj}\frac{h_{b0} - a'_s}{s}\right) \tag{1.38}$$

(2) 其他情况时

$$V_j \leqslant \frac{1}{\gamma_{RE}}\left(1.1\eta_j f_t b_j h_j + 0.05\eta_j N\frac{b_j}{b_c} + f_{yv} A_{svj}\frac{h_{b0} - a'_s}{s}\right) \tag{1.39}$$

式中 N——对应于考虑地震作用组合剪力设计值的节点上柱底部的轴向力设计值,当 N 为压力时,取轴向压力设计值的较小值,且当 N 大于 $0.5f_c b_c h_c$ 时,取等于 $0.5f_c b_c h_c$;当 N 为拉力时,取 $N = 0$;

A_{svj}——配置在框架节点宽度 b_j 范围内同一截面箍筋各肢的全部截面面积;

h_{b0}——梁截面有效高度,节点两侧梁截面高度不等时取平均值。

1.4.6.5 框架节点区混凝土

在工程设计中,为满足框架柱轴压比的要求,框架柱的混凝土强度等级较高,而框架梁的混凝土强度等级较低,因此,当框架柱与框架梁的混凝土强度等级不同时,梁、柱混凝土强度等级相差不宜大于 5MPa，如超过时，梁、柱节点区施工时应作专门处理，使节点区混凝土强度等级与柱相同。

现浇框架梁的混凝土强度等级，当抗震等级为一级时，不应低于 C30，当二、三、四级及非抗震设计时，不应低于 C20。梁的混凝土强度等级不宜大于 C40。当梁、柱的混凝土强度不同时，应先浇灌梁柱节点高等级的混凝土，并在梁上留坡槎，如图 1.21 所示。

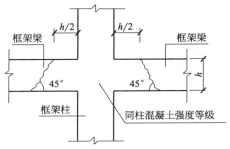

图 1.21　梁柱节点与梁不同混凝土强度等级

1.5　框架结构的非结构构件设计

建筑非结构构件指建筑中除承重骨架体系以外的固定构件和部件，主要包括非承重墙体（框架填充墙），附着于楼面和屋面结构的构件、装饰构件和部件、固定于楼面的大型储物架等。建筑结构中，设置连接幕墙、围护墙、隔墙、女儿墙、雨篷、商标、广告牌、顶篷支架、大型储物架等建筑非结构构件的预埋件、锚固件的部位，应采取加强措施，以承受建筑非结构构件传给主体结构的地震作用。

框架结构填充墙的设计，特别是填充墙的平面及竖向布置，是框架结构设计中一个不容忽视的问题。国内外皆有多次由于填充墙布置不当而造成的震害例子：比如在外墙柱子之间有通长整开间的窗台墙，嵌砌在柱子之间，使柱子的净高减少很多，形成了短柱。地震时，墙以上的柱形成交叉剪切裂缝。有些工程的填充墙布置偏于平面的一侧，形成刚度偏心，地震时由于扭转而产生构件的附加内力，而设计中并未考虑，因而造成破坏。此外，当两根柱子之间嵌砌有刚度较大的砌体填充墙时，由于此墙会吸引较多地震作用能量，使墙两端的柱子受力增大。所以，在设计时应考虑此情况，并对该柱设计适当加强。

《建筑抗震设计规范》（GB 50011—2010）规定框架结构的填充墙及隔墙应优先采用轻质墙体材料。抗震设计时，框架结构如采用砌体填充墙，应采取措施减少对主体结构的不利影响，并应设置拉结筋、水平系梁、圈梁、构造柱等与主体结构可靠拉结。钢筋混凝土结构中的砌体填充墙宜与柱脱开或采用柔性连接，并应符合下列要求：

① 砌体填充墙在平面和竖向的布置，宜均匀、对称，减少抗侧刚度偏心所造成的扭转，避免形成上下层刚度差异过大；

② 填充墙的设置，要考虑到填充墙不满砌时，由于墙体的约束使框架柱有效长度减小，可能出现短柱，造成剪切破坏；

③ 砌体砂浆强度等级不应低于 M5，墙顶应与框架梁或楼板密切结合；

④ 填充墙应沿框架柱全高每隔 500～600mm 设 2φ6 拉筋，拉筋伸入墙内的长度，6、7 度时宜沿墙全长贯通，8、9 度时应沿墙全长贯通；

⑤ 墙长大于 5m 时，墙顶与梁宜有拉结；墙长超过 8m 或层高 2 倍时，宜设置钢筋混凝土构造柱；墙高超过 4m 时，墙体半高宜设置与柱连接且沿墙全长贯通的钢筋混凝土水平系梁。

总之，对于砌体填充墙的布置，应予以充分注意，并对建筑上的不利布置提出修改意见。如将一部分砌体填充墙改为轻钢龙骨石膏板墙；将黏土空心砖填充墙改为石膏空心板墙等。

1.5.1 非抗震设计框架结构填充墙连接构造

西南05G701框架轻质填充墙构造图集给出了加气混凝土填充墙、烧结空心砖填充墙、钢丝网架水泥聚苯乙烯复合板和轻集料混凝土小型空心砌填充墙等几种框架结构填充墙的连接构造，下面以烧结空心砖填充墙为例分无洞口填充墙和有洞口填充墙进行说明。

1.5.1.1 非抗震设计无洞口填充墙的连接构造

非抗震设计无洞口填充墙的连接构造根据墙高和墙长分为四种情况，如图1.22所示。

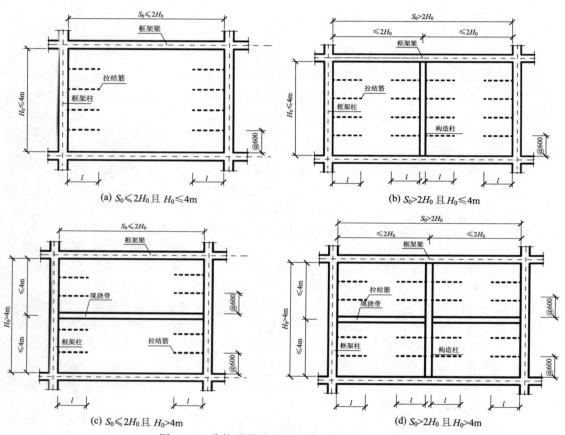

图1.22 非抗震设计无洞口填充墙的连接构造

1.5.1.2 非抗震设计有洞口填充墙的连接构造

非抗震设计有洞口填充墙的连接构造根据墙长和洞口宽度分为两种情况，如图1.23（a）和（b）所示。

1.5.2 抗震设计框架结构填充墙连接构造

抗震设计时框架结构填充墙也分无洞口填充墙和有洞口填充墙，抗震设计时框架结构无洞口填充墙的连接构造与非抗震设计时相同，抗震设计时框架结构有洞口填充墙的连接构造根据洞口尺寸和抗震设防烈度分为以下几种情况，如图1.24所示。

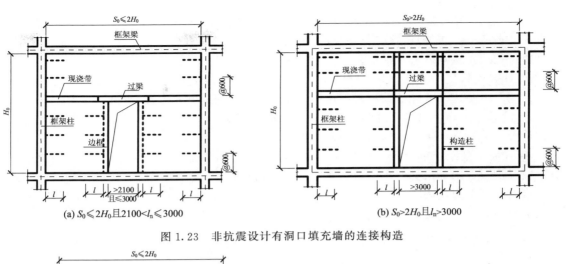

(a) $S_0 \leqslant 2H_0$且$2100 < l_n \leqslant 3000$　　　　　　(b) $S_0 > 2H_0$且$l_n > 3000$

图 1.23　非抗震设计有洞口填充墙的连接构造

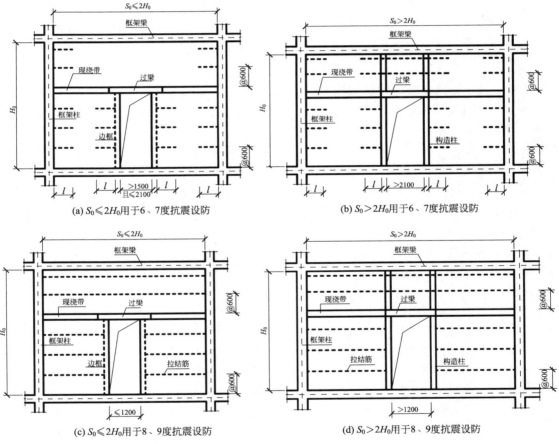

(a) $S_0 \leqslant 2H_0$用于6、7度抗震设防　　　　　　(b) $S_0 > 2H_0$用于6、7度抗震设防

(c) $S_0 \leqslant 2H_0$用于8、9度抗震设防　　　　　　(d) $S_0 > 2H_0$用于8、9度抗震设防

图 1.24　抗震设计时有洞口填充墙的连接构造

1.6　基础设计

在进行地基基础设计时，所采用的荷载效应最不利组合与相应的抗力限值应符合下列要求。

① 按地基承载力确定基础底面积及埋深或按单桩承载力确定桩数时，传至基础或承台底面上的荷载效应应按正常使用极限状态下荷载效应的标准组合。相应的抗力应采用地基承载力特征值或单桩承载力特征值。

② 计算地基变形时，传至基础底面上的荷载效应应按正常使用极限状态下荷载效应的准永久组合，不应计入风荷载和地震作用。相应的限值应为地基变形允许值。

③ 计算挡土墙、地基或滑坡稳定以及基础抗浮稳定时，荷载效应应按承载能力极限状态下荷载效应的基本组合，但其分项系数均为1.0。

④ 在确定基础或桩台高度、支挡结构截面、计算基础或支挡结构内力、确定配筋和验算材料强度时、上部结构传来的荷载效应组合和相应的基底反力、挡土墙土压力以及滑坡推力，应按承载能力极限状态下荷载效应的基本组合，采用相应的分项系数。当需要验算基础裂缝宽度时，应按正常使用极限状态荷载效应标准组合。

1.6.1　柱下独立基础设计

柱下独立基础设计包括确定基础埋置深度、基础高度、底板面积、底板配筋和变形等内容。下面仅说明基础埋置深度的确定原则、基础高度的确定方法和柱下独立基础的拉梁设置情况。

1.6.1.1　基础埋置深度的确定原则

确定基础埋置深度的原则是：在满足地基稳定和变形要求的前提下，基础应尽量浅埋，除岩石基础外，一般不宜小于500mm。基础顶面应低于设计地面100mm以上，以避免基础外露。对于高层建筑的基础，当采用天然地基或复合地基时，不宜小于房屋高度的1/15；对于桩基础，不宜小于房屋高度的1/18（桩长不计在内）。

1.6.1.2　基础高度的确定

基础高度由抗冲切承载力确定，当沿柱四周（或变阶处）的基础高度不够时，底板将发生如图1.25所示的冲剪破坏，形成45°斜裂面的角锥体。为防止发生这种破坏，基础应有足够的高度，使基础冲切面以外的地基净反力产生的冲切力不大于基础冲切面处的混凝土抗冲切承载力，即

$$F_l \leqslant 0.7\beta_{hp}f_t a_m h_0 \tag{1.40}$$

$$a_m = (a_t + a_b)/2 \tag{1.41}$$

式中　F_l——相应荷载效应基本组合时的冲切荷载设计值，kN；

β_{hp}——受冲切承载力截面高度影响系数，当 h 不大于800mm 时，β_{hp} 取1.0，当 h 大于等于2000mm 时，β_{hp} 取0.9，其间按线性内插法取用；

f_t——混凝土轴心抗拉强度设计值，N/mm²；

a_m——冲切破坏锥体最不利一侧计算长度，m；

h_0——基础有效高度，m；

a_t——冲切破坏锥体最不利一侧斜截面的上边长，当计算柱与基础交接处的受冲切承载力时，取柱宽，当计算基础变阶处的受冲切承载力时，取上阶宽，m；

a_b——冲切破坏锥体最不利一侧斜截面在基础底面积范围内的下边长，当冲切破坏锥体的底面落在基础底面内时，计算柱与基础交接处的受冲切承载力时，取柱宽加两倍基础有效高度；当计算基础变阶处的受冲切承载力时，取上阶宽加两倍该处的基础有效高度，m。

由图1.25可知，$a_m h_0$ 是冲切锥体在基础底面的水平投影面积，令 $A_2 = a_m h_0$，对于天

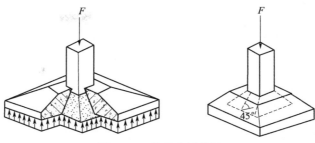

图 1.25　基础冲切破坏

然地基上一般的矩形独立基础，基础高度通常小于 800mm，即 $\beta_{hp}=1.0$，则公式（1.40）变为

$$F_1 \leqslant 0.7 f_t A_2 \tag{1.42}$$

$$F_1 = p_j A_1 \tag{1.43}$$

式中　A_2——斜裂面的水平投影面积；

　　　A_1——考虑冲切荷载时取用的多边形面积；

　　　p_j——扣除基础自重及其上土重后相应荷载效应基本组合时的地基土单位面积上的净反力，若偏压冲切计算时，用 p_{jmax} 代替 p_j 计算 F_1。

（1）锥形基础的基础高度

锥形基础抗冲切承载力计算，其位置一般取柱与基础交接处。由于矩形基础的两个边长不一定相等，冲切破坏时引起的 A_2、A_1 也不相同，可以看出，柱短边 b_c 一侧冲切破坏较柱长边 a_c 一侧危险，所以一般只根据短边一侧冲切破坏条件来确定基础高度。

① 当 $b \geqslant b_c+2h_0$ 时，如图 1.26（a）所示：

$$A_1 = \left(\frac{l}{2}-\frac{a_c}{2}-h_0\right)b - \left(\frac{b}{2}-\frac{b_c}{2}-h_0\right)^2 \tag{1.44}$$

$$A_2 = (b_c+h_0)h_0 \tag{1.45}$$

式中　l、b——分别为基础长边和短边；

　　　a_c、b_c——分别为 l 和 b 方向的柱边长。

② 当 $b < b_c+2h_0$ 时，如图 1.26（b）所示：

$$A_1 = \left(\frac{l}{2}-\frac{a_c}{2}-h_0\right)b \tag{1.46}$$

$$A_2 = (b_c+h_0)h_0 - \left(\frac{b_c}{2}-\frac{b}{2}+h_0\right)^2 \tag{1.47}$$

③ 当为正方形柱及正方形基础 $b > b_c+2h_0$ 时，如图 1.26（c）所示：

$$A_1 = \left(\frac{l}{2}-\frac{a_c}{2}-h_0\right)\left(\frac{l}{2}+\frac{a_c}{2}+h_0\right) \tag{1.48}$$

$$A_2 = (b_c+h_0)h_0 \tag{1.49}$$

④ 当 $b = b_c+2h_0$ 时，如图 1.26（d）所示：

$$A_1 = \left(\frac{l}{2}-\frac{a_c}{2}-h_0\right)b \tag{1.50}$$

$$A_2 = (b_c+h_0)h_0 \tag{1.51}$$

（2）阶梯形基础的基础高度

阶梯形基础由于基础变阶，除对柱与基础交接处的位置进行抗冲切验算外，还需验算每

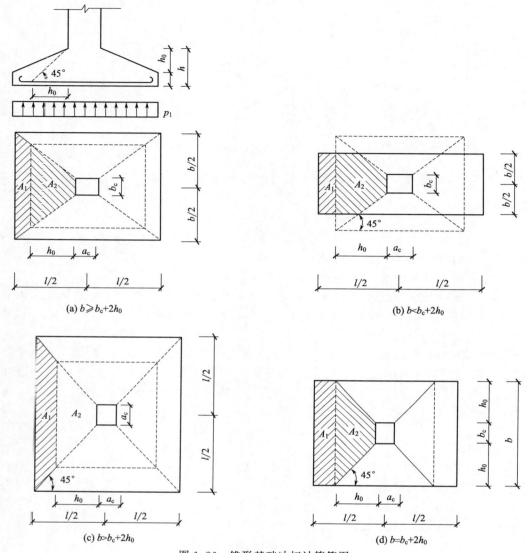

图 1.26　锥形基础冲切计算简图

个变阶处的冲切承载力，如图 1.27 所示。对于图 1.27(a) 处的冲切验算同锥形基础。对于图 1.27(b) 处的冲切验算同锥形基础的计算公式，但相应地用 a_1、b_1 代替公式中的 a_c、b_c。

在确定基础高度时，可先按经验初步选定，然后进行试算，直至符合要求为止。但是采用试算法往往需要多次计算，而且计算繁琐，结果还比较粗略。下面介绍一种直接计算基础高度的方法。

① 当 $b > b_c + 2h_0$ 时，基础底板有效高度：

$$h_0 = -\frac{b_c}{2} + \frac{1}{2}\sqrt{b_c^2 + c} \tag{1.52}$$

式中　h_0——基础有效高度，mm；

　　　b_c——柱截面的短边尺寸，mm；

　　　c——系数。

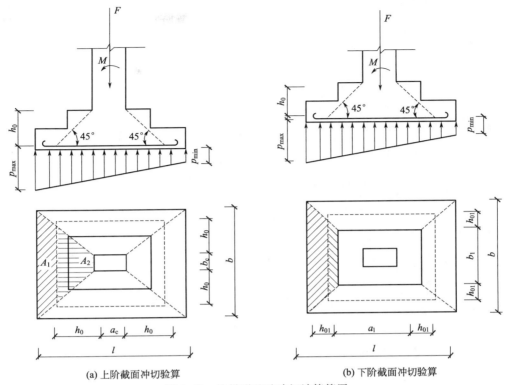

(a) 上阶截面冲切验算　　　　　　　　(b) 下阶截面冲切验算

图 1.27　阶梯形基础冲切计算简图

对于矩形基础：
$$c = \frac{2b(l-a_c)-(b-b_c)^2}{1+0.7\dfrac{f_t}{p_j}\beta_{hp}} \tag{1.53}$$

对于正方形基础（柱截面也为正方形）：
$$c = \frac{(b+b_c)(b-b_c)}{1+0.7\dfrac{f_t}{p_j}\beta_{hp}} \tag{1.54}$$

② 当 $b \leqslant b_c + 2h_0$ 时，基础底板有效高度：
$$h_0 = \frac{(l-a_c)b+0.35\dfrac{f_t\beta_{hp}}{p_j}(b-b_c)^2}{2b\left(1+0.7\dfrac{f_t\beta_{hp}}{p_j}\right)} \tag{1.55}$$

初估出有效高度 h_0 后，即可求得基础底板厚度：有垫层时，$h = h_0 + 40\text{mm}$；无垫层时，$h = h_0 + 75\text{mm}$。

（3）当基础底面短边尺寸小于等于柱宽加两倍基础有效高度时，应按下列公式验算柱与基础交接处截面受剪承载力：

$$V_s \leqslant 0.7\beta_{hs}f_tA_0 \tag{1.56}$$
$$\beta_{hs} = (800/h_0)^{1/4} \tag{1.57}$$

式中　V_s——相应于作用的基本组合时，柱与基础交接处的剪力设计值，图 1.28 中的阴影面积乘以基底平均净反力，kN；

β_{hs}——受剪切承载力截面高度影响系数，当 $h_0 < 800\text{mm}$ 时，取 $h_0 = 800\text{mm}$；当 $h_0 > 2000\text{mm}$ 时，取 $h_0 = 2000\text{mm}$；

A_0——验算截面处基础的有效截面面积，mm^2。

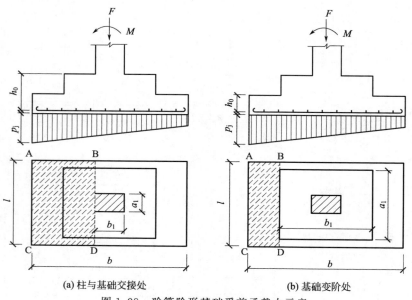

（a）柱与基础交接处　　　　　　（b）基础变阶处
图 1.28　验算阶形基础受剪承载力示意

1.6.1.3　柱下独立基础的拉梁设置

柱下独立基础在下列情况之一者应设置拉梁：

① 有抗震设防的一级框架和Ⅳ类场地的二级框架；

② 地基土质分布不均匀，或受力层范围内存在软弱黏土层及可液化土层；

③ 柱子荷载大小悬殊，基础底面积大小不一致；

④ 基础埋置深度较大，或各基础埋置深度差别较大。

拉梁位置宜设在基础顶面以上，无地下室时宜设置在靠近±0.000处。不具有上述情况时柱下独立基础可不设置拉梁。拉梁的截面宽度取 $\left(\dfrac{1}{35}\sim\dfrac{1}{25}\right)l$，拉梁的截面高度取 $\left(\dfrac{1}{20}\sim\dfrac{1}{15}\right)l$，其中 l 为柱间距。

拉梁内力的计算按下列两种方法之一进行。

① 取相连柱轴力 F 较大者的1/10作为拉梁的轴心受拉的拉力或轴心受压的压力进行承载力计算。拉梁截面配筋应上下相同，各不小于2Φ14，箍筋不少于Φ8@200。按此法计算时，柱基础按偏心受压考虑。基础土质较好时，用此法较节约。

② 以拉梁平衡柱下端弯矩，柱基按中心受压考虑。拉梁的正弯矩钢筋全部拉通，支座负弯矩钢筋应有1/2拉通。

当拉梁承托隔墙或其他竖向荷载时，则应将竖向荷载所产生的内力与上述两种方法之一计算所得的内力进行组合。

1.6.1.4　柱下独立基础设计实例

某方形现浇钢筋混凝土轴心受压柱下独立基础，作用在柱底的荷载效应基本组合设计值（已扣除基础自重及其上土重）$F=680kN$，修正后的地基承载力特征值 $f_a=125kN/m^2$，混凝土强度等级 C20（$f_t=1.10N/mm^2$），HPB300 钢筋（$f_y=270N/mm^2$）。柱截面尺寸为

$400mm \times 400mm$，基础底面尺寸初估为 $2400mm \times 2400mm$，基础埋深 1.5m。试设计该方形现浇钢筋混凝土轴心受压柱下独立基础。

【解】　（1）确定地基净反力

$$p_j = \frac{F}{bl} = \frac{680}{2.4 \times 2.4} = 118(\text{kPa})$$

（2）确定基础高度

采用阶梯形基础，假设 $b \leqslant b_c + 2h_0$，则初估基础底板有效高度：

$$h_0 = \frac{(l-a_c)\,b + 0.35\dfrac{f_t \times 1}{p_j}(b-b_c)^2}{2b\,(1+0.7\dfrac{f_t \times 1}{p_j})}$$

$$= \frac{(2.4-0.4) \times 2.4 + 0.35 \times \dfrac{1100}{118} \times (2.4-0.4)^2}{2 \times 2.4 \times (1 + 0.7 \times \dfrac{1100}{118})} = 494(\text{mm})$$

根据构造要求，取基础高度为 $h = 600mm$，基础做成台阶形，取两个台阶，每阶高 300mm，如图 1.29 所示。

（3）冲切验算

基础底部有垫层，则 $h_0 = h - 40 = 600 - 40 = 560$（mm），$h_{01} = 300 - 40 = 260$（mm），$b = 2.4\text{m} > b_c + 2h_0 = 1.52$（m），与假定不相符，也可重新按公式（1.52）估算基础高度。在此省略，基础高度取为 $h = 600mm$。

① 上阶（柱根与基础相交位置）冲切验算

$$A_1 = \left(\frac{l}{2} - \frac{a_c}{2} - h_0\right)\left(\frac{l}{2} + \frac{a_c}{2} + h_0\right) = \left(\frac{2.4}{2} - \frac{0.4}{2} - 0.56\right) \times \left(\frac{2.4}{2} + \frac{0.4}{2} + 0.56\right)$$

$$= 0.862(\text{m}^2)$$

$$A_2 = (a_c + h_0)h_0 = (0.4 + 0.56) \times 0.56 = 0.538(\text{m}^2)$$

$$F_1 = A_1 p_j = 0.862 \times 118 = 101.72(\text{kN})$$

$$0.7 f_t A_2 = 0.7 \times 1100 \times 0.538 = 414.26(\text{kN}) > 101.72\text{kN}$$

所以，上阶截面高度符合抗冲切要求。

② 下阶（两个台阶相交位置）冲切验算

由图 1.29 可知，上台阶两个边长均为 1.1m，用相同的计算公式得

$$A_1 = \left(\frac{l}{2} - \frac{a_1}{2} - h_{01}\right)\left(\frac{l}{2} + \frac{a_1}{2} + h_{01}\right) = \left(\frac{2.4}{2} - \frac{1.1}{2} - 0.26\right) \times \left(\frac{2.4}{2} + \frac{1.1}{2} + 0.26\right)$$

$$= 0.784(\text{m}^2)$$

$$A_2 = (a_1 + h_{01})h_{01} = (1.1 + 0.26) \times 0.26 = 0.354(\text{m}^2)$$

$$F_1 = A_1 p_j = 0.784 \times 118 = 92.51(\text{kN})$$

$$0.7 f_t A_2 = 0.7 \times 1100 \times 0.354 = 272.58(\text{kN}) > 92.51\text{kN}$$

所以，下阶截面高度符合抗冲切要求。

（4）底板配筋计算

① 1—1 截面的弯矩为

$$M_1 = \frac{1}{48}(l-a_c)^2 (2b + b_c)(p_{j\max} + p_{jI}) = \frac{1}{24}(l-a_c)^2 (2b + b_c)p_j$$

$$= \frac{1}{24} \times (2.4 - 0.4)^2 (2 \times 2.4 + 0.4) \times 118$$

$$= 102.27 (\text{kN} \cdot \text{m})$$

$$A_{s1} = \frac{M_1}{0.9 f_y h_0} = \frac{102.27 \times 10^6}{0.9 \times 270 \times 560} = 752 (\text{mm}^2)$$

② 2—2 截面的弯矩

$$M_2 = \frac{1}{24} (l - a_1)^2 (2b + b_1) p_j = \frac{1}{24} \times (2.4 - 1.1)^2 \times (2 \times 2.4 + 1.1) \times 118$$

$$= 49.02 (\text{kN} \cdot \text{m})$$

$$A_{s2} = \frac{M_2}{0.9 f_y h_0} = \frac{49.02 \times 10^6}{0.9 \times 270 \times 260} = 776 (\text{mm}^2)$$

比较 A_{s1} 和 A_{s2}，应该按 A_{s2} 配筋，在 2.4m 内配 13φ10 钢筋 ($A_s = 1021 \text{mm}^2$)，在另一个方向的配筋相同，配筋如图 1.29 所示。底板配筋也可以按照《建筑地基基础设计规范》(GB 50007—2011) 第 8.2.11 条进行计算，具体不再赘述。

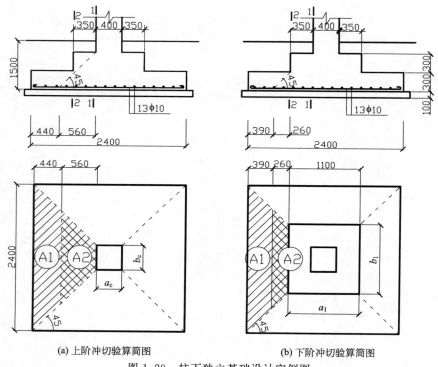

(a) 上阶冲切验算简图　　　　　　(b) 下阶冲切验算简图

图 1.29　柱下独立基础设计实例图

1.6.2　联合基础设计

1.6.2.1　联合基础的类型和适用范围

联合基础有板式（无梁）和梁板式两种。板式是将柱直接支承在基础上，由基础底板传递荷载给地基，这种形式的基础适用于柱荷载较小，柱距不大的联合基础，如图 1.30（a）所示。而梁板式是由基础梁将上部柱的荷载通过底板传给地基，适用于柱的荷载或柱距较大的联合基础，如图 1.30（b）所示。联合基础的适用范围见表 1.30。

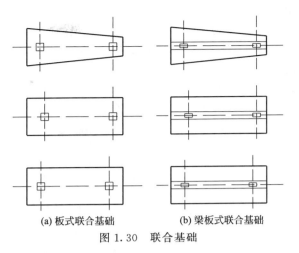

(a) 板式联合基础　　　　(b) 梁板式联合基础

图 1.30　联合基础

表 1.30　联合基础的适用范围

基础形式	适用范围
对称矩形	用于两柱荷载相等
不对称矩形	当一边受限制或两柱荷载不相等时采用
梯形	两边受限制同时两柱荷载不相等时采用

1.6.2.2　计算方法

假定基础和地基之间的土反力按直线规律变化。

(1) 按柱的作用荷载确定底板所需的面积

$$A = \frac{\sum N}{f_a - \gamma_G d} \tag{1.58}$$

式中　$\sum N$——柱荷载的合力，kN；

f_a——修正后的地基承载力特征值，kPa；

γ_G——基础和覆土的平均重度，一般取 20kN/m^3，地下水位以下取 10kN/m^3；

d——基础平均埋深，m。

(2) 确定基础的宽度

根据基础类型、荷载合力重心与基础形心重合条件，先确定基础长度 L，矩形联合基础可按下列公式计算基础的宽度：

$$B = \frac{A}{L} \tag{1.59}$$

对于梯形联合基础，要使基础底板的形心与上部柱荷载的合力重心重合来确定底板的尺寸。因此首先用公式(1.58)求出基础所需的底面积 A，然后在假定基础长度 L 的条件下，按下列方程组求解：

$$\left. \begin{array}{l} B_1 + B_2 = \dfrac{2A}{L} \\[2mm] 3(B_1 + B_2)(x + a_2) - L(B_2 + 2B_1) = 0 \end{array} \right\} \tag{1.60}$$

$$x = \frac{N_1 a}{\sum N} \tag{1.61}$$

式中　x——柱荷载合力重心离 O 点的距离，m；

a_1——N_1 荷载中心至底板边缘的距离，m；

a_2——O 点柱中心（即 N_2 荷载中心）至底板右边缘的距离，m；

a——N_1 荷载中心与 N_2 荷载中心之间的距离，m；

B_1、B_2——分别为底板梯形平面的短边和长边的尺寸，m。

下面说明公式（1.60）第二式的来历：对图 1.31 梯形基础右边缘取面积矩，设梯形形心到右边缘的距离为 s，梯形分解为两个三角形和一个矩形，根据面积矩相等得：$\dfrac{B_1+B_2}{2} \cdot Ls =$

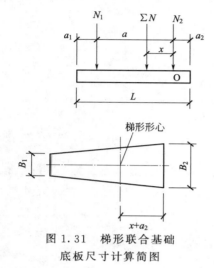

$\dfrac{1}{2} L(B_2-B_1)\dfrac{L}{3} + B_1 L \dfrac{L}{2}$，化简解得：$s = \dfrac{L}{3}$ $\dfrac{B_2+2B_1}{B_1+B_2}$，已假定梯形的形心离底板右边缘的距离为 $x+a_2$，则 $\dfrac{L}{3} \cdot \dfrac{B_2+2B_1}{B_1+B_2} = x+a_2$，化简可得式（1.60）的第二式。

图 1.31　梯形联合基础
底板尺寸计算简图

（3）内力分析

① 板式基础。按倒置无梁板计算弯矩和剪力，板厚根据冲切强度确定，并按受弯构件斜截面抗剪强度验算。

② 梁板式基础。板按支承在基础梁上的悬臂板计算弯矩和剪力，板在支承处的厚度须满足混凝土抗剪强度要求，基础梁作为倒置支承在柱上的梁计算弯矩和剪力。

1.6.3　基础配筋构造

1.6.3.1　矩形双柱独立基础配筋构造

当柱子相距较近，基础底面连在一起时，可设置双柱联合独立基础，如图 1.32 所示。当矩形双柱普通独立基础的顶部设置纵向受力钢筋时，也可将分布钢筋设置在其上，这样既施工方便又能提高混凝土对受力钢筋的黏结强度，有利于减小裂缝宽度，与梁箍筋设置在外侧的原理相同。

1.6.3.2　非对称独立基础底板配筋构造

当独立基础底板长度大于 2500mm 时，除外侧钢筋外，底板配筋长度可减短 10％配置。对于非对称独立基础，当基础底板长度大于 2500mm，但该基础某侧从柱中心至基础底板边缘的距离小于 1250mm 时，钢筋在该侧不应减短。非对称独立基础底板的配筋构造如图 1.33 所示。

1.6.3.3　柱插筋的锚固构造

柱插筋在独立基础或独立承台中的锚固构造如图 1.34（a）所示，柱插筋在条形基础梁或承台梁中的锚固构造如图 1.34（b）所示。图中的弯钩 a 如下确定：当插筋竖直长度 $\geqslant 0.5l_{aE}$ 时，$a=12d$ 且 $\geqslant 150$mm；当插筋竖直长度 $\geqslant 0.6l_{aE}$ 时，$a=10d$ 且 $\geqslant 150$mm；当插筋竖直长度 $\geqslant 0.7l_{aE}$ 时，$a=8d$ 且 $\geqslant 150$mm；当插筋竖直长度 $\geqslant 0.8l_{aE}$ 时，$a=6d$ 且 $\geqslant 150$mm；当插筋竖直长度 $\geqslant 20d$ 时，$a=35d-$ 插筋竖直长度 且 $\geqslant 150$mm。

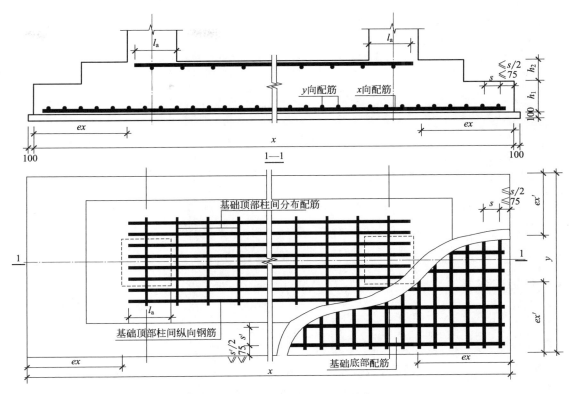

图 1.32 矩形双柱独立基础配筋构造

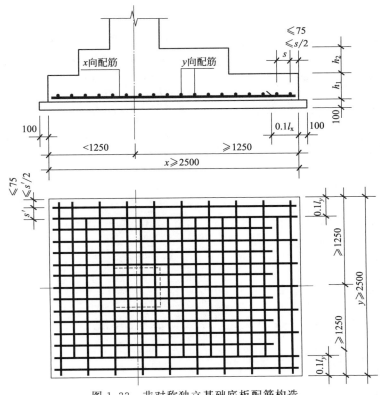

图 1.33 非对称独立基础底板配筋构造

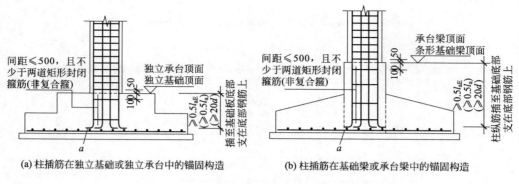

(a) 柱插筋在独立基础或独立承台中的锚固构造　　　(b) 柱插筋在基础梁或承台梁中的锚固构造

图 1.34　柱插筋的锚固构造

1.7　楼梯设计

1.7.1　双跑平行现浇板式楼梯设计实例

如图 1.35 所示的框架结构中双跑平行现浇板式楼梯的底层结构布置图，混凝土强度等级选用 C25，钢筋直径 $d \geqslant 12mm$ 时采用 HRB335 级钢筋，$d \leqslant 10mm$ 时采用 HPB300 级钢筋。试设计该楼梯。

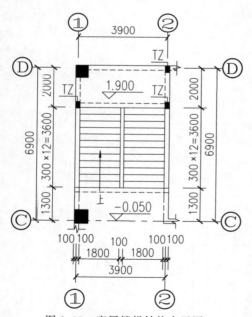

图 1.35　底层楼梯结构布置图

【解】　1. 楼梯梯段斜板设计

考虑到第一跑楼梯梯段斜板两端与混凝土楼梯梁的固结作用，斜板跨度近似可按净跨计算。对斜板取 1m 宽作为其计算单元。

（1）确定斜板厚度 t

斜板的水平投影净长为 $l_{1n} = 3600mm$

斜板的斜向净长为

$$l'_{1n} = \frac{l_{1n}}{\cos\alpha} = \frac{3600}{300/\sqrt{150^2 + 300^2}} = \frac{3600}{0.894}$$

$$= 4027（mm）$$

斜板厚度为 $t_1 = \left(\frac{1}{30} \sim \frac{1}{25}\right)l'_{1n} = \left(\frac{1}{30} \sim \frac{1}{25}\right) \times$

$$4027 = 134 \sim 161（mm）$$

注意斜板厚度的取值应该为斜长的 $\frac{1}{30} \sim \frac{1}{25}$，而不是水平投影净长的 $\frac{1}{30} \sim \frac{1}{25}$。

取 $t_1 = 140mm$。

（2）荷载计算

楼梯梯段斜板的荷载计算列于表 1.31 中。

表 1.31 楼梯梯段斜板荷载计算表

荷载种类		荷载标准值/(kN/m)
恒荷载	栏杆自重	0.2
	锯齿形斜板自重	$\gamma_2(d/2+t_1/\cos\alpha)=25\times(0.15/2+0.14/0.894)=5.79$
	30 厚水磨石面层	$\gamma_1 c_1(e+d)/e=25\times0.03\times(0.15+0.3)/0.3=1.13$
	板底 20 厚纸筋灰粉刷	$\gamma_3 c_2/\cos\alpha=16\times0.02/0.894=0.36$
	恒荷载合计 g	7.48
活荷载 q		3.5(考虑 1m 上的线荷载)

注: 1. γ_1、γ_2、γ_3 为材料的容重。

2. e、d 分别为三角形踏步的宽和高。

3. c_1 为楼梯踏步面层厚度,通常水泥砂浆面层取 $c_1=15\sim25$mm,水磨石面层取 $c_1=28\sim35$mm。

4. α 为楼梯斜板的倾角。

5. t_1 为斜板的厚度。

6. c_2 为板底粉刷的厚度。

(3) 荷载效应组合

由可变荷载效应控制的组合 $p=1.2\times7.48+1.4\times3.5=13.88(\text{kN/m})$

永久荷载效应控制的组合 $p=1.35\times7.48+1.4\times0.7\times3.5=13.53(\text{kN/m})$

所以选可变荷载效应控制的组合来进行计算,取 $p=13.88$kN/m。

(4) 计算简图

斜板的计算简图可用一根假想的跨度为 l_{1n} 的水平梁替代,如图 1.36 所示,其计算跨度取水平投影净长 $l_{1n}=3600$mm。

(5) 内力计算

斜板的内力一般只需计算跨中最大弯矩即可,考虑到斜板两端均与梁整浇,对板有约束作用,所以跨中最大弯矩取

$$M=\frac{13.88\times3.6^2}{10}=17.99(\text{kN}\cdot\text{m})$$

(6) 配筋计算

$$h_0=t_1-20=140-20=120(\text{mm})$$

$$\alpha_s=\frac{M}{a_1 f_c b h_0^2}=\frac{17.99\times10^6}{1.0\times11.9\times1000\times120^2}=0.105$$

$$\gamma_s=0.5(1+\sqrt{1-2\alpha_s})=0.5\times(1+\sqrt{1-2\times0.105})=0.944$$

$$A_s=\frac{M}{f_y\gamma_s h_0}=\frac{17.99\times10^6}{270\times0.944\times120}=588.2(\text{mm}^2)$$

选用受力钢筋 $\phi10@100$,$A_s=785$mm^2,分布钢筋采用 $\phi8@250$,对于分布钢筋,当按单向板设计时,应验算是否满足《混凝土结构设计规范》(GB 50010—2010) 第 9.1.7 条的要求。

2. 平台板设计

(1) 平台板计算简图

平台板为四边支承板,长宽比为 $3900/(2000-100)=2.05>2$,近似地按短跨方向的简支单向板计算,取 1m 宽作为计算单元。平台梁的截面尺寸取 $b\times h=200\text{mm}\times400\text{mm}$。平台板的计算简图见图 1.37。由于平台板两端均与梁整浇,所以计算跨度取净跨 $l_{2n}=1700$mm,平台板厚度取 $t_2=100$mm。

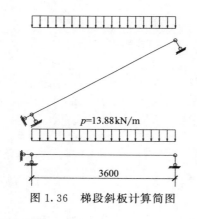

图 1.36 梯段斜板计算简图

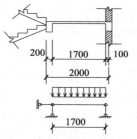

图 1.37 平台板计算简图

（2）荷载计算

平台板的荷载计算列于表 1.32 中。

表 1.32 平台板荷载计算表

荷载种类		荷载标准值/(kN/m)
恒荷载	平台板自重	$25 \times 0.10 \times 1 = 2.5$
	30 厚水磨石面层	$25 \times 0.03 \times 1 = 0.75$
	板底 20 厚纸筋灰粉刷	$16 \times 0.02 \times 1 = 0.32$
	恒荷载合计 g	3.57
活荷载		3.5

（3）荷载效应组合

由可变荷载效应控制的组合 $p = 1.2 \times 3.57 + 1.4 \times 3.5 = 9.184 (kN/m)$

由永久荷载效应控制的组合 $p = 1.35 \times 3.57 + 1.4 \times 0.7 \times 3.5 = 8.250 (kN/m)$

所以选可变荷载效应控制的组合进行计算，取 $p = 9.184 (kN/m)$。

（4）内力计算

考虑平台板两端梁的嵌固作用，跨中最大弯矩取 $M = \dfrac{p l_{2n}^2}{10} = \dfrac{9.184 \times 1.7^2}{10} = 2.654 (kN \cdot m)$

（5）配筋计算

$$h_0 = 100 - 20 = 80 (mm)$$

$$\alpha_s = \frac{M}{a_1 f_c b h_0^2} = \frac{2.654 \times 10^6}{1.0 \times 11.9 \times 1000 \times 80^2} = 0.0348$$

$$\gamma_s = 0.5(1 + \sqrt{1 - 2\alpha_s}) = 0.5(1 + \sqrt{1 - 2 \times 0.0348}) = 0.982$$

$$A_s = \frac{M}{f_y \gamma_s h_0} = \frac{2.654 \times 10^6}{270 \times 0.982 \times 80} = 125 (mm^2)$$

选用受力钢筋 $\phi 8@150$，$A_s = 335 mm^2$；分布钢筋采用 $\phi 8@200$。

3. 平台梁设计

（1）平台梁计算简图

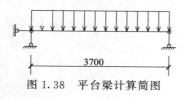

图 1.38 平台梁计算简图

平台梁的两端搁置在梯柱（TZ）上，所以计算跨度取净跨 $l = l_{3n} = 3700 mm$，平台梁的计算简图如图 1.38 所示。平台梁的截面尺寸为 $b \times h = 200 mm \times 400 mm$。

（2）荷载计算

平台梁荷载计算详见表1.33中。

表 1.33 平台梁荷载计算

荷载种类		荷载标准值/(kN/m)
恒荷载	由斜板传来的恒荷载	$7.48 \times l_{1n}/2 = 7.48 \times 3.6/2 = 13.464$
	由平台板传来的恒荷载	$3.57 \times l_{2n}/2 = 3.57 \times 1.7/2 = 3.035$
	平台梁自重	$25 \times 1 \times 0.4 \times 0.2 = 2$
	平台梁底部和侧面的粉刷	$16 \times 1 \times 0.02 \times [0.20 + 2 \times (0.4 - 0.08)] = 0.269$
	恒荷载合计 g	18.768
活荷载 q		$3.5 \times 1 \times (3.6/2 + 1.7/2 + 0.2) = 9.975$

（3）荷载效应组合

按可变荷载效应控制的组合　$p = 1.2 \times 18.768 + 1.4 \times 9.975 = 36.49 (\text{kN/m})$

按永久荷载效应控制的组合　$p = 1.35 \times 18.768 + 1.4 \times 0.7 \times 9.975 = 35.11 (\text{kN/m})$

所以选按可变荷载效应控制的组合计算，取 $p = 36.49 \text{kN/m}$。

（4）内力计算

最大弯矩：$M = \dfrac{p l_{3n}^2}{8} = \dfrac{36.49 \times 3.7^2}{8} = 62.44 (\text{kN} \cdot \text{m})$

最大剪力：$V = \dfrac{p l_{3n}}{2} = \dfrac{36.49 \times 3.7}{2} = 67.51 (\text{kN})$

（5）截面设计

① 正截面受弯承载力计算：

$$h_0 = h - 35 = 400 - 35 = 365 (\text{mm})$$

$$\alpha_s = \frac{M}{a_1 f_c b h_0^2} = \frac{62.44 \times 10^6}{1.0 \times 11.9 \times 200 \times 365^2} = 0.197$$

$$\gamma_s = 0.5(1 + \sqrt{1 - 2\alpha_s}) = 0.5 \times (1 + \sqrt{1 - 2 \times 0.197}) = 0.889$$

$$A_s = \frac{M}{f_y \gamma_s h_0} = \frac{62.44 \times 10^6}{300 \times 0.889 \times 365} = 641 (\text{mm}^2)$$

考虑到平台梁两边受力不均匀，会使平台梁受扭，所以在平台梁内宜适当增加纵向受力钢筋和箍筋的用量，故纵向受力钢筋选用 3Φ18，$A_s = 763 \text{mm}^2$。

② 斜截面受剪承载力计算：

$$V_c = \alpha_{cv} f_t b h_0 = 0.7 \times 1.27 \times 200 \times 365 = 64.897 \times 10^3 (\text{N}) < V = 67.51 \text{kN}$$

所以按计算配置箍筋，加密区取Φ8@100双肢箍筋，非加密区取Φ8@200双肢箍筋，计算过程略。

（6）绘制施工图

楼梯柱（TZ）与框架梁的连接构造在抗震设计时参考图1.18，在非抗震设计时参考图1.19。楼梯柱（TZ）应按框架柱要求设计，应保证柱截面面积不小于300mm×300mm，柱最小边长不应小于200mm，并相应增加另一方向的柱截面长度。TZ 的配筋图如图1.39所示。

楼梯梯板配筋图、平台板配筋图和平台梁配筋图分别如

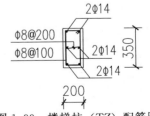

图 1.39 楼梯柱（TZ）配筋图

图 1.40～图 1.42 所示。

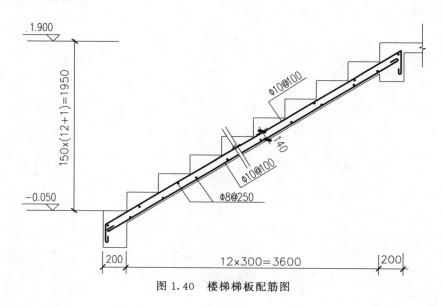

图 1.40　楼梯梯板配筋图

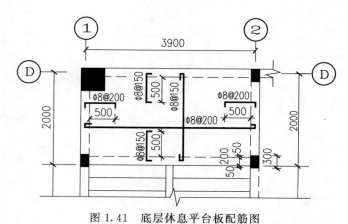

图 1.41　底层休息平台板配筋图

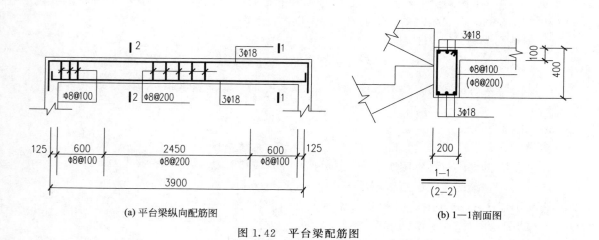

(a) 平台梁纵向配筋图　　　　　　　　(b) 1—1剖面图

图 1.42　平台梁配筋图

1.7.2 双跑现浇折板式楼梯设计实例

如图 1.43 所示的框架结构中双跑现浇折板式楼梯的平面结构布置图，混凝土强度等级选用 C25，钢筋直径 $d \geq 12mm$ 时采用 HRB335 级钢筋，$d \leq 10mm$ 时采用 HPB300 级钢筋。试设计该楼梯。

【解】 1. 平面结构布置

折线形板两端均与平台梁整浇，斜板的厚度 $t_1 = 140mm$，水平段板厚与斜板取相同的厚度 140mm。

2. 荷载计算

折线形梯板荷载计算见表 1.34。

表 1.34 折线形梯板荷载计算

荷载种类			荷载标准值/(kN/m)
恒荷载	锯齿形斜板	栏杆自重	0.2
		锯齿形斜板自重	$\gamma_2(d/2 + t_1/\cos\alpha) = 25 \times (0.15/2 + 0.14/0.894) = 5.79$
		30 厚水磨石面层	$\gamma_1 c_1(e+d)/e = 25 \times 0.03 \times (0.15 + 0.3)/0.3 = 1.13$
		板底 20 厚纸筋灰粉刷	$\gamma_3 c_2/\cos\alpha = 16 \times 0.02/0.894 = 0.36$
		小计 g_1	7.48
	水平段板	水平段板自重	$\gamma_2 \cdot 1 \cdot t = 25 \times 1 \times 0.14 = 3.5$
		30 厚水磨石面层	$\gamma_1 \cdot 1 \cdot c_1 = 25 \times 1 \times 0.03 = 0.75$
		板底 20 厚纸筋灰粉刷	$\gamma_3 \cdot 1 \cdot c_2 = 16 \times 1 \times 0.02 = 0.32$
		小计 g_2	4.57
活荷载			3.5(考虑 1m 上的线荷载)

3. 荷载效应组合

① 按可变荷载效应控制的组合：

锯齿形斜板段　$p_1 = 1.2 \times 7.48 + 1.4 \times 3.5 = 13.88(kN/m)$

水平段　$p_2 = 1.2 \times 4.57 + 1.4 \times 3.5 = 10.38(kN/m)$

② 按永久荷载效应控制的组合：

锯齿形斜板段　$p_1 = 1.35 \times 7.48 + 1.4 \times 0.7 \times 3.5 = 13.53(kN/m)$

水平段　$p_2 = 1.35 \times 4.57 + 1.4 \times 0.7 \times 3.5 = 9.60(kN/m)$

所以锯齿形斜板段取 $p_1 = 13.88kN/m$，水平段取 $p_2 = 10.38kN/m$ 进行计算。

4. 计算简图

折线形梯板可用假想的水平板来替代，计算跨度取梯板水平投影的净长，$l_{1n} = 3300 + 300 = 3600(mm)$。计算简图如图 1.44 所示。

5. 内力计算

① 支座反力 R_A：

$$R_A = \frac{p_1 l_1(l_1/2 + l_2) + p_2 l_2^2/2}{l} = \frac{13.88 \times 3.3(3.3/2 + 0.3) + 10.38 \times 0.3^2/2}{3.6}$$

$$= 24.94(kN/m)$$

公式中 l_1 和 l_2 分别为 p_1 和 p_2 的分布长度。

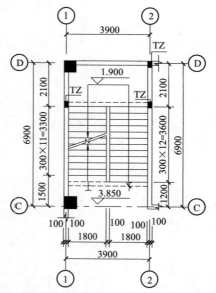

图 1.43 双距现浇折线形板式楼梯的平面结构布置

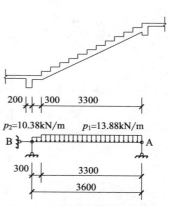

图 1.44 折线形梯板计算简图

② 折线形梯板最大计算弯矩：

$$M=0.4\times\frac{R_A^2}{p_1}=0.4\times\frac{24.94^2}{13.88}=17.93(\text{kN}\cdot\text{m})$$

6. 配筋计算

$$h_0=t-20=140-20=120(\text{mm})$$

$$\alpha_s=\frac{M}{a_1f_cbh_0^2}=\frac{17.93\times10^6}{1.0\times11.9\times1000\times120^2}=0.105$$

$$\gamma_s=0.5(1+\sqrt{1-2\alpha_s})=0.5\times(1+\sqrt{1-2\times0.105})=0.944$$

$$A_s=\frac{M}{f_y\gamma_sh_0}=\frac{17.93\times10^6}{270\times0.944\times120}=586.2(\text{mm}^2)$$

受力钢筋选用φ10@100，$A_s=785\text{mm}^2$。分布钢筋选用φ8@250。

7. 平台梁及平台板的设计同底层板式楼梯的计算

需要注意的是平台板是四边支承板，先分析其受力特性，然后按单向板或双向板的计算方法进行计算。

8. 绘制施工图

折板式梯板配筋图如图 1.45 所示。在最终出施工图时配筋可以有所调整。

1.7.3 双跑现浇梁式楼梯设计实例

现浇梁式楼梯主要由踏步板、斜梁、平台梁和平台板等四种构件组成，如图 1.46 所示。梁式楼梯中，斜梁是楼梯梯段的主要受力构件，因此

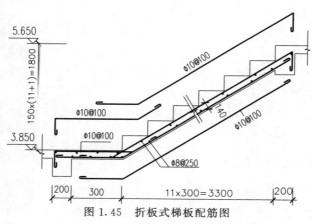

图 1.45 折板式梯板配筋图

梁式楼梯的跨度可比板式楼梯的大些，通常当楼梯梯段的水平跨度大于3.6m时，宜采用梁式楼梯。现浇梁式楼梯的设计主要包括踏步板、斜梁、平台梁和平台板设计四部分。

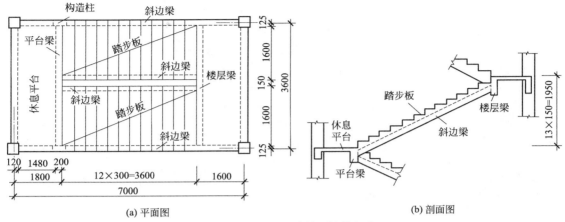

图1.46　现浇梁式楼梯的结构组成

如图1.47所示的梁式楼梯平面结构布置图，楼梯踏步板的两侧均布置斜梁，踏步板两端均与斜梁整浇，踏步板位于斜梁上部，斜边梁与平台梁及楼层梁整浇，混凝土强度等级选用C25，钢筋直径$d \geq 12$mm时采用HRB335级钢筋，$d \leq 10$mm时采用HPB300级钢筋。需要说明，楼梯踏步板两侧的斜边梁也可如图1.47(b)所示布置。试设计图1.47(a)所示的梁式楼梯。

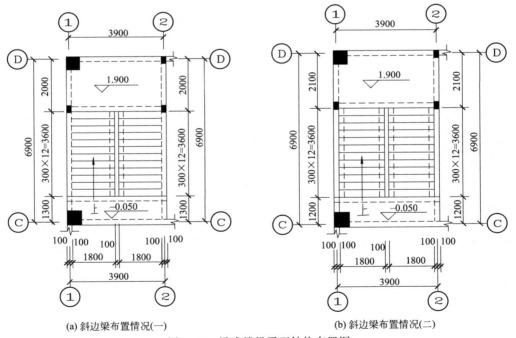

图1.47　梁式楼梯平面结构布置图

【解】　1. 踏步板设计

现浇梁式楼梯的踏步板（图1.48）斜向支承在斜梁上，是一块斜向支承的单向板，计算时取一个踏步作为计算单元。

踏步板宽度较小，厚度采用 $t=40\text{mm}$，取 1 个踏步作为计算单元。

楼梯的倾斜角：$\cos\alpha=\dfrac{300}{\sqrt{150^2+300^2}}=0.894$，$\alpha=26.37°$。

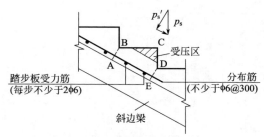

图 1.48　梁式楼梯的踏步板

（1）荷载计算

踏步板的荷载计算见表 1.35。

表 1.35　踏步板荷载计算表

荷载种类		荷载标准值/(kN/m)
恒荷载	踏步自重	$\gamma_2(d/2+t/\cos\alpha)\cdot 1\cdot e=25\times(0.15/2+0.04/0.894)\times 1\times 0.3=0.898$
	30 厚水磨石面层	$\gamma_1\cdot c_1\cdot(e+d)\cdot 1=25\times 0.03\times(0.15+0.3)\times 1=0.338$
	板底 20 厚纸筋灰粉刷	$\gamma_3\cdot\dfrac{c_2}{\cos\alpha}\cdot 1\cdot e=16\times\dfrac{0.02}{0.894}\times 1\times 0.3=0.107$
	小计 g	1.343
活荷载 q		$3.5\times 1\times 0.3=1.05$

（2）荷载效应组合

踏步板上的均布线荷载 p_s（铅直向下）：

由可变荷载效应控制的组合　$p_s=1.2\times 1.343+1.4\times 1.05=3.08(\text{kN/m})$

由永久荷载效应控制的组合 $p_s=1.35\times 1.343+1.4\times 0.7\times 1.05=2.84(\text{kN/m})$

所以选由可变荷载效应控制的组合进行计算，取 $p_s=3.08\text{kN/m}$。

则踏步板上的均布线荷载 p_s'（垂直于斜梁）：

$$p_s'=p_s\cdot\cos\alpha=3.08\times 0.894=2.75(\text{kN/m})$$

（3）内力计算

斜梁截面尺寸取为 $b\times h=200\text{mm}\times 350\text{mm}$。由于踏步板两端均与斜边梁整浇，踏步板的计算跨度为：

$$l_s=l_{n,s}=1800-200=1600(\text{mm})$$

考虑到斜梁的弹性约束，踏步板跨中最大弯矩设计值为：

$$M=\frac{1}{10}p_s'l_{n,s}^2=\frac{1}{10}\times 2.75\times 1.600^2=0.70(\text{kN}\cdot\text{m})$$

（4）截面设计

踏步板是在垂直于斜梁方向弯曲的，其受压区为三角形。为计算方便，通常偏于安全的近似按截面宽为斜宽 b，截面有效高度 $h_0=h_1/2$ 的矩形截面计算。式中 h_1 为三角形顶至底面的垂直距离，即 $h_1=d\cdot\cos\alpha+t$，如图 1.49（a）所示。

有时为了方便，踏步板的内力计算和截面设计也可近似地按以下方法进行：竖向切出一

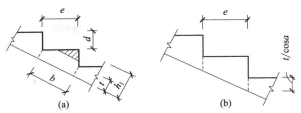

图 1.49 梁式楼梯踏步板的截面设计

个踏步，按竖向简支板计算，在计算跨中最大弯矩设计值时采用踏步板上铅直向下的均布线荷载 p_s 进行计算。截面设计时，可近似地按矩形截面进行，截面宽度为 e，截面高度可近似地取梯形截面的平均高度，即 $h = \dfrac{d}{2} + \dfrac{t}{\cos\alpha}$，如图 1.49(b) 所示。

本设计按图 1.49(a) 进行计算。

$$h_1 = d \cdot \cos\alpha + t = 150 \times 0.894 + 40 = 174 \text{(mm)}$$

截面有效高度取：$h_0 = h_1/2 = 174/2 = 87 \text{(mm)}$

截面宽度取：$b = e/\cos\alpha = 300/0.894 = 336 \text{(mm)}$

$$\alpha_s = \frac{M}{a_1 f_c b h_0^2} = \frac{0.70 \times 10^6}{1.0 \times 11.9 \times 336 \times 87^2} = 0.023$$

$$\gamma_s = 0.5(1 + \sqrt{1 - 2\alpha_s}) = 0.5 \times (1 + \sqrt{1 - 2 \times 0.023}) = 0.99$$

$$A_s = \frac{M}{f_y \gamma_s h_0} = \frac{0.70 \times 10^6}{270 \times 0.99 \times 87} = 30.1 \text{(mm}^2)$$

按构造选用 2ϕ6，$A_s = 57 \text{mm}^2$，分布钢筋采用 ϕ6@300。

2. 斜梁设计

（1）截面形状及尺寸

踏步位于斜梁上部，斜梁截面高度：

$$h = \left(\frac{1}{18} \sim \frac{1}{12}\right) l'_1 = \left(\frac{1}{18} \sim \frac{1}{12}\right) \times \frac{3600}{0.894} = 224 \sim 336 \text{(mm)}$$

取 $h = 350 \text{mm}$，斜梁截面宽度取 $b = 200 \text{mm}$。

（2）荷载计算

斜梁荷载计算见表 1.36。

表 1.36　斜梁荷载计算表

荷载种类		荷载标准值/(kN/m)
恒荷载	栏杆自重	0.2
	踏步板传来的荷载	$1.343 \times (1.60/2 + 0.15) \times \dfrac{1}{0.3} = 4.25$
	斜梁自重	$\gamma_1 b(h-t)/\cos\alpha = 25 \times 0.2 \times (0.35 - 0.04)/0.894 = 1.74$
	斜梁外侧 20 厚纸筋灰粉刷	$\gamma_3 c_2(d/2 + h/\cos\alpha) = 16 \times 0.02 \times (0.15/2 + 0.35/0.894) = 0.149$
	斜梁底及内侧 20 厚纸筋灰粉刷	$\gamma_3 c_2[b + (h-t)]\dfrac{1}{\cos\alpha} = 16 \times 0.02 \times [0.20 + (0.35 - 0.04)] \times \dfrac{1}{0.894}$ $= 0.183$
	小计 g	6.52
活荷载 q		$3.5 \times (1.6/2 + 0.2) = 3.5$

（3）荷载效应组合

由可变荷载效应控制的组合　$p = 1.2 \times 6.52 + 1.4 \times 3.5 = 12.72 \text{(kN/m)}$

由永久荷载效应控制的组合 $p=1.35\times6.52+1.4\times0.7\times3.5=12.23(\text{kN/m})$

所以，取可变荷载效应控制的组合 $p=12.72\text{kN/m}$。

（4）内力计算

斜梁跨中最大弯矩设计值为 $M=\dfrac{1}{8}pl^2=\dfrac{1}{8}\times12.72\times3.6^2=20.61(\text{kN}\cdot\text{m})$

斜梁端最大剪力设计值为 $V=\dfrac{1}{2}pl\cos\alpha=\dfrac{1}{2}\times12.72\times3.6\times0.894=20.47(\text{kN})$

斜梁的支座反力为 $R=\dfrac{1}{2}pl=\dfrac{1}{2}\times12.72\times3.6=22.90(\text{kN})$

（5）截面设计

① 确定翼缘计算宽度。由于踏步位于斜梁的上部，而且楼梯的两侧均有斜梁，故斜梁按倒 L 形截面设计。根据《混凝土结构设计规范》（GB 50010—2010）第 5.2.4 条确定翼缘计算宽度。

翼缘高度取踏步板斜板的厚度 $h_{\mathrm{f}}'=t=40\text{mm}$

按梁计算跨度考虑 $b_{\mathrm{f}}'=\dfrac{l_0}{6}=\dfrac{3800}{6}=633(\text{mm})$

按梁净距 S_{n} 考虑 $b_{\mathrm{f}}'=b+\dfrac{S_{\mathrm{n}}}{2}=200+\dfrac{1600}{2}=1000(\text{mm})$

按翼缘高度 h_{f}' 考虑 $h_0=350-35=315(\text{mm})$，$\dfrac{h_{\mathrm{f}}'}{h_0}=\dfrac{40}{315}=0.127>0.1$，故翼缘不受限制。

综上所述，翼缘计算宽度取三者中的最小值，即 $b_{\mathrm{f}}'=633\text{mm}$。

② 判别 T 形截面的类型：

$$\alpha_1 f_{\mathrm{c}}b_{\mathrm{f}}'h_{\mathrm{f}}'\left(h_0-\dfrac{h_{\mathrm{f}}'}{2}\right)=1.0\times11.9\times633\times40\times\left(315-\dfrac{40}{2}\right)=88.89(\text{kN}\cdot\text{m})>M$$
$$=20.61\text{kN}\cdot\text{m}$$

属于第一类 T 形截面。

③ 配筋计算：

$$\alpha_{\mathrm{s}}=\frac{M}{\alpha_1 f_{\mathrm{c}}b_{\mathrm{f}}'h_0^2}=\frac{20.61\times10^6}{1.0\times11.9\times633\times315^2}=0.0276$$

$$\gamma_{\mathrm{s}}=0.5(1+\sqrt{1-2\alpha_{\mathrm{s}}})=0.5\times(1+\sqrt{1-2\times0.0276})=0.986$$

$$A_{\mathrm{s}}=\frac{M}{f_{\mathrm{y}}\gamma_{\mathrm{s}}h_0}=\frac{20.61\times10^6}{300\times0.986\times315}=221.2(\text{mm}^2)$$

选用 2Φ16，$A_{\mathrm{s}}=402\text{mm}^2$。按构造配置箍筋，选用 φ8@150 双肢箍。

3. 平台板设计

同 1.7.1 例中板式楼梯平台板的设计，平台板恒荷载为 3.07kN/m。

4. 平台梁设计

（1）平台梁截面尺寸

平台梁截面尺寸取 $b\times h=200\text{mm}\times400\text{mm}$。

（2）平台梁荷载计算

平台梁荷载计算见表 1.37。

由斜板传来的集中力 $F=R=22.90\text{kN}$

表 1.37　平台梁荷载计算表

荷载种类		荷载标准值/(kN/m)
恒荷载	由平台板传来的荷载	$3.07\times(2.0-0.2)/2=2.76$
	平台梁自重	$25\times1\times0.4\times0.2=2.0$
	平台梁上的水磨石面层重	$25\times1\times0.03\times0.2=0.15$
	平台梁底部和侧面粉刷	$16\times1\times0.02[0.2+2(0.4-0.08)]=0.27$
	小计 g	5.18
活荷载 q		$3.5\times(1.8/2+0.20)=3.85$

（3）平台梁荷载效应组合

由可变荷载效应控制的组合　$p=1.2\times5.18+1.4\times3.85=11.61(\text{kN/m})$

由永久荷载效应控制的组合　$p=1.35\times5.18+1.4\times0.7\times3.85=10.77(\text{kN/m})$

所以选用由可变荷载效应控制的组合进行计算，取 $p=11.61\text{kN/m}$。

（4）平台梁内力计算

梁式楼梯传给平台梁的荷载是斜梁传来的集中力 F_1 和 F_2，当上、下楼梯梯段长度相等时，$F_1=F_2=F$，计算简图如图 1.50 所示。

跨中弯矩为 $$M=\frac{1}{8}pl_3^2+F\cdot\frac{(l_3-K)}{2}$$

梁端剪力为 $$V=\frac{1}{2}pl_{3n}+F$$

公式中 l_3、l_{3n} 分别为平台梁的计算跨度和净跨。

本设计实例中平台梁两端与竖立在框架梁上的梯柱（TZ）相连接，故平台梁的计算跨度 l_3 取净跨 $l_{3n}=3700\text{mm}$，计算简图如图 1.51 所示。

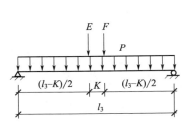

图 1.50　梁式楼梯平台梁计算简图

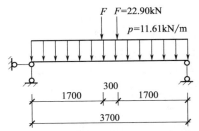

图 1.51　梁式楼梯平台梁的计算简图

平台梁中最大弯矩设计值：

$$M=\frac{1}{8}pl_{3n}^2+F\cdot\frac{(l_{3n}-K)}{2}=\frac{1}{8}\times11.61\times3.7^2+22.90\times\frac{3.7-0.3}{2}=58.80(\text{kN}\cdot\text{m})$$

梁端剪力设计值：$V=\frac{1}{2}pl_{3n}+F=\frac{1}{2}\times11.61\times3.7+22.90=44.38(\text{kN})$

（5）截面设计

① 正截面受弯承载力计算：

$$h_0=h-35=400-35=365(\text{mm})$$

$$\alpha_s=\frac{M}{\alpha_1 f_c b h_0^2}=\frac{58.80\times10^6}{1.0\times11.9\times200\times365^2}=0.185$$

$$\gamma_s = 0.5(1 + \sqrt{1 - 2\alpha_s}) = 0.5 \times (1 + \sqrt{1 - 2 \times 0.185}) = 0.897$$

$$A_s = \frac{M}{f_y \gamma_s h_0} = \frac{58.80 \times 10^6}{300 \times 0.897 \times 365} = 598.6 (mm^2)$$

选用 3ϕ18，$A_s = 763mm^2$。

② 斜截面受剪承载力计算：

$$\alpha_{cv} f_t b h_0 = 0.7 \times 1.27 \times 200 \times 365 = 64.9 (kN) > V = 44.38kN$$

按构造配置箍筋，加密区取ϕ8@100 双肢箍筋，非加密区取ϕ8@150 双肢箍筋。

（6）绘制施工图

梁式楼梯斜梁施工图和平台梁配筋图分别如图 1.52 和图 1.53 所示。

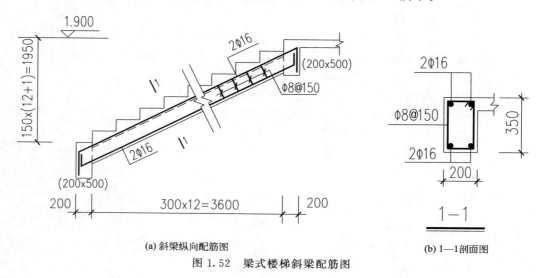

（a）斜梁纵向配筋图

(b) 1—1剖面图

图 1.52　梁式楼梯斜梁配筋图

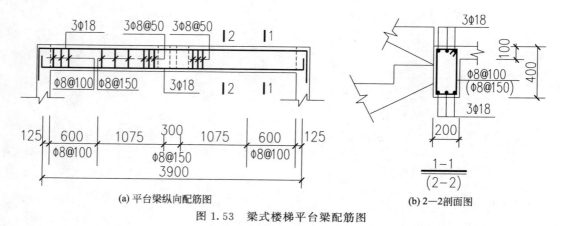

（a）平台梁纵向配筋图

(b) 2—2剖面图

图 1.53　梁式楼梯平台梁配筋图

1.7.4　三跑楼梯设计实例

如图 1.54 所示的三跑楼梯建筑平面图，平面尺寸为 6600mm×6000mm，框架柱为 600mm×600mm。下面说明三跑楼梯的结构设计方案。

1. 三跑楼梯结构设计方案一

三跑楼梯的结构设计方案为板式楼梯和梁式楼梯的合理结合，可采用如图 1.55（a）所示的平面布置方案。图中 TB-1 为板式楼梯，TB-2 为梁式楼梯，LTL-2 为一双折斜梁，支承在两端的梯柱（TZ）上。三跑楼梯的结构计算方法与板式楼梯、梁式楼梯的计算方法相同，在此不再赘述。

2. 三跑楼梯结构设计方案二

三跑楼梯也可采用如图 1.56(a) 所示的平面布置方案，图中 TB-1 为梁式楼梯，TB-2 为板式楼梯，BL-1 为一折线斜梁，支承在 LTL-1 和框架柱上，折线斜梁 BL-2 支承在 LTL-1 和梯柱（TZ）上。三跑楼梯的结构计算方法与板式楼梯、梁式楼梯的计算方法相同，在此不再赘述。

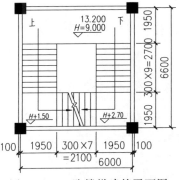

图 1.54　三跑楼梯建筑平面图

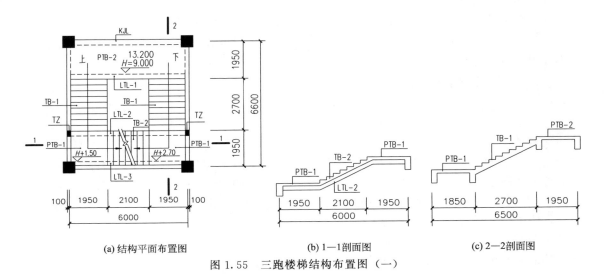

(a) 结构平面布置图　　　　(b) 1—1剖面图　　　　(c) 2—2剖面图

图 1.55　三跑楼梯结构布置图（一）

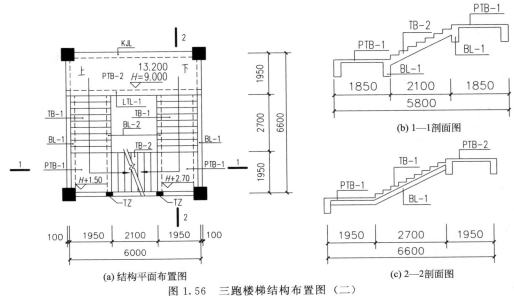

(a) 结构平面布置图

图 1.56　三跑楼梯结构布置图（二）

1.8 井式楼盖设计

1.8.1 井式楼盖基本内容

钢筋混凝土现浇井式楼盖是从钢筋混凝土双向板演变而来的一种结构形式。双向板是受弯构件,当其跨度增加时,相应板厚也随之加大。但板的下部受拉区的混凝土一般都不考虑它起作用,受拉主要靠下部钢筋承担。因此,在双向板的跨度较大时,为了减轻板的自重,可以把板下部受拉区的混凝土挖掉一部分,让受拉钢筋适当集中在几条线上,使钢筋与混凝土更加经济、合理地共同工作。这样双向板就变成为在两个方向形成井字式的区格梁,一般称这种双向梁为井字梁,这种楼盖就是井式楼盖。

井式楼盖与现浇单向板肋形楼盖的主要区别是,两个方向梁的截面高度通常相等,不分主次梁,共同承受楼板传来的荷载。井式楼盖与现浇双向板肋形楼盖的主要区别是,在梁的交叉点处不设柱,梁的间距一般为 1.5～3m,比双向板肋形楼盖中梁的间距小。

1.8.1.1 井式楼盖的特点

① 梁的交叉点处不设柱,可以形成较大的使用空间。因而特别适用于车站、候机楼、图书馆、展览馆、会议厅、影剧院门厅、多功能活动厅、仓库、车库等要求室内不设或少设柱的建筑。

② 节省材料,造价较低。由于双向设梁,双向传力,且梁距较密,梁的截面高度较小,不但楼盖的厚度较薄,而且材料用量较省,与一般楼板体系相比,可以节约钢材和混凝土30%～40%。可以采用大型塑料模壳施工,节省大量木材,施工简便,速度快,与一般楼盖相比,造价可降低约 1/3。

③ 建筑美观。由于两个方向的梁等高,通常两个方向梁的间距也相等,从室内向上仰视,其建筑效果相当于中国古建筑的藻井,非常美观。

1.8.1.2 井式楼盖梁板的布置方式

井式楼盖梁板的布置一般有以下四种情况。

(1) 正交正放网井式网格梁

当建筑平面的长边与短边之比不大于 1.5 时,可采用正向网格梁,长边与短边尺寸越接近越好。

(2) 正交斜放网井式网格梁

当屋盖或楼盖矩形平面长边与短边之比大于 1.5 时,为提高各向梁承受荷载的效率,应将井式梁斜向布置。此时角部的短梁刚度大,可成为中间长梁的弹性支座,有利于长边受力。另外长梁的长度不受长边长度的影响,最大的长梁长度为 $\sqrt{2}\,l_1$,l_1 为短跨的长度。

(3) 三向网格梁

当楼盖或屋盖的平面为三角形或六边形时,可采用三向网格梁。这种布置方式具有空间作用好、刚度大、受力合理、可减小结构高度等优点。

(4) 有外伸悬挑的井式网格梁

单跨简支或多跨连续的井式楼盖梁板有时可采用有外伸悬挑的网格梁。这种布置方式可减少网格梁的跨中弯矩和挠度。

1.8.1.3 井字梁的间距

两个方向井字梁的间距可以相等，也可以不相等。如果不相等，则要求两个方向的梁间距之比 $a/b=1.0\sim2.0$。应综合考虑建筑和结构受力的要求，在实际设计中应尽量使 a/b 在 $1.0\sim1.5$ 之间为宜，一般梁格间距在 $2\sim3$m 较为经济，且不宜超过 3.5m。

1.8.1.4 井字梁的高度

两个方向井字梁的高度宜相等，可根据楼盖荷载的大小，取 $h=\left(\dfrac{1}{20}\sim\dfrac{1}{16}\right)l_1$（$l_1$ 为短跨跨度），但 h 最小不得小于 $l_1/30$，需要时 h 也可以做得大些。

1.8.1.5 井字梁的宽度

井字梁楼盖一般采用现浇梁板。梁按 T 形截面梁计算。梁宽 b 取梁高 h 的 1/3（h 较小时）或 1/4（h 较大时），但梁宽不宜小于 120mm。T 形截面的翼缘计算宽度按混凝土结构设计规范取值。

1.8.1.6 井字梁的挠度取值

规范并没有规定井字梁的挠度取值，参考《网架结构设计与施工规程》（JGJ 7—2010）的规定：用作屋盖时网架跨中挠度 $f\leqslant l_1/250$，用作楼盖时 $f\leqslant l_1/300$（l_1 为短跨）。

《混凝土结构设计规范》（GB 50010—2010）第 3.4.3 条规定：$l_0\geqslant9$m 时，无论屋盖楼盖，挠度应满足 $f\leqslant l_0/300$，但使用上对挠度有较高要求的构件应满足 $f\leqslant l_0/400$（l_0 为计算跨度）。

一般情况下，井字梁的挠度可满足 $f\leqslant l_1/300$，要求较高时可满足 $f\leqslant l_1/400$（l_1 为短跨）。

1.8.1.7 井字梁的楼板

井字梁区格内的楼板按双向板计算，不考虑井字梁的变形，即假定双向板支承在不动支座上，板的厚度不小于 80mm，且应不小于板较小边长的 1/45（单跨板）或 1/50（连续板）。板配筋构造与双向连续板相同。

1.8.2 井字梁与柱子的连接

1.8.2.1 井字梁与柱子采取"避"的方式

井字梁与柱子采取"避"的方式（图 1.57 和图 1.58），是通过调整井字梁的间距以避开柱位，这样可避免在井字梁与柱子相连处，井字梁支座负筋的超限情况；另外可减少梁柱节点在荷载作用下，由于两者刚度相差悬殊而成为受力薄弱点而导致首先破坏。由于井字梁避开了柱位，靠近柱位的区格板需另作加强处理。

如图 1.59 所示的建筑平面，纵向较长，横向只有两跨，若采用如图 1.57 或图 1.58 的方案，则④轴线的两根柱子在横向没有可靠的侧向支承，一般的做法是把图 1.59 中的 JZL-1 与柱相连接，可以保持 JZL-1 的高度不变而只增大宽度，也可以保持 JZL-1 的宽度不变而只增大高度；纵向的井字梁设置依然可以采用"避"的方式，也可以采用"抗"的方式（图 1.60）。但这种情况下的井字梁受力复杂，可采用电算。

1.8.2.2 井字梁与柱子采取"抗"的方式

井字梁与柱子采取"抗"的方式（图 1.60），是把与柱子相连的井字梁设计成大井字梁，其余小井字梁套在其中，形成大小井字梁相嵌的结构形式，使楼面荷载从小井字梁传递至大井字梁，再到柱子。

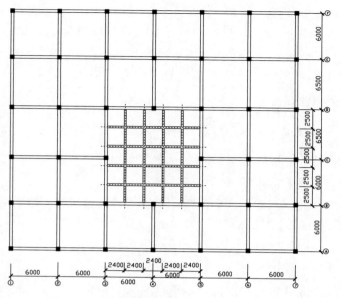

图 1.57 井字梁与柱子采取"避"的方式(一)

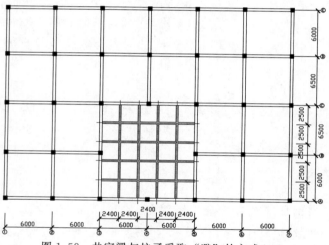

图 1.58 井字梁与柱子采取"避"的方式(二)

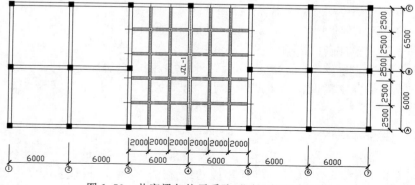

图 1.59 井字梁与柱子采取"避"的方式(三)

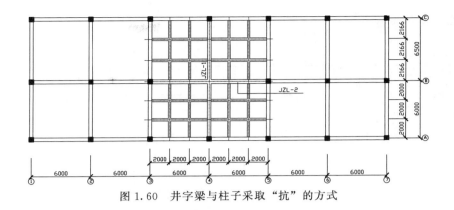

图 1.60 井字梁与柱子采取"抗"的方式

1.8.3 井式楼盖的配筋构造

1.8.3.1 井字梁的配筋构造

井字梁的配筋和一般梁的配筋基本上要求相同,但需要注意以下三点。

在两个方向梁交点的格点处,短跨度方向梁下面的纵向受拉钢筋应放在长跨度方向梁下面的纵向受拉钢筋的下面,这与双向板的配筋方向相同。

在两个方向梁交点的格点处不能看成是梁的一般支座,而是梁的弹性支座,梁只有在两端支承处的两个支座。因此,两个方向的梁在布筋时,梁下面的纵向受拉钢筋不能在交点处断开,而应直通两端支座。钢筋不够长时,必须采用焊接,其焊接质量必须符合有关规范要求。

井字梁的边梁应该具有足够的刚度,其截面高度一般可取 $h = (l/8 \sim l/12)l$ (l 为边梁跨度)。同时边梁的截面高度应大于或等于井字梁的截面高度,最好大于井字梁截面高度的 $20\% \sim 30\%$。

井字梁平面布置的平面整体表示方法如图 1.61 所示,JZL5(1) 的配筋构造如图 1.62 所示,JZL2(2) 的配筋构造如图 1.63 所示。

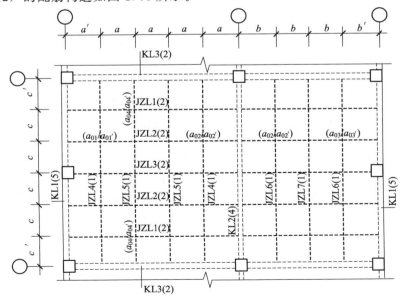

图 1.61 井字梁平面布置图

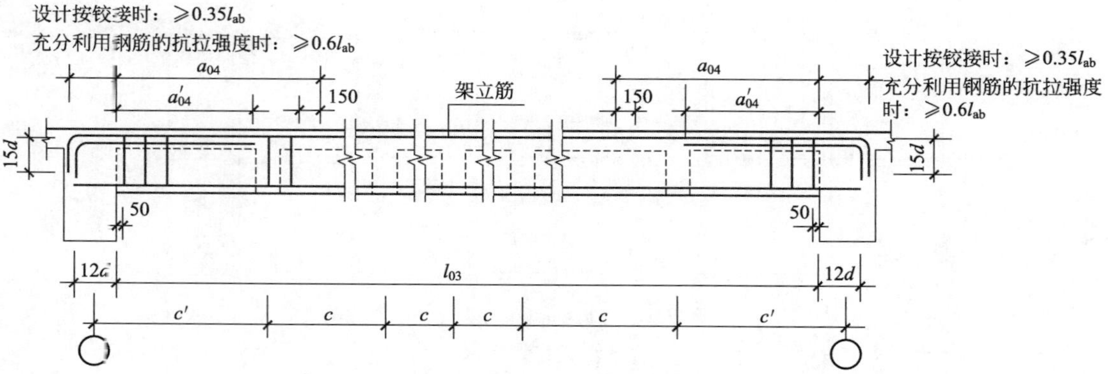

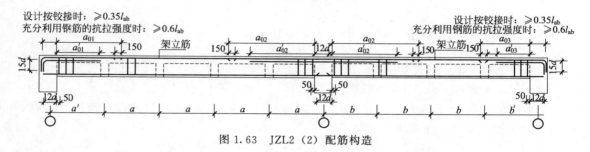

图 1.62 JZL5 (1) 配筋构造

图 1.63 JZL2 (2) 配筋构造

1.8.3.2 井式楼盖板的配筋构造

井式楼盖板为双向板,在双向配筋时,应说明两个方向主筋的相互位置关系,通常情况下短跨方向的主筋在常跨方向主筋的外侧。

屋顶井式楼盖板配筋图如图 1.64 所示,楼层井式楼盖板配筋图如图 1.65 所示。

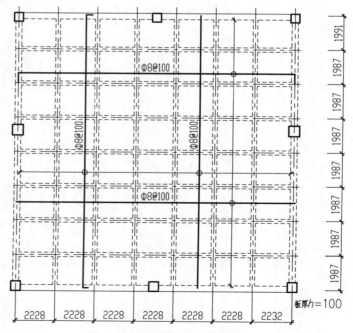

图 1.64 屋顶井式楼盖板配筋图

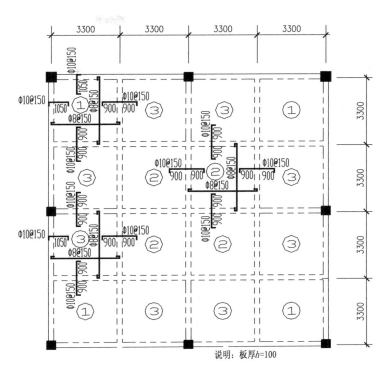

说明：板厚h=100

图1.65　楼层井式楼盖板配筋图

1.9　变形缝

当建筑物的平面长度过长，平面形式复杂曲折，或一幢建筑物的不同部分的高度或荷载有较大差别时，建筑构件会因温度变化、地基不均匀沉降和地震等原因产生变形，使建筑物产生裂缝，在结构设计时，需通过设置适当的变形缝来解决这些问题。变形缝的三种基本形式是：伸缩缝（温度缝）、沉降缝和防震缝（抗震缝）。除了变形缝，结构中还有其他的一些结构缝，比如施工缝、拼接缝、控制缝（引导缝，如预埋隔离片等）和界面缝等。

在设缝的时候，需要考虑以下几个方面的内容。

① 应充分考虑现代建筑体形庞大、形状复杂、混凝土收缩大等特点，合理布置结构缝，减少约束应力的过大积聚。

② 综合考虑各种结构缝的功能和受力特点，加以合并，最好"三缝合一"或"两缝合一"。

③ 合理构造：采用全断开、半断开、部分断开和后断开等不同形式，使其能够承当作为结构缝应有的功能和作用。比如温度缝和防震缝在基础可以不断开，上部结构要断开，而沉降缝则基础和上部结构均需断开。

④ 缝的构造应能够在正常的施工条件下完成，具有可操作性。

⑤ 应做好防水、防渗等措施，将缝对建筑物的影响减少到最低限度。

1.9.1　伸缩缝

1.9.1.1　钢筋混凝土结构的伸缩缝

钢筋混凝土结构伸缩缝的最大间距宜符合表 1.38 的规定。

表 1.38　钢筋混凝土结构伸缩缝的最大间距　　　　　　　　　　单位：m

结 构 类 别		室内或土中	露　　天
排架结构	装配式	100	70
框架结构	装配式	75	50
	现浇式	55	35
剪力墙结构	装配式	65	40
	现浇式	45	30
挡土墙、地下室墙壁等结构	装配式	40	30
	现浇式	30	20

注：1. 装配整体式结构房屋的伸缩缝间距宜按表中现浇式的数值取用。

2. 框架-剪力墙结构或框架-核心筒结构房屋的伸缩缝间距可根据结构的具体布置情况取表中框架结构与剪力墙结构之间的数值。

3. 当屋面无保温或隔热措施时，框架结构、剪力墙结构的伸缩缝间距宜按表中露天栏的数值取用。

4. 现浇挑檐、雨罩等外露结构的伸缩缝间距不宜大于 12m。

在对下列情况下，表 1.38 中的伸缩缝最大间距宜适当减小：

① 柱高（从基础顶面算起）低于 8m 的排架结构，由于刚度大，温度收缩引起的柱顶水平位移可能导致柱中产生较大的约束应力；

② 屋面无保温或隔热措施的排架结构，由温度变化所造成的约束应力较大；

③ 位于气候干燥地区、夏季炎热且暴雨频繁地区的结构或经常处于高温作用下的结构，因温度变化所造成的约束应力将更为严重；

④ 采用滑模类施工工艺的剪力墙结构，因为这些结构整体性较强，温度收缩所引起的约束应力会更大；

⑤ 材料收缩较大（混凝土强度等级高、水泥用量多、流动性大的泵送混凝土及免振混凝土等情况）、室内结构因施工外露时间较长等。

在对下列情况下，如有充分依据和可靠措施，表 1.38 中的伸缩缝最大间距可适当增大。

① 混凝土浇筑采用后浇带分段施工，混凝土后浇带的间距不大于 30m，宽度 800～1000mm，一般钢筋贯通不断，浇筑后浇带的时间通常在 2 个月以上。需要注意通过合理设置有效的后浇带，并有可靠经验时，可适当增大伸缩缝间距，但不能用后浇带代替伸缩缝。

② 采用专门用于抵消温度、收缩应力的预加应力措施。

③ 采用能减少混凝土温度变化或收缩的措施，如局部加强结构的薄弱环节、加强混凝土养护、采用预制构件或叠合结构、设置滑移层、采用膨胀剂补偿混凝土收缩、加强保温隔热措施、建筑物顶部采用交叉式变形缝等。

④ 顶部设局部伸缩缝，将结构划分为长度较短的区段。

⑤ 现浇结构两端楼板中配置温度筋。配置直径较小（一般用 $\phi 8$）、间距较密（150mm 左右）的温度筋，能起到良好的作用。

当增大伸缩缝间距时，尚应考虑温度变化或混凝土收缩对结构的影响。这是因为温度变化和混凝土收缩这类间接作用引起的变形和位移对于超静定混凝土结构可能引起很大的约束应力，导致结构构件开裂，甚至使结构的受力形态发生变化。设计者不能简单地采取某些措施就草率地增大伸缩缝间距，而应通过有效的分析或计算慎重考虑各种不利因素对结构内力和裂缝的影响，确定合理的伸缩缝间距。

1.9.1.2 素混凝土结构的伸缩缝

素混凝土结构伸缩缝的最大间距宜符合表 1.39 的规定。

表 1.39　素混凝土结构伸缩缝的最大间距　　　　　　　单位：m

结构类别	室内或土中	露天
装配式结构	40	30
现浇结构（配有构造钢筋）	30	20
现浇结构（未配构造钢筋）	20	10

1.9.1.3 高层建筑结构的伸缩缝

高层建筑结构伸缩缝的最大间距宜符合表 1.40 的规定。

表 1.40　高层建筑结构伸缩缝的最大间距　　　　　　　单位：m

结构体系	施工方法	最大间距
框架结构	现浇	55
剪力墙结构	现浇	45

注：1. 框架剪力墙的伸缩缝间距可根据结构的具体布置情况取表中框架结构与剪力墙结构之间的数值。
2. 当屋面无保温或隔热措施、混凝土的收缩较大或室内结构因施工外露时间较长时，伸缩缝间距应当减小。
3. 位于气候干燥地区、夏季炎热且暴雨频繁地区的结构，伸缩缝的间距宜适当减小。

当采用下列构造措施和施工措施减少温度和混凝土收缩对结构的影响时，可适当放宽伸缩缝的间距。

① 顶层、底层、山墙和纵墙端开间等温度变化影响较大的部位提高配筋率。

② 顶层加强保温隔热措施，外墙设置外保温层。

③ 每 30～40m 间距留出施工后浇带，带宽 800～1000mm，钢筋采用搭接接头，后浇带混凝土宜在两个月后浇灌。

④ 顶部楼层改用刚度较小的结构形式或顶部设局部温度缝，将结构划分为长度较短的区段。

⑤ 采用收缩小的水泥、减少水泥用量、在混凝土中加入适宜的外加剂。

⑥ 提高每层楼板的构造配筋率或采用部分预应力结构。

1.9.1.4 砌体结构的伸缩缝

砌体结构伸缩缝的最大间距宜符合表 1.41 的规定。

表 1.41　砌体结构伸缩缝的最大间距　　　　　　　单位：m

屋盖或楼盖类别		间距
整体式或装配整体式钢筋混凝土结构	有保温层或隔热层的屋盖、楼盖	50
	无保温层或隔热层的屋盖	40
装配式无檩体系钢筋混凝土结构	有保温层或隔热层的屋盖、楼盖	60
	无保温层或隔热层的屋盖	50

屋盖或楼盖类别		间距
装配式有檩体系钢筋混凝土结构	有保温层或隔热层的屋盖	75
	无保温层或隔热层的屋盖	60
瓦材屋盖、木屋盖或楼盖、轻钢屋盖		100

注：1. 对烧结普通砖、烧结多孔砖、配筋砌块砌体房屋，取表中数值；对石砌体、蒸压灰砂砖、蒸压粉煤灰普通砖、混凝土砌块、混凝土普通砖和混凝土多孔砖房屋，取表中数值乘以 0.8 的系数，当墙体有可靠外保温措施时，其间距可取表中数值。

2. 在钢筋混凝土屋面上挂瓦的屋盖应按钢筋混凝土屋盖采用。

3. 层高大于 5m 的烧结普通砖、烧结多孔砖、配筋砌块砌体结构单层房屋，其伸缩缝间距可按表中数值乘以 1.3。

4. 温差较大且变化频繁地区和严寒地区不采暖的房屋及构筑物墙体的伸缩缝的最大间距，应按表中数值予以适当减小。

5. 墙体的伸缩缝应与结构的其他变形缝相重合，缝宽度应满足各种变形缝的变形要求，在进行立面处理时，必须保证缝隙的变形作用。

1.9.1.5　钢结构的伸缩缝

单层钢结构房屋和露天结构的温度区段长度（即伸缩缝的间距），当不超过表 1.42 的数值时，一般情况可不考虑温度应力和温度变形对结构内力的影响（即 $P\text{-}\Delta$ 效应）。

表 1.42　钢结构温度区段长度值　　　　　　单位：m

结构情况	纵向温度区段 （垂直屋架或构架跨度方向）	横向温度区段 （沿屋架或构架跨度方向）	
		柱顶为刚接	柱顶为铰接
采暖房屋和非采暖地区的房屋	220	120	150
热车间和采暖地区的非采暖房屋	180	100	125
露天结构	120	—	—

注：1 厂房柱为其他材料时，应按相应规范的规定设置伸缩缝，围护结构可根据具体情况参照有关规范单独设置伸缩缝。

2. 无桥式吊车房屋的柱间支撑和有桥式吊车房屋吊车梁或吊车桁架以下的柱间支撑，宜对称布置于温度区段中部。当不对称布置时，上述柱间支撑的中点（两道柱间支撑时为两支撑距离的中点）至温度区段端部的距离不宜大于表中纵向温度区段长度的 60%。

1.9.2　沉降缝

当同一建筑物中的各部分由于基础沉降而产生显著沉降差异，有可能使结构产生难以承受的内力和变形，为避免由此而造成结构的过大裂缝，可在容易产生裂缝的部位设置沉降缝，将建筑物分开成两个独立的结构单元。沉降缝应从基础到上部结构全部断开。

1.9.2.1　沉降缝的设置原则

（1）"放"

将主楼和裙房用沉降缝分开，让各部分自由沉降，互不影响，避免出现由于不均匀沉降所产生的内力。采用这种方式，沉降缝两侧要设双梁、双柱或双墙，结构与建筑都不容易处理好，尤其是地下室的防水相当困难，容易发生渗漏。而且，如果沉降缝将箱形基础分为两部分，则基础受力也极为不利。

（2）"抗"

采用刚性很大的整体基础或支承桩，承托主楼与裙房的整体建筑，用基础本身的刚度来抵抗沉降差。

(3)"调"

在设计与施工中采取有效措施，调整各部分沉降，减少其差异，降低由沉降差产生的内力。可采用以下三种调法。

① 调压力差：采取降低高层主楼部分基础地面的土压力，以减少沉降，增大裙房部分基础的土压力，以增加沉降，使两者的沉降基本调到一致或接近。

② 调时间差：先施工主楼部分，待主楼部分施工完毕，且沉降基本稳定，再施工裙房部分，以减少两者的沉降差，使两者的最终沉降达到一致。

③ 调沉降差：通过计算确定主楼和裙房的最终沉降，在设计主楼和裙房标高时预留两者的沉降差，使最终沉降基本稳定后，两者最后标高基本一致。

1.9.2.2　设置沉降缝的建筑部位

对建于软弱地基上的建筑，在建筑的下列部位宜设置沉降缝：

① 建筑平面的转折部位；

② 高度差异或荷载差异之处；

③ 长高比过大的砌体承重结构或钢筋混凝土框架结构的适当部位；

④ 地基土的压缩性有显著差异之处；

⑤ 建筑结构或基础类型不同之处；

⑥ 分期建造房屋的交界之处。

1.9.2.3　沉降缝的宽度

沉降缝的宽度见表1.43。有抗震要求时，沉降缝的宽度还要考虑防震缝的宽度要求。

表 1.43　沉降缝的宽度

房屋层数	沉降缝的宽度/mm
2～3	50～80
4～5	80～120
≥6	≥120

注：在沉降处房屋连同基础一起断开。缝内一般不填塞材料，当必须填塞时，应防止缝内两侧因房屋内倾而相互挤压影响沉降效果。

1.9.2.4　主楼与裙房之间的设缝问题

当主楼与裙房的基础埋置深度相同或差别较小时，为保证主楼基础的埋置深度、整体稳定，加强主楼及裙房的侧向约束，在高低层之间可不设沉降缝，如图1.66（a）所示。如果主楼与裙房之间必须设缝，则主楼部分的基础埋深至少应大于裙房部分的基础埋深2m，并在设缝处自室外地面以下均用粗砂填实以加强主楼及裙房的侧向约束，如图1.66（b）所示。

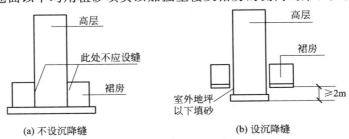

图 1.66　主楼与裙房之间的设缝问题

1.9.2.5 沉降缝的基础构造

(1) 偏心式基础

当建筑物层数较低（不超过三层），荷载较小，地基承载力又相对较高时，可通过采用偏心基础设置沉降缝。

(2) 跨越式基础

对于同时建造的新建建筑物，基础沉降缝最合理的设计方案为跨越式基础。该基础形式的基底反力分布比较均匀，受力概念清楚，并且相互独立，自由沉降。

当沉降缝两侧为框架结构柱下独立基础时，沉降缝的处理构造如图 1.67 所示。

当沉降缝一侧为框架结构柱下独立基础，另一侧为墙下条形基础时，沉降缝的处理构造如图 1.63 所示。

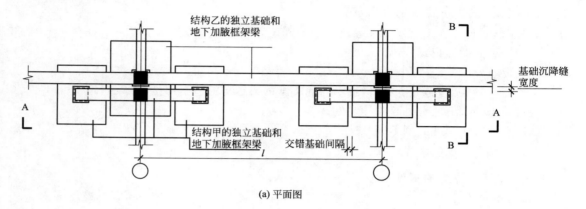

(a) 平面图

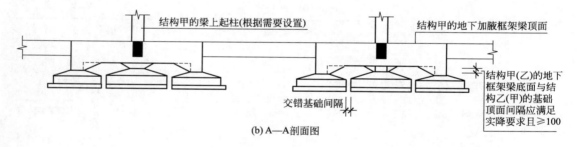

(b) A—A剖面图

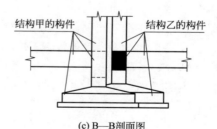

(c) B—B剖面图

图 1.67　沉降缝两侧柱下独立基础的处理构造

(3) 悬挑基础

在建筑物改造过程中或邻近建筑物的建设不同期时，需要将新建物贴建于旧建筑物旁，可采用悬挑基础（图 1.69）。当原有建筑物基础埋深较深时，采用该形式基础较方便。悬挑基础的基底反力分布不均匀，受力较复杂，基础的悬挑长度不能过长。

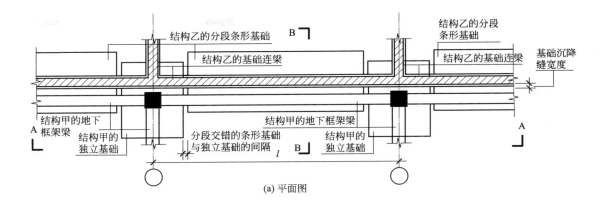

(a) 平面图

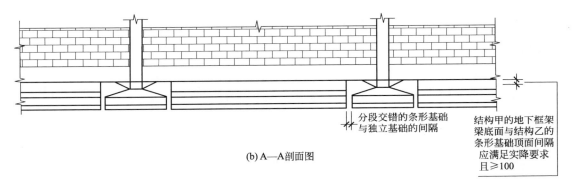

(b) A—A剖面图

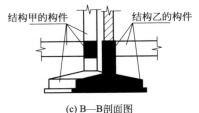

(c) B—B剖面图

图 1.68　沉降缝一侧柱下独立基础一侧墙下条形基础时的处理构造

1.9.3　防震缝

　　建筑结构防震缝的设置主要是为了避免在地震作用下结构产生过大的扭转、应力集中和局部严重破坏等。当结构设置了伸缩缝或沉降缝时，抗震设计时应兼做防震缝，做到"三缝合一"。

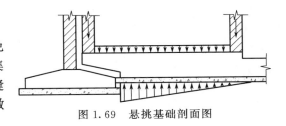

图 1.69　悬挑基础剖面图

1.9.3.1　防震缝的设置原则

　　抗震设计时，多高层建筑宜调整平面形状和结构布置，避免结构不规则，不设防震缝。当建筑物平面形状复杂而又无法调整其平面形状和结构布置使之成为较规则的结构时，宜设置防震缝将其划分为较简单的几个结构单元。具体在下列情况下宜设防震缝：

　　① 建筑平面长度和外伸长度尺寸（图 1.2 和表 1.1）超出了规范的限值而又没有采取加

强措施时：

②　各部分刚度相差悬殊，采取不同材料和不同结构体系时；

③　各部分质量相差很大时；

④　各部分有较大错层，而未采取有效加强措施时。

1.9.3.2　防震缝的宽度

为防止建筑物在地震中相碰，防震缝必须留有足够的宽度。防震缝的净宽度原则上应大于两侧结构允许的地震作用下水平位移之和。

①　房屋高度不超过 15m 时防震缝的最小宽度为 100mm，当高度超过 15m 时，各结构类型的防震缝宽度按表 1.44 确定。

表 1.44　房屋高度超过 15m 时防震缝宽度　　　　单位：mm

设防烈度	6	7	8	9
框架结构	$100+20\times\dfrac{(H-15)}{5}$	$100+20\times\dfrac{(H-15)}{4}$	$100+20\times\dfrac{(H-15)}{3}$	$100+20\times\dfrac{(H-15)}{2}$
框架-剪力墙结构	$100+14\times\dfrac{(H-15)}{5}$	$100+14\times\dfrac{(H-15)}{4}$	$100+14\times\dfrac{(H-15)}{3}$	$100+14\times\dfrac{(H-15)}{2}$
剪力墙结构	$100+10\times\dfrac{(H-15)}{5}$	$100+10\times\dfrac{(H-15)}{4}$	$100+10\times\dfrac{(H-15)}{3}$	$100+10\times\dfrac{(H-15)}{2}$
砌体结构	70～100			

②　防震缝两侧结构类型不同时，宜按需要较宽防震缝的结构类型和较低房屋高度确定缝宽。

③　当相邻结构的基础存在较大沉降差时，宜增大防震缝的宽度。

1.9.3.3　防震缝的要求

在抗震设计时，建筑物各部分之间的关系应明确：如分开，则彻底分开；如相连，则连接牢固。不宜采用似分不分，似连不连的结构方案。

防震缝、伸缩缝和沉降缝应综合考虑，伸缩缝和沉降缝应满足防震缝的要求。防震缝宜沿房屋全高设置，地下室、基础可不设防震缝，但在与上部防震缝对应处应加强构造和连接。

防震缝两侧宜设置双墙或双柱，结构单元之间或主楼与裙房之间如无可靠措施，不应采用牛腿托梁的做法设置防震缝。

1.9.3.4　抗撞墙

在地震作用时，由于结构开裂、局部损坏和进入弹塑性变形，其水平位移比弹性状态下增大很多。因此，伸缩缝和沉降缝的两侧很容易发生碰撞。8、9 度设防的框架结构，当防震缝两侧结构高度、刚度或层高相差较大时，可在缝两侧结构尽端沿全高设置垂直于防震缝的抗撞墙，每一侧抗撞墙的数量不应少于两道，分别对称布置，墙肢长度可小于一个柱距（图 1.70）。防震缝两侧抗撞墙的端柱和框架边柱，箍筋应沿房屋全高加密。

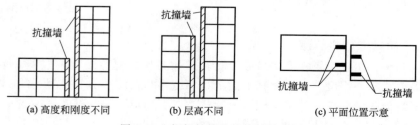

图 1.70　框架结构的抗撞墙示意图

第 2 章

框架结构工程实例手算解析

本章以"云海市建筑职业技术学校办公楼"（以下简称"办公楼"）工程作为设计实例，详细说明框架结构的手算设计过程。本办公楼设计为 4 层，在结构方案选择上，采用框架结构体系，框架结构具有传力明确、结构布置灵活、抗震性和整体性好的优点，其整体性和抗震性均好于砌体结构，同时可提供较大的使用空间，也可构成丰富多变的立面造型。框架结构可通过合理的设计，使之具有良好的延性，成为"延性框架"，在地震作用下，这种延性框架具有良好的抗震性能。

2.1 工程概况

办公楼为四层钢筋混凝土框架结构体系，建筑面积约 2700m^2。办公楼各层建筑平面图、立面图、剖面图、楼梯详图、卫生间详图和门窗表等如图 2.1～图 2.15 所示。一～四层的建筑层高分别为 3.9m、3.6m、3.6m 和 3.9m。一～四层的结构层高分别为 4.9m（从基础顶面算起，包括初估地下部分 1.0m）、3.6m、3.6m 和 3.9m，室内外高差 0.45m。建筑设计使用年限 50 年。

办公楼高度为 15.45m（房屋高度指室外地面到主要屋面板板顶的高度，不包括局部突出屋顶部分，即 15m＋0.45m＝15.45m），满足《建筑抗震设计规范》（GB 50011—2010）第 6.1.1 条的规定，即房屋高度 15.45m＜50m（7 度，0.10g）。办公楼宽度为 16.1m，房屋高宽比为 15.45/16.1＝0.96＜4，满足《高层建筑混凝土结构技术规程》（JGJ 3—2010）第 3.3.2 条的规定。

2.2 设计资料

2.2.1 工程地质条件

根据地质勘察报告，场区范围内地下水位高程为－12.00m，地下水对一般建筑材料无侵蚀作用，不考虑土的液化。土质构成自地表向下依次如下。

① 填土层：厚度约为 0.5m，承载力特征值 $f_{ak}=80kPa$，天然重度 17.0kN/m^3。

② 黏土：厚度约为 2～5m，承载力特征值 $f_{ak}=240kPa$，天然重度 18.8kN/m^3，e 及 I_L 均小于 0.85。

建筑设计总说明

一、工程概况

1、工程名称：云海市建筑职业技术学校办公楼；

2、耐火等级：二级；

3、建筑高度：16米；

4、建筑总面积：约2700平方米；

5、建筑设计使用年限：50年；

6、抗震烈度：7度；

7、结构类型：钢筋混凝土框架结构，基础为钢筋混凝土独立基础。

二、设计依据

1、设计任务书中提及的设计内容；

2、《房屋建筑制图统一标准》(GB/T 50001-2010)；

3、《建筑设计防火规范》(GB 50016-2006)；

4、工程建设标准强制性条文-（房屋建筑部分）的建筑设计篇与建筑防火篇；

5、《建筑制图标准》(GB/T 50104-2010)；

6、《中小学校设计规范》 (GB50099-2011)；

7、《公共建筑节能设计标准》(GB 50189-2005)；

8、《建筑工程设计文件编制深度规定》等。

三、设计总则

1、施工图纸中所注尺寸均以毫米为单位，标高以米为单位，比例与尺寸均以尺寸为准，图中细部节点以详图为准；

2、本工程有关施工操作及工程质量标准，请按照国家颁发的现行建筑安装工程施工及验收规范，安全技术规范及本省其他有关规定办理；

3、施工过程中请与水、电、暖安装工程密切配合，做好预埋、预留工作；

4、施工过程中如因材料供应困难或建设单位提出改变原设计的布置或用料时，均应在事前征得设计单位的同意后方可施工，如发现本工程所各工种图纸存在矛盾和疏漏之处，应及时与设计人员联系解决；

5、本图中未详尽处请按国家现行颁布的有关施工及验收规定执行。

四、定位、设计标高

1、定位见总平面图；

2、本工程设计室内地坪标高±0.000相对于绝对标高750m，室内外高差450mm；

3、立面、剖面所注楼地面标高均系指建筑标高，室内指建筑完成面标高。

五、墙体工程

1、墙体标号、砂浆详见结施图；

2、外墙均为200mm厚，内部填充墙为200mm厚；

3、外墙采用200mm厚大空页岩砖，内部填充墙采用200mm厚大空页岩砖，砌筑容重少于10kN/m²；

4、室内墙、柱面、门窗洞口阳角均做1：2水泥砂浆护角，并倒小圆角R=20，高度到顶；

5、外墙窗台、窗楣、压顶等上面均应做泛水坡度1%；

6、所有管道预留孔在管道安装好以后用素混凝土密室填充。

六、楼面

1、卫生间防滑地砖楼面：200×200防滑地砖面层，25mm厚1：2水泥砂浆结合层，C15细石混凝土1%找坡，100mm厚现浇钢筋混凝土板，板底1：1：4混合砂浆底，纸筋灰面，白色内墙涂料二度；

2、地砖楼面：500×500地砖面层（白水泥勾缝），5mm厚1：3水泥砂浆结合层，20mm厚1：3水泥砂浆找平层，100mm厚现浇钢筋混凝土板，20mm厚混合砂浆板底抹灰。

七、地面

1、卫生间地面：200×200防滑地砖面层，25mm厚水泥砂浆结合层，C15细石混凝土1%找坡100mm厚C25细石混凝土，80mm厚碎石，素土分层夯实；

2、地砖地面：500×500地砖面层（白水泥勾缝），5mm厚1：3水泥砂浆结合层，20mm厚1：3水泥砂浆找平层，100mm厚C25细石混凝土，80mm厚碎石，素土分层夯实。

八、粉刷

1、外墙：饰面部位详立面图

a 面砖外墙：15mm厚1：3水泥砂浆找平打底，10mm厚1：0.4：1混合砂浆结合层，银灰色外墙面砖；

b 涂料外墙：12mm厚1：3水泥砂浆找平打底，8mm厚1：2.5水泥砂浆粉面，优质合成米白色外墙树脂漆二度。

2、内墙

a 涂料墙面：18mm厚1：1：6混合砂浆打底，粉面，砖墙，满批成品腻子、打光；白色内墙乳胶漆罩面二度，地面处理剂1：4加水稀释做底涂；

b 瓷砖墙面：10mm厚1：2.5水泥砂浆打底，5mm厚1：0.4：1混合砂浆结合层，5mm厚瓷砖面层，白水泥砂浆嵌缝。

3、顶棚

混凝土板底（包括楼板底）均需做粉刷：12mm厚1：1：6混合砂浆打底，3mm厚纸筋灰面，满批成品腻子、打光；白色内墙乳胶漆罩面二度，底层处理剂1：4加水稀释做底涂。

九、屋面

1、屋面必须设置保温、隔热层，传热系数小于等于1.5W/m.k；

2、不上人屋面做法：

20厚1：2.5水泥砂浆（分割缝间距≤1.5m）

高分子卷材一道，同材性胶黏剂两道；SBS改性沥青卷材一道，胶黏剂两道；

高分子涂料一布二涂；刷基层处理剂一道

找平层：25厚1：3水泥砂浆

保温层：30厚1：7水泥膨胀珍珠岩

隔汽层：冷底子油一遍，热沥青两遍；找平层：15厚1：3水泥砂浆。

十、门窗

采用白色塑钢门窗，卫生间门窗采用5mm厚磨砂玻璃，其余采用5mm厚白片玻璃；

门窗气密性等级为三级；

楼梯窗应加设防护栏杆。

十一、消防设计

本工程的消防道路、防火间距、防火分区及消防疏散的设计均满足《建筑设计防火规范》GB 50016 的要求，详见总平面图。每一层为一个防火分区，每个防火分区不超过2500平方米，每个防火分区疏散出口不少于两个，疏散距离符合防火规范要求本建筑设有两个楼梯间作为垂直交通和安全疏散用。

十二、其他

1、雨水管采用φ110PVC塑料管，雨水管接头处均应粘结牢固，安装完后均应做灌水实验；

2、散水做法详见西南04J802第44页 2大样图施工；

3、空调按分体式空调考虑，空调管留洞和室外机位置见建筑平面图所示，室外空调机搁板要预留穿墙孔。

4、屋面

屋面泛水按西南J212-1第21页 3、4大样施工；

屋顶女儿墙压顶参照西南J212-1第21页 8 大样施工；

屋面分格缝按西南J212-1第21页 8 大样施工；

屋面雨水口外排水按西南J212第46页 2 大样施工；

屋面雨水斗及雨水管按西南J212第49页 1 大样施工。

5、土建施工应与设备安装密切配合，注意板留空洞，预埋件位置准确，避免错漏。如需要更改设计，必须经设计单位同意后方可施工，所有图中未详之处须严格按国家现行施工操作规程及验收规范处理。

6、未尽之处按现行施工及验收规范执行。

十三、建筑节能设计（另详）

图纸目录

序号	图号	图 纸 名 称	图幅	备注
1	1/16	建筑设计总说明	2#	
2	2/16	室内装修明细表	2#	
3	3/16	底层平面图	2#	
4	4/16	二层平面图	2#	
5	5/16	三层平面图	2#	
6	6/16	四层平面图	2#	
7	7/16	屋顶平面图	2#	
8	8/16	①—⑥立面图	2#	
9	9/16	⑥—①立面图	2#	
10	10/16	Ⓐ—Ⓒ立面图	2#	
11	11/16	Ⓒ—Ⓐ立面图	2#	
12	12/16	1-1剖面图	2#	
13	13/16	±0.000—7.500 1号楼梯平面图	2#	
14	14/16	7.500—11.100 1号楼梯平面图	2#	
15	15/16	1号楼梯剖面图	2#	
16	16/16	卫生间详图	2#	

门窗表

类型	设计编号	洞口尺寸(mm)	数量	
门	M1	2400×2100	2	
	M2	1000×2100	20	
	M3	1500×2100	31	
	M4	900×2100	8	
	M5	1200×2100	2	
窗	C1	1860×1800	8	由厂家订做
	C2	2100×1800	79	

选用标准图集目录

序号	图集代号	图集名称	序号	图集代号	图集名称
1	西南J112	墙	6	西南J516	室外装修
2	西南J212-1	屋 面	7	西南J517	卫生间设施
3	西南J312	楼地面 刷浆	8	西南J812	室外附属工程
4	西南J412	楼梯栏杆	9	92SJ713	铝合金门窗图集
5	西南J515	室内装修			

工程名称	云海市建筑职业技术学校办公楼		
设计制图	建筑设计总说明	图号	01/16
校 对		图别	建施
指导老师		日期	2014.08

图 2.1 建筑设计总说明

室内装修明细表

楼层	房间名称	楼地面	墙面	踢脚	吊顶及天棚	楼层	房间名称	楼地面	墙面	踢脚	吊顶及天棚
底层	门厅	普通地砖帖面	纸筋灰粉刷喷白二度	大理石贴面120高	另详二次装修	三层	走廊	普通地砖帖面	纸筋灰粉刷喷白二度	大理石贴面120高	轻钢龙骨石膏板吊顶
	走廊	普通地砖帖面	纸筋灰粉刷喷白二度	大理石贴面120高	纸筋灰粉刷喷白二度		楼梯间	普通地砖帖面	纸筋灰粉刷喷白二度	大理石贴面120高	纸筋灰粉刷喷白二度
	楼梯间	普通地砖帖面	纸筋灰粉刷喷白二度	大理石贴面120高	纸筋灰粉刷喷白二度		办公室	普通地砖帖面	纸筋灰粉刷喷白二度	大理石贴面120高	纸筋灰粉刷喷白二度
	传达室	普通地砖帖面	纸筋灰粉刷喷白二度	大理石贴面120高	纸筋灰粉刷喷白二度		会议室	普通地砖帖面	高级粉刷底喷白二度	大理石贴面120高	吸音板吊顶
	办公室	普通地砖帖面	高级粉刷底喷白二度	大理石贴面120高	纸筋灰粉刷喷白二度		卫生间	防滑地砖贴面	瓷砖贴面	—	金属扣板吊顶
	卫生间	防滑地砖贴面	瓷砖贴面	—	金属扣板吊顶		音响控制室	普通地砖帖面	纸筋灰粉刷喷白二度	大理石贴面120高	纸筋灰粉刷喷白二度
	平台台阶	细毛面花岗岩条石	—	—	—		总配线	水泥油漆地面	纸筋灰粉刷喷白二度	大理石贴面120高	纸筋灰粉刷喷白二度
二层	走廊	普通地砖帖面	纸筋灰粉刷喷白二度	大理石贴面120高	轻钢龙骨石膏板吊顶	四层	走廊	普通地砖帖面	纸筋灰粉刷喷白二度	大理石贴面120高	轻钢龙骨石膏板吊顶
	楼梯间	普通地砖帖面	纸筋灰粉刷喷白二度	大理石贴面120高	纸筋灰粉刷喷白二度		楼梯间	普通地砖帖面	纸筋灰粉刷喷白二度	大理石贴面120高	纸筋灰粉刷喷白二度
	办公室	普通地砖帖面	纸筋灰粉刷喷白二度	大理石贴面120高	纸筋灰粉刷喷白二度		办公室	普通地砖帖面	纸筋灰粉刷喷白二度	大理石贴面120高	纸筋灰粉刷喷白二度
	会议室	普通地砖帖面	纸筋灰粉刷喷白二度	大理石贴面120高	吸音板吊顶		清洁间	水泥油漆地面	纸筋灰粉刷喷白二度	大理石贴面120高	纸筋灰粉刷喷白二度
	活动室	普通地砖帖面	纸筋灰粉刷喷白二度	大理石贴面120高	吸音板吊顶		卫生间	防滑地砖贴面	瓷砖贴面	—	金属扣板吊顶
	卫生间	防滑地砖贴面	瓷砖贴面	—	金属扣板吊顶						

工程名称	云海市建筑职业技术学校办公楼		
设计制图	室内装修明细表	图号	02 / 16
校　对		图别	建施
指导老师		日期	2014.08

图 2.2　室内装修明细表

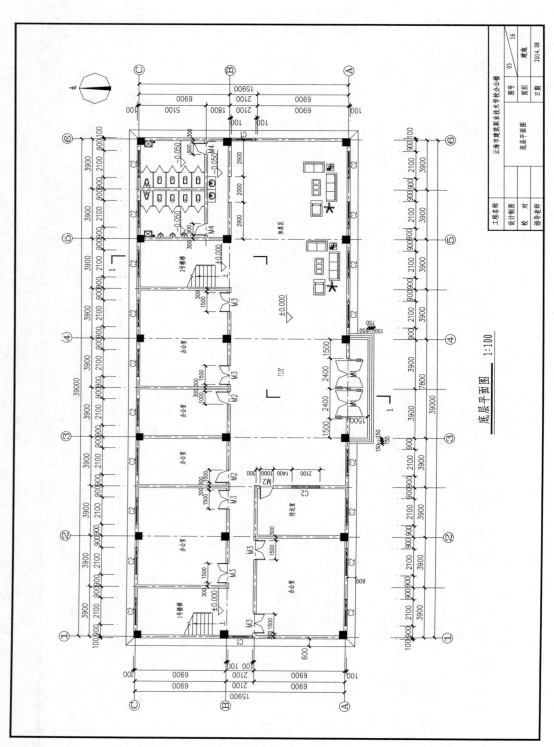

底层平面图 1:100

图 2.3 底层平面图

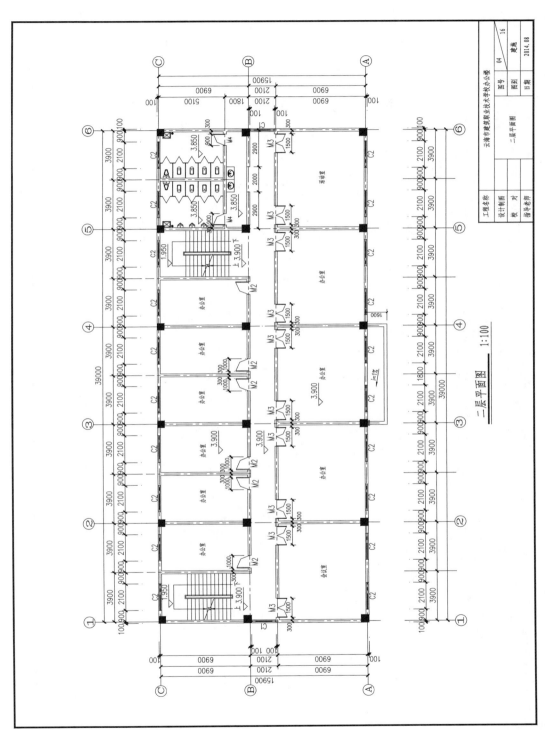

二层平面图 1:100

图 2.4 二层平面图

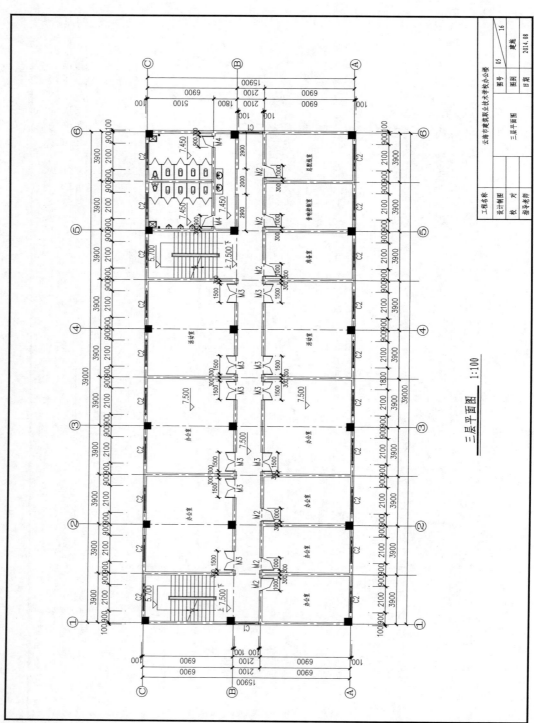

三层平面图 1:100

图 2.5 三层平面图

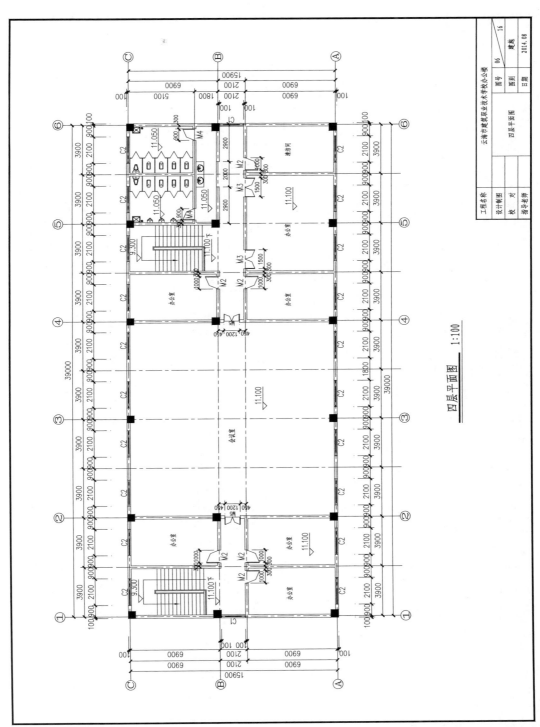

四层平面图　1:100

图 2.6　四层平面图

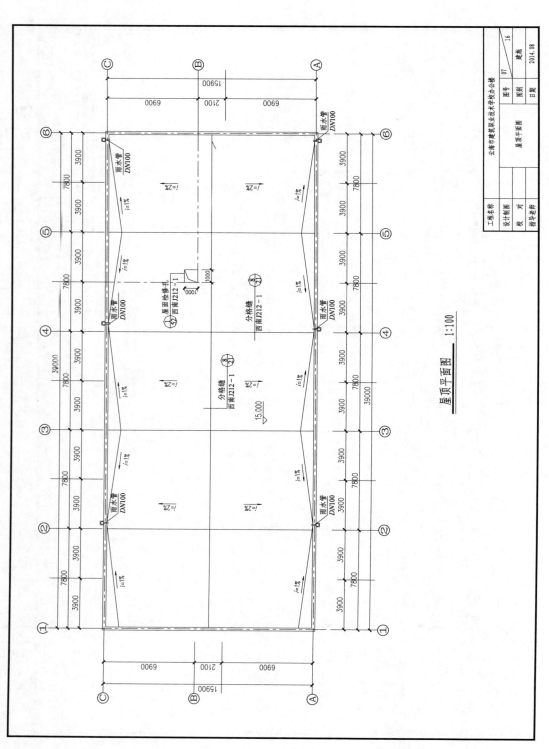

屋顶平面图 1:100

图2.7 屋顶平面图

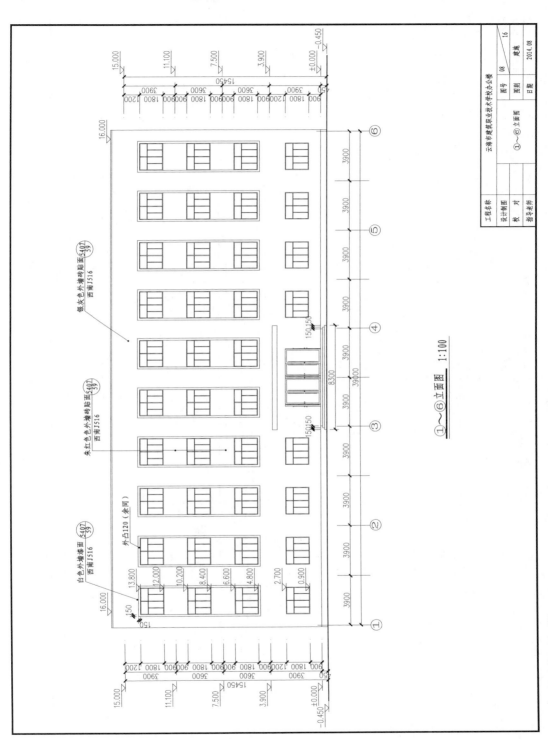

①～⑥立面图 1:100

图2.8 ①～⑥立面图

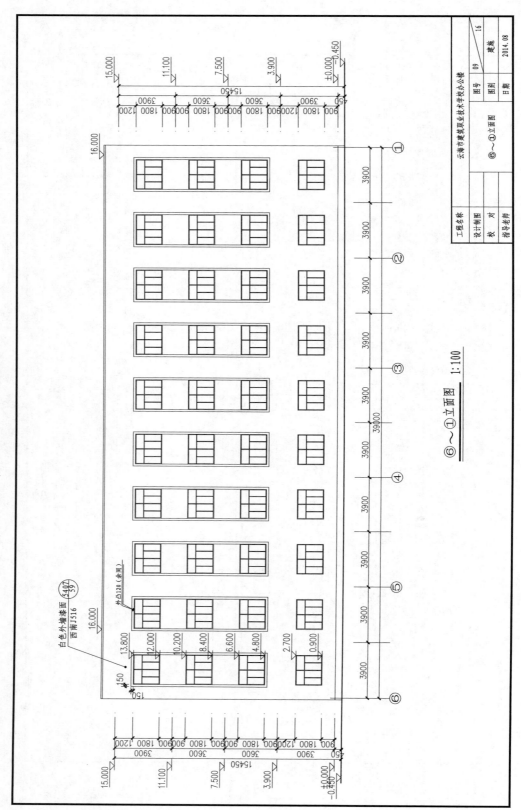

图2.9 ⑥～①立面图

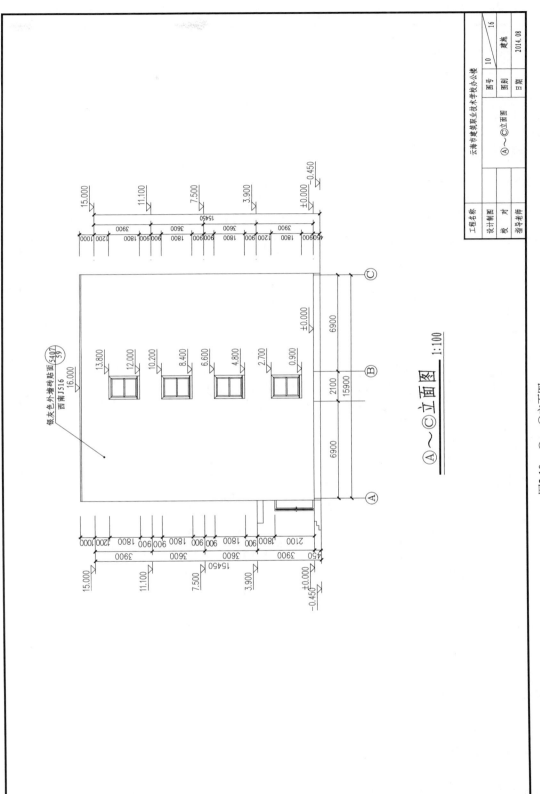

图2.10 Ⓐ～Ⓒ立面图

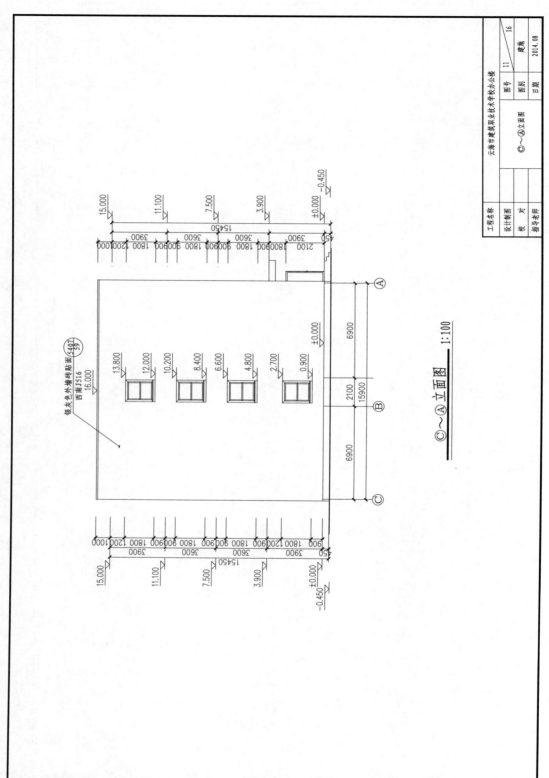

ⓒ～Ⓐ立面图   1:100

图2.11 ⓒ～Ⓐ立面图

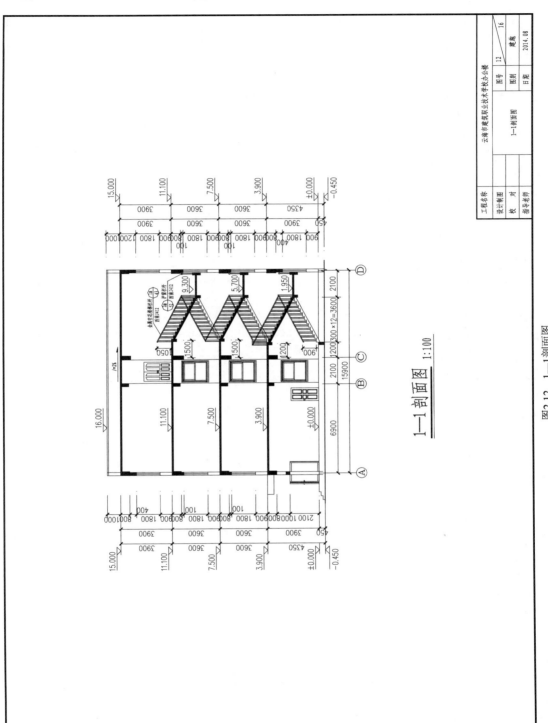

图2.12 1—1剖面图

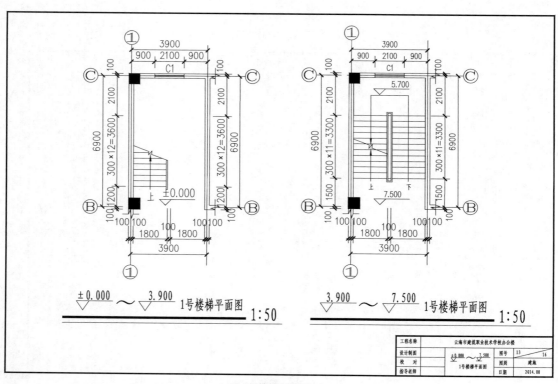

(a) 1号楼梯平面图(一)

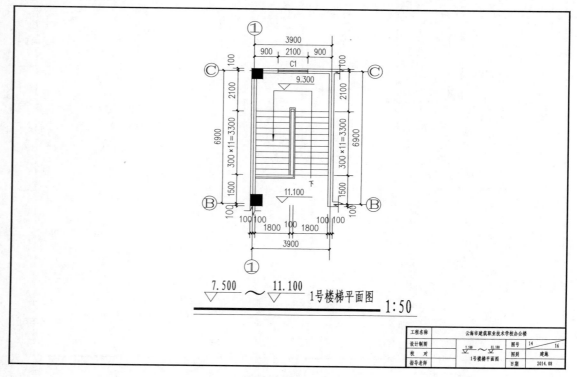

(b) 1号楼梯平面图(二)

图 2.13　1 号楼梯平面图

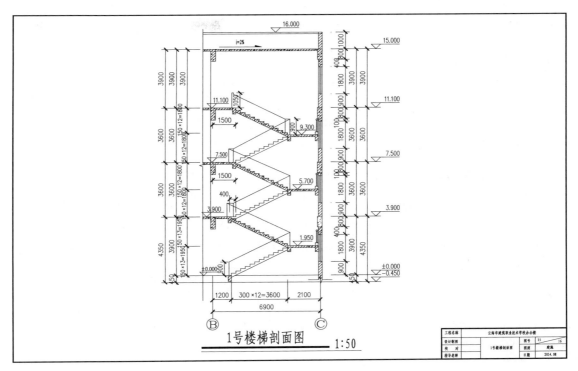

图 2.14 1 号楼梯剖面图

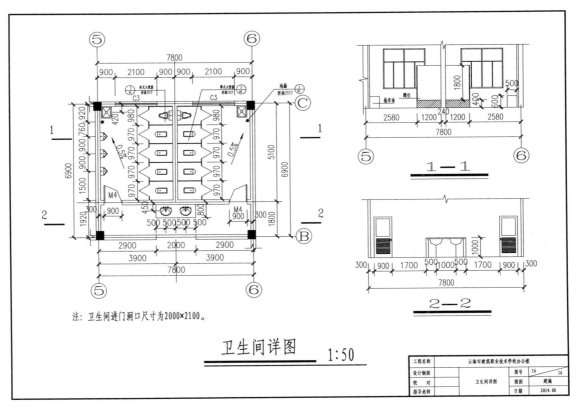

注：卫生间进门洞口尺寸为 2000×2100。

卫生间详图 1:50

图 2.15 卫生间详图

③ 轻亚黏土：厚度约为 3~6m，承载力特征值 $f_{ak}=220$kPa，天然重度 18.0kN/m³。

④ 卵石层：厚度约为 2~9m，承载力特征值 $f_{ak}=300$kPa，天然重度 20.2kN/m³。

2.2.2 气象资料

① 气温：年平均气温 20℃，最高气温 38℃，最低气温 0℃。

② 雨量：年降雨量 800mm，最大雨量 110mm/日。

③ 基本风压：$W_0=0.4$kN/m²，地面粗糙度为 C 类。

④ 基本雪压：0.30kN/m²。

2.2.3 抗震设防烈度

建筑抗震设防类别为丙类，抗震设防烈度为 7 度，设计基本地震加速度值为 0.10g，建筑场地土类别为二类，设计地震分组为第一组，场地特征周期 $T_g=0.35$s。根据《建筑抗震设计规范》（GB 50011—2010）第 6.1.2 条的规定，本实例办公楼高度为 15.45m＜24m，因此办公楼房屋的抗震等级为三级。

2.2.4 材料

梁、板、柱的混凝土均选用 C30，梁、柱主筋选用 HRB400，箍筋选用 HPB300，板受力钢筋选用 HRB335。

2.3 结构平面布置

2.3.1 结构平面布置图

根据建筑功能要求及框架结构体系，通过分析荷载传递路线确定梁系布置方案。本工程的各层结构平面布置如图 2.16~图 2.18 所示。

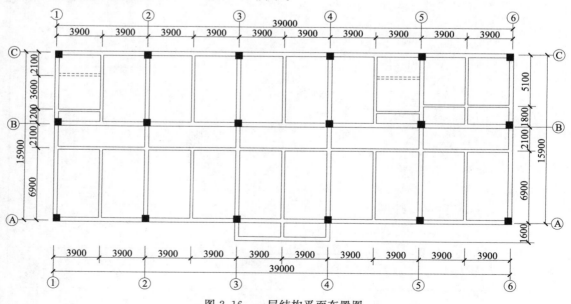

图 2.16 一层结构平面布置图

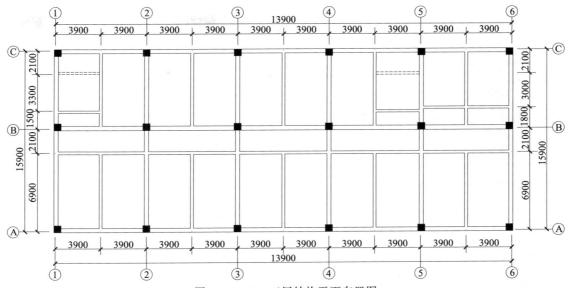

图 2.17　二、三层结构平面布置图

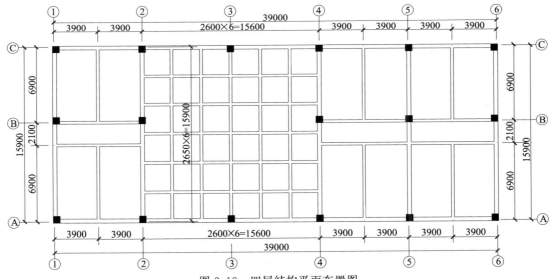

图 2.18　四层结构平面布置图

2.3.2　框架梁柱截面尺寸初估

2.3.2.1　框架梁截面尺寸初估

(1) 横向框架梁

Ⓐ～Ⓑ跨：

$$l_0 = 9\text{m}, \quad h = \left(\frac{1}{12} \sim \frac{1}{8}\right)l_0 = 750 \sim 1125(\text{mm}), \quad \text{取} \ h = 900\text{mm};$$

$$b = \left(\frac{1}{3} \sim \frac{1}{2}\right)h = 300 \sim 450(\text{mm}), \quad \text{取} \ b = 350\text{mm}.$$

Ⓑ～Ⓒ跨：

$$l_0=6.9\text{m}, \quad h=\left(\frac{1}{12}\sim\frac{1}{8}\right)l_0=575\sim862(\text{mm}), \quad 取\ h=700\text{mm};$$

$$b=\left(\frac{1}{3}\sim\frac{1}{2}\right)h=233\sim350(\text{mm}), \quad 取\ b=350\text{mm}。$$

（2）纵向框架梁

Ⓐ轴：$l_0=7.8\text{m}, \quad h=\left(\frac{1}{12}\sim\frac{1}{8}\right)l_0=650\sim975(\text{mm}), \quad 取\ h=800\text{mm};$

$b=\left(\frac{1}{3}\sim\frac{1}{2}\right)h=267\sim400(\text{mm}),$ 取 $b=350\text{mm}$（因Ⓐ轴纵向框架梁沿柱外边平齐放置，为减小梁柱偏心，梁宽适当取的宽些，当然梁也可采取加腋的办法）。

Ⓑ轴：$l_0=7.8\text{m}, \quad h=\left(\frac{1}{12}\sim\frac{1}{8}\right)l_0=650\sim975(\text{mm}), \quad 取\ h=800\text{mm};$

$$b=\left(\frac{1}{3}\sim\frac{1}{2}\right)h=267\sim400(\text{mm}), \quad 取\ b=350\text{mm}。$$

Ⓒ轴：$l_0=7.8\text{m}, \quad h=\left(\frac{1}{12}\sim\frac{1}{8}\right)l_0=650\sim975(\text{mm}), \quad 取\ h=800\text{mm};$

$$b=\left(\frac{1}{3}\sim\frac{1}{2}\right)h=267\sim400\text{mm}, \quad 取\ b=350\text{mm}。$$

（3）横向次梁

$$l_0=6.9\text{m}, \quad h=\left(\frac{1}{12}\sim\frac{1}{8}\right)l_0=575\sim862(\text{mm}), \quad 取\ h=650\text{mm};$$

$$b=\left(\frac{1}{3}\sim\frac{1}{2}\right)h=217\sim325(\text{mm}), \quad 取\ b=250\text{mm}。$$

（4）纵向连梁

$$l_0=7.8\text{m}, \quad h=\left(\frac{1}{12}\sim\frac{1}{8}\right)l_0=650\sim975(\text{mm}), \quad 取\ h=750\text{mm};$$

$$b=\left(\frac{1}{3}\sim\frac{1}{2}\right)h=250\sim375(\text{mm}), \quad 取\ b=250\text{mm}。$$

（5）卫生间纵向两跨次梁

$$l_0=3.9\text{m}, \quad h=\left(\frac{1}{12}\sim\frac{1}{8}\right)l_0=325\sim487(\text{mm}), \quad 取\ h=400\text{mm};$$

$$b=\left(\frac{1}{3}\sim\frac{1}{2}\right)h=133\sim200(\text{mm}), \quad 取\ b=200\text{mm}。$$

（6）井字梁

井字楼盖的平面尺寸为15600mm×15900mm，井字梁的梁格划分如图2.18所示，井字梁采用6×6网格，网格尺寸为2600mm×2650mm。由于本实例井字梁跨度较大，故梁高度取得大些，为短跨度的1/16～1/14，即

$$h=\left(\frac{1}{16}\sim\frac{1}{14}\right)l_0=975\sim1114(\text{mm}), \quad 取井字梁的高度为\ h=1100\text{mm}。$$

井字梁的宽度取为高度的1/4～1/3，即

$$b=\left(\frac{1}{4}\sim\frac{1}{3}\right)h=275\sim367(\text{mm}),$$ 取 $b=300\text{mm}$，因此，井字梁的截面尺寸为300mm×1100mm。

③轴线上的井字梁与柱相交，截面宽度增加而高度保持不变，即截面取为350mm×1100mm。井字梁四周边梁需要保证足够的刚度，其高度一般大于井字梁截面高度的1.1～1.2倍，故取井字梁四周边梁的截面尺寸为400mm×1200mm。

2.3.2.2 框架柱截面初估

(1) 按轴压比要求初估框架柱截面尺寸

框架柱的受荷面积如图2.19所示，框架柱选用C30混凝土，$f_c = 14.3\text{N/mm}^2$，框架抗震等级为三级，轴压比$\mu_N = 0.85$。由轴压比初步估算框架柱截面尺寸时，可按公式(1.18)计算；柱轴向压力设计值N按公式(1.19)估算，具体估算如下。

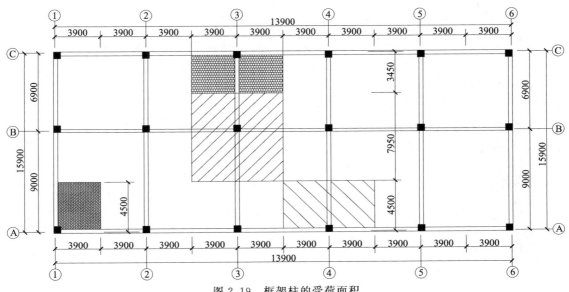

图 2.19　框架柱的受荷面积

① ③轴与Ⓑ轴相交中柱：

$$N = \gamma_G q S n \alpha_1 \alpha_2 \beta$$
$$= 1.25 \times 14 \times (7.95 \times 7.8) \times 4 \times 1.05 \times 1.0 \times 1.0 = 4558(\text{kN})$$

$$A_c = b_c \times h_c \geqslant \frac{N}{\mu_N f_c} = \frac{4558 \times 1000}{0.85 \times 14.3} = 374990(\text{mm}^2)$$

因为$b_c \times h_c = 600 \times 600 = 360000\text{mm}^2$，$\dfrac{374990-360000}{360000} = 4.16\% < 5\%$，故暂取中柱截面尺寸为600mm×600mm，电算之后觉得不妥当的时候可适当修改截面尺寸。中柱截面尺寸也可取为650mm×650mm。

② ④轴与Ⓐ轴相交边柱：

$$N = \gamma_G q S n \alpha_1 \alpha_2 \beta$$
$$= 1.25 \times 14 \times (4.5 \times 7.8) \times 4 \times 1.05 \times 1.0 \times 1.0 = 2580(\text{kN})$$

$$A_c = b_c \times h_c \geqslant \frac{N}{\mu_N f_c} = \frac{2580 \times 1000}{0.85 \times 14.3} = 212258(\text{mm}^2)$$

考虑到边柱承受偏心荷载且跨度较大，故取Ⓐ轴边柱截面尺寸为600mm×600mm。

③ ③轴与Ⓒ轴相交边柱：

$$N = \gamma_G q S n \alpha_1 \alpha_2 \beta$$

$$=1.25 \times 14 \times (3.45 \times 7.8) \times 4 \times 1.05 \times 1.0 \times 1.0 = 1978(\text{kN})$$

$$A_c = b_c \times h_c \geqslant \frac{N}{\mu_N f_c} = \frac{1978 \times 1000}{0.85 \times 14.3} = 162731(\text{mm}^2)$$

$$b_c \times h_c = 162731 = 404\text{mm} \times 404\text{mm}$$

考虑到边柱承受偏心荷载，故取ⓒ轴边柱截面尺寸为 550mm×550mm。

④ ①轴与Ⓐ轴相交角柱：

角柱虽然承受面荷载较小，但由于角柱承受双向偏心荷载作用，受力复杂，故截面尺寸取与Ⓐ轴边柱相同，即 600mm×600mm。

故框架柱截面尺寸共有两种：Ⓐ轴和Ⓑ轴框架柱的截面尺寸为 600mm×600mm，ⓒ轴框架柱的截面尺寸为 550mm×550mm。

（2）校核框架柱截面尺寸是否满足构造要求

① 短形截面框架柱的宽度和高度，抗震等级为四级或层数不超过 2 层时不宜小于 300mm，一、二、三级抗震等级且层数超过 2 层时不宜小于 400mm；圆柱的直径，抗震等级为四级或层数不超过 2 层时不宜小于 350mm，一、二、三级抗震等级且层数超过 2 层时不宜小于 450mm。很显然，本实例框架柱截面尺寸选择合适。

② 截面长边与短边的边长比不宜大于 3。本实例框架柱截面尺寸复合此要求。

③ 为避免发生剪切破坏，剪跨比宜大于 2。反弯点位于柱高中部的框架柱可按柱净高与 2 倍柱截面高度之比计算，即该比值宜大于 4。

取二层较短柱高：

边柱与角柱：
$$\frac{H_n}{h} = \frac{3600-700}{550} = 5.27 > 4$$

中柱：
$$\frac{H_n}{h} = \frac{3600-900}{600} = 4.5 > 4$$

④ 框架柱截面高度和宽度一般可取层高的（1/15～1/10）。

$$h \geqslant \left(\frac{1}{15} \sim \frac{1}{10}\right) H_0 = \left(\frac{1}{15} \sim \frac{1}{10}\right) \times 4900 = 327 \sim 490(\text{mm}) \quad (\text{取底层柱高为4900mm})$$

故所选框架柱截面尺寸均满足构造要求。

2.4 现浇楼板设计

因为在确定框架计算简图时需要利用楼板的传递荷载，因此，在进行框架手算之前应进行主次梁系的布置和楼板的设计（楼板的荷载需要清理，配筋计算可在后面进行，建议最好先进行楼板设计）。

各层楼盖采用现浇钢筋混凝土梁板结构，梁系把楼盖分为一些双向板和单向板。大部分板厚取 120mm，雨篷和屋顶井字楼盖部分板厚取 100mm（板厚根据现浇板的跨度和支承情况选定，具体参考 1.2.1 节的内容，在此不再赘述）。下面以二层楼盖为例说明楼板的设计方法，二层楼板平面布置图如图 2.20 所示。

2.4.1 现浇楼板荷载计算

2.4.1.1 恒荷载

（1）不上人屋面恒荷载（板厚 120mm）

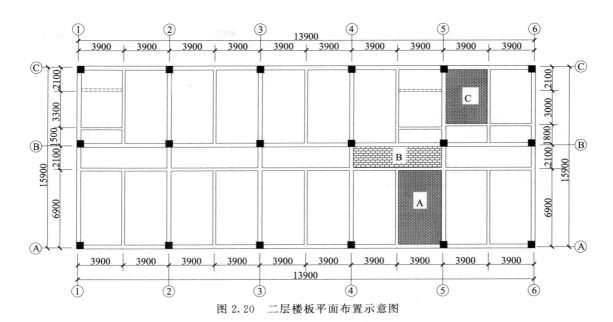

图 2.20　二层楼板平面布置示意图

　　屋面板受温度变化影响较大，产生温度应力比较明显，因为防水保温的需要，屋面板应该具有良好的整体性，最好配置双层双向拉通钢筋以避免开裂渗漏，板厚不宜低于 120mm。本工程的大部分屋面板板厚取为 120mm，局部取为 100mm，当然屋面板的厚度均可等厚，之所以取不同，是为本设计例题增加变化，希望读者不要生搬硬套，掌握一种思想和方法才是做设计的主旨。屋面防水等级为Ⅲ级，当板厚为 120mm 时，不上人屋面的恒荷载计算见表 2.1。需要说明，为什么屋面恒荷载取值较大，是因为需要考虑建筑找坡部分的荷载，适当取大些，考虑找坡这部分荷载。

表 2.1　不上人屋面恒荷载（板厚 120mm）

构造层	面荷载/(kN/m²)
保护层:20 厚 1:2.5 水泥砂浆(分割缝间距≤1.5m)	$0.02 \times 20 = 0.4$
防水层:高分子卷材一道,同材性胶黏剂两道(可采用三元乙丙橡胶防水卷材,其卷材与基层采用 CX-404 胶黏剂,卷材与卷材采用丁基胶黏剂);SBS 改性沥青卷材一道,胶黏剂两道;高分子涂料一布二涂;刷基层处理剂一道	0.96
找平层:25 厚 1:3 水泥砂浆	$0.025 \times 20 = 0.50$
保温层:30 厚 1:7 水泥膨胀珍珠岩 隔气层:冷底子油一遍,热沥青两遍	$0.03 \times 4.0 = 0.12$
找平层:15 厚 1:3 水泥砂浆	$0.015 \times 20 = 0.30$
结构层:120 厚 C30 现浇钢筋混凝土板	$0.12 \times 25 = 3$
吊顶及吊挂荷载	0.3
合计	5.58,取 6.5

（2）不上人屋面恒荷载（板厚 100mm）

当板厚为 100mm 时，不上人屋面的恒荷载计算见表 2.2。

表 2.2　不上人屋面恒荷载（板厚 100mm）

构造层	面荷载/(kN/m²)
保护层:20 厚 1:2.5 水泥砂浆(分割缝间距≤1.5m)	0.02×20＝0.4
防水层:高分子卷材一道,同材性胶黏剂两道(可采用三元乙丙橡胶防水卷材,其卷材与基层采用 CX-404 胶黏剂,卷材与卷材采用丁基胶黏剂);SBS 改性沥青卷材一道,胶黏剂两道;高分子涂料一布二涂;刷基层处理剂一道	0.96
找平层:25 厚 1:3 水泥砂浆	0.025×20＝0.50
保温层:30 厚 1:7 水泥膨胀珍珠岩 隔气层:冷底子油一遍,热沥青两遍	0.03×4.0＝0.12
找平层:15 厚 1:3 水泥砂浆	0.015×20＝0.30
结构层:100 厚现浇钢筋混凝土板	0.10×25＝2.5
吊顶及吊挂荷载	0.3
合计	5.08,取 6.0

（3）标准层楼面恒荷载（板厚 120mm）

当板厚为 120mm 时,标准层楼面的恒荷载计算见表 2.3。

表 2.3　标准层楼面恒荷载（板厚 120mm）

构造层	面荷载/(kN/m²)
楼面装饰及找平层:陶瓷地砖面层、水泥砂浆找平层、结合层、擦缝等	1.2
结构层:120 厚现浇钢筋混凝土板	0.12×25＝3
抹灰层:10 厚混合砂浆	0.01×17＝0.17
合计	4.37　取 4.5

（4）标准层楼面恒荷载（板厚 100mm）

当板厚为 100mm 时,标准层楼面的恒荷载计算见表 2.4。

表 2.4　标准层楼面恒荷载（板厚 100mm）

构造层	面荷载/(kN/m²)
楼面装饰及找平层:陶瓷地砖面层、水泥砂浆找平层、结合层、擦缝等	1.2
结构层:100 厚现浇钢筋混凝土板	0.10×25＝2.5
抹灰层:10 厚混合砂浆	0.01×17＝0.17
合计	3.87　取 4.0

（5）楼梯平台板楼面恒荷载（板厚 100mm）

当板厚为 100mm（包括楼梯休息平台板和楼层平台板,厚度均取为 100mm）时,标准层楼面的恒荷载计算见表 2.5。

表 2.5　标准层楼面恒荷载（板厚 100mm）

构造层	面荷载/(kN/m²)
楼面装饰及找平层:陶瓷地砖面层、水泥砂浆找平层、结合层、擦缝等	1.2
结构层:100 厚现浇钢筋混凝土板	0.10×25＝2.5
抹灰层:10 厚混合砂浆	0.01×17＝0.17
合计	3.87　取 4.0

（6）雨篷恒荷载（板厚100mm）

当板厚为100mm时，雨篷的恒荷载计算见表2.6。

表2.6　雨篷恒荷载（板厚100mm）

构造层	面荷载/(kN/m²)
防水层(刚性)：40厚C20细石混凝土	0.04×25＝1.0
找平层：15厚1：2水泥砂浆	0.015×20＝0.30
防水层(柔性)：4mm厚改性沥青防水	0.05
找平层：15厚1：2水泥砂浆	0.015×20＝0.30
找坡层：40厚水泥石灰焦渣砂浆3‰找平	0.04×14＝0.56
结构层：100厚C30现浇钢筋混凝土板	0.10×25＝2.5
吊顶及吊挂荷载	0.3
合计	5.01,取5.1

（7）卫生间恒荷载（板厚120mm）

因卫生间荷载较大，故板厚取为120mm，卫生间的恒荷载计算见表2.7。卫生间前室部分板跨较小，板厚也取为120mm，考虑虽然没有蹲位折算荷载，但有水池等荷载，恒荷载也取为6.5kN/m²。

表2.7　卫生间恒荷载（板厚120mm）

构造层	面荷载/(kN/m²)
楼面装饰及找平层：陶瓷地砖面层、水泥砂浆找平层、结合层、擦缝等	1.20
防水层(柔性)：4mm厚改性沥青防水	0.05
找平层：15厚1：2水泥砂浆	0.015×20＝0.30
蹲位折算荷载(考虑局部20厚炉渣填高)	1.5
结构层：120厚C30现浇钢筋混凝土板	0.12×25＝3.0
吊顶及吊挂荷载	0.3
合计	6.35,取6.5

2.4.1.2　活荷载

活荷载取值见表2.8。对于活荷载的取值，可不拘泥于规范规定的数值，需要综合考虑活动隔墙或者二次装修，可适当增大取值。

表2.8　活荷载取值

序号	类别	活荷载标准值/(kN/m²)
1	不上人屋面活荷载	0.5
2	办公楼一般房间活荷载	2.0
3	走廊、门厅活荷载	2.5
4	楼梯活荷载	3.5
5	雨篷活荷载(按不上人屋面活荷载考虑)	0.5
6	卫生间活荷载	2.5

2.4.2　现浇楼板配筋计算

在各层楼盖平面，梁系把楼盖分为一些双向板和单向板。如果各板块比较均匀，可按连续单向板或双向板查表进行内力计算；如果各板块分布不均匀，计算时可取不等跨的连续板为计算模型，用力矩分配法求解内力，连续多区格双向板的弹性计算方法更为复杂。在实用计算中，比较近似的简便方法是按单独板块进行内力计算，但需要考虑周边的支承情况。关于单独板块四边的支承情况，与周边梁或墙的刚度有关，不是完全的铰接，也不是完全的固接，简单而又稳妥的方法是计算支座弯矩的时候按固接，计算跨中弯矩的时候按铰接，适当考虑一下折减系数即可。下面按单独块板的弹性计算方法计算两块双向板（图 2.20 中阴影部分 A 区格板和 C 区格板）和一块单向板（图 2.20 中阴影部分 B 区格板），板块位置在二、三层楼面。为计算简便，板块的计算跨度近似取轴线之间的距离。

2.4.2.1　A 区格板（图 2.20）配筋计算

$l_x = 3.9\text{m}$，$l_y = 6.9\text{m}$，$\dfrac{l_y}{l_x} = \dfrac{6.9}{3.9} = 1.77 < 2$，按双向板计算，四边按固定支承考虑。

（1）荷载设计值

恒荷载设计值：　　　　　　$q = 1.2 \times 4.5 = 5.4 \, (\text{kN/m}^2)$

活荷载设计值：　　　　　　$g = 1.4 \times 2.0 = 2.8 \, (\text{kN/m}^2)$

$$q + g/2 = 5.4 + 2.8/2 = 6.8 \, (\text{kN/m}^2)$$
$$g/2 = 2.8/2 = 1.4 \, (\text{kN/m}^2)$$
$$g + q = 5.4 + 2.8 = 8.2 \, (\text{kN/m}^2)$$

（2）内力计算

$l_x = 3.9\text{m}$，$l_y = 6.9\text{m}$，$\dfrac{l_x}{l_y} = \dfrac{3.9}{6.9} = 0.57$，

单位板宽跨中弯矩：

$$M_x = (0.0378^* + 0.2 \times 0.0064) \times 6.8 \times 3.9^2 + (0.0863 + 0.2 \times 0.0223) \times 1.4 \times 3.9^2$$
$$= 5.97 \, (\text{kN} \cdot \text{m/m})$$

$$M_y = (0.0064 + 0.2 \times 0.0378) \times 6.8 \times 3.9^2 + (0.0223 + 0.2 \times 0.0863) \times 1.4 \times 3.9^2$$
$$= 2.29 \, (\text{kN} \cdot \text{m/m})$$

需要说明 M_x 计算中的带 * 号的 0.0378 是根据表 8.5 中的数据线性插值计算得出，其余均同。

单位板宽支座弯矩：

$$M'_x = M''_x = -0.08056 \times 8.2 \times 3.9^2 = -10.05 \, (\text{kN} \cdot \text{m/m})$$
$$M'_y = M''_y = -0.0571 \times 8.2 \times 3.9^2 = -7.12 \, (\text{kN} \cdot \text{m/m})$$

（3）截面设计

板保护层厚度取 20mm，选用 Φ8 钢筋作为受力主筋，则 l_x 短跨方向跨中截面有效高度（短跨方向钢筋放置在长跨方向钢筋的外侧，以获得较大的截面有效高度）：

$$h_{01} = h - c - \frac{d}{2} = 120 - 20 - 4 = 96 \, (\text{mm})$$

l_y 方向跨中截面有效高度：

$$h_{02} = h - c - \frac{3d}{2} = 120 - 20 - \frac{3 \times 8}{2} = 88 \, (\text{mm})$$

支座处 h_0 均为 96mm。

截面弯矩设计值不考虑折减。计算配筋量时，取内力臂系数 $\gamma_s = 0.95$，$A_s = M/(0.95h_0 f_y)$。板筋选用 HRB335，$f_y = 300\text{N/mm}^2$。配筋计算结果见表 2.9。

表 2.9 A 区格板配筋计算

位置	截面	h_0/mm	$M/(\text{kN·m/m})$	A_s/mm^2	选配钢筋	实配钢筋
跨中	l_x 方向	96	5.97	218	Φ8@180	279
	l_y 方向	88	2.29	91	Φ8@200	251
支座	A 边支座（l_x 向）	96	−10.05	367	Φ8@120	419
	A 边支座（l_y 向）	96	−7.12	260	Φ8@150	335

2.4.2.2 B 区格板（图 2.20）配筋计算

（1） $l_x = 7.8\text{m}$，$l_y = 2.1\text{m}$，则 $l_x/l_y = 7.8/2.1 = 3.7 > 2$，四边支承，按单向板计算。

（2）荷载组合设计值

由可变荷载效应控制的组合：
$$g + q = 1.2 \times 4.0 + 1.4 \times 2.5 = 8.3(\text{kN/m}^2)$$

由永久荷载效应控制的组合：
$$g + q = 1.35 \times 4.0 + 1.4 \times 0.7 \times 2.5 = 7.85(\text{kN/m}^2)$$

故取由可变荷载效应控制的组合：$g + q = 8.3(\text{kN/m}^2)$。

（3）内力计算

取 1m 板宽作为计算单元，按弹性理论计算，取 B 区格板的计算跨度为 $l_0 = 2100\text{mm}$。如果 B 区格板两端是完全简支的情况，则跨中弯矩为 $M = \frac{1}{8}(g+q)l_0^2$，考虑到 B 区格板两端梁的嵌固作用，故跨中弯矩取为 $M = \frac{1}{10}(g+q)l_0^2$；B 区格板如果两端是完全嵌固，则支座弯矩为 $M = -\frac{1}{12}(g+q)l_0^2$，考虑到支座弯矩两端不是完全嵌固，故取支座弯矩为 $M = -\frac{1}{14}(g+q)l_0^2$，B 区格板的弯矩计算见表 2.10。

表 2.10 B 区格板的弯矩计算

截面	跨中	支座
弯矩系数 α	$\frac{1}{10}$	$-\frac{1}{14}$
$M = \alpha(g+q)l_0^2/(\text{kN·m/m})$	3.66	−2.62

（4）截面设计

板保护层厚度取 20mm，选用 Φ8 钢筋作为受力主筋，则板的截面有效高度：
$$h_0 = h - c - \frac{d}{2} = 100 - 20 - \frac{8}{2} = 76(\text{mm});$$

混凝土采用 C30，则 $f_c = 14.3\text{N/mm}^2$；板受力钢筋选用 HRB335，$f_y = 300\text{N/mm}^2$。B 区格板配筋计算见表 2.11。

表 2.11　B 区格板的配筋计算

截面	跨中	支座
$M/(\mathrm{kN}\cdot\mathrm{m/m})$	3.66	−2.62
$\alpha_s=\dfrac{M}{\alpha_1 f_c b h_0^2}$	0.0443	0.0317
$\gamma_s=0.5(1+\sqrt{1-2\alpha_s})$	0.977	0.984
$A_s=\dfrac{M}{\gamma_s h_0 f_y}/\mathrm{mm^2}$	164	118
选配钢筋	$\Phi 8@200$	251
实配钢筋$/\mathrm{mm^2}$	$\Phi 8@200$	251

2.4.2.3　C 区格板（图 2.5）配筋计算

$l_x=3.9\mathrm{m}$，$l_y=5.1\mathrm{m}$，$\dfrac{l_y}{l_x}=\dfrac{5.1}{3.9}=1.31<2$，四边支承，按双向板计算。

(1) 荷载设计值

卫生间恒荷载设计值：　　　$q=1.2\times6.5=7.8(\mathrm{kN/m^2})$

卫生间活荷载设计值：　　　$g=1.4\times2.5=3.5(\mathrm{kN/m^2})$

$$q+g/2=7.8+3.5/2=9.55(\mathrm{kN/m^2})$$
$$g/2=3.5/2=1.75(\mathrm{kN/m^2})$$
$$g+q=7.8+3.5=11.3(\mathrm{kN/m^2})$$

(2) 内力计算

$$l_x=3.9\mathrm{m}，\quad l_y=5.1\mathrm{m}，\quad \frac{l_x}{l_y}=\frac{3.9}{5.1}=0.76$$

单位板宽跨中弯矩：

$$M_x=(0.0291+0.2\times0.0133)\times9.55\times3.9^2+(0.0608+0.2\times0.0320)\times1.75\times3.9^2$$
$$=6.40(\mathrm{kN}\cdot\mathrm{m})$$

$$M_y=(0.0133+0.2\times0.0291)\times9.55\times3.9^2+(0.0320+0.2\times0.0608)\times1.75\times3.9^2$$
$$=3.95(\mathrm{kN}\cdot\mathrm{m})$$

单位板宽支座弯矩：

$$M_x'=M_x''=-0.0694\times11.3\times3.9^2=-11.93(\mathrm{kN}\cdot\mathrm{m})$$
$$M_y'=M_y''=-0.0566\times11.3\times3.9^2=-9.73(\mathrm{kN}\cdot\mathrm{m})$$

(3) 截面设计

板保护层厚度取 20mm，选用$\Phi 8$钢筋作为受力主筋，则l_x短跨方向跨中截面有效高度：

$$h_{01}=h-c-\frac{d}{2}=100-20-4=76(\mathrm{mm})$$

l_y方向跨中截面有效高度：

$$h_{02}=h-c-\frac{3d}{2}=100-20-\frac{3\times8}{2}=68(\mathrm{mm})$$

支座处h_0均为 76mm。

截面弯矩设计值不考虑折减。计算配筋量时，取内力臂系数$\gamma_s=0.95$，$A_s=M/$

$(0.95h_0f_y)$。板筋选用 HRB335，$f_y = 300\text{N/mm}^2$。配筋计算结果见表 2.12。

表 2.12 C 区格板配筋计算

位置	截面	h_0/mm	$M/(\text{kN}\cdot\text{m/m})$	A_s/mm^2	选配钢筋	实配钢筋
跨中	l_x 方向	76	6.40	295	$\Phi 8@150$	335
	l_y 方向	68	3.95	204	$\Phi 8@200$	251
支座	C 边支座（l_x 向）	76	-11.93	551	$\Phi 10@120$	654
	C 边支座（l_y 向）	76	-9.73	449	$\Phi 8@100$	503

2.5 横向框架在竖向荷载作用下的计算简图及内力计算

多高层建筑结构是一个复杂的三维空间受力体系，它是由垂直方向的抗侧力构件、与水平方向刚度很大的楼板相互连接所组成的。计算分析时应根据结构实际情况，选取能较准确地反映结构中各构件的实际受力状况的力学模型。框架结构一般有按空间结构分析和简化成平面结构分析两种方法。近年来随着微型计算机的日益普及和应用程序的不断出现，框架结构分析时更多是采用空间结构模型进行变形、内力的计算，以及构件截面承载力计算。《高层建筑混凝土结构技术规程》（JGJ 3—2010）规定：对于平面和立面布置简单规则的框架结构宜采用空间分析模型，可采用平面框架空间协同模型。也就是说采用手算计算较规则的框架结构时，允许在纵、横两个方向将其按平面框架计算，但要考虑空间协同作用，在手算一个方向的平面框架时，要考虑另一个方向框架的传力。采用平面结构假定的近似的手算方法虽然计算精度较差，但概念明确，能够直观地反映结构的受力特点，因此，工程设计中也常利用手算的结果来定性地校核判断电算结果的合理性。本章以图 2.16～图 2.18 结构平面布置图中的⑤轴线框架为例说明一榀横向平面框架的手算计算方法，以帮助读者掌握结构分析的基本方法，建立结构受力性能的基本概念。因为最终需要进行手算结果和电算结果的对比，所以电算的输入尽量和手算情况接近，最后出施工图的时候可以对手算部分进行局部的微调，在微调的基础上，局部修改数据再进行电算即可。纵向平面框架的计算方法与横向平面框架的计算方法相同。

为了便于设计计算，在计算模型和受力分析上应进行不同程度的简化。在进行手算横向平面框架时应满足以下四个基本假定。

（1）结构分析的弹性静力假定

多高层建筑结构内力与位移均按弹性体静力学方法计算，一般情况下不考虑结构进入弹塑性状态所引起的内力重分布。其实钢筋混凝土结构是具有明显弹塑性性质的结构，即使在较低应力情况下也有明显的弹塑性性质，当荷载增大，构件出现裂缝或钢筋屈服，塑性性质更为明显。但在目前，国内设计规范仍沿用按弹性方法计算结构内力，按弹塑性极限状态进行截面设计。

（2）平面结构假定

在柱网正交布置情况下，可以认为每一方向的水平力只由该方向的抗侧力结构承担，垂直于该方向的抗侧力结构不受力，如图 2.21 所示。

当抗侧力结构与主轴斜交时，在简化计算中，可将抗侧力构件的抗侧刚度转换到主轴方向上再进行计算。

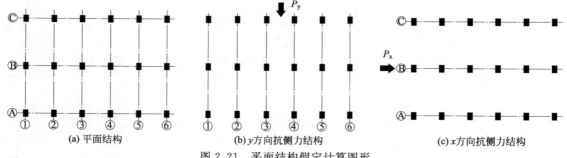

图 2.21　平面结构假定计算图形

(3) 楼板在自身平面内刚性假定

各个平面抗侧力结构之间，是通过楼板联系在一起而作为一个整体的。建筑的进深一般较大，框架相距较近，楼板可视为水平放置的深梁，在水平平面内有很大的刚度，并可按楼板在平面内不变形的刚性隔板考虑。所以楼板常假定在其自身平面内的刚度为无限大。建筑物在水平荷载作用下产生侧移时，楼板只有刚性位移——平移和转动，而不必考虑楼板的变形。当不考虑结构发生扭转时，根据刚性楼板的假定，在同一标高处，所有抗侧力结构的水平位移都相等。

由于计算中采用了楼板在其自身平面内刚度无限大的假定，所以必须采取构造措施，加强楼板的刚度。当楼面有大的开洞或缺口、刚度受到削弱、楼板平面有较长的外伸段等情况时，应考虑楼板变形对内力与位移的影响，对简化计算的结果给予修正。

(4) 水平荷载按位移协调原则分配

将空间结构简化为平面结构后，整体结构上的水平荷载应按位移协调原则，分配到各片抗侧力结构上。当结构只有平移而无扭转发生时，根据刚性楼板的假定，在同一标高处的所有抗侧力结构的水平位移都相等。

2.5.1　横向框架在恒荷载作用下的计算简图

2.5.1.1　横向框架简图

假定框架柱嵌固于基础顶面上，框架梁与框架柱刚接。由于楼层数比较少，各层框架柱的截面尺寸不变，故框架梁的跨度等于柱截面形心之间的距离。注意建筑图Ⓐ、Ⓑ、Ⓒ三轴线之间的距离是按墙体定义的，取框架简图时框架梁的跨度等于柱截面形心之间的距离，所以，Ⓐ、Ⓑ轴线之间的跨度为 $9000-200+200=9000(\mathrm{mm})$，Ⓑ、Ⓒ轴线之间的跨度为 $6900-200-(550/2-100)=6525(\mathrm{mm})$。

底层柱高从基础顶面算至二楼楼面，根据地质条件，室内外高差为 $-0.450\mathrm{m}$，基础顶面至室外地坪通常可取 $-0.500\mathrm{m}$，为便于计算，本设计取基础顶面至室外地坪的距离为 $-0.550\mathrm{m}$，二楼楼面标高为 $+3.900\mathrm{m}$，故底层柱高为 $3.9+0.45+0.55=4.9(\mathrm{m})$。其余各层柱高从楼面算至上一层楼面（即层高），即 $3.6\mathrm{m}$、$3.6\mathrm{m}$ 和 $3.9\mathrm{m}$。⑤轴线横向框架简图如图 2.22 所示。

这里需要说明：轴线设置的目的主要是为结构构件定位，对于框架结构，一般应以柱子为基准标注轴线，当墙、梁、柱的中心线一致时，就以该中心线为定位轴线。但在实际工程中，往往墙、梁、柱的中心线不一致，这时，有的建筑师在墙和柱子同时存在时，一般习惯以墙体的中线为基准，一些设计单位为设计方便，也是这样处理，本实例的建筑图是按墙体中线确定定位轴线的。本实例中考虑实际工程情况外墙体是靠梁、柱外边平齐，这样以墙体中线定位的结果是：墙的中线与梁的中线不一致，梁的中线与柱的中线不一致，梁的中线和柱的中线与定位轴线不一致。这样的处理结果似乎有点麻烦，但是对于电算不影响，在手算时为计算方便，在荷载传递时，楼板和梁的跨度近似取轴线之间的距离（结果可能导致板的荷载多算一些，但在计算梁自重时，梁高要扣除板厚，这样可能会导致梁的荷载少算一些，如边框架梁）。在框架计算时，框架梁的跨度取柱截面形心之间的距离（不等于框架柱轴线之间的距离）。

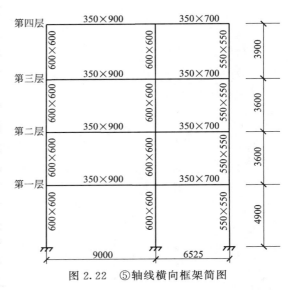

图 2.22　⑤轴线横向框架简图

另外需要注意的是：每个图中的符号表示本图中的意义，不同的图中有相同的符号，但数值和意义是不同的，在进行荷载清理时，一定要思路清晰，对荷载既不能多算也不能少算。

为便于荷载效应组合（内力组合），以下所有计算简图中的荷载均为标准值。

2.5.1.2　第一层框架计算简图

分析图 2.23 和图 2.24 荷载传递，⑤轴线第一层的框架计算简图如图 2.25 所示。图中集中力作用点有 A、B、C、D、E、F、G 七个，如 F_A 表示作用在 A 点的集中力，q_{DB} 表示作用在 DB 范围的均布线荷载。下面计算第一层楼面板和楼面梁传给⑤轴线横向框架的恒荷载，求出第一层框架的计算简图。

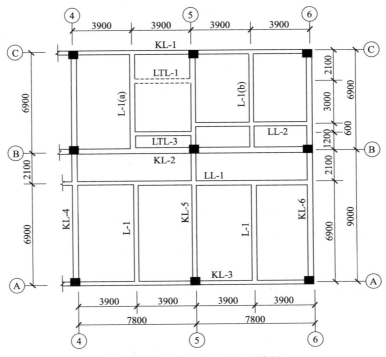

图 2.23　第一层楼面梁布置简图

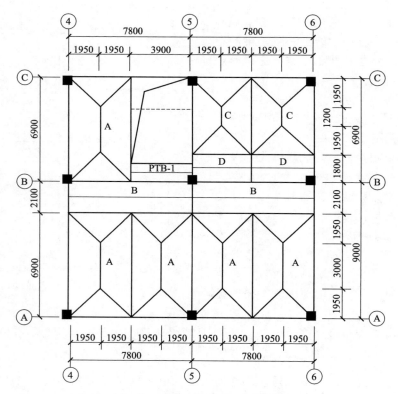

图 2.24　第一层楼面板布置简图

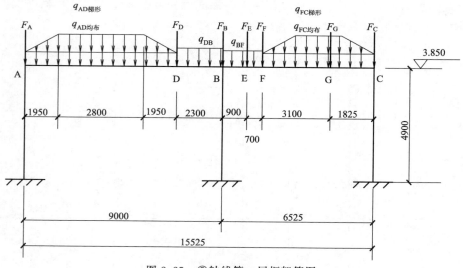

图 2.25　⑤轴线第一层框架简图

（1） $q_{AD梯形}$ 计算

$q_{AD梯形}$ 为板 A 传递荷载，板 A 的面荷载为 $4.5kN/m^2$（表 2.3），由图 2.24 可知，传递给 AD 段为梯形荷载，梯形荷载最大值为：

$$4.5 \times 1.95 \times 2 = 17.55(kN/m)$$

（2） $q_{AD均布}$ 计算

① 梁自重及抹灰。

梁（350mm×900mm）自重：$25×0.35×(0.9-0.12)=6.825(kN/m)$

抹灰层（10厚混合砂浆，只考虑梁两侧抹灰）：

$$0.01×(0.9-0.12)×2×17=0.265(kN/m)$$

小计：$6.825+0.265=7.09(kN/m)$。

② 墙体荷载

墙体选用200mm厚大空页岩砖（砌筑容重<10kN/m³，取砌筑容重$\gamma=10$kN/m³）。填充墙外墙面荷载计算见表2.13，填充墙内墙面荷载计算见表2.14。外围护墙最好采用实心砖砌筑，若采用大空页岩砖砌筑，但门窗洞口四周应采用实心页岩砌块砌筑。

表 2.13　填充墙外墙面荷载

构造层	面荷载/(kN/m²)
墙体自重	$10×0.20=2$
水刷石外墙面	0.50
水泥粉刷内墙面	0.36
合计	2.86　取3.0

表 2.14　填充墙内墙面荷载

构造层	面荷载/(kN/m²)
墙体自重	$10×0.20=2$
水泥粉刷外墙面	0.36
水泥粉刷内墙面	0.36
合计	2.72　取2.8

故 AD 段墙体荷载：

$$2.8×(3.6-0.9)=7.56(kN/m)$$

③ $q_{AD均布}$ 荷载小计

$$q_{AD均布}=7.09+7.56=14.65(kN/m)$$

(3) q_{DB} 计算

q_{DB} 部分只有梁自重及抹灰，即 $q_{DB}=7.1kN/m$。

(4) F_D 计算

由图2.23可知，F_D 是由 LL-1 传递来的集中力。LL-1 的计算简图如图2.26所示。

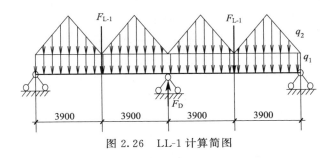

图 2.26　LL-1 计算简图

① q_1 计算

q_1 包括梁自重和抹灰、板 B 传来的荷载和梁上墙体荷载。

LL-1（250mm×750mm）自重（LL-1两侧的板厚度不同，一边为120mm，一边为

100mm，近似取 100mm）：$25 \times 0.25 \times (0.75 - 0.10) = 4.06 (kN/m)$

抹灰层（10 厚混合砂浆，只考虑梁两侧抹灰）：$0.01 \times (0.75 - 0.12 + 0.75 - 0.10) \times 17 = 0.218 (kN/m)$

板 B 传来的荷载：由表 2.4 可知板 B 面荷载为 $4.0 kN/m^2$，传递给 LL-1 的线荷载为：
$$4.0 \times 2.1 \div 2 = 4.2 (kN/m)$$

LL-1 梁上墙体荷载：LL-1 两跨上的墙体荷载相同，一跨内的墙长为 7.8m，有两个门 M3：$1.5m \times 2.1m$（门荷载为 $0.45kN/m^2$），简化为均布线荷载为
$$\frac{[7.8 \times (3.6 - 0.75) - 2 \times 1.5 \times 2.1] \times 2.8 + 2 \times 1.5 \times 2.1 \times 0.45}{7.8} = 6.1 (kN/m)$$

因此，$q_1 = 4.06 + 0.218 + 4.2 + 6.1 = 14.58 (kN/m)$

② q_2 为板 A 传来的荷载最大值：

板 A 的面荷载为 $4.5 kN/m^2$（表 2.3），板 A 传来的荷载为三角形荷载，荷载最大值为：
$$q_2 = 4.5 \times 1.95 = 8.78 (kN/m)$$

③ F_{L-1} 计算

F_{L-1} 为 L-1 传递的集中荷载，L-1 的计算简图如图 2.27 所示。q_1 为梁自重和抹灰。

L-1（250mm×650mm）自重：$25 \times 0.25 \times (0.65 - 0.12) = 3.31 (kN/m)$

抹灰层（10 厚混合砂浆，只考虑梁两侧抹灰）：$0.01 \times (0.65 - 0.12) \times 2 \times 17 = 0.18 (kN/m)$

则 $q_1 = 3.31 + 0.18 = 3.49 (kN/m)$

q_2 为板 A 传来的荷载，板 A 的面荷载为 $4.5 kN/m^2$，传递给 L-1 为梯形荷载，荷载最大值为：$q_2 = 4.5 \times 1.95 \times 2 = 17.55 (kN/m)$。

则 $F_{L-1} = q_1 \times 6.9 \div 2 + (3 + 6.9) \times q_2 \div 4 = 3.49 \times 6.9 \div 2 + (3 + 6.9) \times 17.55 \div 4$
$$= 55.5 (kN)。$$

④ F_D 计算

由图 2.26 可知，$F_D = q_1 \times 7.8 + q_2 \times 3.9 \div 2 \times 2 + F_{L-1} = 14.58 \times 7.8 + 8.78 \times 3.9 + 55.5 = 203.5 (kN)$。

（5）q_{BF} 计算

q_{BF} 部分包括梁自重、抹灰层和梁上墙体荷载。

梁（350mm×700mm）自重：$25 \times 0.35 \times (0.7 - 0.12) = 5.075 (kN/m)$

抹灰层：$0.01 \times (0.7 - 0.12) \times 2 \times 17 = 0.197 (kN/m)$

梁上墙体荷载：$2.8 \times (3.6 - 0.7) = 8.12 (kN/m)$

小计：$q_{BF} = 5.075 + 0.197 + 8.12 = 13.4 (kN/m)$

（6）$q_{FC梯形}$ 计算

板 C 的面荷载为 $6.5 kN/m^2$（表 2.7），由图 2.24 可知，传递给 FC 段为梯形荷载，梯形荷载最大值为：$6.5 \times 1.95 = 12.7 (kN/m)$。

（7）$q_{FC均布}$ 计算

$q_{FC均布}$ 部分包括梁自重、抹灰层和梁上墙体荷载。

梁（350mm×700mm）自重：$25 \times 0.35 \times (0.7 - 0.12) = 5.075 (kN/m)$

抹灰层：$0.01 \times (0.7 - 0.12) \times 2 \times 17 = 0.197 (kN/m)$

梁上墙体荷载：$2.8 \times (3.6 - 0.7) = 8.12 (kN/m)$

小计：$q_{FC均布} = 5.075 + 0.197 + 8.12 = 13.4 (kN/m)$

(8) F_F 计算

F_F 是由 LL-2 传递来的集中力。LL-2 的计算简图如图 2.28 所示。

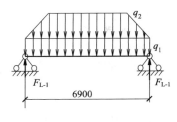

图 2.27　L-1 计算简图

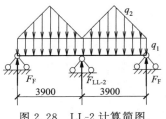

图 2.28　LL-2 计算简图

q_1 为梁自重、抹灰层、板 D 传来的荷载和梁上墙体荷载。

LL-2(200mm×400mm) 自重：$25×0.20×(0.40-0.12)=1.4$(kN/m)

抹灰层：$0.01×(0.40-0.10)×2×17=0.095$(kN/m)

板 D 传来的荷载：板 D 面荷载为 6.5kN/m^2，传递给 LL-2 的线荷载为：$6.5×1.8÷2=5.85$(kN/m)

LL-2 上墙体荷载，墙长 7.8m，有两个门 M4：0.9m×2.1m，简化为均布线荷载为：

$$\frac{[7.8×(3.6-0.40)-2×0.9×2.1]×2.8+2×0.9×2.1×0.45}{7.8}=7.8(\text{kN/m})$$

则 $q_1=1.4+0.095+5.85+7.8=15.15$(kN/m)。

板 C 传递给 LL-2 的荷载为三角形荷载，荷载最大值为：$q_2=6.5×1.95=12.7$(kN/m)

则 $F_F=q_1×3.9÷2+q_2×3.9÷4=15.15×3.9÷2+12.7×3.9÷4=41.9$(kN)

(9) F_E 和 F_G 计算

F_E 和 F_G 为楼梯传递荷载。各层楼梯平面布置图如图 2.29 所示，楼梯剖面布置图如图 2.30 所示。

① F_E 计算

F_E 为由 LTL-3 传递的集中力。LTL-3 的线荷载计算详见表 2.15。

表 2.15　LTL-3 的线荷载计算

序号	传递途径	荷载/(kN/m)
1	TB1 传来(数据参考表 1.31，梯板荷载基本相同)	$7.48×1.8=13.46$
2	TB2 传来(数据参考表 1.34，梯板荷载基本相同)	$\dfrac{(7.48×3.3+4.57×0.3)}{3.6}×1.8=13.03$
3	平台板(PTB-1)传来(数据参考表 2.5)	$4.0×1.1÷2=2.2$
4	自重(200mm×400mm)及抹灰层	$25×0.20×(0.40-0.10)=1.5$ $0.01×(0.40-0.10)×2×17=0.102$
5	合计(TB1 和 TB2 传来的荷载差别不大，近似按大值取相等)	17.26

则 $F_E=17.26×3.9÷2=33.7$(kN)。

② F_G 计算

F_G 为由 LTL-4（二层）通过 TZ-2 传至下端支承梁上的集中力（图 2.30）。LTL-4（二层）的荷载计算详见表 2.16。TZ-2 的集中力计算见表 2.17。

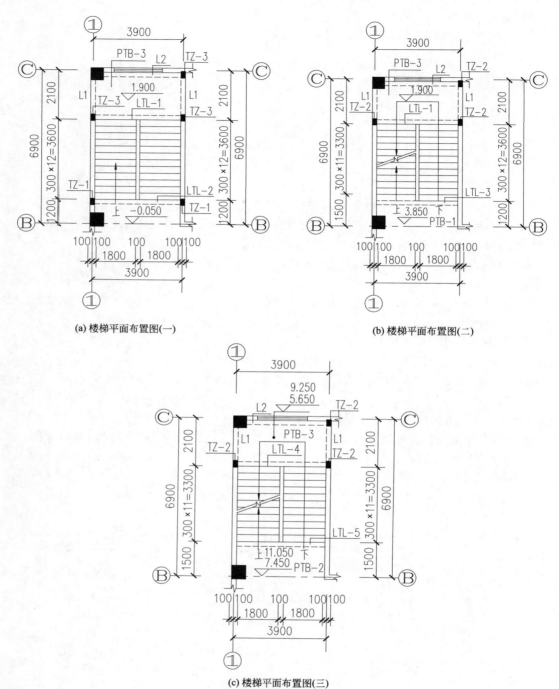

(a) 楼梯平面布置图(一)　　　　　　(b) 楼梯平面布置图(二)

(c) 楼梯平面布置图(三)

图 2.29　楼梯平面布置图

表 2.16　LTL-4（二层）的荷载计算

序号	传递途径	荷载/(kN/m)
1	TB3 传来(数据参考表 1.31,梯板荷载基本相同)	$7.48 \times 1.65 = 12.34$
2	TB2 传来(数据参考表 1.34,梯板荷载基本相同)	$\dfrac{(7.48 \times 3.3 + 4.57 \times 0.3)}{3.6} \times 1.8 = 13.03$

序号	传递途径	荷载/(kN/m)
3	平台板(PTB-3)传来	按单向板考虑,$4.0 \times \dfrac{(2.1-0.3)}{2} = 3.6$
4	LTL-4(二层)自重(200mm×400mm)及抹灰层	$25 \times 0.20 \times (0.40-0.10) = 1.5$ $0.01 \times (0.40-0.10) \times 2 \times 17 = 0.102$
5	LTL-4 均布线荷载(因 TB2 和 TB3 传来荷载相差不大,近似按均布考虑)	$13.03 + 3.6 + 1.5 + 0.102 = 18.23$

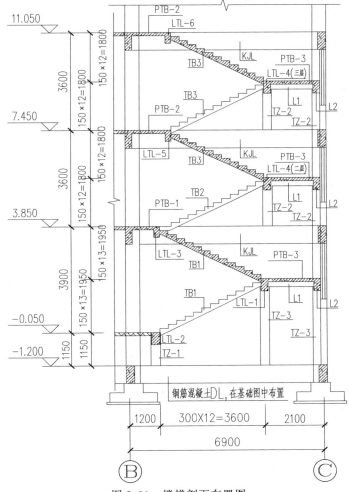

图 2.30　楼梯剖面布置图

表 2.17　TZ-2 集中力计算

序号	类别	荷载
1	TZ-2(200mm×350mm)自重	$26^* \times 0.20 \times 0.35 \times (1.8-0.4) = 2.55\text{kN}$ (26^* 上标带 $*$ 号是考虑抹灰因素,钢筋混凝土容重取为 26kN/m^3)

序号	类别	荷载
2	L1（200mm×300mm）自重	$26^* \times 0.2 \times 0.3 = 1.56$（kN/m）
3	L1 上墙体自重	$(1.8-0.7) \times 2.8 = 3.08$（kN/m）
4	L1 传至 TZ 集中力	$(3.08+1.56) \times \dfrac{(2.1-0.3)}{2} = 4.18$（kN）
5	合计	$2.55+4.18 = 6.73$（kN）

故 LTL-4（二层）传至两端的恒荷载集中力为：$F_G = 18.23 \times \dfrac{3.9}{2} + 6.73 = 42.3$（kN）。

（10）F_A 计算

F_A 是由 KL-3 传递来的集中力。严格意义上 KL-3 传递来的集中力应为 KL-3 在 A 支座的两端的剪力差，但由于纵向框架并没有计算，近似将 KL-3 上的荷载以支座反力的形式传递到 A 支座，即集中力 F_A。KL-3 的计算简图如图 2.31 所示。

① q_1 计算

q_1 包括梁自重、抹灰层和梁上墙体荷载。

梁自重（350mm×800mm）自重：$25 \times 0.35 \times (0.80-0.12) = 5.95$（kN/m）

抹灰层（梁外侧为面砖，近似按和梁内侧相同抹灰）：$0.01 \times (0.80-0.12) \times 2 \times 17 = 0.231$（kN/m）

KL-3 上墙体荷载：KL-3 两跨上的墙体荷载相同，一跨内的墙长为 7.8m，有两个窗 C2：$2.1m \times 1.8m$（窗荷载为 $0.45kN/m^2$），简化为均布线荷载为：

$$\frac{[7.8 \times (3.6-0.8) - 2 \times 2.1 \times 1.8] \times 3 + 2 \times 2.1 \times 1.8 \times 0.45}{7.8} = 5.93\text{（kN/m）}$$

小计：$q_1 = 5.95 + 0.231 + 5.93 = 12.11$（kN/m）

② q_2 计算

q_2 是由板 A 传递的三角形荷载，板 A 传来的荷载为三角形荷载，荷载最大值为：$q_2 = 4.5 \times 1.95 = 8.78$（kN/m）。

③ F_A 计算

由图 2.31 可知，$F_A = 12.11 \times 7.8 + 8.78 \times 3.9 \div 2 \times 2 + F_{L-1} = 94.5 + 34.2 + 55.5 = 184.2$（kN）。

（11）F_B 计算

F_B 是由 KL-2 传递来的集中力。KL-2 的计算简图如图 2.32 所示。

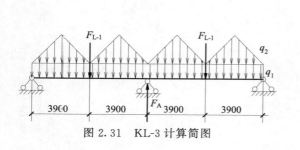

图 2.31 KL-3 计算简图

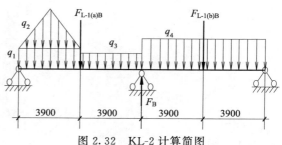

图 2.32 KL-2 计算简图

① q_1 计算

q_1 包括梁自重、抹灰层和梁上墙体荷载和板 B 传来的荷载。

KL-2 自重（350mm×800mm）自重（KL-2 两侧的板厚度不同，一边为 120mm，一边为 100mm，近似取 100mm）：$25×0.35×(0.80-0.10)=6.125(kN/m)$

抹灰层：$0.01×(0.80-0.12+0.80-0.10)×17=0.235(kN/m)$

KL-2 上墙体荷载：墙长为 3.9m，有一个门 M2：1.0m×2.1m，简化为均布线荷载为

$$\frac{[3.9×(3.6-0.8)-1.0×2.1]×2.8+1.0×2.1×0.45}{3.9}=6.6(kN/m)$$

板 B 传来的荷载：$4.0×2.1÷2=4.2(kN/m)$

小计：$q_1=6.125+0.235+6.6+4.2=17.2(kN/m)$

② q_2 计算

板 A 传递的三角形荷载，荷载最大值为：

$$4.5×1.95=8.78(kN/m)$$

③ q_3 计算

q_3 包括梁自重及抹灰层、板 B 传来的荷载和 PTB-1 传来的荷载。

KL-2 自重及抹灰层：$6.125+0.235=6.36(kN/m)$

板 B 传来的荷载：4.2kN/m

PTB-1 传来的荷载（表 2.5）：$4.0×1.1÷2=2.2(kN/m)$

小计：$q_3=6.36+4.2+2.2=12.8(kN/m)$

④ q_4 计算

q_4 包括梁自重及抹灰层、梁上墙体荷载和板 B 和板 D 传来的荷载。

KL-2 自重及抹灰层：6.36kN/m

KL-2 上墙体荷载：墙长 7.8m，有一个门洞：2.0m×2.1m，简化为均布线荷载为：

$$\frac{[7.8×(3.6-0.80)-2.0×2.1]×2.8}{7.8}=6.4(kN/m)$$

板 B 传来的荷载：4.2kN/m

板 D 传来的荷载：$6.5×1.8÷2=5.85(kN/m)$

小计：$q_4=6.36+6.4+4.2+5.85=22.8(kN/m)$

⑤ $F_{L-1(a)B}$ 计算

$F_{L-1(a)B}$ 为 L-1(a) 传递的集中荷载，L-1(a) 的计算简图如图 2.33 所示。

q_1 包括梁自重及抹灰、梁上墙体荷载。

L-1(a)（250mm×650mm）自重及抹灰：3.49kN/m

L-1(a) 上墙体荷载：墙长 6.9m，无洞口，$(3.6-0.65)×2.8=8.26(kN/m)$

则 $q_1=3.49+8.26=11.75(kN/m)$

q_2 为板 A 传来的梯形荷载，荷载最大值为：$q_2=4.5×1.95=8.78(kN/m)$。

由 "(9) F_E 和 F_G 计算" 可知，$F_E=33.7kN$，$F_G=41.5kN$。

则 $F_{L-1(a)B}=11.75×6.9÷2+(3+6.9)×8.78÷4+33.7×5.8÷6.9+41.5×2÷6.9$
$=102.6(kN)$

$F_{L-1(a)C}=11.75×6.9÷2+(3+6.9)×8.78÷4+33.7×1.1÷6.9+41.5×4.9÷6.9$
$=97.1(kN)$（在 F_C 计算中应用）。

⑥ $F_{L-1(b)B}$ 计算

$F_{L-1(b)B}$ 为 L-1(b) 传递的集中荷载，L-1(b) 的计算简图如图 2.34 所示。q_1 包括梁自重和抹灰层。

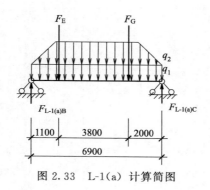

图 2.33　L-1(a) 计算简图

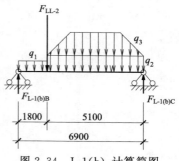

图 2.34　L-1(b) 计算简图

L-1(b) (250mm×650mm) 自重：$25×0.25×(0.65−0.12)=3.31(kN/m)$

抹灰层：$0.01×(0.65−0.12)×2×17=0.180(kN/m)$

则　$q_1=3.31+0.180=3.49(kN/m)$。

q_2 包括梁自重和抹灰层、梁上墙体荷载。

L-1(b) 自重及抹灰层：3.49kN/m

L-1(b) 上墙体荷载，墙长 5.1m，无洞口，$(3.6−0.65)×2.8=8.26(kN/m)$

则　$q_2=3.49+8.26=11.75(kN/m)$。

q_3 为板 C 传来的梯形荷载（由表 2.7 可知，板 C 的面荷载为6.5kN/m^2），荷载最大值为：$q_3=6.5×1.95×2=25.35(kN/m)$。

F_{LL-2} 为 LL-2 传来的集中力。由"（8）F_F 计算"中可得：$F_{LL-2}=41.9×2=83.8(kN)$，则

$$F_{L-1(b)B}=3.49×1.8×6÷6.9+83.8×5.1÷6.9+11.75×5.1×2.55÷6.9+$$
$$(1.2+5.1)×25.35÷2×2.55÷6.9=119.1(kN)$$

$$F_{L-1(b)C}=3.49×1.8×0.9÷6.9+83.8×1.8÷6.9+11.75×5.1×4.35÷6.9+$$
$$(1.2+5.1)×25.35÷2×4.35÷6.9=110.8(kN)　（在 F_C 计算中应用）$$

⑦ F_B 计算

在图 2.32 中，

$$F_B=q_1×3.9×1.95÷7.8+q_2×3.9÷2×1.95÷7.8+F_{L-1(a)B}÷2+q_3×3.9×$$
$$5.85÷7.8+q_4×3.9+F_{L-1(b)B}÷2=17.2×3.9×1.95÷7.8+8.78×3.9÷$$
$$2×1.95÷7.8+102.6÷2+12.8×3.9×5.85÷7.8+22.8×3.9+119.1÷2$$
$$=258.3(kN)$$

（12） F_C 计算

F_C 是由 KL-1 传递来的集中力。KL-1 的计算简图如图 2.35 所示。

① q_1 计算

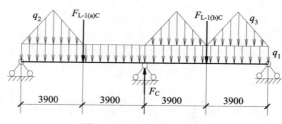

图 2.35　KL-1 计算简图

q_1包括梁自重和抹灰层、梁上墙体荷载。由"（10）F_A计算"中可知，$q_1=$12.11kN/m。

② q_2计算

q_2为板 A 传递的三角形荷载，由"（10）F_A计算"中可知，荷载最大值为：$q_2=4.5\times$1.95=8.78(kN/m)。

③ q_3计算

板 C 传递给 KL-1 的荷载为三角形荷载，荷载最大值为：$q_3=6.5\times1.95=12.675$(kN/m)。

④ $F_{L-1(a)C}$、$F_{L-1(b)C}$计算

由"（11）F_B计算"中可知，$F_{L-1(a)C}=97.1$kN，$F_{L-1(b)C}=110.8$kN。

⑤ F_C计算

$$
\begin{aligned}
F_C &= q_1\times7.8+F_{L-1(a)C}\div2+q_2\times3.9\div2\times1.95\div7.8+q_3\times3.9\div2\times1.95\div7.8+\\
&\quad q_3\times3.9\div2\times5.85\div7.8+F_{L-1(b)C}\div2=12.11\times7.8+97.1\div2+8.78\times3.9\div\\
&\quad 2\times1.95\div7.8+12.675\times3.9\div2\times1.95\div7.8+12.675\times3.9\div2\times5.85\div\\
&\quad 7.8+110.8\div2=227.4(kN)
\end{aligned}
$$

（13）第一层框架最终计算简图

根据前面的计算结果，画出第一层框架的最终恒荷载计算简图如图 2.36 所示。

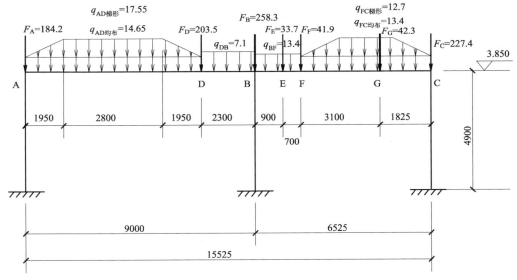

图 2.36　第一层框架最终恒荷载计算简图（单位：F：kN，q：kN/m）

2.5.1.3　第二层框架计算简图

第二层楼面梁布置如图 2.37 所示，第二层楼面板布置如图 2.38 所示。分析图 2.37 和图 2.38 的荷载传递，⑤轴线第二层的框架简图如图 2.39 所示。下面计算第二层框架计算简图。

（1）$q_{AD梯形}$计算

$q_{AD梯形}$为板 A 传递荷载，传递给 AD 段为梯形荷载，梯形荷载最大值为：$4.5\times1.95\times2=17.55$(kN/m)。

（2）$q_{AD均布}$计算

$q_{AD均布}$与第一层楼面梁上荷载相同，即 $q_{AD均布}=14.65$kN/m。

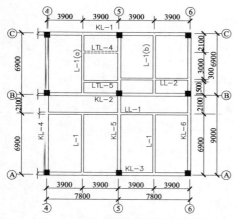

图 2.37　第二层楼面梁布置简图

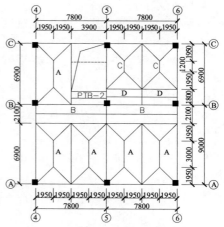

图 2.38　第二层楼面板布置简图

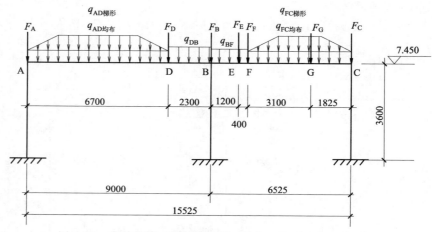

图 2.39　⑤轴线第二层框架简图（单位：F：kN，q：kN/m）

（3）q_{DB}计算

q_{DB}与第一层楼面梁上荷载相同，即 $q_{DB}=7.1$kN/m。

（4）F_D计算

F_D是由 LL-1 传递来的集中力。LL-1 的计算简图如图 2.40 所示（注意此图虽与图 2.26 相同，但各个代号所表示的力的大小并不相同）。

① q_1计算

q_1包括梁自重、抹灰层、板 B 传来的荷载（与第一层 LL-1 上荷载相同）和梁上墙体荷

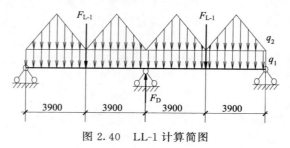

图 2.40　LL-1 计算简图

载（与第一层 LL-1 上荷载不相同，④～⑥轴线之间的墙体共有四段，开有三个门 M2，一个门 M3，荷载近似统一计算）。

LL-1(250mm×750mm) 自重：4.06kN/m

抹灰层：0.218kN/m

板 B 传来的荷载：4.2kN/m

LL-1 梁上墙体荷载：

LL-1 梁上④～⑥轴线之间的墙体共长 15.6m，有：1.5m×2.1m，三个 1.0m×2.1m，简化为均布线荷载为：

$$\frac{[15.6\times(3.6-0.75)-1\times1.5\times2.1-3\times1.0\times2.1]\times2.8+1\times1.5\times2.1\times0.45+3\times1.0\times2.1\times0.45}{15.6}$$

$=6.6(\mathrm{kN/m})$

因此，$q_1=4.06+0.218+4.2+6.6=15.1(\mathrm{kN/m})$

② q_2 计算

q_2 为板 A 传来的三角形荷载，荷载最大值为：$q_2=4.5\times1.95=8.78(\mathrm{kN/m})$

③ $F_{\mathrm{L-1}}$ 计算

$F_{\mathrm{L-1}}$ 为 L-1 传递的集中荷载，L-1 的计算简图如图 2.41 所示。

q_1 为梁自重、抹灰层和 L-1 上墙体荷载。

L-1(250mm×650mm) 自重：3.31kN/m

抹灰层：0.18kN/m

L-1 上墙体荷载：$(3.6-0.65)\times2.8=8.26(\mathrm{kN/m})$

则 $q_1=3.31+0.18+8.26=11.75(\mathrm{kN/m})$。

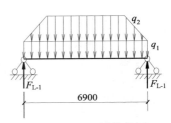

图 2.41 L-1 计算简图

q_2 为板 A 传来的荷载，板 A 的面荷载为 4.5kN/m²，传递给 L-1 为梯形荷载，荷载最大值为：$q_2=4.5\times1.95\times2=17.55(\mathrm{kN/m})$。

则 $F_{\mathrm{L-1}}=q_1\times6.9\div2+(3+6.9)\times q_2\div2\div2=11.75\times6.9\div2+(3+6.9)\times17.55\div2\div2=84.0(\mathrm{kN})$

④ F_{D} 计算

由图 2.40 可知：

$F_{\mathrm{D}}=q_1\times7.8+q_2\times3.9\times2\div2+F_{\mathrm{L-1}}=15.1\times7.8+8.78\times3.9+84.0=236.0(\mathrm{kN})$

(5) q_{BF} 计算

q_{BF} 与第一层楼面梁上荷载相同，即 $q_{\mathrm{BF}}=13.4\mathrm{kN/m}$。

(6) $q_{\mathrm{FC梯形}}$ 计算

$q_{\mathrm{FC梯形}}$ 与第一层楼面梁上荷载相同，梯形荷载最大值为：$6.5\times1.95=12.7(\mathrm{kN/m})$。

(7) $q_{\mathrm{FC均布}}$ 计算

$q_{\mathrm{FC均布}}$ 与第一层楼面梁上荷载相同，即 $q_{\mathrm{FC均布}}=13.4\mathrm{kN/m}$。

(8) F_{F} 计算

F_{F} 与第一层楼面梁上荷载相同，即 $F_{\mathrm{F}}=41.9\mathrm{kN}$。

(9) F_{E} 和 F_{G} 计算

F_{E} 和 F_{G} 为楼梯传递荷载。各层楼梯平面布置图如图 2.29 所示，楼梯剖面布置图如图 2.30 所示。

① F_{E} 计算

F_{E} 为由 LTL-5 传递的集中力。LTL-5 的线荷载计算详见表 2.18。

表 2.18　LTL-5 的线荷载计算

序号	传递途径	荷载/(kN/m)
1	TB3 传来	7.48×1.65=12.34
2	平台板(PTB-2)传来	4.0×1.4÷2=2.8
3	自重(200mm×400mm)及抹灰层	25×0.20×(0.40-0.10)=1.5 0.01×(0.40-0.10)×2×17=0.102
4	合计	16.74

则 $F_E = 16.74 \times 3.9 \div 2 = 32.6$ kN。

② F_G 计算

F_G 为由 LTL-4（三层）通过 TZ 传至下端支承梁上的集中力（图 2.30）。LTL-4（三层）的荷载计算详见表 2.19。TZ-2 的集中力计算见表 2.17。

表 2.19　LTL-4（三层）的荷载计算

序号	传递途径	荷载/(kN/m)
1	TB3 传来	7.48×1.65=12.34
2	平台板(PTB-3)传来	按单向板考虑,$4.0 \times \dfrac{(2.1-0.3)}{2} = 3.6$
3	LTL-4(三层)自重(200mm×400mm)及抹灰层	25×0.20×(0.40-0.10)=1.5 0.01×(0.40-0.10)×2×17=0.102
4	LTL-4 均布线荷载	16.74

由表 2.17 可知，TZ-2 集中力的为 6.73kN，则 LTL-4（三层）传至两端的恒荷载集中力为：$F_G = 16.74 \times \dfrac{3.9}{2} + 6.73 = 39.4$(kN)。

（10）F_A 计算

F_A 是由 KL-3 传递来的集中力。KL-3 的计算简图如图 2.31 所示。

① q_1 计算

q_1 包括梁自重和抹灰层、梁上墙体荷载，合计 12.11kN/m。

② q_2 计算

q_2 是由板 A 传递的三角形荷载，板 A 传来的荷载为三角形荷载，荷载最大值为：
$$q_2 = 4.5 \times 1.95 = 8.78(\text{kN/m})$$

③ F_A 计算

由图 2.31 可知，$F_A = 12.11 \times 7.8 + 8.78 \times 3.9 \div 2 \times 2 + F_{L-1} = 94.5 + 34.2 + 84 = 212.7$(kN)。注意此时 F_{L-1} 为"第二层框架计算简图"中的"③F_{L-1} 计算"中的数值，而非"第一层框架计算简图"中的数值。

（11）F_B 计算

F_B 是由 KL-2 传递来的集中力。KL-2 的计算简图如图 2.42 所示。

① q_1 计算

q_1 包括梁自重和抹灰层、梁上墙体荷载和板 B 传来的荷载。

KL-2 自重（350mm×800mm）自重：6.125kN/m

抹灰层：0.235kN/m

KL-2 上墙体荷载：墙长为 3.9m，有一个门 M3：1.5m×2.1m，简化为均布线荷载为：

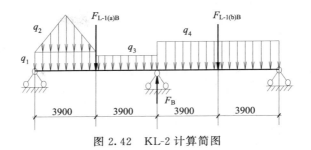

图 2.42 KL-2 计算简图

$$\frac{[3.9\times(3.6-0.8)-1.5\times2.1]\times2.8+1.5\times2.1\times0.45}{3.9}=6(\text{kN/m})$$

板 B 传来的荷载：4.2kN/m

小计：$q_1=6.125+0.235+6+4.2=16.56(\text{kN/m})$

② q_2 计算

板 A 传递的三角形荷载，荷载最大值为：$4.5\times1.95=8.78(\text{kN/m})$

③ q_3 计算

q_3 包括梁自重及抹灰层、板 B 传来的荷载和 PTB-2 传来的荷载。

KL-2 自重及抹灰层：6.36kN/m

板 B 传来的荷载：4.2kN/m

PTB-2 传来的荷载：$4.0\times1.4\div2=2.8(\text{kN/m})$

小计：$q_3=6.36+4.2+2.8=13.36(\text{kN/m})$

④ q_4 计算

q_4 包括梁自重及抹灰层、梁上墙体荷载和板 B、板 D 传来的荷载，同第一层，

即 $q_4=22.8\text{kN/m}$。

⑤ $F_{\text{L-1(a)B}}$ 计算

$F_{\text{L-1(a)B}}$ 为 L-1(a) 传递的集中荷载，L-1(a) 的计算简图如图 2.43 所示。

q_1 包括梁自重及抹灰层、梁上墙体荷载。

L-1(a)（250mm×650mm）自重及抹灰层：3.49kN/m

L-1(a) 上墙体荷载，墙长 6.9m，无洞口，$(3.6-0.65)\times$

$2.8=8.26(\text{kN/m})$

则 $q_1=3.49+8.26=11.75(\text{kN/m})$

q_2 为板 A 传来的梯形荷载，荷载最大值为：$q_2=4.5\times$

$1.95=8.78(\text{kN/m})$

由（9）F_E 和 F_G 计算可知，$F_E=32.6\text{kN}$，

$F_G=39.4\text{kN}$。

则 $F_{\text{L-1(a)B}}=11.75\times6.9\div2+(3+6.9)\times8.78\div4+$
$32.6\times5.5\div6.9+39.4\times2\div6.9$

$\qquad\qquad=99.7(\text{kN})$

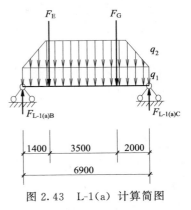

图 2.43 L-1(a) 计算简图

$F_{\text{L-1(a)C}}=11.75\times6.9\div2+(3+6.9)\times8.78\div4+32.6\times1.4\div6.9+39.4\times4.9\div6.9$

$\qquad=96.9(\text{kN})$（在 F_C 计算中应用）。

⑥ $F_{\text{L-1(b)B}}$ 计算

$F_{\text{L-1(b)B}}$ 为 L-1(b) 传递的集中荷载，与"第一层框架计算简图"中的数值相同。

即 $F_{\text{L-1(b)B}}=119.1\text{kN}$，$F_{\text{L-1(b)C}}=110.8\text{kN}$（在 F_C 计算中应用）。

⑦ F_B 计算

在图 2.42 中，

$$F_B = q_1 \times 3.9 \times 1.95 \div 7.8 + q_2 \times 3.9 \div 2 \times 1.95 \div 7.8 + F_{L\text{-}1(a)B} \div 2 + q_3 \times 3.9 \times 5.85 \div$$
$$7.8 + q_4 \times 3.9 + F_{L\text{-}1(b)B} \div 2 = 16.56 \times 3.9 \times 1.95 \div 7.8 + 8.78 \times 3.9 \div 2 \times 1.95 \div$$
$$7.8 + 99.7 \div 2 + 13.36 \times 3.9 \times 5.85 \div 7.8 + 22.8 \times 3.9 + 119.1 \div 2$$
$$= 257.8 (\text{kN})$$

(12) F_C 计算

F_C 是由 KL-1 传递来的集中力。KL-1 的计算简图如图 2.35 所示。

① q_1 计算

$$q_1 = 12.11 \text{kN/m}$$

② q_2 计算

q_2 为板 A 传递的三角形荷载，荷载最大值为：$q_2 = 4.5 \times 1.95 = 8.78 (\text{kN/m})$。

③ q_3 计算

板 C 传递给 KL-1 的荷载为三角形荷载，荷载最大值为：$q_3 = 6.5 \times 1.95 = 12.675 (\text{kN/m})$。

④ $F_{L\text{-}1(a)C}$、$F_{L\text{-}1(b)C}$ 计算

由 "(11) F_B 计算" 中可知，$F_{L\text{-}1(a)C} = 95.2 \text{kN}$，$F_{L\text{-}1(b)C} = 106.6 \text{kN}$。

⑤ F_C 计算

$$F_C = q_1 \times 7.8 + F_{L\text{-}1(a)C} \div 2 + q_2 \times 3.9 \div 2 \times 1.95 \div 7.8 + q_3 \times 3.9 \div 2 \times 1.95 \div 7.8 + q_3 \times$$
$$3.9 \div 2 \times 5.85 \div 7.8 + F_{L\text{-}1(b)C} \div 2 = 12.11 \times 7.8 + 96.9 \div 2 + 8.78 \times 3.9 \div 2 \times 1.95 \div$$
$$7.8 + 12.675 \times 3.9 \div 2 \times 1.95 \div 7.8 + 12.675 \times 3.9 \div 2 \times 5.85 \div 7.8 + 110.8 \div 2$$
$$= 227.3 (\text{kN})$$

(13) 第二层框架最终计算简图

根据前面的计算结果，画出第二层框架的最终恒荷载计算简图如图 2.44 所示。

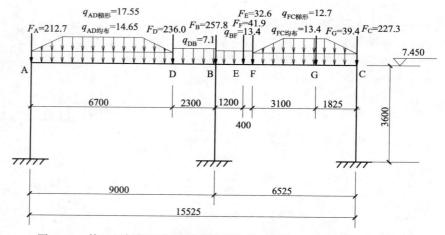

图 2.44 第二层框架最终恒荷载计算简图（单位：F：kN，q：kN/m）

2.5.1.4 第三层框架计算简图

第三层楼面梁布置如图 2.45 所示，第三层楼面板布置如图 2.46 所示，分析图 2.45 和图 2.46 的荷载传递，⑤轴线第三层的框架简图如图 2.47 所示。下面计算第三层框架计算简图。

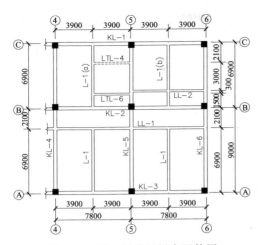

图 2.45　第三层楼面梁布置简图

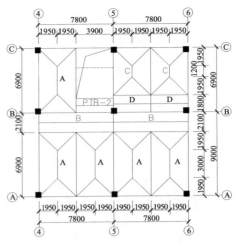

图 2.46　第三层楼面板布置简图

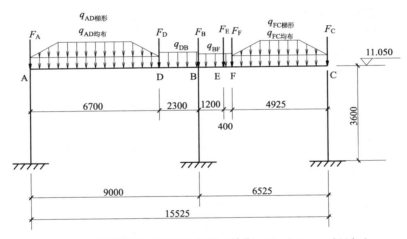

图 2.47　⑤轴线第三层框架简图（单位：F：kN，q：kN/m）

（1）$q_{AD梯形}$ 计算

$q_{AD梯形}$ 为板 A 传递荷载，传递给 AD 段为梯形荷载，梯形荷载最大值为：$4.5 \times 1.95 \times 2 = 17.55(kN/m)$。

（2）$q_{AD均布}$ 计算

梁自重及抹灰（其上没有填充墙）：$q_{AD均布} = 7.09kN/m$。

（3）q_{DB} 计算

q_{DB} 部分只有梁自重及抹灰，即 $q_{DB} = 7.1kN/m$。

（4）F_D 计算

F_D 是由 LL-1 传递来的集中力。LL-1 的计算简图如图 2.40 所示。

① q_1 计算

q_1 包括梁自重和抹灰层、板 B 传来的荷载（与第一层 LL-1 上荷载相同）和梁上墙体荷载（与第一层、第二层 LL-1 上荷载不相同，④～⑥轴线之间的墙体共有四段，开有两个门 M2，两个门 M3，荷载近似统一计算）。

LL-1（250mm×750mm）自重：4.06kN/m

抹灰层：0.218kN/m

板 B 传来的荷载：4.2kN/m

LL-1 梁上墙体荷载：LL-1 梁上④～⑥轴线之间的墙体共长 15.6m，有：两个 1.5m×2.1m，两个 1.0m×2.1m，简化为均布线荷载为：

$$\frac{[15.6\times(3.9-0.75)-2\times1.5\times2.1-2\times1.0\times2.1]\times2.8+2\times1.5\times2.1\times0.45+2\times1.0\times2.1\times0.45}{15.6}$$

$=7.3(kN/m)$

因此，$q_1=4.06+0.218+4.2+7.3=15.8(kN/m)$

② q_2 计算

q_2 为板 A 传来的荷载，荷载最大值为：$q_2=4.5\times1.95=8.78(kN/m)$

③ F_{L-1} 计算

F_{L-1} 为 L-1 传递的集中荷载，L-1 的计算简图如图 2.41 所示。

q_1 为梁自重、抹灰层和 L-1 上墙体荷载。

L-1（250mm×650mm）自重：3.31kN/m

抹灰层：0.18kN/m

L-1 上墙体荷载：$(3.9-0.65)\times2.8=9.1(kN/m)$

则 $q_1=3.31+0.18+9.1=12.6(kN/m)$。

q_2 为板 A 传来的荷载，荷载最大值为：$q_2=4.5\times1.95\times2=17.55(kN/m)$。

则 $F_{L-1}=q_1\times6.9\div2+(3+6.9)\times q_2\div2\div2=12.6\times6.9\div2+(3+6.9)\times$
$17.55\div2\div2=86.9(kN)$

④ F_D 计算

由图 2.40 可知，$F_D=q_1\times7.8+q_2\times3.9\times2\div2+F_{L-1}=15.8\times7.8+8.78\times3.9+86.9$
$=244.4(kN)$。

（5）q_{BF} 计算

q_{BF} 部分包括梁自重、抹灰层和梁上墙体荷载。

梁（350mm×700mm）自重：5.075kN/m

抹灰层：0.197kN/m

梁上墙体荷载：$2.8\times(3.9-0.7)=8.96$（kN/m）

小计：$q_{BF}=5.075+0.197+8.96=14.2(kN/m)$

（6）$q_{FC梯形}$ 计算

$q_{FC梯形}$ 与第一层楼面梁上荷载相同，梯形荷载最大值为：$6.5\times1.95=12.7(kN/m)$

（7）$q_{FC均布}$ 计算

$q_{FC均布}$ 部分包括梁自重、抹灰层和梁上墙体荷载。

梁（350mm×700mm）自重：5.075kN/m

抹灰层：0.197kN/m

梁上墙体荷载：$2.8\times(3.9-0.7)=8.96(kN/m)$

小计：$q_{FC均布}=5.075+0.197+8.96=14.2(kN/m)$

（8）F_F 计算

F_F 是由 LL-2 传递来的集中力。LL-2 的计算简图如图 2.28 所示。

q_1 为梁自重、抹灰层、板 D 传递荷载和梁上墙体荷载：

LL-2（200mm×400mm）自重：1.4kN/m

抹灰层：0.095kN/m

板 D 传递给 LL-2 的线荷载：5.85kN/m

LL-2 上墙体荷载，墙长 7.8m，有两个门 M4：$0.9 \text{m} \times 2.1 \text{m}$，简化为均布线荷载为：

$$\frac{[7.8 \times (3.9 - 0.40) - 2 \times 0.9 \times 2.1] \times 2.8 + 2 \times 0.9 \times 2.1 \times 0.45}{7.8} = 8.7 (\text{kN/m})$$

则　$q_1 = 1.4 + 0.095 + 5.85 + 8.7 = 16.1 (\text{kN/m})$

板 C 传递给 LL-2 的荷载为三角形荷载，荷载最大值为：$q_2 = 6.5 \times 1.95 = 12.7 (\text{kN/m})$

则　$F_F = q_1 \times 3.9 \div 2 + q_2 \times 3.9 \div 4 = 16.1 \times 3.9 \div 2 + 12.7 \times 3.9 \div 4 = 43.8 (\text{kN})$。

（9）F_E 计算

F_E 为 LTL-6 传递的集中荷载。各层楼梯平面布置图如图 2.29 所示，楼梯剖面布置图如图 2.30 所示。LTL-6 的线荷载计算详见表 2.20。

表 2.20　LTL-6 的线荷载计算

序号	传递途径	荷载/(kN/m)
1	TB3 传来（数据来自表 2.19）	$7.48 \times 1.65 = 12.34$（作用在右半跨）
2	平台板（PTB-2）传来	$4.0 \times 1.4 \div 2 = 2.8$
3	自重（200mm×400mm）及抹灰层	$25 \times 0.20 \times (0.40 - 0.10) = 1.5$ $0.01 \times (0.40 - 0.10) \times 2 \times 17 = 0.102$

因此，LTL-6 均布荷载为 $2.8 + 1.5 + 0.102 = 4.4 (\text{kN/m})$，梯板传递的局部荷载为 12.34kN/m。LTL-6 的荷载简图如图 2.48 所示。

则　$F_E = \dfrac{4.4 \times 3.9}{2} + \dfrac{12.34 \times 3.9}{2} \times \left(3.9 \times \dfrac{3}{4}\right) \div 3.9 =$

$26.6 (\text{kN})$

$F_{\text{LTL-6}} = \dfrac{4.4 \times 3.9}{2} + \dfrac{12.34 \times 3.9}{2} \times \left(3.9 \times \dfrac{1}{4}\right) \div 3.9 =$

$14.6 (\text{kN})$（在计算 F_B 和 F_C 时需要）。

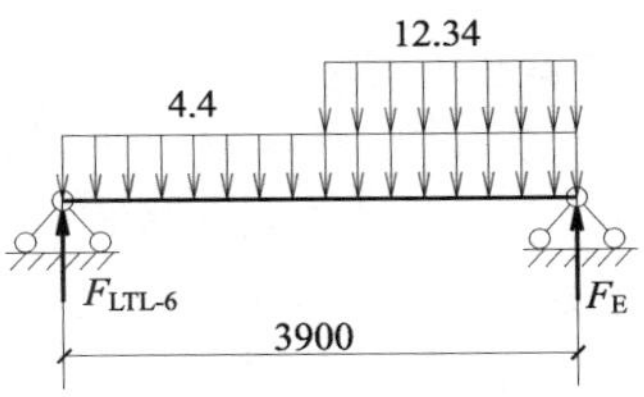

图 2.48　LTL-6 的荷载简图

（10）F_A 计算

F_A 是由 KL-3 传递来的集中力。KL-3 的计算简图如图 2.31 所示。

① q_1 计算

q_1 包括梁自重、抹灰层和梁上墙体荷载。

梁自重（350mm×800mm）自重：5.95kN/m

抹灰层：0.231kN/m

KL-3 上墙体荷载：KL-3 两跨上的墙体荷载相同，一跨内的墙长为 7.8m，有两个窗 C2：$2.1 \text{m} \times 1.8 \text{m}$，简化为均布线荷载为：

$$\frac{[7.8 \times (3.9 - 0.8) - 2 \times 2.1 \times 1.8] \times 3 + 2 \times 2.1 \times 1.8 \times 0.45}{7.8} = 6.8 (\text{kN/m})$$

小计：$q_1 = 5.95 + 0.231 + 6.8 = 13 (\text{kN/m})$

② q_2 为板 A 传来的荷载最大值

板 A 的面荷载为 4.5kN/m^2（表 2.3），板 A 传来的荷载为三角形荷载，荷载最大值为：

$$q_2 = 4.5 \times 1.95 = 8.78 (\text{kN/m})$$

③ F_A 计算

由图 2.31 可知，$F_A = 13 \times 7.8 + 8.78 \times 3.9 \div 2 \times 2 + F_{L-1} = 101.4 + 34.2 + 86.9 = 222.5$ kN。注意此时 F_{L-1} 为"第三层框架计算简图"中的"③F_{L-1} 计算"中的数值。

（11）F_B 计算

F_B 是由 KL-2 传递来的集中力。KL-2 的计算简图如图 2.42 所示。

① q_1 计算

q_1 包括梁自重、抹灰层、梁上墙体荷载和板 B 传来的荷载。

KL-2 自重（350mm×800mm）自重：6.125kN/m

抹灰层：0.235kN/m

KL-2 上墙体荷载：墙长为 3.9m，有一个门 M2：1.0m×2.1m，简化为均布线荷载为：

$$\frac{[3.9 \times (3.9 - 0.8) - 1.0 \times 2.1] \times 2.8 + 1.0 \times 2.1 \times 0.45}{3.9} = 7.4 \text{(kN/m)}$$

板 B 传来的荷载：4.2kN/m

小计：$q_1 = 6.125 + 0.235 + 7.4 + 4.2 = 17.96$ (kN/m)

② q_2 计算

板 A 传递的三角形荷载，荷载最大值为：$4.5 \times 1.95 = 8.78$ (kN/m)

③ q_3 计算

q_3 包括梁自重及抹灰层、板 B 传来的荷载和 PTB-2 传来的荷载。

KL-2 自重及抹灰层：6.36kN/m

板 B 传来的荷载：4.2kN/m

PTB-2 传来的荷载：$3.5 \times 1.4 \div 2 = 2.45$ (kN/m)

小计：$q_3 = 6.36 + 4.2 + 2.45 = 13$ (kN/m)

④ q_4 计算

q_4 包括梁自重及抹灰层、梁上墙体荷载和板 B、板 D 传来的荷载。

KL-2 自重及抹灰层：6.36kN/m

KL-2 上墙体荷载：墙长 7.8m，有一个门洞：2.0m×2.1m，简化为均布线荷载为：

$$\frac{[7.8 \times (3.9 - 0.80) - 2.0 \times 2.1] \times 2.8}{7.8} = 7.2 \text{(kN/m)}$$

板 B 传来的荷载：4.2kN/m

板 D 传来的荷载：5.85kN/m

小计：$q_4 = 6.36 + 7.2 + 4.2 + 5.85 = 23.6$ (kN/m)

⑤ $F_{L-1(a)B}$ 计算

$F_{L-1(a)B}$ 为 L-1(a) 传递的集中荷载，L-1(a) 的计算简图如图 2.49 所示。

q_1 包括梁自重及抹灰层、梁上墙体荷载。

L-1(a) 自重及抹灰层：3.49kN/m

L-1(a) 上墙体荷载：墙长 6.9m，无洞口，$(3.9 - 0.65) \times 2.8 = 9.1$ (kN/m)

则 $q_1 = 3.49 + 9.1 = 12.6$ (kN/m)。

q_2 为板 A 传来的梯形荷载，荷载最大值为：$4.5 \times 1.95 = 8.78$ (kN/m)。

由"（9）F_E 计算"可知，

$$F_{LTL-6} = \frac{4.4 \times 3.9}{2} + \frac{12.34 \times 3.9}{2} \times \left(3.9 \times \frac{1}{4}\right) \div 3.9 = 14.6 \text{(kN)}。$$

则 $F_{L-1(a)B} = 12.6 \times 6.9 \div 2 + (3 + 6.9) \times 8.78 \div 4 + 14.6 \times 5.5 \div 6.9 = 76.8$ (kN)

$F_{L-1(a)C} = 12.6 \times 6.9 \div 2 + (3 + 6.9) \times 8.78 \div 4 + 14.6 \times 1.4 \div 6.9 = 68.2$ (kN)（在 F_C 计

算中应用）。

⑥ $F_{L-1(b)B}$ 计算

$F_{L-1(b)B}$ 为 L-1（b）传递的集中荷载，L-1（b）的计算简图如图 2.34 所示。

q_1 包括梁自重和抹灰，$q_1=3.49$ kN/m。

q_2 包括梁自重和抹灰、梁上墙体荷载。

L-1（b）自重和抹灰：3.49kN/m

L-1（b）上墙体荷载：墙长 5.1m，无洞口，$(3.9-0.65)\times2.8=9.1$（kN/m）

则 $q_2=3.49+9.1=12.6$（kN/m）。

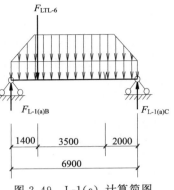

图 2.49 L-1（a）计算简图

q_3 为板 C 传来的梯形荷载（由表 2.7 可知，板 C 的面荷载为 6.5kN/m^2），荷载最大值为：$q_3=6.5\times1.95\times2=25.35$（kN/m）。

F_{LL-2} 为 LL-2 传来的集中力。由"（8）F_F 计算"中可得：$F_{LL-2}=43.8\times2=87.6$（kN）。

则 $F_{L-1(b)B}=3.49\times1.8\times6\div6.9+87.6\times5.1\div6.9+12.6\times5.1\times2.55\div6.9+$
$(1.2+5.1)\times25.35\div2\times2.55\div6.9=123.5$（kN）

$F_{L-1(b)C}=3.49\times1.8\times0.9\div6.9+87.6\times1.8\div6.9+12.6\times5.1\times4.35\div6.9+$
$(1.2+5.1)\times25.35\div2\times4.35\div6.9=114.5$（kN）（在 F_C 计算中应用）。

⑦ F_B 计算

在图 2.42 中：

$F_B=q_1\times3.9\times1.95\div7.8+q_2\times3.9\div2\times1.95\div7.8+F_{L-1(a)B}\div2+q_3\times3.9\times5.85\div$
$7.8+q_4\times3.9+F_{L-1(b)B}\div2=17.96\times3.9\times1.95\div7.8+8.78\times3.9\div2\times1.95\div$
$7.8+76.8\div2+13.36\times3.9\times5.85\div7.8+23.6\times3.9+123.5\div2=253.1$（kN）

（12）F_C 计算

F_C 是由 KL-1 传递来的集中力。KL-1 的计算简图如图 2.35 所示。

① q_1 计算

q_1 包括梁自重和抹灰、梁上墙体荷载。由"（10）F_A 计算"中可知，$q_1=13$ kN/m。

② q_2 计算

q_2 为板 A 传递的三角形荷载，由"（10）F_A 计算"中可知，荷载最大值为：$q_2=4.5\times1.95=8.78$（kN/m）。

③ q_3 计算

板 C 传递给 KL-1 的荷载为三角形荷载，荷载最大值为：$q_3=6.5\times1.95=12.675$（kN/m）。

④ $F_{L-1(a)C}$、$F_{L-1(b)C}$ 计算

由"（11）F_B 计算"中可知，$F_{L-1(a)C}=68.2$ kN，$F_{L-1(b)C}=114.5$（kN）。

⑤ F_C 计算

$F_C=q_1\times7.8+F_{L-1(a)C}\div2+q_2\times3.9\div2\times1.95\div7.8+q_3\times3.9\div2\times1.95\div7.8+$
$q_3\times3.9\div2\times5.85\div7.8+F_{L-1(b)C}\div2=13\times7.8+68.2\div2+8.78\times3.9\div2\times$
$1.95\div7.8+12.675\times3.9\div2\times1.95\div7.8+12.675\times3.9\div2\times5.85\div7.8+$
$114.5\div2=221.7$（kN）

（13）第三层框架最终计算简图

根据前面的计算结果，画出第三层框架的最终恒荷载计算简图如图 2.50 所示。

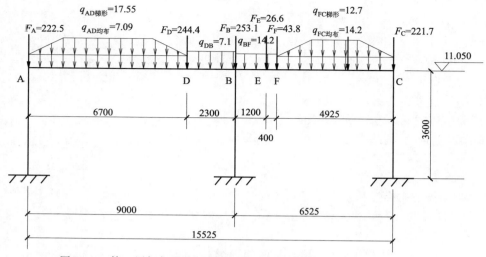

图 2.50　第三层框架最终恒荷载计算简图（单位：F：kN，q：kN/m）

2.5.1.5　第四层框架计算简图

第四层楼面梁布置如图 2.51 所示，第四层楼面板布置如图 2.52 所示，分析图 2.51 和图 2.52 的荷载传递，⑤轴线第四层的框架简图如图 2.53 所示。下面计算第四层框架计算简图。

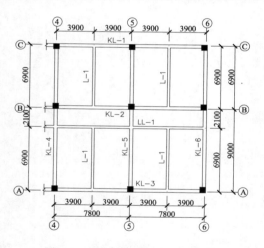

图 2.51　第四层楼面梁布置简图

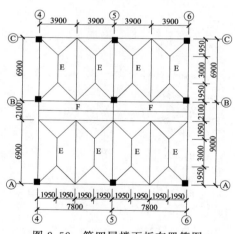

图 2.52　第四层楼面板布置简图

(1) $q_{AD梯形}$ 计算

$q_{AD梯形}$ 为板 E 传递荷载，传递给 AD 段为梯形荷载，梯形荷载最大值为：$6.5 \times 1.95 \times 2 = 25.35(\text{kN/m}) \approx 25.4\text{kN/m}$

(2) $q_{AD均布}$ 计算

梁自重及抹灰：$q_{AD均布} = 7.09\text{kN/m}$

(3) q_{DB} 计算

q_{DB} 部分只有梁自重及抹灰，即 $q_{DB} = 7.1\text{kN/m}$。

(4) F_D 计算

F_D 是由 LL-1 传递来的集中力。LL-1 的计算简图如图 2.40 所示。

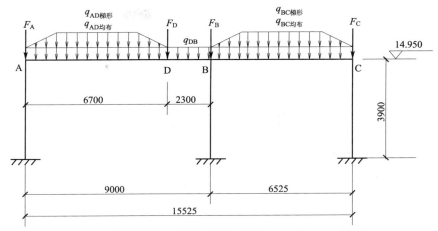

图 2.53　⑤轴线第四层框架简图（单位：F：kN，q：kN/m）

① q_1 计算

在图 2.40 中，q_1 包括梁自重、抹灰层和板 F 传来的荷载。

LL-1（250mm×750mm）自重：4.06kN/m

抹灰层：0.218kN/m

由表 2.2 可知，板 F 的面荷载为 6.0kN/m²，则板 F 传递的荷载为：6.0×2.1÷2＝6.3（kN/m）。

$$q_1 = 4.06 + 0.218 + 6.3 = 10.58（kN/m）$$

② q_2 计算

q_2 为板 E 传来的三角形荷载，荷载最大值为：$q_2 = 6.5 \times 1.95 = 12.675$kN/m

③ F_{L-1} 计算

F_{L-1} 为 L-1 传递的集中荷载，L-1 的计算简图如图 2.41 所示。

q_1 为梁自重和抹灰。

L-1（250mm×650mm）自重：3.31kN/m

抹灰层：0.18kN/m

则　$q_1 = 3.31 + 0.18 = 3.49（kN/m）$

q_2 为板 E 传来的荷载，板 E 的面荷载为 6.5 kN/m²，传递给 L-1 为梯形荷载，荷载最大值为：$q_2 = 6.5 \times 1.95 \times 2 = 25.35$（kN/m）。

则　$F_{L-1} = q_1 \times 6.9 \div 2 + (3+6.9) \times q_2 \div 2 \div 2 = 3.49 \times 6.9 \div 2 + (3+6.9) \times 25.35 \div 2 \div 2$
$$= 74.8（kN）$$

④ F_D 计算

图 2.40 可知：

$$F_D = q_1 \times 7.8 + q_2 \times 3.9 \times 2 \div 2 + F_{L-1} = 10.58 \times 7.8 + 12.675 \times 3.9 + 74.8$$
$$= 206.8（kN）$$

（5）$q_{BC梯形}$ 计算

板 E 传来的荷载，板 E 的面荷载为 6.5 kN/m²，荷载最大值为：$q_{BC梯形} = 6.5 \times 1.95 \times 2 = 25.35（kN/m）\approx 25.4$kN/m

（6）$q_{BC均布}$ 计算

梁（350mm×700mm）自重：25×0.35×(0.7−0.12)＝5.075（kN/m）

抹灰层：$0.01×(0.7-0.12)×2×17=0.197(kN/m)$

$$q_{BC均布}=5.075+0.197=5.27(kN/m)$$

(7)F_A计算

F_A是由 KL-3 传递来的集中力。KL-3 的计算简图如图 2.31 所示。

① q_1 计算

q_1包括梁自重和抹灰层、梁上女儿墙墙体荷载。

梁自重（350mm×800mm）自重：$25×0.35×(0.80-0.12)=5.95(kN/m)$

抹灰层：$0.01×(0.80-0.12)×2×17=0.231(kN/m)$

KL-3 上的墙体荷载为女儿墙墙体荷载：墙体面荷载为$3.0kN/m^2$，女儿墙 1000mm 高，女儿墙墙体线荷载为：$3.0×1.0=3.0(kN/m)$

小计：$q_1=5.95+0.231+3.0=9.2(kN/m)$

② q_2 计算

q_2是由板 E 传递的三角形荷载，板 E 传来的荷载为三角形荷载，荷载最大值为：$q_2=6.5×1.95=12.675(kN/m)$

③ F_A 计算

由图 2.31 可知，$F_A=9.2×7.8+12.675×3.9÷2×2+F_{L-1}=71.76+49.43+74.8=196.0(kN)$

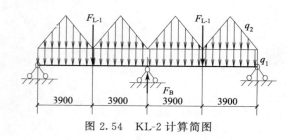

3900　3900　3900　3900

图 2.54　KL-2 计算简图

(8)F_B计算

F_B是由 KL-2 传递来的集中力。KL-2 的计算简图如图 2.54 所示。

① q_1 计算

q_1包括梁自重、抹灰层和板 F 传来的荷载。

KL-2 自重（350mm×800mm）自重：$25×0.35×(0.80-0.10)=6.125(kN/m)$

抹灰层：$0.01×(0.80-0.12+0.80-0.10)×17=0.235(kN/m)$

板 F 传递的荷载：$6.0×2.1÷2=6.3(kN/m)$

小计：$q_1=6.125+0.235+6.3=12.66(kN/m)$

② q_2 计算

q_2是由板 E 传递的三角形荷载，板 E 传来的荷载为三角形荷载，荷载最大值为：$q_2=6.5×1.95=12.675(kN/m)$

③ 由"(4)F_D计算"中可知，$F_{L-1}=74.8kN$。

④ F_B 计算

在图 2.54 中，$F_B=q_1×7.8+q_2×3.9÷2×2+F_{L-1}=12.66×7.8+12.675×3.9+74.8=223.0(kN)$

(9)F_C计算

F_C近似取与F_A相等，即$F_C=196.0kN$。

(10)第四层框架最终计算简图

根据前面的计算结果,画出第四层框架的最终恒荷载计算简图如图 2.55 所示。

2.5.1.6　恒荷载作用下横向框架的计算简图

汇总前面各层的计算简图,画出恒荷载作用下的横向框架计算简图(图 2.56)。该计算简

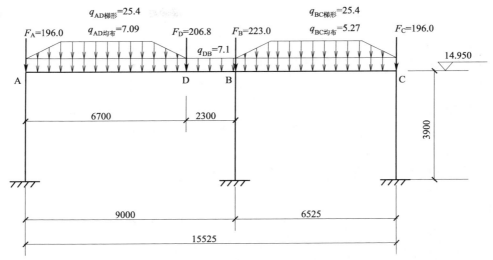

图 2.55　第四层框架最终恒荷载计算简图(单位:F:kN,q:kN/m)

图比较复杂,是经过详细的手算过程得出的,比较符合实际情况。

2.5.2　横向框架在活荷载作用下的计算简图

2.5.2.1　第一层框架计算简图

第一层楼面梁布置如图 2.23 所示,第一层楼面板布置如图 2.24 所示(活荷载和恒荷载的荷载平面传递方式相同)。分析图 2.23 和图 2.24 的荷载传递,⑤轴线第一层的框架简图如图 2.57 所示,下面计算第一层楼面板和楼面梁传给⑤轴线横向框架的活荷载,求出第一层框架计算简图。

(1)$q_{AD梯形}$计算

$q_{AD梯形}$为板 A 传递荷载,板 A 的活荷载为2.0kN/m²(表 2.8),由图 2.24 可知,传递给 AD 段为梯形荷载,荷载最大值为:$q_{AD梯形}$=2.0×1.95×2=7.8(kN/m)。

(2)$q_{FC梯形}$计算

$q_{FC梯形}$为板 C 传递荷载,板 C 的活荷载为2.5kN/m²(表 2.8),由图 2.24 可知,传递给 FC 段为梯形荷载,荷载最大值为:$q_{FC梯形}$=2.5×1.95=4.9(kN/m)。

(3)F_D计算

由图 2.23 可知,F_D是由 LL-1 传递来的集中力。LL-1 的计算简图如图 2.58 所示。

① q_1计算

q_1为板 B 传来的活荷载。由表 1.8 可知板 B 活荷载为2.5kN/m²,传递给 LL-1 的线荷载为:q_1=2.5×2.1÷2=2.63(kN/m)。

② q_2计算

q_2为板 A 传来的荷载,板 A 的活荷载为2.0kN/m²(表 2.3),板 A 传来的荷载为三角形荷载,荷载最大值为:q_2=2.0×1.95=3.9(kN/m)。

③ F_{L-1}计算

F_{L-1}为 L-1 传递的集中荷载,L-1 的计算简图如图 2.59 所示。

q_1为板 A 传来的活荷载,荷载最大值为:q_1=2.0×1.95×2=7.8(kN/m)。

则 $F_{L-1}=q_1×(3+6.9)÷2÷2=7.8×9.9÷4=19.3$(kN)。

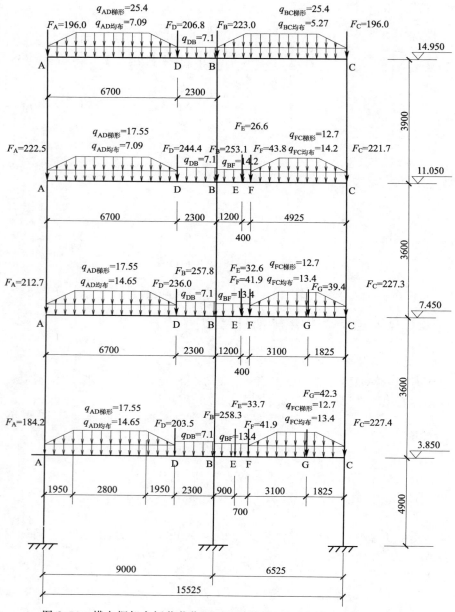

图 2.56　横向框架在恒荷载作用下的计算简图(单位：F:kN,q:kN/m)

④ F_D 计算

由图 2.58 可知，$F_D = q_1 \times 7.8 + q_2 \times 3.9 \div 2 \times 2 + F_{L-1} = 2.63 \times 7.8 + 3.9 \times 3.9 + 19.3 = 55.0\text{(kN)}$。

(4)F_E 和 F_G 计算

F_E 和 F_G 为楼梯传递荷载。各层楼梯平面布置如图 2.29 所示，楼梯剖面布置如图 2.30 所示。

① F_E 计算

F_E 为由 LTL-3 传递的集中力。LTL-3 的线荷载计算详见表 2.21。

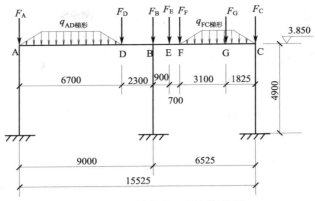

图 2.57　⑤轴线第一层框架简图

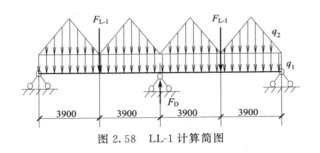

图 2.58　LL-1 计算简图

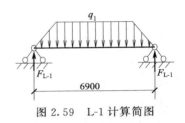

图 2.59　L-1 计算简图

表 2.21　LTL-3 均布活荷载计算

序号	传递途径	活荷载/(kN/m)
1	TB1 传来(右半跨)	3.5×1.8=6.3
2	TB2 传来(左半跨)	3.5×1.8=6.3
3	平台板(PTB-1)传来	3.5×1.1÷2=1.925
4	合计	8.225

则 $F_E = 8.225 \times 3.9 \div 2 = 16.0$(kN)。

② F_G 计算

F_G 为由 LTL-4（二层）通过 TZ 传至下端支承梁上的集中力（图 2.30）。LTL-4（二层）的活荷载计算详见表 2.22。

表 2.22　LTL-4（二层）的活荷载计算

序号	传递途径	荷载/(kN/m)
1	TB3 传来	3.5×1.65=5.775
2	TB2 传来	3.5×1.8=6.3
3	平台板(PTB-3)传来	按单向板考虑,$3.5 \times \dfrac{(2.1-0.3)}{2} = 3.15$
4	LTL-4 均布线荷载(因 TB2 和 TB3 传来荷载相差不大,近似按均布考虑)	$3.15 + \dfrac{(5.775+6.3)}{2} = 9.19$

则 LTL-4（二层）传至两端的活荷载集中力为：$F_G = 9.19 \times \dfrac{3.9}{2} = 17.9$(kN)。

(5）F_F 计算

F_F 是由 LL-2 传递来的集中力。LL-2 的计算简图如图 2.60 所示。

q_1 为板 D 传递荷载，传递给 LL-2 的线荷载为：$q_1 = 2.5 \times 1.8 \div 2 = 2.25 (\text{kN/m})$

板 C 传递给 LL-2 的荷载为三角形荷载，荷载最大值为：$q_2 = 2.5 \times 1.95 = 4.875 (\text{kN/m})$

则 $F_F = q_1 \times 3.9 \div 2 + q_2 \times 3.9 \div 4 = 2.25 \times 3.9 \div 2 + 4.875 \times 3.9 \div 4 = 9.1 (\text{kN})$。

(6）F_A 计算

F_A 是由 KL-3 传递来的集中力。KL-3 的计算简图如图 2.61 所示。

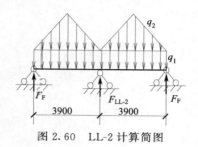

图 2.60　LL-2 计算简图

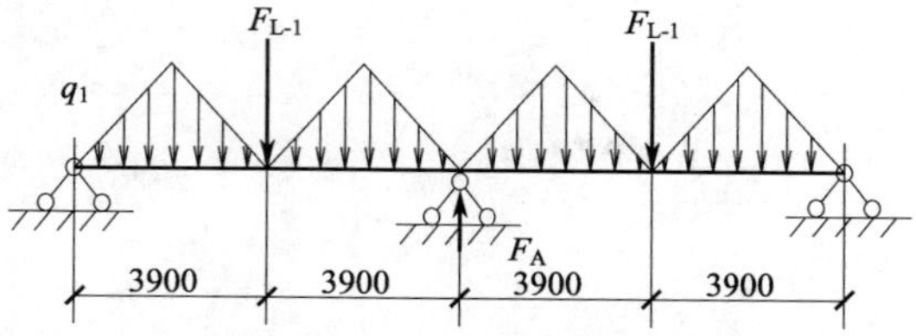

图 2.61　KL-3 计算简图

q_1 为板 A 传来的三角形荷载，荷载最大值为：$q_1 = 2.0 \times 1.95 = 3.9 (\text{kN/m})$。

由 "（3）F_D 计算" 中可知 $F_{L-1} = 19.3 \text{kN}$。

则由图 2.61 可知，$F_A = 3.9 \times 3.9 \div 2 \times 2 + F_{L-1} = 15.21 + 19.3 = 34.5 (\text{kN})$。

(7）F_B 计算

F_B 是由 KL-2 传递来的集中力。KL-2 的计算简图如图 2.62 所示。

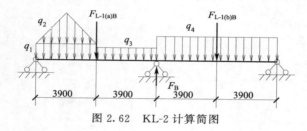

图 2.62　KL-2 计算简图

① q_1 计算

q_1 为板 B 传来的荷载。

板 B 传来的活荷载为：$q_1 = 2.5 \times 2.1 \div 2 = 2.63 (\text{kN/m})$。

② q_2 计算

板 A 传递的三角形荷载，荷载最大值为：$q_2 = 2.0 \times 1.95 = 3.9 (\text{kN/m})$。

③ q_3 计算

q_3 为板 B 传来的荷载和 PTB-1 传来的荷载。

板 B 传来的活荷载为：$2.5 \times 2.1 \div 2 = 2.63 (\text{kN/m})$。

PTB-1 传来的荷载：$3.5 \times 1.1 \div 2 = 1.925 (\text{kN/m})$。

小计：$q_3 = 2.63 + 1.925 = 4.555 (\text{kN/m})$。

④ q_4 计算

q_4 为板 B、板 D 传来的荷载。

板 B 传来的活荷载为：$2.5 \times 2.1 \div 2 = 2.63 (\text{kN/m})$。

板 D 传来的活荷载为：$2.5 \times 1.8 \div 2 = 2.25 (\text{kN/m})$。

小计：$q_4 = 2.63 + 2.25 = 4.88 (\text{kN/m})$。

⑤ $F_{L-1(a)B}$ 计算

$F_{L-1(a)B}$ 为 L-1(a) 传递的集中荷载，L-1(a) 的计算简图如图 2.63 所示。

q_1 为板 A 传来的梯形活荷载，荷载最大值为：$q_1 = 2.0 \times 1.95 = 3.9 (\text{kN/m})$。

由 "（4）F_E 和 F_G 计算" 中可知，$F_E = 16.0 \text{kN}$，$F_G = 17.9 \text{kN}$。

则　　$F_{L\text{-}1(a)B} = (3+6.9)\times 3.9 \div 4 + 16.0 \times 5.8 \div 6.9 + 17.9 \times 2 \div 6.9$
　　　　　$= 28.3(\text{kN})$
　　　　$F_{L\text{-}1(a)C} = (3+6.9)\times 3.9 \div 4 + 16.0 \times 1.1 \div 6.9 + 17.9 \times 4.9 \div 6.9$
　　　　　$= 24.9(\text{kN})$（在 F_C 计算中应用）。

⑥ $F_{L\text{-}1(b)B}$ 计算

$F_{L\text{-}1(b)B}$ 为 L-1(b) 传递的集中荷载，L-1(b) 的计算简图如图 2.64 所示。

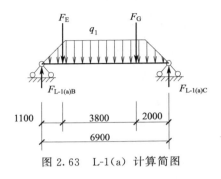

图 2.63　L-1(a) 计算简图

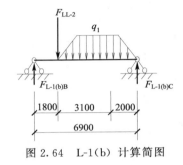

图 2.64　L-1(b) 计算简图

q_1 为板 C 传来的梯形荷载，荷载最大值为：$2.5 \times 1.95 \times 2 = 9.75(\text{kN/m})$。

$F_{LL\text{-}2}$ 为 LL-2 传来的集中力。由"(5) F_F 计算"中可得：$F_{LL\text{-}2} = 9.1 \times 2 = 18.2(\text{kN})$。

则　　$F_{L\text{-}1(b)B} = 18.2 \times 5.1 \div 6.9 + (1.2+5.1)\times 9.75 \div 2 \times 2.55 \div 6.9$
　　　　　$= 24.8(\text{kN})$
　　　　$F_{L\text{-}1(b)C} = 18.2 \times 1.8 \div 6.9 + (1.2+5.1)\times 9.75 \div 2 \times 4.35 \div 6.9$
　　　　　$= 24.1(\text{kN})$（在 F_C 计算中应用）。

⑦ F_B 计算

在图 2.62 中，

$F_B = q_1 \times 3.9 \times 1.95 \div 7.8 + q_2 \times 3.9 \div 2 \times 1.95 \div 7.8 + F_{L\text{-}1(a)B} \div 2 + q_3 \times 3.9 \times$
　　　$5.85 \div 7.8 + q_4 \times 3.9 + F_{L\text{-}1(b)B} \div 2 = 2.63 \times 3.9 \times 1.95 \div 7.8 + 3.9 \times 3.9 \div$
　　　$2 \times 1.95 \div 7.8 + 28.3 \div 2 + 4.555 \times 3.9 \times 5.85 \div 7.8 + 4.88 \times 3.9 + 24.8 \div 2$
　　　$= 63.4(\text{kN})$

(8) F_C 计算

F_C 是由 KL-1 传递来的集中力。KL-1 的计算简图如图 2.65 所示。

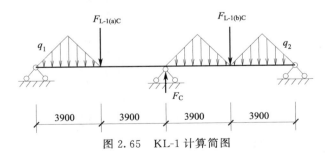

图 2.65　KL-1 计算简图

q_1 为板 A 传递的三角形荷载，荷载最大值为：$q_1 = 2.0 \times 1.95 = 3.9(\text{kN/m})$。

q_2 为板 C 传递的三角形荷载，荷载最大值为：$q_2 = 2.5 \times 1.95 = 4.875(\text{kN/m})$。

由"(7) F_B 计算"中可知，$F_{L\text{-}1(a)C} = 24.9\text{kN}$，$F_{L\text{-}1(b)C} = 24.1\text{kN}$。

则由图 2.65 可知：

$$F_C = F_{\text{L-1(a)}C} \div 2 + q_1 \times 3.9 \div 2 \times 1.95 \div 7.8 + q_2 \times 3.9 \div 2 \times 1.95 \div 7.8 + q_2 \times 3.9 \div$$
$$2 \times 5.85 \div 7.8 + F_{\text{L-1(b)}C} \div 2 = 24.9 \div 2 + 3.9 \times 3.9 \div 2 \times 1.95 \div 7.8 + 4.875 \times$$
$$3.9 \div 2 \times 1.95 \div 7.8 + 4.875 \times 3.9 \div 2 \times 5.85 \div 7.8 + 24.1 \div 2 = 35.9(\text{kN})$$

（9）第一层框架最终计算简图

根据前面的计算结果，画出第一层框架的最终计算简图如图 2.66 所示。

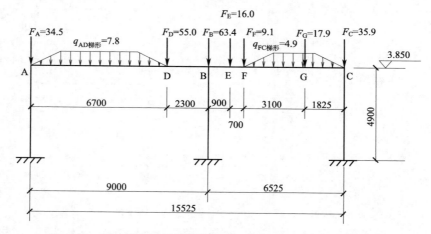

图 2.66　第一层框架最终计算简图（单位：F：kN，q：kN/m）

2.5.2.2　第二层框架计算简图

第二层楼面梁布置如图 2.37 所示，第二层楼面板布置如图 2.38 所示。分析图 2.37 和图 2.38 的荷载传递，⑤轴线第二层的框架简图如图 2.67 所示，下面计算第二层楼面板和楼面梁传给⑤轴线横向框架的活荷载，求出第二层框架计算简图。

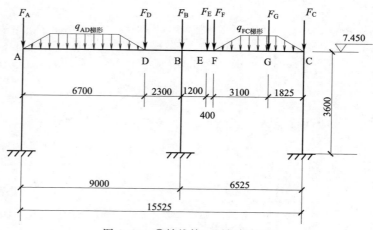

图 2.67　⑤轴线第二层框架简图

（1）$q_{\text{AD梯形}}$ 计算

$q_{\text{AD梯形}}$ 同第一层框架简图中相应数值，即：$q_{\text{AD梯形}} = 2.0 \times 1.95 \times 2 = 7.8(\text{kN/m})$。

（2）$q_{\text{FC梯形}}$ 计算

$q_{\text{FC梯形}}$ 同第一层框架简图中相应数值，即：$q_{\text{FC梯形}} = 2.5 \times 1.95 = 4.9(\text{kN/m})$。

（3）F_D 计算

F_D 同第一层框架简图中相应数值，即：$F_D = 55.0\text{kN}$。

（4）F_E 和 F_G 计算

F_E 和 F_G 为楼梯传递的活荷载。各层楼梯平面布置如图 2.29 所示，楼梯剖面布置如图 2.30 所示。

① F_E 计算

F_E 为由 LTL-5 传递的集中力。LTL-5 的线荷载计算详见表 2.23。

表 2.23　LTL-5 的均布活荷载计算

序号	传递途径	荷载/(kN/m)
1	TB3 传来	$3.5 \times 1.65 = 5.775$
2	平台板(PTB-2)传来	$3.5 \times 1.4 \div 2 = 2.45$
3	合计	8.225

则　$F_E = 8.225 \times 3.9 \div 2 = 16.0 \text{kN}$。

② F_G 计算

F_G 为由 LTL-4（三层）通过 TZ 传至下端支承梁上的集中力（图 2.30）。LTL-4（三层）的活荷载计算详见表 2.24。

表 2.24　LTL-4（三层）的活荷载计算

序号	传递途径	荷载/(kN/m)
1	TB3 传来	$3.5 \times 1.65 = 5.775$
2	平台板(PTB-3)传来	按单向板考虑，$3.5 \times \dfrac{(2.1-0.3)}{2} = 3.15$
3	LTL-4 均布线荷载	$5.775 + 3.15 = 8.925$

则 LTL-4（三层）传至两端的活荷载集中力为：$F_G = 8.925 \times \dfrac{3.9}{2} = 17.4 (\text{kN})$。

（5）F_F 计算

F_F 同第一层框架简图中相应数值，即：$F_F = 9.1 \text{kN}$。

（6）F_A 计算

F_A 同第一层框架简图中相应数值，即：$F_A = 34.5 \text{kN}$。

（7）F_B 计算

F_B 是由 KL-2 传递来的集中力。KL-2 的计算简图如图 2.62 所示。

① q_1 计算

$q_1 = 2.5 \times 2.1 \div 2 = 2.63 (\text{kN/m})$（同前）。

② q_2 计算

$q_2 = 2.0 \times 1.95 = 3.9 (\text{kN/m})$（同前）。

③ q_3 计算

$q_3 = 2.63 + 1.925 = 4.555 (\text{kN/m})$（同前）。

④ q_4 计算

$q_4 = 2.63 + 2.25 = 4.88 (\text{kN/m})$（同前）。

⑤ $F_{L-1(a)B}$ 计算

$F_{L-1(a)B}$ 为 L-1(a) 传递的集中荷载，L-1(a) 的计算简图如图 2.68 所示。

q_1 为板 A 传来的梯形活荷载，荷载最大值为：$q_1 = 2.0 \times$

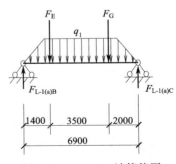

图 2.68　L-1(a) 计算简图

$1.95=3.9kN/m$。

由"（4）F_E和F_G计算"中可知，$F_E=16.0kN$，$F_G=17.4(kN)$。

则 $F_{L-1(a)B}=(3+6.9)\times3.9\div4+16.0\times5.5\div6.9+17.4\times2\div6.9=27.4(kN)$

$\quad F_{L-1(a)C}=(3+6.9)\times3.9\div4+16.0\times1.4\div6.9+17.4\times4.9\div6.9$

$\qquad\qquad =25.3(kN)$（在F_C计算中应用）。

⑥ $F_{L-1(b)B}$计算

$F_{L-1(b)B}=24.8kN$（同前），$F_{L-1(b)C}=24.1kN$（同前，在F_C计算中应用）。

⑦ F_B计算

在图2.62中：

$F_B=q_1\times3.9\times1.95\div7.8+q_2\times3.9\div2\times1.95\div7.8+F_{L-1(a)B}\div2+q_3\times3.9\times$

$\quad 5.85\div7.8+q_4\times3.9+F_{L-1(b)B}\div2=2.63\times3.9\times1.95\div7.8+3.9\times$

$\quad 3.9\div2\times1.95\div7.8+27.4\div2+4.555\times3.9\times5.85\div7.8+4.88\times$

$\quad 3.9+24.8\div2=62.9(kN)$

（8）F_C计算

F_C是由KL-1传递来的集中力。KL-1的计算简图如图2.65所示。

q_1为板A传递的三角形荷载，荷载最大值为：$q_1=2.0\times1.95=3.9(kN/m)$。

q_2为板C传递的三角形荷载，荷载最大值为：$q_2=2.5\times1.95=4.875(kN/m)$。

由"（7）F_B计算"中可知，$F_{L-1(a)C}=25.3kN$，$F_{L-1(b)C}=24.1kN$。

则由图2.65可知：

$F_C=F_{L-1(a)C}\div2+q_1\times3.9\div2\times1.95\div7.8+q_1\times3.9\div2\times1.95\div7.8+q_1\times3.9\div2\times$

$\quad 5.85\div7.8+F_{L-1(b)C}\div2=25.3\div2+3.9\times3.9\div2\times1.95\div7.8+4.875\times3.9\div$

$\quad 2\times1.95\div7.8+4.875\times3.9\div2\times5.85\div7.8+24.1\div2=36.1(kN)$

（9）第二层框架最终计算简图

根据前面的计算结果，画出第二层框架的最终计算简图如图2.69所示。

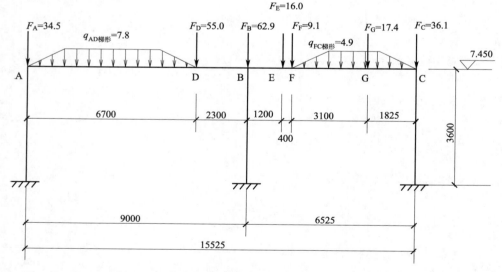

图2.69　第二层框架最终活荷载计算简图（单位：F：kN，q：kN/m）

2.5.2.3　第三层框架计算简图

第三层楼面梁布置如图2.45所示，第三层楼面板布置如图2.46所示，分析图2.45和

图 2.46 的荷载传递，⑤轴线第三层的框架简图如图 2.70 所示。下面计算第三层楼面板和楼面梁传给⑤轴线横向框架的活荷载，求出第三层框架计算简图。

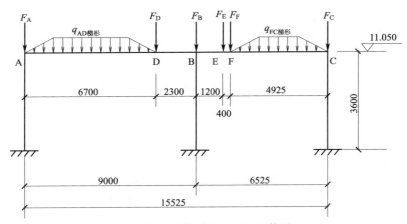

图 2.70　⑤轴线第三层框架简图

（1） $q_{AD梯形}$ 计算

$q_{AD梯形}$ 为板 A 传递荷载，传递给 AD 段为梯形荷载，荷载最大值为：$q_{AD梯形}＝2.0×$ $1.95×2＝7.8(kN/m)$。

（2） $q_{FC梯形}$ 计算

$q_{FC梯形}$ 为板 C 传递荷载，传递给 FC 段为梯形荷载，荷载最大值为：$q_{FC梯形}＝2.5×$ $1.95＝4.9(kN/m)$。

（3） F_D 计算

F_D 同第一层框架简图中相应数值，即：$F_D＝55.0kN$。

（4） F_E 计算

F_E 为 LTL-6 传递的集中荷载。各层楼梯平面布置图如图 2.29 所示，楼梯剖面布置图如图 2.30 所示。LTL-6 的线荷载计算详见表 2.25。LTL-6 的荷载简图如图 2.71 所示。

表 2.25　LTL-6 的活荷载计算

序号	传递途径	荷载/(kN/m)
1	TB3 传来（右半跨）	3.5×1.65＝5.775（作用在右半跨）
2	平台板(PTB-2)传来	3.5×1.4÷2＝2.45

则 $F_E＝\dfrac{2.45×3.9}{2}+\dfrac{5.775×3.9}{2}×\left(3.9×\dfrac{3}{4}\right)÷3.9＝$ 13.2(kN)

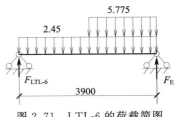

图 2.71　LTL-6 的荷载简图

$F_{LTL-6}＝\dfrac{2.45×3.9}{2}+\dfrac{5.775×3.9}{2}×\left(3.9×\dfrac{1}{4}\right)÷3.9＝$ 7.6(kN)（在计算 F_B 和 F_C 时需要）

（5） F_F 计算

F_F 同第一层框架简图中相应数值，即：$F_F＝9.1kN$。

（6） F_A 计算

F_A 同第一层框架简图中相应数值，即：$F_A＝34.5kN$。

(7) F_B 计算

F_B 是由 KL-2 传递来的集中力。KL-2 的计算简图如图 2.62 所示。

① q_1 计算

$q_1 = 2.5 \times 2.1 \div 2 = 2.63 (\text{kN/m})$（同前）。

② q_2 计算

$q_2 = 2.0 \times 1.95 = 3.9 (\text{kN/m})$（同前）。

③ q_3 计算

$q_3 = 2.63 + 1.925 = 4.555 (\text{kN/m})$（同前）。

④ q_4 计算

$q_4 = 2.63 + 2.25 = 4.88 (\text{kN/m})$（同前）。

⑤ $F_{L\text{-}1(a)B}$ 计算

$F_{L\text{-}1(a)B}$ 为 L-1(a) 传递的集中荷载，L-1(a) 的计算简图如图 2.72 所示。

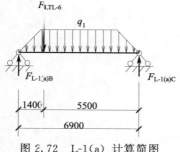

图 2.72 L-1(a) 计算简图

q_1 为板 A 传来的梯形活荷载，荷载最大值为：$q_1 = 2.0 \times 1.95 = 3.9 (\text{kN/m})$。

由 "（4）F_E 计算" 中可知，$F_{LTL\text{-}6} = 7.6\text{kN}$。

则 $F_{L\text{-}1(a)B} = (3 + 6.9) \times 3.9 \div 4 + 7.6 \times 5.5 \div 6.9 = 15.7 (\text{kN})$

$F_{L\text{-}1(a)C} = (3 + 6.9) \times 3.9 \div 4 + 7.6 \times 1.4 \div 6.9 = 11.2 (\text{kN})$（在 F_C 计算中应用）。

⑥ $F_{L\text{-}1(b)B}$ 计算

$F_{L\text{-}1(b)B} = 24.8\text{kN}$（同前），$F_{L\text{-}1(b)C} = 24.1\text{kN}$（同前，在 F_C 计算中应用）。

⑦ F_B 计算

在图 2.62 中：

$$F_B = q_1 \times 3.9 \times 1.95 \div 7.8 + q_2 \times 3.9 \div 2 \times 1.95 \div 7.8 + F_{L\text{-}1(a)B} \div 2 + q_3 \times 3.9 \times 5.85 \div$$
$$7.8 + q_4 \times 3.9 + F_{L\text{-}1(b)B} \div 2 = 2.63 \times 3.9 \times 1.95 \div 7.8 + 3.9 \times 3.9 \div 2 \times 1.95 \div$$
$$7.8 + 15.7 \div 2 + 4.555 \times 3.9 \times 5.85 \div 7.8 + 4.88 \times 3.9 + 24.8 \div 2 = 57.1 (\text{kN})$$

(8) F_C 计算

F_C 是由 KL-1 传递来的集中力。KL-1 的计算简图如图 2.65 所示。

q_1 为板 A 传递的三角形荷载，荷载最大值为：$q_1 = 2.0 \times 1.95 = 3.9 (\text{kN/m})$。

q_2 为板 C 传递的三角形荷载，荷载最大值为：$q_2 = 2.5 \times 1.95 = 4.875 (\text{kN/m})$。

由 "（7）F_B 计算" 中可知，$F_{L\text{-}1(a)C} = 10.7\text{kN}$，$F_{L\text{-}1(b)C} = 19.3\text{kN}$。

则由图 2.65 可知：

$$F_C = F_{L\text{-}1(a)C} \div 2 + q_1 \times 3.9 \div 2 \times 1.95 \div 7.8 + q_1 \times 3.9 \div 2 \times 1.95 \div 7.8 + q_1 \times$$
$$3.9 \div 2 \times 5.85 \div 7.8 + F_{L\text{-}1(b)C} \div 2 = 11.2 \div 2 + 3.9 \times 3.9 \div 2 \times 1.95 \div 7.8 +$$
$$4.875 \times 3.9 \div 2 \times 1.95 \div 7.8 + 4.875 \times 3.9 \div 2 \times 5.85 \div 7.8 + 24.1 \div 2$$
$$= 29.1 (\text{kN})$$

(9) 第三层框架最终计算简图

根据前面的计算结果，画出第三层框架的最终计算简图如图 2.73 所示。

2.5.2.4 第四层框架计算简图

第四层楼面梁布置如图 2.51 所示，第四层楼面板布置如图 2.52 所示，分析图 2.51 和

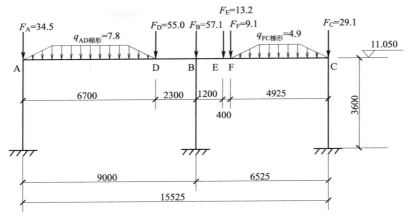

图 2.73　第三层框架最终计算简图（单位：F：kN，q：kN/m）

图 2.52 的荷载传递，⑤轴线第四层的框架简图如图 2.74 所示。下面计算第四层楼面板和楼面梁传给⑤轴线横向框架的活荷载，求出第四层框架计算简图。

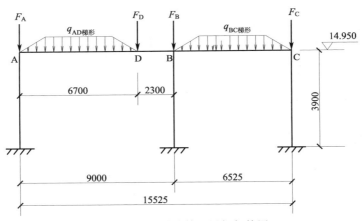

图 2.74　⑤轴线第四层框架简图

(1) $q_{AD梯形}$ 计算

$q_{AD梯形}$ 为板 E 传递荷载，板 E 的活荷载为 $0.5\,kN/m^2$，由图 2.52 可知，传递给 AD 段为梯形荷载，荷载最大值为：$q_{AD梯形}=0.5\times1.95\times2=2.0(kN/m)$

(2) $q_{BC梯形}$ 计算

板 E 的面荷载为 $0.5\,kN/m^2$，由图 2.52 可知，传递给 AD 段为梯形荷载，荷载最大值为：$q_{BC梯形}=0.5\times1.95\times2=2.0(kN/m)$

(3) F_D 计算

F_D 是由 LL-1 传递来的集中力。LL-1 的计算简图如图 2.58 所示。

① q_1 计算

在图 2.58 中，q_1 为板 F 传递的荷载：$0.5\times2.1\div2=0.525(kN/m)$

② q_2 计算

q_2 为板 E 传来的荷载，板 E 的活荷载为 $0.5\,kN/m^2$，板 E 传来的荷载为三角形荷载，荷载最大值为：$q_2=0.5\times1.95=0.98(kN/m)$

③ F_{L-1} 计算

F_{L-1} 为 L-1 传递的集中荷载，L-1 的计算简图如图 2.59 所示。

q_1 为板 E 传来的活荷载，荷载最大值为：$q_1=0.5\times1.95\times2=1.95(kN/m)$

则 $F_{L-1}=q_1\times(3+6.9)\div2\div2=1.95\times9.9\div4=4.83(kN)$

④ F_D 计算

由图 2.58 可知，$F_D=q_1\times7.8+q_2\times3.9\div2\times2+F_{L-1}$
$=0.525\times7.8+0.98\times3.9+4.83=12.7(kN)$

（4）F_A 计算

F_A 是由 KL-3 传递来的集中力。KL-3 的计算简图如图 2.61 所示。

q_1 为板 E 传来的三角形荷载，荷载最大值为：$q_1=0.5\times1.95=0.98(kN/m)$

由 "（3）F_D 计算" 中可知 $F_{L-1}=4.83kN$。

则由图 2.61 可知：$F_A=0.98\times3.9\div2\times2+F_{L-1}=3.82+4.83=8.7(kN)$

（5）F_B 计算

F_B 是由 KL-2 传递来的集中力。KL-2 的计算简图如图 2.54 所示。在图 2.54 中，

q_1 为板 F 传来的荷载：$0.5\times2.1\div2=0.525(kN/m)$

q_2 为板 E 传来的荷载，板 E 传来的荷载为三角形荷载，荷载最大值为：$q_2=0.5\times1.95=0.98(kN/m)$

由 "（3）F_D 计算" 中可知 $F_{L-1}=4.83kN$。

在图 2.54 中，$F_B=q_1\times7.8+q_2\times3.9\div2\times2+F_{L-1}=0.525\times7.8+0.98\times3.9+4.83$
$=12.7(kN)$

（6）F_C 计算

$$F_C=F_A=8.7kN$$

（7）第四层框架最终计算简图

根据前面的计算结果，画出第四层框架的最终计算简图如图 2.75 所示。

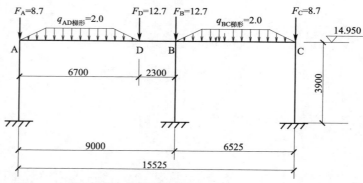

图 2.75　第四层框架最终计算简图（单位：F：kN，q：kN/m）

2.5.2.5　横向框架在活荷载作用下的计算简图

汇总前面各层的计算简图，画出活荷载作用下的横向框架计算简图（图 2.76）。该计算简图比较复杂，是经过详细的手算过程得出的，比较符合实际情况。

2.5.3　横向框架在重力荷载代表值作用下的计算简图

在有地震作用的荷载效应组合时需要用到重力荷载代表值。对于楼层，重力荷载代表值取全部的恒荷载和 50％的楼面活荷载；对于屋面，重力荷载代表值取全部的恒荷载和 50％

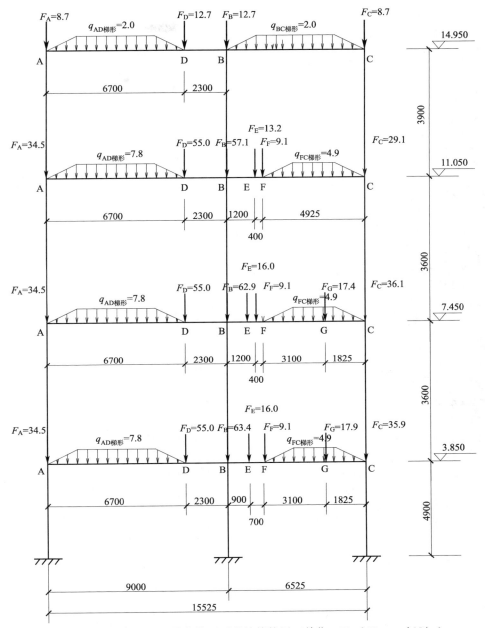

图 2.76　横向框架在活荷载作用下的计算简图（单位：F：kN，q：kN/m）

的雪荷载（基本雪压为 0.30kN/m²）。下面依据 2.5.1 和 2.5.2 的计算结果，详细求出横向框架在重力荷载代表值作用下的计算简图。

2.5.3.1　第一层框架计算简图

依据图 2.56 和图 2.76，计算第一层框架的重力荷载代表值。

（1） $q_{AD梯形}$ 计算

$q_{AD梯形} = 17.55 + 7.8 \times 0.5 = 21.45(\text{kN/m})$

（2） $q_{AD均布}$ 计算

$q_{AD均布} = 14.65\text{kN/m}$

(3) q_{DB} 计算

$q_{DB} = 7.1 \text{kN/m}$

(4) q_{BF} 计算

$q_{BF} = 13.4 \text{kN/m}$

(5) $q_{FC梯形}$ 计算

$q_{FC梯形} = 12.7 + 4.9 \times 0.5 = 15.2 (\text{kN/m})$

(6) $q_{FC均布}$ 计算

$q_{FC均布} = 13.4 \text{kN/m}$

(7) F_D 计算

$F_D = 203.5 + 55.0 \times 0.5 = 231 (\text{kN})$

(8) F_E 和 F_G 计算

$F_E = 33.7 + 16.0 \times 0.5 = 41.7 (\text{kN})$

$F_G = 42.3 + 17.9 \times 0.5 = 51.3 (\text{kN})$

(9) F_F 计算

$F_F = 41.9 + 9.1 \times 0.5 = 46.5 (\text{kN})$

(10) F_A 计算

$F_A = 184.2 + 34.5 \times 0.5 = 201.5 (\text{kN})$

(11) F_B 计算

$F_B = 258.3 + 63.4 \times 0.5 = 290.0 (\text{kN})$

(12) F_C 计算

$F_C = 227.4 + 35.9 \times 0.5 = 245.4 (\text{kN})$

(13) 第一层框架最终计算简图

根据前面的计算结果，画出第一层框架的最终计算简图（图 2.77）。

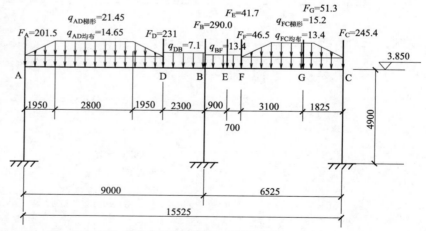

图 2.77 第一层框架在重力荷载代表值下的计算简图（单位：F：kN，q：kN/m）

2.5.3.2 第二层框架计算简图

依据图 2.56 和图 2.76，计算第二层框架的重力荷载代表值。

(1) $q_{AD梯形}$ 计算

$q_{AD梯形} = 17.55 + 7.8 \times 0.5 = 21.45 (\text{kN/m})$

（2） $q_{AD均布}$ 计算

$q_{AD均布} = 14.65(kN/m)$

（3） q_{DB} 计算

$q_{DB} = 7.1kN/m$

（4） q_{BF} 计算

$q_{BF} = 13.4kN/m$

（5） $q_{FC梯形}$ 计算

$q_{FC梯形} = 12.7 + 4.9 \times 0.5 = 15.2(kN/m)$

（6） $q_{FC均布}$ 计算

$q_{FC均布} = 13.4kN/m$

（7） F_D 计算

$F_D = 236.0 + 55.0 \times 0.5 = 263.5(kN)$

（8） F_E 和 F_G 计算

$F_E = 32.6 + 16.0 \times 0.5 = 40.6(kN)$

$F_G = 39.4 + 17.4 \times 0.5 = 48.1(kN)$

（9） F_F 计算

$F_F = 41.9 + 9.1 \times 0.5 = 46.5(kN)$

（10） F_A 计算

$F_A = 212.7 + 34.5 \times 0.5 = 230.0(kN)$

（11） F_B 计算

$F_B = 257.8 + 62.9 \times 0.5 = 289.3(kN)$

（12） F_C 计算

$F_C = 227.3 + 36.1 \times 0.5 = 245.4(kN)$

（13） 第二层框架最终计算简图

根据前面的计算结果，画出第二层框架的最终计算简图如图 2.78 所示。

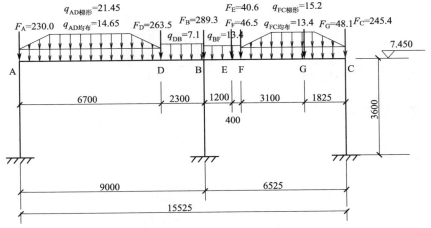

图 2.78　第二层框架在重力荷载代表值下的计算简图（单位：F：kN，q：kN/m）

2.5.3.3　第三层框架计算简图

依据图 2.56 和图 2.76，计算第三层框架的重力荷载代表值。

(1) $q_{AD梯形}$ 计算

$q_{AD梯形} = 17.55 + 7.8 \times 0.5 = 21.45 (kN/m)$

(2) $q_{AD均布}$ 计算

$q_{AD均布} = 7.09 kN/m$

(3) q_{DB} 计算

$q_{DB} = 7.1 kN/m$

(4) q_{BF} 计算

$q_{BF} = 14.2 kN/m$

(5) $q_{FC梯形}$ 计算

$q_{FC梯形} = 12.7 + 4.9 \times 0.5 = 15.2 (kN/m)$

(6) $q_{FC均布}$ 计算

$q_{FC均布} = 14.2 kN/m$

(7) F_D 计算

$F_D = 244.4 + 55.0 \times 0.5 = 271.9 (kN)$

(8) F_E 计算

$F_E = 26.6 + 13.2 \times 0.5 = 33.2 (kN)$

(9) F_F 计算

$F_F = 43.8 + 9.1 \times 0.5 = 48.4 (kN)$

(10) F_A 计算

$F_A = 222.5 + 34.5 \times 0.5 = 239.8 (kN)$

(11) F_B 计算

$F_B = 253.1 + 57.1 \times 0.5 = 281.7 (kN)$

(12) F_C 计算

$F_C = 221.7 + 29.1 \times 0.5 = 236.3 (kN)$

(13) 第三层框架最终计算简图

根据前面的计算结果，画出第三层框架的最终计算简图如图 2.79 所示。

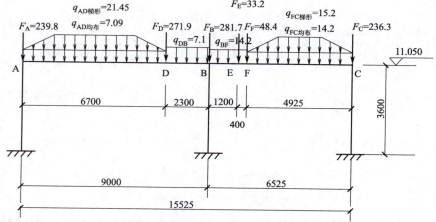

图 2.79　第三层框架在重力荷载代表值下的计算简图（单位：F：kN，q：kN/m）

2.5.3.4　第四层框架计算简图

第四层楼面的活荷载应为基本雪压为 $0.30 kN/m^2$ 的雪荷载，不计入屋面活荷载。下面计算⑤轴线第四层的框架在雪荷载作用下的计算简图（图 2.80）。

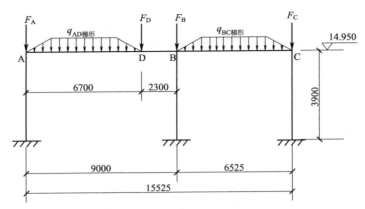

图 2.80　⑤轴线第四层框架在雪荷载作用下的简图（单位：F：kN，q：kN/m）

（1）$q_{AD梯形}$ 计算

$q_{AD梯形}$ 为板 E 传递荷载，板 E 的雪荷载为 0.30kN/m²，由图 2.52 可知，传递给 AD 段为梯形荷载，荷载最大值为：$q_{AD梯形}=0.3×1.95×2=1.17$（kN/m）

（2）$q_{BC梯形}$ 计算

板 E 的雪荷载为 0.30kN/m²，由图 2.52 可知，传递给 AD 段为梯形荷载，荷载最大值为：$q_{BC梯形}=0.3×1.95×2=1.17$（kN/m）

（3）F_D 计算

F_D 是由 LL-1 传递来的集中力。LL-1 的计算简图如图 2.58 所示。

① q_1 计算

在图 2.58 中，q_1 为板 F 传递的荷载：

$q_1=0.3×2.1÷2=0.315$（kN/m）。

② q_2 计算

q_2 为板 E 传来的荷载，板 E 的雪荷载为 0.30kN/m²，板 E 传来的荷载为三角形荷载，荷载最大值为：$q_2=0.3×1.95=0.585$（kN/m）。

③ F_{L-1} 计算

F_{L-1} 为 L-1 传递的集中荷载，L-1 的计算简图如图 2.59 所示。

q_1 为板 E 传来的雪荷载，荷载最大值为：$q_1=0.3×1.95×2=1.17$（kN/m）

则　$F_{L-1}=q_1×(3+6.9)÷2÷2=1.17×9.9÷4=2.9$（kN）

④ F_D 计算

由图 2.58 可知，$F_D=q_1×7.8+q_2×3.9÷2×2+F_{L-1}=0.315×7.8+0.585×3.9+2.9=7.64$（kN）

（4）F_A 计算

F_A 是由 KL-3 传递来的集中力。KL-3 的计算简图如图 2.61 所示。

q_1 为板 E 传来的三角形荷载，荷载最大值为：$q_1=0.3×1.95=0.585$（kN/m）

由 "（3）F_D 计算" 中可知 $F_{L-1}=2.9$kN。

则由图 2.61 可知，$F_A=0.585×3.9÷2×2+F_{L-1}=1.14+2.9=4.04$（kN）。

（5）F_B 计算

F_B 是由 KL-2 传递来的集中力。KL-2 的计算简图如图 2.54 所示。在图 2.54 中，

q_1 为板 F 传来的荷载：$0.3 \times 2.1 \div 2 = 0.315 (kN/m)$。

q_2 为板 E 传来的荷载，板 E 传来的荷载为三角形荷载，荷载最大值为：$q_2 = 0.3 \times 1.95 = 0.585 (kN/m)$

由 "（3）F_D 计算" 中可知 $F_{L-1} = 2.9 kN$。

在图 2.54 中，$F_B = q_1 \times 7.8 + q_2 \times 3.9 \div 2 \times 2 + F_{L-1} = 0.315 \times 7.8 + 0.585 \times 3.9 + 2.9 = 7.64 (kN)$

（6）F_C 计算

$$F_C = F_A = 4.04 kN$$

（7）第四层框架在雪荷载作用下的最终计算简图

根据前面的计算结果，画出第四层框架在雪荷载作用下的计算简图如图 2.81 所示。

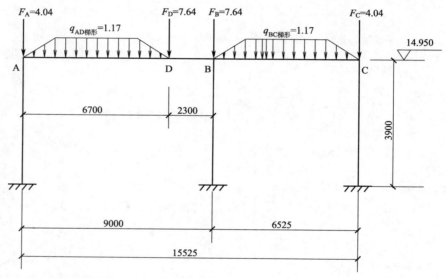

图 2.81　第四层框架在雪荷载作用下的计算简图（单位：F：kN，q：kN/m）

依据图 2.56 和图 2.81，计算第四层框架的重力荷载代表值。

（1）$q_{AD梯形}$ 计算

$q_{AD梯形} = 25.4 + 1.17 \times 0.5 = 26.0 (kN/m)$

（2）$q_{AD均布}$ 计算

$q_{AD均布} = 7.09 kN/m$

（3）q_{DB} 计算

$q_{DB} = 7.1 kN/m$

（4）$q_{BC梯形}$ 计算

$q_{BC梯形} = 25.4 + 1.17 \times 0.5 = 26.0 (kN/m)$

（5）$q_{BC均布}$ 计算

$q_{BC均布} = 5.27 kN/m$

（6）F_D 计算

$F_D = 206.8 + 7.64 \times 0.5 = 210.6 (kN)$

（7）F_A 计算

$F_A = 196.0 + 4.04 \times 0.5 = 198.0 (kN)$

(8) F_B 计算

$F_B = 223.0 + 7.64 \times 0.5 = 226.8 (\text{kN})$

(9) F_C 计算

$F_C = 196.0 + 4.04 \times 0.5 = 198.0 (\text{kN})$

(10) 第四层框架最终计算简图

根据前面的计算结果，画出第四层框架的最终计算简图如图 2.82 所示。

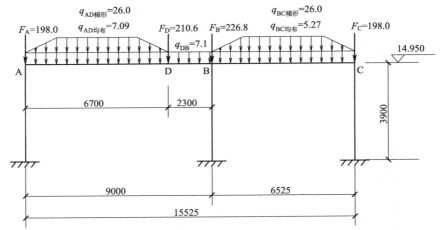

图 2.82　第四层框架在重力荷载代表值作用下的计算简图（单位：F：kN，q：kN/m）

2.5.3.5　横向框架在重力荷载代表值作用下的计算简图

汇总前面各层的计算简图，画出框架在重力荷载代表值作用下的计算简图（图 2.83）。该计算简图比较复杂，是经过详细的手算过程得出的，比较符合实际情况。

2.5.4　横向框架在恒荷载作用下的内力计算

2.5.4.1　用弯矩二次分配法计算弯矩

根据图 2.56，用弯矩二次分配法计算⑤轴线框架在恒荷载作用下的弯矩。

(1) 计算各框架梁柱的截面惯性矩

① 框架梁的截面惯性矩

9m 跨度：　　　　　$I = \dfrac{bh^3}{12} = \dfrac{350 \times 900^3}{12} = 2.13 \times 10^{10} (\text{mm}^4)$

6.525m 跨度：　　　$I = \dfrac{bh^3}{12} = \dfrac{350 \times 700^3}{12} = 1.00 \times 10^{10} (\text{mm}^4)$

② 框架柱的截面惯性矩

600mm×600mm：　$I = \dfrac{bh^3}{12} = \dfrac{600 \times 600^3}{12} = 1.08 \times 10^{10} (\text{mm}^4)$

550mm×550mm：　$I = \dfrac{bh^3}{12} = \dfrac{550 \times 550^3}{12} = 0.76 \times 10^{10} (\text{mm}^4)$

(2) 计算各框架梁柱的线刚度及相对线刚度

考虑现浇楼板对梁刚度的加强作用，故对⑤轴线框架梁（中框架梁）的惯性矩乘以 2.0（设计时，中框架梁惯性矩增大系数可取 1.5～2.0；边框架梁惯性矩增大系数可取 1.2～1.5。本实例中 6.525m 跨度的梁一边有现浇楼板，另一边是楼梯，惯性矩增大系数可取 1.5

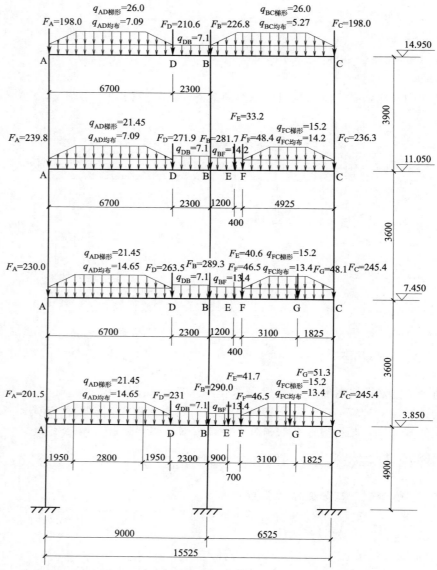

图 2.83　横向框架在重力荷载代表值作用下的计算简图（单位：F：kN，q：kN/m）

左右；9m 跨度的梁两边均有现浇楼板，惯性矩增大系数可取 2.0 左右，手算时可以分跨取不同，但为了和电算结果对比，本实例惯性矩增大系数均取为 2.0，在图 4.9 "调整信息对话框"中，中梁刚度增大系数取为 2.0）。框架梁柱线刚度及相对线刚度计算过程详见表 2.25。

表 2.26　梁柱线刚度及相对线刚度计算

构件		线刚度	相对线刚度
框架梁	9m 跨度	$i = 2.0 \times \dfrac{EI}{l} = 2.0 \times \dfrac{2.13 \times 10^{10}}{0.9 \times 10^4} E = 4.73 \times 10^6 E$	1.58
	6.525m 跨度	$i = 2.0 \times \dfrac{EI}{l} = 2.0 \times \dfrac{1.00 \times 10^{10}}{0.6525 \times 10^4} E = 3.06 \times 10^6 E$	1.02

构件		线刚度	相对线刚度
框架柱	四层	$i_{4,5}=i_{9,10}=\dfrac{EI}{l}=\dfrac{1.08\times10^{10}}{0.39\times10^{4}}E=2.77\times10^{6}E$	0.92
		$i_{14,15}=\dfrac{EI}{l}=\dfrac{0.76\times10^{10}}{0.39\times10^{4}}E=1.95\times10^{6}E$	0.65
	二、三层	$i_{3,4}=i_{8,9}=i_{2,3}=i_{7,8}=\dfrac{EI}{l}=\dfrac{1.08\times10^{10}}{0.36\times10^{4}}E=3\times10^{6}E$	1.00
		$i_{13,14}=i_{12,13}=\dfrac{EI}{l}=\dfrac{0.76\times10^{10}}{0.36\times10^{4}}E=2.11\times10^{6}E$	0.70
	一层	$i_{1,2}=i_{6,7}=\dfrac{EI}{l}=\dfrac{1.08\times10^{10}}{0.49\times10^{4}}E=2.20\times10^{6}E$	0.73
		$i_{11,12}=\dfrac{EI}{l}=\dfrac{0.76\times10^{10}}{0.49\times10^{4}}E=1.55\times10^{6}E$	0.52

(3) 计算弯矩分配系数

例如：三根杆件汇交于 10 节点（图 2.84），各杆件的分配系数计算如下：

$$\mu_{10,5}=\frac{4\times1.58}{4\times1.58+4\times0.92+4\times1.02}=0.449$$

$$\mu_{10,15}=\frac{4\times1.02}{4\times1.58+4\times0.92+4\times1.02}=0.290$$

$$\mu_{10,9}=\frac{4\times0.92}{4\times1.58+4\times0.92+4\times1.02}=0.261$$

其他各节点采用相同的计算方法，弯矩分配系数结果见图 2.84。

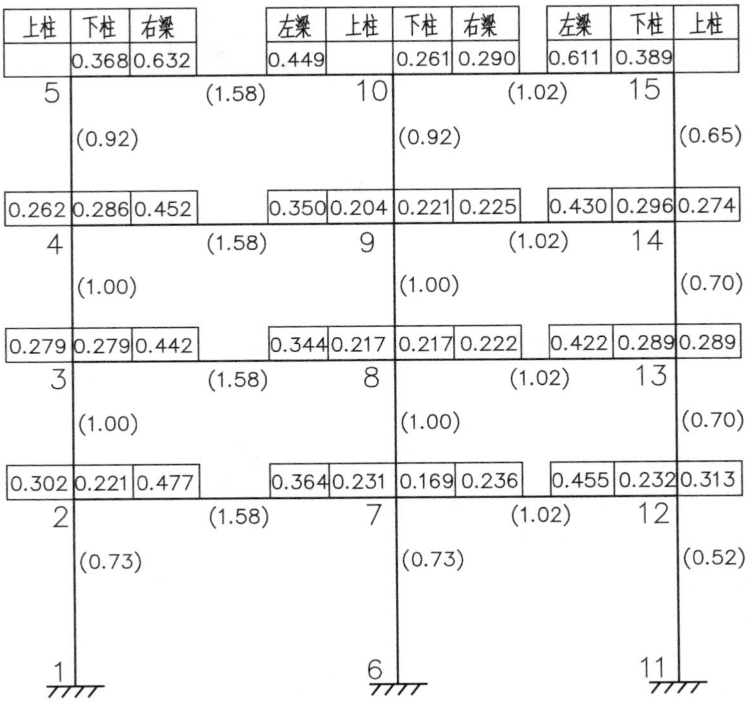

图 2.84 梁柱相对线刚度及弯矩分配系数

注：梁柱旁边括弧内的数据为相对线刚度

(4）计算固端弯矩

由于框架梁承担荷载比较复杂，故采用叠加法计算在复杂荷载作用下的固端弯矩。比如以第一层 AB 梁的荷载为例说明，AB 段计算荷载作用可以分解为以下几种情况叠加，如图 2.85 所示。

① 均布荷载作用下的固端弯矩。

均布荷载作用下的固端弯矩可按图 2.86 中公式计算。

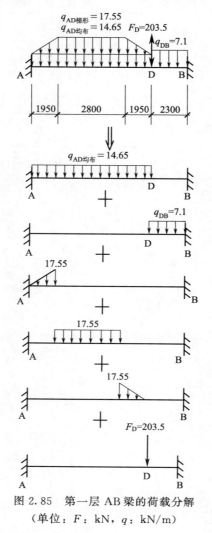

图 2.85　第一层 AB 梁的荷载分解

（单位：F：kN，q：kN/m）

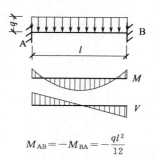

$$M_{AB} = -M_{BA} = -\frac{ql^2}{12}$$

图 2.86　均布荷载作用下的固端弯矩

② 局部分布荷载作用下的固端弯矩。

局部分布荷载作用下的固端弯矩可按图 2.87 中公式计算。

③ 集中荷载作用下的固端弯矩。

集中荷载作用下的固端弯矩可按图 2.88 中公式计算。

④ 三角形荷载作用下的固端弯矩可按图 2.89 和图 2.90 中公式计算。

⑤ 固端弯矩的计算过程详见表 2.27。

表 2.27 是依据表 2.28 和表 2.29 计算得来，表 2.28 和表 2.29 是根据图 2.85 说明的叠加法和 8.1 节内容计算而得，建议设计人员可以应用 Excel 表格进行计算，简便不易出错。需要说明，表 2.28 和表 2.29 中固端弯矩均为梁端负弯矩，因此，在表 2.28 和表 2.29 中均

为负值。在表 2.27 中固端弯矩为弯矩二次分配法准备数据，规定梁端弯矩绕杆端顺时针转动为正，绕杆端逆时针转动为负，因此，表 2.27 中固端弯矩梁左端为负，右端为正。

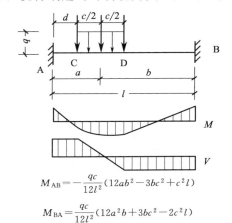

$$M_{AB} = -\frac{qc}{12l^2}(12ab^2 - 3bc^2 + c^2l)$$

$$M_{BA} = \frac{qc}{12l^2}(12a^2b + 3bc^2 - 2c^2l)$$

图 2.87 局部分布荷载作用下的固端弯矩

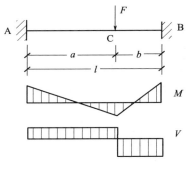

$$M_{AB} = -\frac{Fab^2}{l^2}, \quad M_{BA} = \frac{Fa^2b}{l^2}$$

图 2.88 集中荷载作用下的固端弯矩

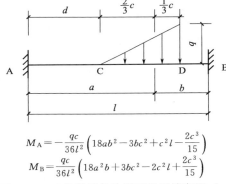

$$M_A = -\frac{qc}{36l^2}\left(18ab^2 - 3bc^2 + c^2l - \frac{2c^3}{15}\right)$$

$$M_B = \frac{qc}{36l^2}\left(18a^2b + 3bc^2 - 2c^2l + \frac{2c^3}{15}\right)$$

图 2.89 三角形荷载作用下的固端弯矩（一）

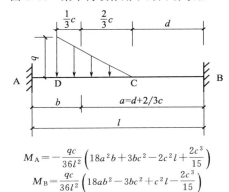

$$M_A = -\frac{qc}{36l^2}\left(18a^2b + 3bc^2 - 2c^2l + \frac{2c^3}{15}\right)$$

$$M_B = \frac{qc}{36l^2}\left(18ab^2 - 3bc^2 + c^2l - \frac{2c^3}{15}\right)$$

图 2.90 三角形荷载作用下的固端弯矩（二）

表 2.27 恒荷载作用下固端弯矩计算过程

固端弯矩位置		各部分产生固端弯矩/(kN·m)							最终固端弯矩/(kN·m)
		$q_{梯形荷载}$	$q_{均布1}$	$q_{均布2}$	F_D	F_E	F_F	F_G	
第四层框架梁	M_{AB}	−133.271	−45.275	−2.586	−90.489	—	—	—	−271.62
	M_{BA}	91.009	34.882	12.994	263.599	—	—	—	402.48
	M_{BC}	−76.426	−18.698	—	—	—	—	—	−95.12
	M_{CB}	76.426	18.698	—	—	—	—	—	95.12
第三层框架梁	M_{AB}	−92.083	−45.275	−2.586	−106.942	—	—	—	−246.89
	M_{BA}	62.882	34.882	12.994	311.526	—	—	—	422.28
	M_{BC}	−21.054	−50.381	—	—	−21.259	−39.925	—	−132.62
	M_{CB}	30.767	50.381	—	—	4.791	12.971	—	98.91
第二层框架梁	M_{AB}	−92.083	−93.551	−2.586	−103.266	—	—	—	−291.49
	M_{BA}	62.882	72.076	12.994	300.818	—	—	—	448.77
	M_{BC}	−21.054	−47.543	—	—	−26.054	−38.193	−14.486	−147.33
	M_{CB}	30.767	47.543	—	—	5.871	12.408	37.307	133.90

固端弯矩位置		各部分产生固端弯矩/(kN·m)							最终固端弯矩/(kN·m)
		q梯形荷载	q均布1	q均布2	F_D	F_E	F_F	F_G	
第一层框架梁	M_{AB}	−92.083	−93.551	−2.586	−89.045	—	—	—	−277.27
	M_{BA}	62.882	72.076	12.994	259.392				407.34
	M_{BC}	−21.054	−47.543	—	—	−26.933	−38.193	−15.553	−149.28
	M_{CB}	30.767	47.543	—	—	6.069	12.408	40.053	136.84

表 2.28　恒荷载作用下框架梁 AB 固端弯矩计算过程

楼层	荷载位置		荷载数值	a/m	b/m	c/m	L/m	M_{AB} /(kN·m)	M_{BA} /(kN·m)
四层	$q_{AD梯形}$	左三角	25.40kN/m	1.30	7.70	1.95	9.00	−22.638	−4.325
		中间均布	25.40kN/m	3.35	5.65	2.80	9.00	−89.336	−55.071
		右三角	25.40kN/m	5.40	3.60	1.95	9.00	−21.297	−31.614
	$q_{AD均布}$		7.09kN/m	3.35	5.65	6.70	9.00	−45.275	−34.882
	$q_{DB均布}$		7.10kN/m	7.85	1.15	2.30	9.00	−2.586	−12.994
	F_D		206.80kN	6.70	2.30	—	9.00	−90.489	−263.599
	合计							−271.62	−402.48
三层	$q_{AD梯形}$	左三角	17.55kN/m	1.30	7.70	1.95	9.00	−15.642	−2.988
		中间均布	17.55kN/m	3.35	5.65	2.80	9.00	−61.726	−38.051
		右三角	17.55kN/m	5.40	3.60	1.95	9.00	−14.715	−21.843
	$q_{AD均布}$		7.09kN/m	3.35	5.65	6.70	9.00	−45.275	−34.882
	$q_{DB均布}$		7.10kN/m	7.85	1.15	2.30	9.00	−2.586	−12.994
	F_D		244.40kN	6.70	2.30	—	9.00	−106.942	−311.526
	合计							−246.89	−422.28
二层	$q_{AD梯形}$	左三角	17.55kN/m	1.30	7.70	1.95	9.00	−15.642	−2.988
		中间均布	17.55kN/m	3.35	5.65	2.80	9.00	−61.726	−38.051
		右三角	17.55kN/m	5.40	3.60	1.95	9.00	−14.715	−21.843
	$q_{AD均布}$		14.65kN/m	3.35	5.65	6.70	9.00	−93.551	−72.076
	$q_{DB均布}$		7.10kN/m	7.85	1.15	2.30	9.00	−2.586	−12.994
	F_D		236.00kN	6.70	2.30	—	9.00	−103.266	−300.818
	合计							−291.49	−448.77
一层	$q_{AD梯形}$	左三角	17.55kN/m	1.30	7.70	1.95	9.00	−15.642	−2.988
		中间均布	17.55kN/m	3.35	5.65	2.80	9.00	−61.726	−38.051
		右三角	17.55kN/m	5.40	3.60	1.95	9.00	−14.715	−21.843
	$q_{AD均布}$		14.65kN/m	3.35	5.65	6.70	9.00	−93.551	−72.076
	$q_{DB均布}$		7.10kN/m	7.85	1.15	2.30	9.00	−2.586	−12.994
	F_D		203.50kN	6.70	2.30	—	9.00	−89.045	−259.392
	合计							−277.27	−407.34

表 2.29　恒荷载作用下框架梁 BC 固端弯矩计算过程

楼层	荷载位置		荷载数值	a/m	b/m	c/m	L/m	M_{BC} /(kN·m)	M_{CB} /(kN·m)
四层	$q_{BC梯形}$	左三角	25.40kN/m	1.300	5.225	1.950	6.525	−19.488	−5.491
		中间均布	25.40kN/m	3.263	3.263	2.625	6.525	−51.448	−51.448
		右三角	25.40kN/m	5.225	1.300	1.950	6.525	−5.491	−19.488
	$q_{BC均布}$		5.27kN/m	—	—	—	6.525	−18.698	−18.698
	合计							−95.12	−95.12
三层	$q_{FC梯形}$	第一部分	12.70kN/m	2.900	3.625	1.950	6.525	−10.800	−8.749
		第二部分	12.70kN/m	4.063	2.463	1.025	6.525	−7.509	−12.274
		第三部分	12.70kN/m	5.225	1.300	1.950	6.525	−2.745	−9.744
	$q_{BC均布}$		14.20kN/m	4.063	2.463	4.925	6.525	−50.381	−50.381
	F_E		26.60kN	1.200	5.325	—	6.525	−21.259	−4.791
	F_F		43.80kN	1.600	4.925	—	6.525	−39.925	−12.971
	合计							−132.62	−98.91
二层	$q_{FC梯形}$	第一部分	12.70kN/m	2.900	3.625	1.950	6.525	−10.800	−8.749
		第二部分	12.70kN/m	4.063	2.463	1.025	6.525	−7.509	−12.274
		第三部分	12.70kN/m	5.225	1.300	1.950	6.525	−2.745	−9.744
	$q_{BC均布}$		13.40kN/m	4.063	2.463	4.925	6.525	−47.543	−47.543
	F_E		32.60kN	1.200	5.325	—	6.525	−26.054	−5.871
	F_F		41.90kN	1.600	4.925	—	6.525	−38.193	−12.408
	F_G		39.40kN	4.700	1.825	—	6.525	−14.486	−37.307
	合计							−147.33	−133.90
一层	$q_{FC梯形}$	第一部分	12.70kN/m	2.900	3.625	1.950	6.525	−10.800	−8.749
		第二部分	12.70kN/m	4.063	2.463	1.025	6.525	−7.509	−12.274
		第三部分	12.70kN/m	5.225	1.300	1.950	6.525	−2.745	−9.744
	$q_{BC均布}$		13.40kN/m	4.063	2.463	4.925	6.525	−47.543	−47.543
	F_E		33.70kN	1.200	5.325	—	6.525	−26.933	−6.069
	F_F		41.90kN	1.600	4.925	—	6.525	−38.193	−12.408
	F_G		42.30kN	4.700	1.825	—	6.525	−15.553	−40.053
	合计							−149.28	−136.84

(5) 弯矩二次分配过程

采用弯矩二次分配法计算框架在恒荷载作用下的弯矩，分配过程详见图 2.91。

2.5.4.2　绘制内力图

(1) 弯矩图

根据弯矩二次分配法的计算结果，画出恒荷载作用下的框架梁柱弯矩图，如图 2.92 所示。需要说明的是框架梁柱弯矩图中框架梁下部的跨中弯矩为框架梁中间位置的弯矩而非跨间最大弯矩。取框架梁中间位置的弯矩便于荷载效应组合，在荷载效应组合前，可以将该框架梁中间位置的弯矩乘以 1.1～1.2 的放大系数。

	上柱	下柱	右梁	左梁	上柱	下柱	右梁	左梁	下柱	上柱
		0.368	0.632	0.449		0.261	0.29	0.611	0.389	
第四层			−271.62	402.48			−95.12	95.12		
		99.96	171.66	−138.00		−80.22	−89.13	−58.12	−37.00	
		32.34	−69.00	85.83		−29.55	−29.06	−44.57	−13.55	
		13.49	23.17	−12.22		−7.11	−7.90	35.51	22.61	
		145.79	−145.79	338.09		−116.87	−221.21	27.95	−27.95	
	0.262	0.286	0.452	0.35	0.204	0.221	0.225	0.43	0.296	0.274
第三层			−246.89	422.28			−132.62	98.91		
	64.68	70.61	111.59	−101.38	−59.09	−64.02	−65.17	−42.53	−29.28	−27.10
	49.98	40.66	−50.69	55.80	−40.11	−32.71	−21.27	−32.59	−19.35	−18.50
	−10.47	−11.43	−18.06	13.40	7.81	8.46	8.61	30.29	20.85	19.30
	104.20	99.85	−204.04	390.10	−91.39	−88.26	−210.45	54.08	−27.78	−26.30
	0.279	0.279	0.442	0.344	0.217	0.217	0.222	0.422	0.289	0.289
第二层			−291.49	448.77			−147.33	133.90		
	81.32	81.32	128.84	−103.70	−65.41	−65.41	−66.92	−56.50	−38.70	−38.70
	35.30	41.87	−51.85	64.42	−32.01	−29.81	−28.25	−33.46	−21.42	−14.64
	−7.07	−7.07	−11.19	8.82	5.57	5.57	5.69	29.33	20.09	20.09
	109.56	116.13	−225.69	418.32	−91.85	−89.65	−236.81	73.27	−40.02	−33.25
	0.302	0.221	0.477	0.364	0.231	0.169	0.236	0.455	0.232	0.313
第一层			−277.27	407.35			−149.28	136.84		
	83.73	61.28	132.26	−93.94	−59.61	−43.61	−60.90	−62.26	−31.75	−42.83
	−0.66		−46.97	66.13	−32.71		−31.13	−30.45		−19.35
	1.90	1.39	3.01	−0.83	−0.53	−0.39	−0.54	22.66	11.55	15.59
	126.30	62.67	−188.97	378.70	−92.85	−44.00	−241.85	66.79	−20.19	−46.59
		31.33				−22.00			−10.10	

图 2.91　弯矩二次分配法计算恒荷载作用下的框架梁柱弯矩（单位：kN·m）

（2）剪力图

根据弯矩图，取出梁柱脱离体，利用脱离体的平衡条件，求出剪力，并画出恒荷载作用下的框架梁柱剪力图，如图 2.93 所示。

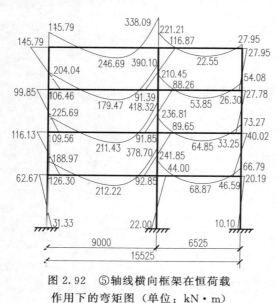

图 2.92　⑤轴线横向框架在恒荷载作用下的弯矩图（单位：kN·m）

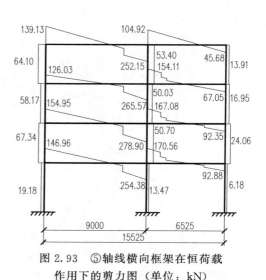

图 2.93　⑤轴线横向框架在恒荷载作用下的剪力图（单位：kN）

（3）轴力图

依据剪力图，根据节点的平衡条件，求出轴力，并画出恒荷载作用下的框架柱轴力图，如图 2.94 所示。注意：图中以压力为＋。

2.5.5 横向框架在活荷载作用下的内力计算

2.5.5.1 用弯矩二次分配法计算弯矩

根据图 2.76，用弯矩二次分配法计算⑤轴线框架在活荷载作用下的弯矩。

(1) 框架梁柱的线刚度、相对线刚度和弯矩分配系数与 2.5.4 节中相应数值相同。

(2) 计算固端弯矩

固端弯矩的计算过程详见表 2.30。

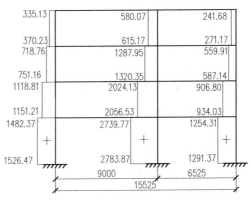

图 2.94 ⑤轴线横向框架在恒荷载作用下的轴力图（单位：kN）

表 2.30 活荷载作用下固端弯矩计算过程

固端弯矩位置		各部分产生固端弯矩/(kN·m)					最终固端弯矩/(kN·m)
		q 梯形荷载	F_D	F_E	F_F	F_G	
第四层框架梁	M_{AB}	−10.494	−5.557	—	—	—	−16.05
	M_{BA}	7.166	16.188	—	—	—	23.35
	M_{BC}	−6.018	—	—	—	—	−6.02
	M_{CB}	6.018	—	—	—	—	6.02
第三层框架梁	M_{AB}	−40.926	−24.066	—	—	—	−64.99
	M_{BA}	27.948	70.106	—	—	—	98.05
	M_{BC}	−8.123	—	−10.550	−8.295	—	−26.97
	M_{CB}	11.871	—	2.377	2.695	—	16.94
第二层框架梁	M_{AB}	−40.926	−24.066	—	—	—	−64.99
	M_{BA}	27.948	70.106	—	—	—	98.05
	M_{BC}	−8.123	—	−12.787	−8.295	−6.398	−35.60
	M_{CB}	11.871	—	2.882	2.695	16.476	33.92
第一层框架梁	M_{AB}	−40.926	−24.066	—	—	—	−64.99
	M_{BA}	27.948	70.106	—	—	—	98.05
	M_{BC}	−8.123	—	−12.79	−8.295	−6.581	−35.79
	M_{CB}	11.871	—	2.88	2.695	16.949	34.40

(3) 弯矩二次分配过程

采用弯矩二次分配法计算框架在活荷载作用下的弯矩，分配过程详见图 2.95。

2.5.5.2 绘制内力图

(1) 弯矩图

根据弯矩二次分配法的计算结果，画出活荷载作用下的框架梁柱弯矩图，如图 2.96 所

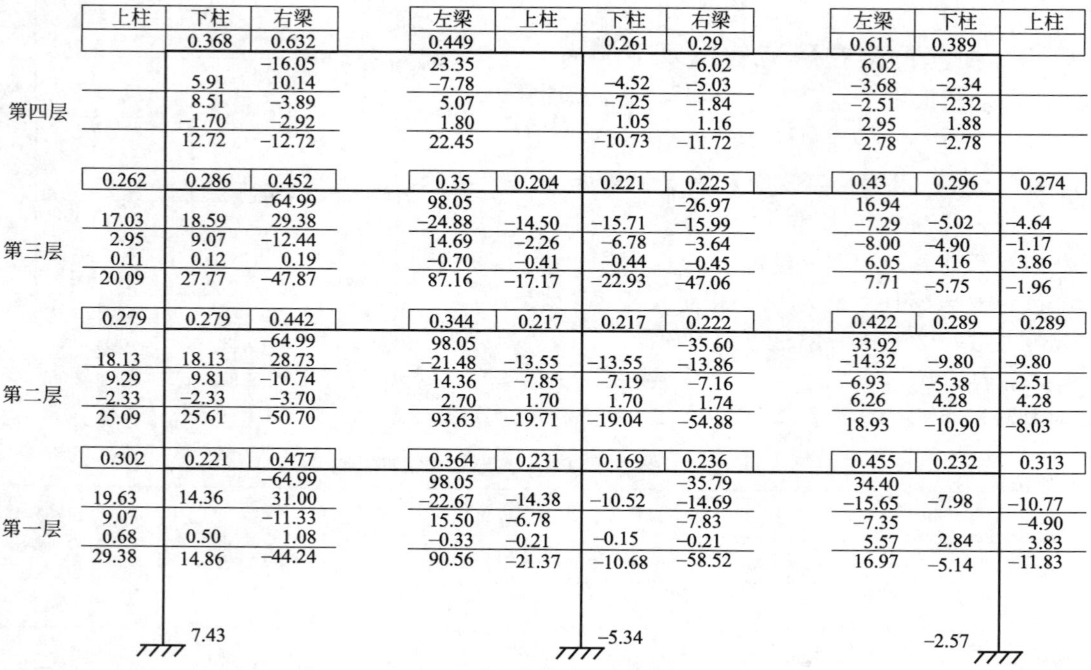

	上柱	下柱	右梁	左梁	上柱	下柱	右梁	左梁	下柱	上柱
第四层	0.368	0.632		0.449		0.261	0.29	0.611	0.389	
			-16.05	23.35			-6.02	6.02		
	5.91	10.14		-7.78		-4.52	-5.03	-3.68	-2.34	
	8.51	-3.89		5.07		-7.25	-1.84	-2.51	-2.32	
	-1.70	-2.92		1.80		1.05	1.16	2.95	1.88	
	12.72	-12.72		22.45		-10.73	-11.72	2.78	-2.78	
第三层	0.262	0.286	0.452	0.35	0.204	0.221	0.225	0.43	0.296	0.274
			-64.99	98.05			-26.97	16.94		
	17.03	18.59	29.38	-24.88	-14.50	-15.71	-15.99	-7.29	-5.02	-4.64
	2.95	9.07	-12.44	14.69	-2.26	-6.78	-3.64	-8.00	-4.90	-1.17
	0.11	0.12	0.19	-0.70	-0.41	-0.44	-0.45	6.05	4.16	3.86
	20.09	27.77	-47.87	87.16	-17.17	-22.93	-47.06	7.71	-5.75	-1.96
第二层	0.279	0.279	0.442	0.344	0.217	0.217	0.222	0.422	0.289	0.289
			-64.99	98.05			-35.60	33.92		
	18.13	18.13	28.73	-21.48	-13.55	-13.55	-13.86	-14.32	-9.80	-9.80
	9.29	9.81	-10.74	14.36	-7.85	-7.19	-7.16	-6.93	-5.38	-2.51
	-2.33	-2.33	-3.70	2.70	1.70	1.70	1.74	6.26	4.28	4.28
	25.09	25.61	-50.70	93.63	-19.71	-19.04	-54.88	18.93	-10.90	-8.03
第一层	0.302	0.221	0.477	0.364	0.231	0.169	0.236	0.455	0.232	0.313
			-64.99	98.05			-35.79	34.40		
	19.63	14.36	31.00	-22.67	-14.38	-10.52	-14.69	-15.65	-7.98	-10.77
	9.07		-11.33	15.50	-6.78		-7.83	-7.35		-4.90
	0.68	0.50	1.08	-0.33	-0.21	-0.15	-0.21	5.57	2.84	3.83
	29.38	14.86	-44.24	90.56	-21.37	-10.68	-58.52	16.97	-5.14	-11.83
		7.43				-5.34			-2.57	

图 2.95　弯矩二次分配法计算活荷载作用下的框架梁柱弯矩（单位：kN·m）

示。需要说明的是框架梁柱弯矩图中框架梁下部的跨中弯矩为框架梁中间位置的弯矩而非跨间最大弯矩。取框架梁中间位置的弯矩便于荷载效应组合，在荷载效应组合前，可以将该框架梁中间位置的弯矩乘以 1.1～1.2 的放大系数。

（2）剪力图

根据弯矩图，取出梁柱脱离体，利用脱离体的平衡条件，求出剪力，并画出活荷载作用下的框架梁柱剪力图，如图 2.97 所示。

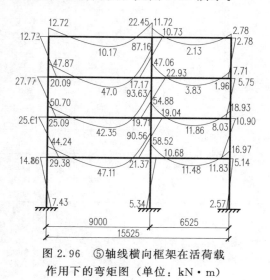

图 2.96　⑤轴线横向框架在活荷载作用下的弯矩图（单位：kN·m）

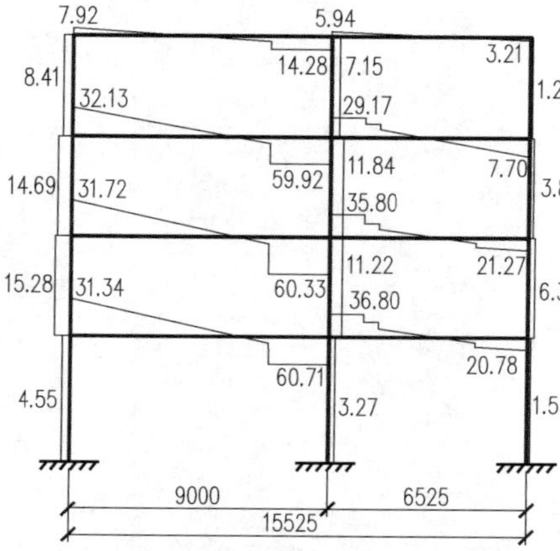

图 2.97　⑤轴线横向框架在活荷载作用下的剪力图（单位：kN）

（3）轴力图

依据剪力图，根据节点的平衡条件，求出轴力，并画出活荷载作用下的框架柱轴力图，如图 2.98 所示。注意：图中以压力为＋。

2.5.6 横向框架在重力荷载作用下的内力计算

2.5.6.1 用弯矩二次分配法计算弯矩

根据图 2.83，用弯矩二次分配法计算⑤轴线框架在重力荷载作用下的弯矩。

（1）框架梁柱的线刚度、相对线刚度和弯矩分配系数与 2.5.4 节中相应数值相同。

（2）计算固端弯矩。

固端弯矩的计算过程详见表 2.31。

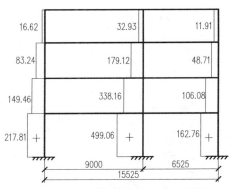

图 2.98 ⑤轴线横向框架在活荷载
作用下的轴力图（单位：kN）

表 2.31 重力荷载代表值作用下固端弯矩计算过程

固端弯矩位置		各部分产生固端弯矩/(kN·m)							最终固端弯矩/(kN·m)
		$q_{梯形荷载}$	$q_{均布1}$	$q_{均布2}$	F_D	F_E	F_F	F_G	
第四层	M_{AB}	−136.420	−45.275	−2.586	−92.152	—	—	—	−276.43
	M_{BA}	93.159	34.882	12.994	268.442	—	—	—	409.48
	M_{BC}	−78.232	−18.698	—	—	—	—	—	−96.93
	M_{CB}	78.232	18.698	—	—	—	—	—	96.93
第三层	M_{AB}	−112.546	−45.275	−2.586	−118.975	—	—	—	−279.38
	M_{BA}	76.856	34.882	12.994	346.579	—	—	—	471.31
	M_{BC}	−25.199	−50.381	—	—	−26.534	−44.118	—	−146.23
	M_{CB}	36.824	50.381	—	—	5.979	14.333	—	107.52
第二层	M_{AB}	−112.546	−93.551	−2.586	−115.299	—	—	—	−323.98
	M_{BA}	76.856	72.076	12.994	335.871	—	—	—	497.80
	M_{BC}	−25.199	−47.543	—	—	−32.448	−42.386	−17.685	−165.26
	M_{CB}	36.824	47.543	—	—	7.312	13.770	45.545	150.99
第一层	M_{AB}	−112.546	−93.551	−2.586	−101.078	—	—	—	−309.76
	M_{BA}	76.856	72.076	12.994	294.445	—	—	—	456.37
	M_{BC}	−25.199	−47.543	—	—	−33.327	−42.386	−18.862	−167.32
	M_{CB}	36.824	47.543	—	—	7.510	13.770	48.575	154.22

（3）弯矩二次分配过程

采用弯矩二次分配法计算框架在重力荷载作用下的弯矩，分配过程详见图 2.99。

2.5.6.2 绘制内力图

（1）弯矩图

根据弯矩二次分配法的计算结果，画出重力荷载作用下的框架梁柱弯矩图，如图 2.100 所示。需要说明的是框架梁柱弯矩图中框架梁下部的跨中弯矩为框架梁中间位置的弯矩而非跨间最大弯矩。取框架梁中间位置的弯矩便于荷载效应组合，在荷载效应组合前，可以将该框架梁中间位置的弯矩乘以 1.1～1.2 的放大系数。

上柱	下柱	右梁	左梁	上柱	下柱	右梁	左梁	下柱	上柱
	0.368	0.632	0.449		0.261	0.29	0.611	0.389	
		−276.43	409.48			−96.93	96.93		
	101.73	174.71	−140.33		−81.57	−90.64	−59.22	−37.71	
	36.60	−70.17	87.35		−33.16	−29.61	−45.32	−14.73	
	12.35	21.21	−11.04		−6.42	−7.13	36.69	23.36	
	150.68	−150.68	345.46		−121.15	−224.31	29.08	−29.08	
0.262	0.286	0.452	0.35	0.204	0.221	0.225	0.43	0.296	0.274
		−279.38	471.31			−146.23	107.52		
73.20	79.90	126.28	−113.78	−66.32	−71.84	−73.14	−46.23	−31.83	−29.46
50.86	45.20	−56.89	63.14	−40.79	−36.08	−23.12	−36.57	−21.82	−18.85
−10.26	−11.20	−17.71	12.90	7.52	8.14	8.29	33.21	22.86	21.16
113.80	113.90	−227.70	433.57	−99.59	−99.78	−234.20	57.93	−30.78	−27.15
0.279	0.279	0.442	0.344	0.217	0.217	0.222	0.422	0.289	0.289
		−323.98	497.80			−165.26	150.99		
90.39	90.39	143.20	−114.39	−72.16	−72.16	−73.82	−63.72	−43.64	−43.64
39.95	46.77	−57.20	71.60	−35.92	−33.39	−31.86	−36.91	−24.14	−15.91
−8.24	−8.24	−13.05	10.17	6.42	6.42	6.56	32.48	22.24	22.24
122.10	128.93	−251.03	465.18	−101.67	−99.13	−264.38	82.84	−45.53	−37.31
0.302	0.221	0.477	0.364	0.231	0.169	0.236	0.455	0.232	0.313
		−309.76	456.37			−167.32	154.22		
93.55	68.45	147.76	−105.22	−66.77	−48.85	−68.22	−70.17	−35.78	−48.27
45.20		−52.61	73.88	−36.08		−35.09	−34.11		−21.82
2.24	1.64	3.54	−0.99	−0.63	−0.46	−0.64	25.45	12.98	17.51
140.98	70.10	−211.08	424.05	−103.48	−49.31	−271.26	75.39	−22.80	−52.58

第四层 / 第三层 / 第二层 / 第一层

底部弯矩：35.05　　−24.65　　−11.40

图 2.99　弯矩二次分配法计算重力荷载作用下的框架梁柱弯矩（单位：kN·m）

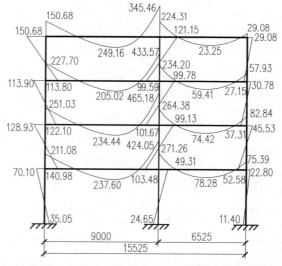

图 2.100　⑤轴线横向框架在重力荷载作用下的弯矩图（单位：kN·m）

（2）剪力图

根据弯矩图，取出梁柱脱离体，利用脱离体的平衡条件，求出剪力，并画出重力荷载作用下的框架梁柱剪力图，如图 2.101 所示。

（3）轴力图

依据剪力图，根据节点的平衡条件，求出轴力，并画出重力荷载作用下的框架柱轴力图，如图 2.102 所示。注意：图中以压力为＋。

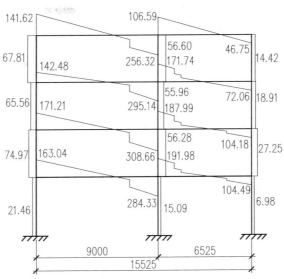

图 2.101　⑤轴线横向框架在重力荷载作用下的剪力图（单位：kN）

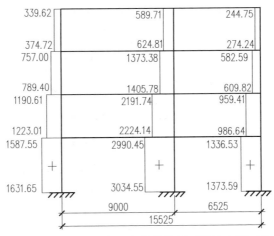

图 2.102　⑤轴线横向框架在重力荷载作用下的轴力图（单位：kN）

2.6　横向框架在风荷载作用下的内力和位移计算

2.6.1　横向框架在风荷载作用下的计算简图

　　本实例办公楼为为四层钢筋混凝土框架结构体系，室内外高差 0.45m。基本风压 $w_0=0.4kN/m^2$，地面粗糙度类别为 C 类，办公楼高度为 15.45m（房屋高度指室外地面到主要屋面板板顶的高度，不包括局部突出屋顶部分，即 15m＋0.45m＝15.45m）。注意在后面不同的公式中结构高度取法是不同的。注意以下风荷载的计算以左风为例。右风作用时与左风作用时计算方法相同。

2.6.1.1 计算主要承重结构

计算主要承重结构时，垂直于建筑物表面上的风荷载标准值，应按公式（2.1）计算，即

$$w_k = \beta_z \mu_s \mu_z w_0 \tag{2.1}$$

（1） μ_s 为风荷载体型系数，本设计按《建筑结构荷载规范》（GB50009—2012）中规定（图2.103），迎风面取0.8，背风面取0.5，合计为 $\mu_s = 1.3$。

《高层建筑混凝土结构技术规程》（JGJ 3—2010）给出了高层建筑矩形平面的风荷载体型系数（图2.104），具体数值可查表2.32，可见《建筑结构荷载规范》（GB 50009—2012）和《高层建筑混凝土结构技术规程》（JGJ 3—2010）给出的风荷载体型系数有一点差距。

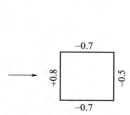

图2.103 矩形平面风荷载体型系数（荷载规范）

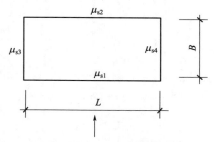

图2.104 矩形平面风荷载体型系数（高规）

表2.32 矩形平面风荷载体型系数

μ_{s1}	μ_{s2}	μ_{s3}	μ_{s4}
0.80	$-(0.48 + 0.03H/L)$	-0.60	-0.60

注：H 为房屋高度。

（2） μ_z 为风压高度变化系数，本实例的地面粗糙度类别为C类，按表2.33中C类选取风压高度变化系数 μ_z。

表2.33 风压高度变化系数 μ_z

离地面或海平面高度/m	地面粗糙度类别			
	A	B	C	D
5	1.09	1.00	0.65	0.51
10	1.28	1.00	0.65	0.51
15	1.42	1.13	0.65	0.51
20	1.52	1.23	0.74	0.51
30	1.67	1.39	0.88	0.51
40	1.79	1.52	1.00	0.60
50	1.89	1.62	1.10	0.69
60	1.97	1.71	1.20	0.77
70	2.05	1.79	1.28	0.84
80	2.12	1.87	1.36	0.91
90	2.18	1.93	1.43	0.98
100	2.23	2.00	1.50	1.04
150	2.46	2.25	1.79	1.33

离地面或海平面高度/m	地面粗糙度类别			
	A	B	C	D
200	2.64	2.46	2.03	1.58
250	2.78	2.63	2.24	1.81
300	2.91	2.77	2.43	2.02
350	2.91	2.91	2.60	2.22
400	2.91	2.91	2.76	2.40
450	2.91	2.91	2.91	2.58
500	2.91	2.91	2.91	2.74
≥550	2.91	2.91	2.91	2.91

注：地面粗糙度的 A 类指近海海面和海岛、海岸、湖岸及沙漠地区；B 类指田野、乡村、丛林、丘陵以及房屋比较稀疏的乡镇；C 类指有密集建筑群的城市市区；D 类指有密集建筑群且房屋较高的城市市区。

（3） β_z 为风振系数，《建筑结构荷载规范》（GB 50009—2012）的第 8.4.1 条规定：对于基本自振周期 T_1 大于 0.25s 的工程结构，如房屋、屋盖及各种高耸结构，以及对于高度大于 30m 且高宽比大于 1.5 的高柔房屋，均应考虑风压脉动对结构发生顺风向风振的影响。对于 $T_1 < 0.25s$ 的结构和高度小于 30m 或高宽比小于 1.5 的房屋，原则上也应考虑风振影响，但经计算表明，这类结构的风振一般不大，此时往往按构造要求进行设计，结构已有足够的刚度，因而一般不考虑风振影响也不至于会影响结构的抗风安全性。

《建筑结构荷载规范》（GB 50009—2012）附录 F 给出了钢筋混凝土框架结构的基本自振周期近似计算公式为：

$$T_1 = 0.25 + 0.53 \times 10^{-3} \frac{H^2}{\sqrt[3]{B}} \tag{2.2}$$

式中　H——房屋总高度，m；

　　　B——结构迎风面宽度，m。

则本实例估算　$T_1 = 0.25 + 0.53 \times 10^{-3} \dfrac{H^2}{\sqrt[3]{B}} = 0.25 + 0.00053 \times \dfrac{15.45^2}{\sqrt[3]{16.1}} = 0.30(s)$。

《高层建筑混凝土结构技术规程》（JGJ 3—2010）给出了框架结构的基本周期近似计算公式为：

$$T_1 = (0.05 \sim 0.10)n \tag{2.3}$$

式中　n——建筑物层数（不包括地下部分及屋顶小塔楼）。

本实例估算 $T_1 = 0.08 \times 4 = 0.32(s)$。

本实例为多层钢筋混凝土框架结构，结构基本自振周期 T_1 可取为 0.30s，因 $T_1 = 0.30s > 0.25s$，故可适当考虑风振系数 β_z，β_z 按公式（2.4）计算。但是在后面的手算计算中，不考虑风振影响，即取风振系数 $\beta_z = 1.0$。

$$\beta_z = 1 + 2gI_{10}B_z\sqrt{1+R^2} \tag{2.4}$$

式中　g——峰值因子，可取 2.5；

　　　I_{10}——10m 高度名义湍流强度，对应 A、B、C 和 D 类地面粗糙度，可分别取 0.12、0.14、0.23 和 0.39；

　　　R——脉动风荷载的共振分量因子；

　　　B_z——脉动风荷载的背景分量因子。

脉动风荷载的共振分量因子可按下列公式计算：

$$R=\sqrt{\frac{\pi}{6\zeta_1}\frac{x_1^2}{(1+x_1^2)^{4/3}}} \qquad (2.5.1)$$

$$x_1=\frac{30f_1}{\sqrt{k_w w_0}},x_1>5 \qquad (2.5.2)$$

式中　f_1——结构第 1 阶自振频率，Hz，可取 $f_1=1/T_1$；

　　　k_w——地面粗糙度修正系数，对 A 类、B 类、C 类和 D 类地面粗糙度分别取 1.28、1.0、0.54 和 0.26；

　　　ζ_1——结构阻尼比，对钢结构可取 0.01，对有填充墙的钢结构房屋可取 0.02，对钢筋混凝土及砌体结构可取 0.05，对其他结构可根据工程经验确定；

　　　w_0——基本风压，kN/m^2。

对体型和质量沿高度均匀分布的高层建筑和高耸结构，可按下式计算脉动风荷载的背景分量因子：

$$B_z=kH^{a_1}\rho_x\rho_z\frac{\phi_1(z)}{\mu_z} \qquad (2.6)$$

式中　$\phi_1(z)$——结构第 1 阶振型系数，振型系数应根据结构动力计算确定，对外形、质量、刚度沿高度按连续规律变化的悬臂型高耸结构及沿高度比较均匀的高层建筑，振型系数也可根据相对高度 z/H 确定。在一般情况下，对顺风向响应可仅考虑第 1 振型的影响，对横风向的共振响应，应验算第 1 至第 4 振型的频率，因此表 2.34 列出了相应的前 4 个振型系数。对迎风面宽度较大的高层建筑，当剪力墙和框架均起主要作用时，其振型系数可按表 2.34 采用；

　　　H——结构总高度，m，对 A、B、C 和 D 类地面粗糙度，H 的取值分别不应大于 300m、350m、450m 和 550m；

　　　ρ_x——脉动风荷载水平方向相关系数；

　　　ρ_z——脉动风荷载竖直方向相关系数；

k、a_1——系数，按表 2.35 取值。

表 2.34　高层建筑的振型系数

相对高度 z/H	振型序号			
	1	2	3	4
0.1	0.02	−0.09	0.22	−0.38
0.2	0.08	−0.30	0.58	−0.73
0.3	0.17	−0.50	0.70	−0.40
0.4	0.27	−0.68	0.46	0.33
0.5	0.38	−0.63	−0.03	0.68
0.6	0.45	−0.48	−0.49	0.29
0.7	0.67	−0.18	−0.63	−0.47
0.8	0.74	0.17	−0.34	−0.62
0.9	0.86	0.58	0.27	−0.02
1.0	1.00	1.00	1.00	1.00

表 2.35 系数 k、a_1

粗糙度类别		A	B	C	D
高层建筑	k	0.944	0.670	0.295	0.112
	a_1	0.155	0.187	0.261	0.346
高耸结构	k	1.276	0.910	0.404	0.155
	a_1	0.186	0.218	0.292	0.376

对迎风面和侧风面的宽度沿高度按直线或接近直线变化，而质量沿高度按连续规律变化的高耸结构，公式(2.6)计算的背景分量因子 B_z 应乘以修正系数 θ_B 和 θ_v。θ_B 为构筑物在 z 高度处的迎风面宽度 $B(z)$ 与底部宽度 $B(0)$ 的比值；θ_v 可按表 2.36 确定。

表 2.36 修正系数 θ_v

$B(H)/B(0)$	1	0.9	0.8	0.7	0.6	0.5	0.4	0.3	0.2	≤0.1
θ_v	1.00	1.10	1.20	1.32	1.50	1.75	2.08	2.53	3.30	5.60

脉动风荷载竖直方向相关系数 ρ_z 可按下式计算：

$$\rho_z = \frac{10\sqrt{H+60e^{-H/60}-60}}{H} \tag{2.7}$$

式中　H——结构总高度，m；对 A 类、B 类、C 类和 D 类地面粗糙度，H 的取值分别不应大于 300m、350m、450m 和 550m。

脉动风荷载水平方向相关系数 ρ_x 可按下式计算：

$$\rho_x = \frac{10\sqrt{B+50e^{-B/50}-50}}{B} \tag{2.8}$$

式中　B——结构迎风面宽度，m，$B \leqslant 2H$。

对迎风面宽度较小的高耸结构，水平方向相关系数可取 $\rho_x = 1$。

2.6.1.2　各层楼面处集中风荷载标准值计算

(1) 框架风荷载负荷宽度

⑤轴线框架的负荷宽度为 $B = \dfrac{7.8+7.8}{2} = 7.8$ (m)，如图 2.105 所示。需要说明的是风荷载是对结构的整体作用，应该按照结构整体的刚度来分配总风荷载，分到一榀框架之后进行框架的内力计算。在手算时，为方便计算，近似取一榀框架承受其负荷宽度（两边跨度各一半）的风荷载。

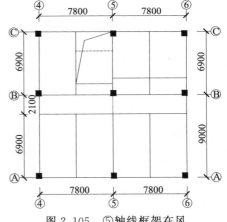

图 2.105　⑤轴线框架在风荷载作用下的负荷宽度

(2) 计算风振系数 β_z

本实例为多层钢筋混凝土框架结构，结构基本自振周期 T_1 可取为 0.30s，因 $T_1 = 0.30\text{s} > 0.25\text{s}$，故可适当考虑风振系数 β_z，β_z 按公式 (2.4) 计算。但考虑是多层框架结构，在手算计算中，暂不考虑风振影响，即取风振系数 $\beta_z = 1.0$。

(3) 各层楼面处集中风荷载标准值计算

各层楼面处集中风荷载标准值计算列于表 2.37。

表 2.37　各层楼面处集中风荷载标准值

层号	离地面高度/m	μ_z	β_z	μ_s	w_0 /(kN/m²)	$h_下$/m	$h_上$/m	$F_i=\beta_z\mu_s\mu_z w_0 B(h_下+h_上)/2$ /kN
1	4.35	0.74	1.000	1.3	0.4	4.35	3.6	11.93
2	7.95	0.74	1.000	1.3	0.4	3.6	3.6	10.81
3	11.55	0.74	1.000	1.3	0.4	3.6	3.9	11.26
4	15.45	0.75	1.000	1.3	0.4	3.9	1	$8.97[\beta_z\mu_s\mu_z w_0 B(3.9/2+1.0)]$

2.6.1.3　风荷载作用下的计算简图

根据表 2.37，画出⑤轴线横向框架在风荷载（左风）作用下的计算简图，如图 2.106 所示。

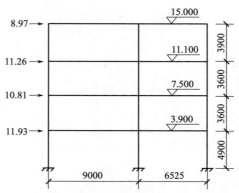

图 2.106　⑤轴线横向框架在风荷载作用下的计算简图

2.6.2　横向框架在风荷载作用下的位移计算

2.6.2.1　框架梁柱线刚度计算

考虑现浇楼板对梁刚度的加强作用，故对⑤轴线框架梁（中框架梁）的惯性矩乘以 2.0，框架梁的线刚度计算见表 2.38，框架柱的线刚度计算见表 2.39。

表 2.38　框架梁线刚度计算

截面 $b\times h$/(m×m)	混凝土强度等级	弹性模量 E_C/(kN/m²)	跨度 L/m	矩形截面惯性矩 I_0/m⁴	$I_b=2.0I_0$ /m⁴	$K_{bi}=E_C I_b/L$ /(kN·m)
0.35×0.9	C30	3.0×10^7	9.0	0.0213	0.0426	14.2×10^4
0.35×0.7	C30	3.0×10^7	6.525	0.01	0.02	9.2×10^4

表 2.39　框架柱线刚度计算

框架柱位置	截面 $b\times h$/(m×m)	混凝土强度等级	弹性模量 E_C/(kN/m²)	高度 L/m	矩形截面惯性矩 I_c/m⁴	$K_C=E_C I_c/L$ /(kN·m)
顶层柱	0.6×0.6	C30	3.0×10^7	3.9	0.0108	8.3×10^4
	0.55×0.55	C30	3.0×10^7	3.9	0.0076	5.85×10^4
二、三层柱	0.6×0.6	C30	3.0×10^7	3.6	0.0108	9.0×10^4
	0.55×0.55	C30	3.0×10^7	3.6	0.0076	6.33×10^4
底层柱	0.6×0.6	C30	3.0×10^7	4.9	0.0108	6.61×10^4
	0.55×0.55	C30	3.0×10^7	4.9	0.0076	4.65×10^4

2.6.2.2 侧移刚度 D 计算

考虑梁柱的线刚度比，用 D 值法计算柱的侧移刚度，计算数据见表 2.40。

表 2.40 柱侧移刚度 D 值计算

楼层		K_C	$\overline{K}$ 一般层:$\overline{K}=\sum K_{bi}/2K_C$ 底层:$\overline{K}=\sum K_{bi}/K_C$	α 一般层:$\alpha=\overline{K}/(2+\overline{K})$ 底层:$(0.5+\overline{K})/(2+\overline{K})$	$D=12\alpha K_C/h^2$ /(kN/m)	根数
四层	Ⓐ轴边柱	8.3×10^4	1.711	0.461	30188	1
	Ⓑ轴中柱	8.3×10^4	2.819	0.585	38308	1
	Ⓒ轴边柱	5.85×10^4	1.573	0.440	20308	1
	$\sum D$		30188+38308+20308=88804			
二三层	Ⓐ轴边柱	9.0×10^4	1.578	0.441	36750	1
	Ⓑ轴中柱	9.0×10^4	2.600	0.565	47083	1
	Ⓒ轴边柱	6.33×10^4	1.453	0.421	24675	1
	$\sum D$		36750+47083+24675=108508			
底层	Ⓐ轴边柱	6.61×10^4	2.148	0.638	21077	1
	Ⓑ轴中柱	6.61×10^4	3.540	0.729	24083	1
	Ⓒ轴边柱	4.65×10^4	1.978	0.623	14479	1
	$\sum D$		21077+24083+14479=59639			

2.6.2.3 风荷载作用下框架侧移计算

风荷载作用下框架的层间侧移可按下式计算：

$$\Delta u_j = \frac{V_j}{\sum D_{ij}} \tag{2.9}$$

式中 V_j——第 j 层的总剪力标准值；

$\sum D_{ij}$——第 j 层所有柱的抗侧刚度之和；

Δu_j——第 j 层的层间侧移。

各层楼板标高处的侧移值是该层以下各层层间侧移之和。顶点侧移是所有各层层间侧移之和。

第 j 层侧移：

$$u_j = \sum_{j=1}^{j} \Delta u_j \tag{2.10}$$

顶点侧移：

$$u = \sum_{j=1}^{n} \Delta u_j \tag{2.11}$$

⑤ 轴线框架在风荷载作用下侧移的计算过程详见表 2.41。

表 2.41 风荷载作用下框架楼层层间侧移与层高之比计算

楼层	F_j/kN	V_j/kN	$\sum D_{ij}$/(kN/m)	Δu_j/m	h/m	$\Delta u_j/h$
4	8.97	8.97	88804	0.00010	3.9	1/38594
3	11.26	20.23	108508	0.00019	3.6	1/19310
2	10.81	31.03	108508	0.00029	3.6	1/12587
1	11.93	42.97	59639	0.00072	4.35	1/6038

$$u = \sum_{j=1}^{n} \Delta u_j = 0.00129\text{m}$$

侧移验算：由表 4.5 "弹性层间位移角限值"可知，对于框架结构，楼层层间最大位移与层高之比的限值为 1/550。本框架的层间最大位移与层高之比在底层，其值为 1/6038<1/550，框架侧移满足规范要求。

2.6.3 横向框架在风荷载作用下的内力计算

框架在风荷载作用下的内力计算采用 D 值法（改进的反弯点法）。计算时首先将框架各楼层的层间总剪力 V_j，按各柱的侧移刚度（D 值）在该层总侧移刚度所占比例分配到各柱，即可求得第 j 层第 i 柱的层间剪力 V_{ij}；根据求得的各柱层间剪力 V_{ij} 和修正后的反弯点位置 y（反弯点高度计算见表 2.42）即可确定柱端弯矩 $M_{c上}$ 和 $M_{c下}$；由节点平衡条件，梁端弯矩之和等于柱端弯矩之和，将节点左右梁端弯矩之和按线刚度比例分配，可求出各梁端弯矩；进而由梁的平衡条件求出梁端剪力；最后，第 j 层第 i 柱的轴力即为其上各层节点左右梁端剪力代数和。

2.6.3.1 反弯点高度计算

反弯点高度比按下式计算：

$$y = y_0 + y_1 + y_2 + y_3 \tag{2.12}$$

式中　y_0——标准反弯点高度比；

y_1——因上、下层梁刚度比变化的修正值；

y_2——因上层层高变化的修正值；

y_3——因下层层高变化的修正值。

反弯点高度比的计算列于表 2.42。

表 2.42　反弯点高度比 y 计算

楼层	Ⓐ轴中框架柱	Ⓑ轴中框架柱	Ⓒ轴中框架柱
四层	$\overline{K}=1.711$　$y_0=0.386$ $\alpha_1=1$　$y_1=0$ $\alpha_3=0.923$　$y_3=0$ $y=0.386+0+0=0.386$	$\overline{K}=2.819$　$y_0=0.441$ $\alpha_1=1$　$y_1=0$ $\alpha_3=0.923$　$y_3=0$ $y=0.441+0+0=0.441$	$\overline{K}=1.573$　$y_0=0.379$ $\alpha_1=1$　$y_1=0$ $\alpha_3=0.923$　$y_3=0$ $y=0.379+0+0=0.379$
三层	$\overline{K}=1.578$　$y_0=0.45$ $\alpha_1=1$　$y_1=0$ $\alpha_2=1.083$　$y_2=0$ $\alpha_3=1$　$y_3=0$ $y=0.45+0+0+0=0.450$	$\overline{K}=2.6$　$y_0=0.48$ $\alpha_1=1$　$y_1=0$ $\alpha_2=1.083$　$y_2=0$ $\alpha_3=1$　$y_3=0$ $y=0.48+0+0+0=0.480$	$\overline{K}=1.453$　$y_0=0.45$ $\alpha_1=1$　$y_1=0$ $\alpha_2=1.083$　$y_2=0$ $\alpha_3=1$　$y_3=0$ $y=0.45+0+0+0=0.450$
二层	$\overline{K}=1.578$　$y_0=0.479$ $\alpha_1=1$　$y_1=0$ $\alpha_2=1$　$y_2=0$ $\alpha_3=1.361$　$y_3=0$ $y=0.479+0+0+0=0.479$	$\overline{K}=2.6$　$y_0=0.50$ $\alpha_1=1$　$y_1=0$ $\alpha_2=1$　$y_2=0$ $\alpha_3=1.361$　$y_3=0$ $y=0.50+0+0+0=0.50$	$\overline{K}=1.453$　$y_0=0.473$ $\alpha_1=1$　$y_1=0$ $\alpha_2=1$　$y_2=0$ $\alpha_3=1.361$　$y_3=0$ $y=0.473+0+0+0=0.473$
底层	$\overline{K}=2.148$　$y_0=0.55$ $\alpha_1=1$　$y_1=0$ $\alpha_2=0.735$　$y_2=0$ $y=0.55+0+0=0.55$	$\overline{K}=3.540$　$y_0=0.55$ $\alpha_1=1$　$y_1=0$ $\alpha_2=0.735$　$y_2=0$ $y=0.55+0+0=0.55$	$\overline{K}=1.978$　$y_0=0.551$ $\alpha_1=1$　$y_1=0$ $\alpha_2=0.735$　$y_2=0$ $y=0.551+0+0=0.551$

2.6.3.2　柱端弯矩及剪力计算

风荷载作用下的柱端剪力按下式计算：

$$V_{ij} = \frac{D_{ij}}{\sum D} V_j \qquad (2.13)$$

式中　V_{ij}——第 j 层第 i 柱的层间剪力；

　　　V_j——第 j 层的总剪力标准值；

　　　$\sum D$——第 j 层所有柱的抗侧刚度之和；

　　　D_{ij}——第 j 层第 i 柱的抗侧刚度。

风荷载作用下的柱端弯矩按下式计算：

$$M_{C\pm} = V_{ij}(1-y)h \qquad (2.14)$$

$$M_{C\mp} = V_{ij} yh \qquad (2.15)$$

风荷载作用下的柱端剪力和柱端弯矩计算列于表 2.43。

表 2.43　风荷载作用下柱端弯矩及剪力计算

柱	楼层	V_j /kN	D_{ij} /(kN/m)	$\sum D$ /(kN/m)	$D_{ij}/\sum D$	V_{ij} /kN	y	yh /m	$M_{C\pm}$ /(kN·m)	$M_{C\mp}$ /(kN·m)
Ⓐ轴	4	8.97	30188	88804	0.340	3.05	0.386	1.505	7.30	4.59
	3	20.23	36750	108508	0.339	6.85	0.450	1.620	13.57	11.10
	2	31.03	36750	108508	0.339	10.51	0.479	1.724	19.71	18.13
	1	42.97	21077	59639	0.353	15.18	0.550	2.695	33.48	40.92
Ⓑ轴	4	8.97	38308	88804	0.431	3.87	0.441	1.720	8.44	6.66
	3	20.23	47083	108508	0.434	8.78	0.480	1.728	16.43	15.17
	2	31.03	47083	108508	0.434	13.47	0.500	1.800	24.24	24.24
	1	42.97	24083	59639	0.404	17.35	0.550	2.695	38.26	46.76
Ⓒ轴	4	8.97	20308	88804	0.229	2.05	0.379	1.478	4.97	3.03
	3	20.23	24675	108508	0.227	4.60	0.450	1.620	9.11	7.45
	2	31.03	24675	108508	0.227	7.06	0.473	1.703	13.39	12.02
	1	42.97	14479	59639	0.243	10.43	0.551	2.700	22.95	28.16

2.6.3.3　梁端弯矩及剪力计算

由节点平衡条件，梁端弯矩之和等于柱端弯矩之和，将节点左右梁端弯矩之和按左右梁的线刚度比例分配，可求出各梁端弯矩，进而由梁的平衡条件求出梁端剪力。

风荷载作用下的梁端弯矩按下式计算：

中柱：

$$M_{b左ij} = \frac{K_b^{左}}{K_b^{左} + K_b^{右}}(M_{c下j+1} + M_{c上j}) \qquad (2.16)$$

$$M_{b右ij} = \frac{K_b^{右}}{K_b^{左} + K_b^{右}}(M_{c下j+1} + M_{c上j}) \qquad (2.17)$$

边柱：

$$M_{b总ij} = (M_{c下j+1} + M_{c上j}) \qquad (2.18)$$

式中　$M_{b左ij}$、$M_{b右ij}$——分别表示第 j 层第 i 节点左端梁的弯矩和第 j 层第 i 节点右端梁的弯矩；

　　　$K_b^{左}$、$K_b^{右}$——分别表示第 j 层第 i 节点左端梁的线刚度和第 j 层第 i 节点右端梁的线刚度；

$M_{c\text{下}j+1}$、$M_{c\text{上}j}$——分别表示第 j 层第 i 节点上层柱的下部弯矩和下层柱的上部弯矩。

（1）风荷载作用下的梁端弯矩计算列于表 2.44 和表 2.45。

表 2.44　梁端弯矩 M_{AB}、M_{CB} 计算

楼层	柱端弯矩	柱端弯矩之和	M_{AB}/(kN·m)	柱端弯矩	柱端弯矩之和	M_{CB}/(kN·m)
4	—	7.30	7.30	—	4.97	4.97
	7.30			4.97		
3	4.59	18.16	18.16	3.03	12.14	12.14
	13.57			9.11		
2	11.10	30.81	30.81	7.45	20.84	20.84
	19.71			13.39		
1	18.13	51.61	51.61	12.02	34.97	34.97
	33.48			22.95		

表 2.45　梁端弯矩 M_{BA}、M_{BC} 计算

楼层	柱端弯矩/(kN·m)	柱端弯矩之和/(kN·m)	$K_b^{左}$/(kN·m)	$K_b^{右}$/(kN·m)	M_{BA}/(kN·m)	M_{BC}/(kN·m)
4	—	8.44	14.2×10^4	9.2×10^4	5.12	3.32
	8.44					
3	6.66	23.09	14.2×10^4	9.2×10^4	14.01	9.08
	16.43					
2	15.17	39.41	14.2×10^4	9.2×10^4	23.91	15.49
	24.24					
1	24.24	62.50	14.2×10^4	9.2×10^4	37.92	24.57
	38.26					

（2）风荷载作用下的梁端剪力计算详见表 2.46。

表 2.46　梁端剪力计算

楼层	M_{AB}/(kN·m)	M_{BA}/(kN·m)	$V_{AB}=V_{BA}$/kN	M_{BC}/(kN·m)	M_{CB}/(kN·m)	$V_{BC}=V_{CB}$/kN
4	7.30	5.12	1.38	3.32	4.97	1.20
3	18.16	14.01	3.57	9.08	12.14	3.08
2	30.81	23.91	6.08	15.49	20.84	5.27
1	51.61	37.92	9.95	24.57	34.97	8.63

2.6.3.4　柱轴力计算

由梁柱节点的平衡条件计算风荷载作用下的柱轴力，计算中要注意剪力的实际方向，计算过程详见表 2.47。

表 2.47 风荷载作用下柱轴力计算

楼层	V_{AB}/kN	N_A/kN	V_{BA}/kN	V_{BC}/kN	N_B/kN	V_{CB}/kN	N_C/kN
4	1.38	−1.38	1.38	1.20	0.18	1.20	1.20
3	3.57	−4.96	3.57	3.08	0.68	3.08	4.28
2	6.08	−11.04	6.08	5.27	1.49	5.27	9.54
1	9.95	−20.98	9.95	8.63	2.81	8.63	18.17

2.6.3.5 绘制内力图

(1) 弯矩图

依据表 2.43～表 2.45 画出⑤轴线框架在风荷载作用下的弯矩图，如图 2.107 所示。

(2) 剪力图

依据表 2.43 和表 2.46 画出⑤轴线框架在风荷载作用下的剪力图，如图 2.108 所示。

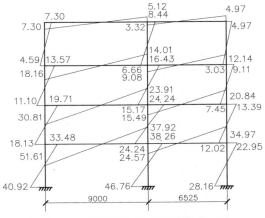

图 2.107 ⑤轴线框架在风荷载（左风）
作用下的弯矩图（单位：kN·m）

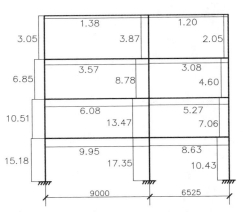

图 2.108 ⑤轴线框架在风荷载（左风）
作用下的剪力图（单位：kN）

(3) 轴力图

依据表 2.47 画出⑤轴线框架柱在风荷载作用下的轴力图，如图 2.109 所示。注意：图中以压力为＋，拉力为－。

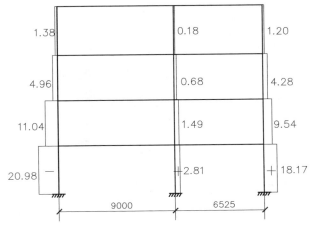

图 2.109 ⑤轴线框架柱在风荷载（左风）作用下的轴力图（单位：kN）

2.7 横向框架在水平地震作用下的内力和位移计算

2.7.1 重力荷载代表值计算

本设计实例的建筑高度为 15.45m＜40m，以剪切变形为主，且质量和高度均匀分布，故可采用底部剪力法计算水平地震作用。注意以下水平地震作用下的计算以左震为例。右震作用时与左震作用时计算方法相同。

首先需要计算重力荷载代表值。

屋面处重力荷载代表值＝结构和构配件自重标准值＋0.5×屋面雪荷载标准值

楼面处重力荷载代表值＝结构和构配件自重标准值＋0.5×楼面活荷载标准值

其中，结构和构配件自重取楼面上、下各半层层高范围内（屋面处取顶层的一半）的结构及构配件自重。

2.7.1.1 第4层重力荷载代表值计算

(1) 女儿墙的自重标准值

$$G_{女儿墙}=3.0\times(39+15.9)\times2=329.4(kN)$$

(2) 第4层屋面板结构层及构造层自重标准值

$G_{屋面板}=6.0\times2.1\times39.2+6.5\times14\times39.2=4061.12$（kN）（在电算时对井字楼盖部分板做了局部加强调整，此处屋面的面荷载原应该为 $6.0kN/m^2$，考虑板厚的不同，故按照 $6.5kN/m^2$ 来考虑。）

(3) 第4层梁自重标准值

$$\begin{aligned}
G_{梁}=&25\times0.35\times(0.9-0.12)\times9\times3+25\times0.35\times(0.7-0.12)\times6.525\times3\\
&+25\times0.35\times(0.8-0.12)\times7.8\times9+25\times0.25\times(0.75-0.12)\times7.8\times3\\
&+25\times0.25\times(0.65-0.12)\times6.9\times6+25\times0.3\times(1.1-0.10)\times15.6\times5\\
&+25\times0.3\times(1.1-0.10)\times15.9\times4+25\times0.4\times(1.2-0.10)\times15.6\times2\\
&+25\times0.4\times(1.2-0.10)\times15.9\times2+25\times0.35\times(1.1-0.10)\times15.9\\
=&2824.71(kN)
\end{aligned}$$

(4) 第4层柱自重标准值（取50%）

$$\begin{aligned}
G_{柱}=&11\times25\times0.6\times0.6\times(1.95-0.12)+6\times25\times0.55\times0.55\times(1.95-0.12)\\
=&264.21(kN)
\end{aligned}$$

(5) 第4层墙自重标准值（取50%）

$$\begin{aligned}
G_{墙}=&\frac{1}{2}\times3\times[(3.9-1.0)\times5.95\times2+(3.9-1.0)\times8.4\times2+(7.8-0.6)\times(3.9-0.8)+\\
&(7.8-0.8)\times(3.9-0.8)\times2+(7.8-0.6)\times(3.9-1.2)\times2+(7.8-0.55)\times\\
&(3.9-0.8)+(7.8-0.725)\times(3.9-0.8)\times2+(7.8-0.55)\times(3.9-1.2)\times2-\\
&20\times2.1\times1.8-2\times1.9\times1.8]+\frac{1}{2}\times0.45\times(20\times2.1\times1.8+2\times1.9\times1.8)+\\
&\frac{1}{2}\times2.8\times[(3.9-0.65)\times6.7\times5+(3.9-1.2)\times5.95\times2+(3.9-1.2)\times8.4\times\\
&2+(3.9-0.8)\times5.95+(3.9-0.65)\times4.9+(3.9-0.12)\times7.6+(3.9-0.75)\times\\
&7.6+(3.9-0.75)\times(7.8\times2-0.2)+(3.9-0.8)\times3.7\times2+(7.8-0.6)\times
\end{aligned}$$

$(3.9-0.8)-2\times1.2\times2.1-1\times2.1\times6-1.5\times2.1\times2-2\times2.1-2\times0.9\times2.1]+$

$\dfrac{1}{2}\times0.45\times(2\times1.2\times2.1+1\times2.1\times6+1.5\times2.1\times2+2\times0.9\times2.1)$

$=810.46(kN)$

（6）屋顶雪荷载标准值（取 50%）

$$Q_4=Q_雪=0.5\times0.3\times39.2\times16.1=0.5\times189.34=94.67(kN)$$

（7）第 4 层重力荷载代表值汇总

$$G_4=G_{女儿墙}+G_墙+G_{屋面板}+G_梁+G_柱+Q_4$$
$$=329.4+4061.12+2824.71+264.21+810.46+94.67$$
$$=8384.6(kN)$$

（8）第 4 层重力荷载设计值

$$G_4=1.2\times(329.4+4061.12+2824.71+264.21+810.46)+1.4\times189.34$$
$$=10213.0(kN)$$

2.7.1.2　第 3 层楼面处重力荷载标准值计算

（1）第 3 层楼面板结构层及构造层自重标准值

$$G_{办公室}=39.2\times(6.9\times2+0.2)\times4.5=2469.6(kN)$$
$$G_{卫生间}=6.9\times7.8\times6.5=349.83(kN)$$
$$G_{走廊}=39.2\times2.1\times4.0=329.28(kN)$$

（2）第 3 层楼面梁自重标准值

$$G_梁=25\times0.35\times(0.9-0.12)\times9\times3+25\times0.35\times(0.7-0.12)\times6.525\times3$$
$$+25\times0.35\times(0.8-0.12)\times7.8\times15+25\times0.25\times(0.75-0.12)\times7.8\times5$$
$$+25\times0.25\times(0.65-0.12)\times6.9\times9+25\times0.25\times(0.65-0.1)\times6.9$$
$$+25\times0.2\times(0.4-0.1)\times7.8+25\times0.35\times(1.0-0.12)\times15.9$$
$$=1496.89(kN)$$

（3）第 3 层柱自重标准值

$$G_柱=12\times25\times0.6\times0.6\times(1.95+1.8-0.12)+6\times25\times0.55\times0.55\times(1.95+1.8-0.12)$$
$$=556.75(kN)$$

（4）第 3 层墙自重标准值

$G_墙=\dfrac{1}{2}\times3\times[(3.6-1.0)\times5.95\times2+(3.6-1.0)\times8.4\times2+(7.8-0.6)\times(3.6-0.8)\times$

$3+(7.8-0.8)\times(3.6-0.8)\times2+(7.8-0.55)\times(3.6-0.8)\times3+(7.8-0.725)\times$

$(3.6-0.8)\times2-20\times2.1\times1.8-2\times1.9\times1.8]+\dfrac{1}{2}\times0.45\times(20\times2.1\times1.8+$

$2\times1.9\times1.8)+\dfrac{1}{2}\times2.8\times[(3.6-0.65)\times6.7\times9+(3.6-0.9)\times6.7\times2+(3.6-$

$0.7)\times5.95+(3.6-0.65)\times4.9+(3.6-0.4)\times7.6+39\times(3.6-0.75)+3.7\times$

$(3.6-0.8)\times2+(7.8-0.6)\times(3.6-0.8)\times3-1\times2.1\times6-1.5\times2.1\times10-$

$2\times2.1-2\times0.9\times2.1]+\dfrac{1}{2}\times0.45\times(1\times2.1\times6+1.5\times2.1\times10+2\times0.9\times2.1)+$

$810.46=892.4+810.46=1702.86(kN)$

（5）第 3 层活荷载标准值（取 50%）

$$Q_3=\dfrac{1}{2}\times(Q_{办公室}+Q_{走廊}+Q_{楼梯}+Q_{卫生间})$$

$$= \frac{1}{2} \times [2.0 \times (39.2 \times 7.0 + 23.4 \times 7.0) + 2.5 \times 39.2 \times 2.1 + 3.5 \times (3.9 + 0.1) \times$$

$$7.0 \times 2 + 2.5 \times 7.8 \times 7.0] = \frac{1}{2} \times 1414.7 = 707.35 (\text{kN})$$

（6）第 3 层重力荷载代表值汇总

$$G_3 = G_墙 + G_办公室 + G_走廊 + G_卫生间 + G_梁 + G_柱 + Q_3$$
$$= 1702.86 + 2469.6 + 329.28 + 349.83 + 1496.89 + 556.75 + 707.35$$
$$= 7612.7 (\text{kN})$$

（7）第 3 层重力荷载设计值

$$G_3 = 1.2 \times (1702.86 + 2469.6 + 329.28 + 349.83 + 1496.89 + 556.75) + 1.4 \times 1414.7$$
$$= 10266.8 (\text{kN})$$

2.7.1.3 第 2 层楼面处重力荷载标准值计算

（1）第 2 层楼面板结构层及构造层自重标准值

$$G_办公室 = 39.2 \times (6.9 \times 2 + 0.2) \times 4.5 = 2469.6 (\text{kN})$$
$$G_卫生间 = 6.9 \times 7.8 \times 6.5 = 349.83 (\text{kN})$$
$$G_走廊 = 39.2 \times 2.1 \times 4.0 = 329.28 (\text{kN})$$

（2）第 2 层楼面梁自重标准值

$$G_梁 = 1496.89 \text{kN}$$

（3）第 2 层柱自重标准值

$$G_柱 = 12 \times 25 \times 0.6 \times 0.6 \times (3.6 - 0.12) + 6 \times 25 \times 0.55 \times 0.55 \times (3.6 - 0.12)$$
$$= 533.75 (\text{kN})$$

（4）第 2 层墙自重标准值

$$G_墙 = \frac{1}{2} \times 3 \times [(3.6 - 1.0) \times 5.95 \times 2 + (3.6 - 1.0) \times 8.4 \times 2 + (7.8 - 0.6) \times$$

$$(3.6 - 0.8) \times 3 + (7.8 - 0.8) \times (3.6 - 0.8) \times 2 + (7.8 - 0.55) \times (3.6 - 0.8) \times$$

$$3 + (7.8 - 0.725) \times (3.6 - 0.8) \times 2 - 20 \times 2.1 \times 1.8 - 2 \times 1.9 \times 1.8] + \frac{1}{2} \times$$

$$0.45 \times (20 \times 2.1 \times 1.8 + 2 \times 1.9 \times 1.8) + \frac{1}{2} \times 2.8 \times [(3.6 - 0.65) \times 6.7 \times 4 +$$

$$(3.6 - 0.9) \times 6.7 \times 4 + (3.6 - 0.7) \times 5.95 \times 4 + (3.6 - 0.65) \times 4.9 +$$

$$(3.6 - 0.4) \times 7.6 + 39 \times (3.6 - 0.75) + 3.7 \times (3.6 - 0.8) \times 2 + (7.8 - 0.6) \times$$

$$(3.6 - 0.8) \times 3 - 1 \times 2.1 \times 6 - 1.5 \times 2.1 \times 10 - 2 \times 2.1 - 2 \times 0.9 \times 2.1] +$$

$$\frac{1}{2} \times 0.45 \times (1 \times 2.1 \times 6 + 1.5 \times 2.1 \times 10 + 2 \times 0.9 \times 2.1) + 892.4 = 877.17 + 892.4$$

$$= 1769.57 (\text{kN})$$

（5）第 2 层活荷载标准值（取 50%）

$$Q_2 = Q_3 = \frac{1}{2} \times 1414.7 = 707.35 (\text{kN})$$

（6）第 2 层重力荷载代表值汇总

$$G_2 = G_墙 + G_办公室 + G_走廊 + G_卫生间 + G_梁 + G_柱 + Q_2$$
$$= 1769.57 + 2469.6 + 329.28 + 349.83 + 1496.89 + 533.75 + 707.35$$
$$= 7656.3 (\text{kN})$$

(7) 第2层重力荷载设计值

$G_2 = 1.2 \times (1769.57 + 2469.6 + 329.28 + 349.83 + 1496.89 + 533.75) + 1.4 \times 1414.7$
$= 10319.3 \text{(kN)}$

2.7.1.4 第1层楼面处重力荷载标准值计算

(1) 第1层楼面板结构层及构造层自重标准值

$$G_{办公室} = 39.2 \times (6.9 \times 2 + 0.2) \times 4.5 = 2469.6 \text{(kN)}$$

$$G_{卫生间} = 6.9 \times 7.8 \times 6.5 = 349.83 \text{(kN)}$$

$$G_{走廊} = 39.2 \times 2.1 \times 4.0 = 329.28 \text{(kN)}$$

$G_{雨篷} = 2 \times 25 \times 0.35 \times (0.4 - 0.1) \times 1.5 + 2 \times 25 \times 0.2 \times (0.4 - 0.1) \times (7.8 - 0.35)$
$\qquad + 25 \times 0.25 \times (0.4 - 0.1) \times 1.3 + 5.1 \times (7.8 + 0.35) \times 1.5$
$\qquad = 95.02 \text{(kN)}$

(2) 第1层楼面梁自重标准值

$$G_{梁} = 1496.89 \text{kN}$$

(3) 第1层柱自重标准值

$G_{柱} = 12 \times 25 \times 0.6 \times 0.6 \times (2.45 + 1.8 - 0.12) + 6 \times 25 \times 0.55 \times 0.55 \times$
$\qquad (2.45 + 1.8 - 0.12) = 633.44 \text{(kN)}$

(4) 第1层墙自重标准值

$G_{墙} = \dfrac{1}{2} \times 3 \times [(3.9 - 1.0) \times 5.95 \times 2 + (3.9 - 1.0) \times 8.4 \times 2 + (7.8 - 0.6) \times$

$\qquad (3.9 - 0.8) \times 3 + (7.8 - 0.8) \times (3.9 - 0.8) \times 2 + (7.8 - 0.55) \times (3.9 - 0.8) \times$

$\qquad 3 + (7.8 - 0.725) \times (3.9 - 0.8) \times 2 - 18 \times 2.1 \times 1.8 - 2 \times 1.9 \times 1.8 - 2 \times$

$\qquad 2.4 \times 2.1] + \dfrac{1}{2} \times 0.45 \times (18 \times 2.1 \times 1.8 + 2 \times 2.4 \times 2.1 + 2 \times 1.9 \times 1.8) +$

$\qquad \dfrac{1}{2} \times 2.8 \times [(3.9 - 0.65) \times 6.7 \times 5 + (3.9 - 0.9) \times 6.7 \times 3 + (3.9 - 0.65) \times$

$\qquad 4.9 + (3.9 - 0.4) \times 7.6 + (7.8 + 3.9) \times (3.9 - 0.75) + 3.7 \times (3.9 - 0.8) \times$

$\qquad 2 + (7.8 - 0.6) \times (3.9 - 0.8) \times 3 - 1 \times 2.1 \times 3 - 1.5 \times 2.1 \times 6 - 2 \times 2.1 - 2 \times$

$\qquad 0.9 \times 2.1] + \dfrac{1}{2} \times 0.45 \times (1 \times 2.1 \times 3 + 1.5 \times 2.1 \times 6 + 2 \times 0.9 \times 2.1) +$

$\qquad 877.17 = 782.05 + 877.17 = 1659.22 \text{(kN)}$

(5) 第1层活荷载标准值（取50%）

$Q_1 = \dfrac{1}{2} \times (Q_{办公室} + Q_{走廊} + Q_{楼梯} + Q_{卫生间} + Q_{雨篷})$

$\qquad = \dfrac{1}{2} \times [2.0 \times (39.2 \times 7.0 + 23.4 \times 7.0) + 2.5 \times 39.2 \times 2.1 + 3.5 \times (3.9 + 0.1) \times$

$\qquad 7.0 \times 2 + 2.5 \times 7.8 \times 7.0 + 8.15 \times 1.5 \times 0.5] = \dfrac{1}{2} \times 1420.81 = 710.41 \text{(kN)}$

(6) 第1层重力荷载代表值汇总

$G_1 = G_{墙} + G_{办公室} + G_{走廊} + G_{卫生间} + G_{雨篷} + G_{梁} + G_{柱} + Q_1$

$\qquad = 1659.22 + 2469.6 + 329.28 + 349.83 + 95.02 + 1496.89 + 633.44 + 710.41$

$\qquad = 7779.7 \text{(kN)}$

(7) 第1层重力荷载设计值

$G_1 = 1.2 \times (1659.22 + 2469.6 + 329.28 + 349.83 + 95.02 + 1496.89 + 633.44) +$
$\qquad 1.4 \times 1420.81 = 10430.6 \text{(kN)}$

2.7.2 横向框架的水平地震作用和位移计算

2.7.2.1 框架梁柱线刚度计算

考虑现浇楼板对梁刚度的加强作用，故对中框架梁的惯性矩乘以 2.0，对边框架梁的惯性矩乘以 1.5。框架梁的线刚度计算详见表 2.48，框架柱的线刚度计算详见表 2.39。

表 2.48 框架梁线刚度计算

框架梁位置	截面 $b \times h$/(m×m)	混凝土强度等级	弹性模量 E_C/(kN/m²)	跨度 L/m	矩形截面惯性矩 I_0/m⁴	$I_b=1.5I_0$(边跨) $I_b=2.0I_0$(中跨)/m⁴	$K_{bi}=E_C I_b/L$ /(kN·m)
边框架梁	0.35×0.9	C30	3.0×10⁷	9.0	0.0213	0.032	10.67×10⁴
	0.35×0.7	C30	3.0×10⁷	6.525	0.01	0.015	6.9×10⁴
中框架梁	0.35×0.9	C30	3.0×10⁷	9.0	0.0213	0.0426	14.2×10⁴
	0.35×0.7	C30	3.0×10⁷	6.525	0.01	0.02	9.2×10⁴
	0.35×1.1 (屋顶③轴井字梁)	C30	3.0×10⁷	15.9	0.0388	0.0776	14.6×10⁴

2.7.2.2 侧移刚度 D 计算

考虑梁柱的线刚度比，用 D 值法计算框架柱的侧移刚度，计算过程详见表 2.49。

表 2.49 柱的侧移刚度 D 值计算

楼层		K_C	$\overline{K}$ 一般层:$\overline{K}=\sum K_{bi}/2K_C$ 底层:$\overline{K}=\sum K_{bi}/K_C$	α 一般层:$\alpha=\overline{K}/(2+\overline{K})$ 底层:$(0.5+\overline{K})/(2+\overline{K})$	$D=12\alpha K_C/h^2$ /(kN/m)	根数
四层	Ⓐ轴边框边柱	8.3×10⁴	1.286	0.391	25604	2
	Ⓐ轴中框边柱	8.3×10⁴	1.711	0.461	30188	3
	Ⓐ轴中框边柱	8.3×10⁴	1.759	0.468	30646	1
	Ⓑ轴边框中柱	8.3×10⁴	2.117	0.514	33658	2
	Ⓑ轴中框中柱	8.3×10⁴	2.819	0.585	38308	3
	Ⓒ轴边框边柱	5.85×10⁴	1.179	0.371	17123	2
	Ⓒ轴中框边柱	5.85×10⁴	1.573	0.440	20308	3
	Ⓒ轴中框边柱	5.85×10⁴	2.496	0.555	25615	1
	$\sum D$			475442		
二、三层	Ⓐ轴边框边柱	9.0×10⁴	1.186	0.372	31000	2
	Ⓐ轴中框边柱	9.0×10⁴	1.578	0.441	36750	4
	Ⓑ轴边框中柱	9.0×10⁴	1.952	0.494	41167	2
	Ⓑ轴中框中柱	9.0×10⁴	2.600	0.565	47083	4
	Ⓒ轴边框边柱	6.33×10⁴	1.090	0.353	20690	2
	Ⓒ轴中框边柱	6.33×10⁴	1.453	0.421	24675	4
	$\sum D$			619747		

楼层		K_C	$\overline{K}$	α	$D=12\alpha K_C/h^2$ $/(\text{kN/m})$	根数
			一般层:$\overline{K}=\sum K_{bi}/2K_C$ 底层:$\overline{K}=\sum K_{bi}/K_C$	一般层:$\alpha=\overline{K}/(2+\overline{K})$ 底层:$(0.5+\overline{K})/(2+\overline{K})$		
底层	Ⓐ轴边框边柱	6.61×10^4	1.614	0.585	19326	2
	Ⓐ轴中框边柱	6.61×10^4	2.148	0.638	21077	4
	Ⓑ轴边框中柱	6.61×10^4	2.658	0.678	22399	2
	Ⓑ轴中框中柱	6.61×10^4	3.540	0.729	24083	4
	Ⓒ轴边框边柱	4.65×10^4	1.484	0.569	13224	2
	Ⓒ轴中框边柱	4.65×10^4	1.978	0.623	14479	4
	$\sum D$			348454		

2.7.2.3 结构基本自振周期的计算

(1) 采用假想顶点位移法计算结构基本自振周期

结构在重力荷载代表值作用下的假想顶点位移计算详见表 2.50。

表 2.50 假想顶点位移计算

楼层	G_i/kN	$\sum G_i/\text{kN}$	$\sum D/(\text{kN/m})$	$\Delta u_i=\sum G_i/\sum D/\text{m}$	u_i/m
4	8384.6	8384.60	475442	0.0176	0.1718
3	7612.7	15997.30	619747	0.0258	0.1542
2	7656.3	23653.60	619747	0.0382	0.1284
1	7779.7	31433.30	348454	0.0902	0.0902

采用假想顶点位移法近似计算结构基本自振周期，依据计算公式(8.10)，考虑填充墙对框架结构的影响，取周期折减系数 $\psi_T=0.7$，则结构的基本自振周期为：

$$T_1=1.7\psi_T\sqrt{u_T}=1.7\times0.7\times\sqrt{0.1718}=0.493(\text{s})$$

(2) 采用能量法（Rayleigh 法）计算结构基本自振周期

采用能量法（Rayleigh 法）近似计算结构基本自振周期，依据计算公式(8.7)，计算过程如下。

$\sum\limits_{i=1}^{n}G_iu_i$ 和 $\sum\limits_{i=1}^{n}G_iu_i^2$ 的计算过程列于表 2.51。

表 2.51 能量法计算结构基本自振周期

楼层	G_i/kN	u_i/m	G_iu_i	$G_iu_i^2$
4	8384.6	0.1718	1440.66	247.54
3	7612.7	0.1542	1173.78	180.98
2	7656.3	0.1284	982.87	126.18
1	7779.7	0.0902	701.79	63.31
$\sum$			4299.11	618.00

将 $\sum\limits_{i=1}^{n}G_iu_i$ 和 $\sum\limits_{i=1}^{n}G_iu_i^2$ 代入自振周期计算公式，则

$$T_1 = 2\pi\psi_T \sqrt{\dfrac{\sum\limits_{i=1}^{n} G_i u_i^2}{g\sum\limits_{i=1}^{n} G_i u_i}} = 2 \times 3.14 \times 0.7 \times \sqrt{\dfrac{618.00}{4299.11 \times 9.8}} = 0.532(s)$$

(3) 采用经验公式计算结构基本自振周期

采用经验公式(8.8) 计算结构的基本自振周期，即

$$T_1 = 0.25 + 0.53 \times 10^{-3}\dfrac{H^2}{\sqrt[3]{B}} = 0.25 + 0.00053 \times \dfrac{15.45^2}{\sqrt[3]{16.1}} = 0.30(s)$$

2.7.2.4　横向水平地震作用计算

本设计实例的质量和刚度沿高度分布比较均匀、高度不超过40m，并以剪切变形为主（房屋高宽比小于4），故采用底部剪力法计算横向水平地震作用。

(1) 地震影响系数

本工程所在场地为7度设防，设计地震分组为第一组，场地土为Ⅱ类，结构的基本自振周期采用能量法的计算结果，即 $T_1 = 0.532s$。查表4.3得：$\alpha_{max} = 0.08$，查表3.14得：$T_g = 0.35s$。

因 $T_g < T_1 = 0.532 < 5T_g$，查图3.61，则地震影响系数为：$\alpha_1 = \left(\dfrac{T_g}{T_1}\right)^{\gamma}\eta_2\alpha_{max}$

其中，γ 是衰减指数，在 $T_g < T_1 < 5T_g$ 的区间取0.9，η_2 为阻尼调整系数，除有专门规定外，建筑结构的阻尼比应取0.05，相应的阻尼调整系数按1.0采用，即 $\eta_2 = 1.0$。

因此，地震影响系数为：

$$\alpha_1 = \left(\dfrac{T_g}{T_1}\right)^{0.9}\alpha_{max} = \left(\dfrac{0.35}{0.532}\right)^{0.9} \times 0.08 = 0.0549$$

(2) 各层水平地震作用标准值、楼层地震剪力及楼层层间位移计算

对三多质点体系，结构底部总横向水平地震作用标准值：

$F_{EK} = \alpha_1 G_{eq} = 0.0549 \times 0.85 \times (8384.6 + 7612.7 + 7656.3 + 7779.7) = 1466.8(kN)$

因为 $T_1 = 0.532s > 1.4T_g = 0.49(s)$，所以需要考虑顶部附加水平地震作用的影响。顶部附加地震作用系数为：$\delta_n = 0.08T_1 + 0.07 = 0.08 \times 0.532 + 0.07 = 0.113$

顶部附加水平地震作用为：$\Delta F_4 = \Delta F_n = \delta_n F_{EK} = 0.113 \times 1466.8 = 165.7(kN)$

则依据 $F_i = \dfrac{G_i H_i}{\sum\limits_{j=1}^{n} G_j H_j} F_{EK}(1 - \delta_n)$ 计算各层水平地震作用标准值，进而求出各楼层地震

剪力及楼层层间位移，计算过程详见表2.52。根据计算结果，画出水平地震作用下的计算简图（图2.110），在图中标出各层水平地震作用标准值。

表2.52　各层水平地震作用标准值、楼层地震剪力及楼层层间位移计算

楼层	G_i/kN	H_i/m	$G_i \cdot H_i$	$\Sigma G_i \cdot H_i$	F_i/kN	V_i/kN	ΣD /(kN/m)	$\Delta u_i = V_i/\Sigma D$ /m
4	8384.6	16	134153.60	329466.35	529.77	695.47	475442	0.00146
3	7612.7	12.1	92113.67	329466.35	363.75	1059.22	619747	0.00171
2	7656.3	8.5	65078.55	329466.35	256.99	1316.21	619747	0.00212
1	7779.7	4.9	38120.53	329466.35	150.54	1466.75	348454	0.00421

楼层最大位移与楼层层高之比：

$$\frac{\Delta u_i}{h} = \frac{0.00421}{4.9} = \frac{1}{1164} < \frac{1}{550}$$

故满足位移要求。

(3) 刚重比和剪重比验算

为了保证结构的稳定和安全，需进行结构刚重比和剪重比验算。刚重比和剪重比的概念可参考 4.4.3 节中"需要注意的几个重要比值"的解释。各层的刚重比和剪重比计算详见表 2.53。

由表 2.53 可知各层的刚重比均大于 10，满足稳定的要求；由表 4.4 查得楼层最小地震剪力系数 $\lambda = 0.016$，由表 2.53 可知各层的剪重比均大于 0.016，满足剪重比的要求。

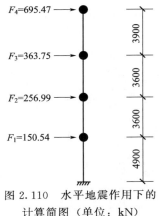

图 2.110 水平地震作用下的计算简图（单位：kN）

表 2.53 各层刚重比和剪重比计算

楼层	h_i /m	D_i /(kN/m)	$D_i \cdot h_i$ /kN	V_{EKi} /kN	$\sum\limits_{j=i}^{n} G_j$ （重力荷载代表值）/kN	$\sum\limits_{j=i}^{n} G_j$ （重力荷载设计值）/kN	$\dfrac{D_i \cdot h_i}{\sum\limits_{j=i}^{n} G_j}$ （刚重比）	$\dfrac{V_{EKi}}{\sum\limits_{j=i}^{n} G_j}$ （剪重比）
4	3.9	475442	1854223.8	695.47	8384.60	10213.00	181.6	0.083
3	3.6	619747	2231089.2	1059.22	15997.30	20479.80	108.9	0.066
2	3.6	619747	2231089.2	1316.21	23653.60	30799.10	72.4	0.056
1	4.9	348454	1707424.6	1466.75	31433.30	41229.70	41.4	0.047

2.7.3 横向框架在水平地震作用下的内力计算

横向框架在水平地震作用下的内力计算采用 D 值法。下面以⑤轴线横向框架为例，进行水平地震作用下的框架内力计算。D 值法的计算步骤与风荷载作用下的计算步骤相同。

2.7.3.1 反弯点高度计算

反弯点高度比与风荷载中的计算结果相同，详见表 2.54。

表 2.54 反弯点高度比 y

楼层	Ⓐ轴中框架柱	Ⓑ轴中框架柱	Ⓒ轴中框架柱
四层	0.386	0.441	0.379
三层	0.450	0.480	0.450
二层	0.479	0.500	0.473
底层	0.550	0.550	0.551

2.7.3.2 柱端弯矩及剪力计算

框架在水平地震作用下的柱端剪力和柱端弯矩计算方法与风荷载作用下的柱端剪力和柱端弯矩计算方法相同，具体计算过程列于表 2.55 中。

表 2.55　水平地震作用下柱端弯矩及剪力计算

柱	楼层	V_j /kN	D_{ij} /(kN/m)	$\sum D$ /(kN/m)	$D_{ij}/\sum D$	V_{ij} /kN	y	yh /m	$M_{C上}$ /(kN·m)	$M_{C下}$ /(kN·m)
Ⓐ轴	4	695.47	30188	475442	0.063	44.16	0.386	1.505	105.74	66.48
	3	1059.22	36750	619747	0.059	62.81	0.450	1.620	124.36	101.75
	2	1316.21	36750	619747	0.059	78.05	0.479	1.724	146.39	134.59
	1	1466.75	21077	348454	0.060	88.72	0.550	2.695	195.63	239.10
Ⓑ轴	4	695.47	38308	475442	0.081	56.04	0.441	1.720	122.16	96.38
	3	1059.22	47083	619747	0.076	80.47	0.480	1.728	150.64	139.05
	2	1316.21	47083	619747	0.076	99.99	0.500	1.800	179.99	179.99
	1	1466.75	24083	348454	0.069	101.37	0.550	2.695	223.53	273.20
Ⓒ轴	4	695.47	20308	475442	0.043	29.71	0.379	1.478	71.95	43.91
	3	1059.22	24675	619747	0.040	42.17	0.450	1.620	83.50	68.32
	2	1316.21	24675	619747	0.040	52.40	0.473	1.703	99.42	89.23
	1	1466.75	14479	348454	0.042	60.95	0.551	2.700	134.09	164.55

2.7.3.3　梁端弯矩及剪力计算

（1）水平地震作用下的梁端弯矩计算列于表 2.56 和表 2.57 中。

表 2.56　梁端弯矩 M_{AB}、M_{CB} 计算

楼层	柱端弯矩	柱端弯矩之和	M_{AB} /(kN·m)	柱端弯矩	柱端弯矩之和	M_{CB} /(kN·m)
4	—	105.74	105.74	—	71.95	71.95
	105.74			71.95		
3	66.48	190.84	190.84	43.91	127.41	127.41
	124.36			83.50		
2	101.75	248.14	248.14	68.32	167.74	167.74
	146.39			99.42		
1	134.59	330.22	330.22	89.23	223.32	223.32
	195.63			134.09		

表 2.57　梁端弯矩 M_{BA}、M_{BC} 计算

楼层	柱端弯矩 /(kN·m)	柱端弯矩之和 /(kN·m)	$K_b^{左}$ /(kN·m)	$K_b^{右}$ /(kN·m)	M_{BA} /(kN·m)	M_{BC} /(kN·m)
4	—	122.16	14.2×10⁴	9.2×10⁴	74.13	48.03
	122.16					
3	96.38	247.02	14.2×10⁴	9.2×10⁴	149.90	97.12
	150.64					
2	139.05	319.04	14.2×10⁴	9.2×10⁴	193.61	125.44
	179.99					
1	139.05	362.58	14.2×10⁴	9.2×10⁴	220.03	142.55
	223.53					

（2）水平地震作用下的梁端剪力计算详见表 2.58。

表 2.58　梁端剪力计算

楼层	M_{AB} /(kN·m)	M_{BA} /(kN·m)	$V_{AB}=V_{BA}$ /kN	M_{BC} /(kN·m)	M_{CB} /(kN·m)	$V_{BC}=V_{CB}$ /kN
4	105.74	74.13	19.99	48.03	71.95	17.39
3	190.84	149.90	37.86	97.12	127.41	32.54
2	248.14	193.61	49.08	125.44	167.74	42.49
1	330.22	220.03	61.14	142.55	223.32	53.03

2.7.3.4　柱轴力计算

由梁柱节点的平衡条件计算水平地震作用下的柱轴力，计算中要注意剪力的实际方向，计算过程详见表 2.59。

表 2.59　水平地震作用下柱轴力计算

楼层	V_{AB} /kN	N_A /kN	V_{BA} /kN	V_{BC} /kN	N_B /kN	V_{CB} /kN	N_C /kN
4	19.99	−19.99	19.99	17.39	2.60	17.39	17.39
3	37.86	−57.85	37.86	32.54	7.92	32.54	49.93
2	49.08	−106.93	49.08	42.49	14.51	42.49	92.42
1	61.14	−168.07	61.14	53.03	22.62	53.03	145.44

2.7.3.5　绘制内力图

（1）弯矩图

依据表 2.55～表 2.57，画出⑤轴线框架在水平地震作用下的弯矩图，如图 2.111 所示。

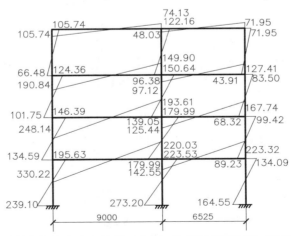

图 2.111　⑤轴线框架在水平地震（左震）作用下的弯矩图（单位：kN·m）

（2）剪力图

依据表 2.55 和表 2.58，画出⑤轴线框架在水平地震作用下的剪力图，如图 2.112 所示。

(3) 轴力图

依据表 2.59，画出⑤轴线框架柱在水平地震作用下的轴力图，如图 2.113 所示，注意图中以压力为＋，拉力为－。

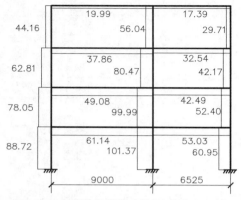

图 2.112 ⑤轴线框架在水平地震（左震）
作用下的剪力图（单位：kN）

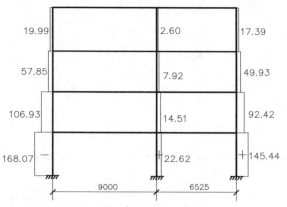

图 2.113 ⑤轴线框架在水平地震（左震）
作用下的轴力图（单位：kN）

2.8 框架梁柱内力组合

求出各种荷载作用下的框架内力后，应根据最不利又是可能的原则进行内力组合。

（1）梁端负弯矩调幅

当考虑结构塑性内力重分布的有利影响时，应在内力组合之前对竖向荷载作用下的内力进行调幅（本实例梁端负弯矩调幅系数取 0.85，详见 3.2.9 节"设计参数输入"中的解释，水平荷载作用下的弯矩不能调幅。

（2）控制截面

框架梁的控制截面通常是梁端支座截面和跨中截面（图 2.114）。在竖向荷载作用下，支座截面可能产生最大负弯矩和最大剪力；在水平荷载作用下，支座截面还会出现正弯矩。跨中截面一般产生最大正弯矩，有时也可能出现负弯矩。框架梁的控制截面最不利内力组合有以下几种。

梁跨中截面：$+M_{max}$ 及相应的 V（正截面设计），有时需组合 $-M_{max}$；

梁支座截面：$-M_{max}$ 及相应的 V（正截面设计），V_{max} 及相应的 M（斜截面设计），有时需组合 $+M_{max}$。

框架柱的控制截面通常是柱上、下两端截面（图 2.114）。柱的剪力和轴力在同一层柱内变化很小，甚至没有变化，而柱的两端弯矩最大。同一柱端截面在不同内力组合时，有可能出现正弯矩或负弯矩，考虑到框架柱一般采用对称配筋，组合时只需选择绝对值最大的弯矩。框架柱的控制截面最不利内力组合有以下几种。

柱截面：$|M_{max}|$ 及相应的 N、V；N_{max} 及相应的 M、V；N_{min} 及相应的 M、V；V_{max} 及相应的 M、N；

$|M|$ 比较大（不是绝对最大），但 N 比较小或 N 比较大（不是绝对最小或绝对最大）。

（3）内力换算

结构受力分析所得内力是构件轴线处内力，而梁支座截面是指柱边缘处梁端截面，柱上、下端截面是指梁顶和梁底处柱端截面，如图 2.115 所示。因此，进行内力组合前，应将各种荷载作用下梁柱轴线的弯矩值和剪力值换算到梁柱边缘处，然后再进行内力组合。对于框架柱，在手算时为了简化起见，可采用轴线处内力值，也就是可不用换算为柱边缘截面的内力，这样算得的钢筋用量比需要的钢筋用量略微多一些。实际工程中可采用梁端和柱端的内力数据，这样可更准确和经济。

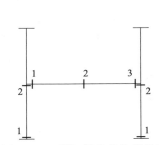

图 2.114　框架梁柱的控制截面

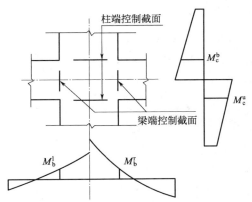

图 2.115　框架梁柱控制截面处的内力

梁支座边缘处的内力值：

$$M_{边缘} = M - V\frac{b}{2} \tag{2.19}$$

$$V_{边缘} = V - q\frac{b}{2} \tag{2.20}$$

式中　$M_{边缘}$——支座边缘截面的弯矩标准值；

　　　$V_{边缘}$——支座边缘截面的剪力标准值；

　　　M——梁柱中线交点处的弯矩标准值；

　　　V——与 M 相应的梁柱中线交点处的剪力标准值；

　　　q——梁单位长度的均布荷载标准值；

　　　b——梁端支座宽度（即柱截面高度）。

（4）荷载效应组合的种类

荷载效应组合的种类可参考 4.1.1 节"分析与设计参数补充定义"中的设计信息，在手算时，主要考虑以下组合。

① 非抗震设计时的基本组合。

a. 以永久荷载效应控制的组合；

b. 以可变荷载效应控制的组合；

c. 在方案设计阶段，当需要用手算初步进行荷载效应组合计算时，允许采用对所有参与组合的可变荷载的效应设计值，乘以一个统一的组合系数 0.9 的简化方法，即考虑恒载、活载和风载组合时，可采用简化规则：1.2×恒载＋1.4×0.9（活载＋风载）。后面实例采用 a 和 b 两种组合。

② 地震作用效应和其他荷载效应的基本组合。

考虑重力荷载代表值、风载和水平地震组合（对一般结构，风载组合系数为 0）：1.2×重力荷载＋1.3×水平地震。

当重力荷载效应对构件承载能力有利时，则组合为：1.0×重力荷载＋1.3×水平地震。

③ 荷载效应的标准组合和准永久组合。

荷载效应的标准组合：1.0×恒载＋1.0×活载。

荷载效应的准永久组合：1.0×恒载＋1.0×0.4×活载。

2.8.1 框架梁内力组合

选择第三层 AB 框架梁为例进行内力组合，考虑恒荷载、活荷载、重力荷载代表值、风荷载和水平地震作用五种荷载。

2.8.1.1 内力换算和梁端负弯矩调幅

根据公式(2.19)和公式(2.20)将框架梁轴线处的内力换算为梁支座边缘处的内力值，计算过程详见表 2.60。需要说明：因为第三层 AB 框架梁的受力复杂，公式(2.20)中的 q（梁单位长度的均布荷载标准值）近似取该跨梁上所有荷载除以该跨梁的跨长。表中弯矩以梁下部受拉为正（注意弯矩的符号与弯矩二次分配法时的符号定义不同，弯矩二次分配法时弯矩的符号是以绕杆端顺时针为正，逆时针为负。），剪力以绕杆端顺时针为正。

表 2.60　轴线处的内力换算为梁支座边缘处的内力值

楼层	截面位置		内力	荷载类型						
				S_{GE}	S_{Gk}	S_{Qk}	S_{wk}		S_{Ek}	
				重力荷载	恒荷载	活荷载	左风	右风	左震	右震
3	轴线处内力	左端	M	−227.70	−204.04	−47.87	18.16	−18.16	190.84	−190.84
			V	142.48	126.03	32.13	−3.57	3.57	−37.86	37.86
		跨中	M	205.02	179.47	47.00	2.08	−2.08	20.47	−20.47
			V	—	—	—	—	—	—	—
		右端	M	−433.57	−390.10	−87.16	−14.01	14.01	−149.90	149.90
			V	−295.14	−265.57	−59.92	−3.57	3.57	−37.86	37.86
	梁支座边缘处内力	左端	M	−184.96	−166.23	−38.23	17.09	−17.09	179.48	−179.48
			V	127.89	112.97	29.06	−3.57	3.57	−37.86	37.86
		跨中	M	205.02	179.47	47.00	2.08	−2.08	20.47	−20.47
			V	—	—	—	—	—	—	—
		右端	M	−345.03	−310.43	−69.18	−12.94	12.94	−138.54	138.54
			V	−280.55	−252.51	−56.85	−3.57	3.57	−37.86	37.86
	梁支座边缘处调幅后内力	左端	M	−157.21	−141.30	−32.50	17.09	−17.09	179.48	−179.48
			V	127.89	112.97	29.06	−3.57	3.57	−37.86	37.86
		跨中	M	270.63	236.90	62.04	2.08	−2.08	20.47	−20.47
			V	—	—	—	—	—	—	—
		右端	M	−293.27	−263.68	−58.81	−12.94	12.94	−138.54	138.54
			V	−280.55	−252.51	−56.85	−3.57	3.57	−37.86	37.86

注：1. 表中弯矩的单位是 kN·m，剪力的单位是 kN。

2. 梁支座边缘处内力根据公式(2.19)和(2.20)进行计算。

3. 表中的调幅后跨中弯矩 M 比调幅前跨中弯矩大，近似取为调幅前跨中弯矩的 1.1 倍；考虑手算时没有考虑活荷载的最不利布置和跨中弯矩并非跨间最大弯矩，则跨中弯矩也应适当放大，故再乘一个 1.2 的系数，即表中的调幅后跨中弯矩 M 为调幅前跨中弯矩乘以 1.1×1.2＝1.32。水平荷载作用下不调幅。

本实例梁端负弯矩调幅系数取 0.85，梁端负弯矩调幅后的数值列于表 2.60 中。

2.8.1.2 非抗震设计时的基本组合

非抗震设计时的基本组合是考虑恒荷载、活荷载和风荷载三种荷载效应的组合。由可变荷载效应控制的基本组合过程列于表 2.61，由永久荷载效应控制的基本组合过程列于表 2.62。

表 2.61　用于承载力计算的框架梁非抗震由可变荷载效应控制的基本组合表（第三层 AB 框架梁）

| 楼层 | 截面位置 | 内力 | 荷载类型 | | | | M_{max} | | $-M_{max}$ | | $|V_{max}|$ 及相应的 M | |
| | | | S_{Gk} | S_{Qk} | S_{wk} | | | | | | | |
			恒荷载	活荷载	左风	右风	组合种类	组合值	组合种类	组合值	组合种类	组合值
3	左端	M	−141.30	−32.50	17.09	−17.09	—	—	1.2×恒+1.4×活+1.4×1.0×0.6×右风	−229.41	1.2×恒+1.4×活+1.4×1.0×0.6×右风	−229.41
		V	112.97	29.06	−3.57	3.57	—	—	—	—	1.2×恒+1.4×活+1.4×1.0×0.6×右风	179.25
	跨中	M	236.90	62.04	2.08	−2.08	1.2×恒+1.4×活+1.4×1.0×0.6×左风	372.88	—	—	—	—
		V	—	—	—	—	—	—	—	—	—	—
	右端	M	−263.86	−58.81	−12.94	12.94	—	—	1.2×恒+1.4×活+1.4×1.0×0.6×左风	−409.84	1.2×恒+1.4×活+1.4×1.0×0.6×左风	−409.84
		V	−252.51	−56.85	−3.57	3.57	—	—	—	—	1.2×恒+1.4×活+1.4×1.0×0.6×左风	−385.61

注：1. 表中弯矩的单位是 kN·m，剪力的单位是 kN。

2. 可变荷载效应控制情况下，恒荷载、楼面活荷载、风荷载的荷载分项系数分别为 1.2、1.4、1.4；楼面活荷载和风荷载的组合系数分别为 0.7 和 0.6；楼面和屋面活荷载考虑设计使用年限的调整系数 $\gamma_L=1.0$。

3. 表中内力组合值的结果均乘以结构重要性系数，即 $\gamma_0=1.0$。

表 2.62　用于承载力计算的框架梁非抗震由永久荷载效应控制的基本组合表（第三层 AB 框架梁）

| 楼层 | 截面位置 | 内力 | 荷载类型 | | | | M_{max} 及相应的 V | | $-M_{max}$ 及相应的 V | | $|V_{max}|$ 及相应的 M | |
| | | | S_{Gk} | S_{Qk} | S_{wk} | | | | | | | |
			恒荷载	活荷载	左风	右风	组合种类	组合值	组合种类	组合值	组合种类	组合值
3	左端	M	−141.30	−32.50	17.09	−17.09	—	—	1.35×恒+1.4×1.0×0.7×活+1.4×1.0×0.6×右风	−236.95	1.35×恒+1.4×1.0×0.7×活+1.4×1.0×0.6×右风	−236.95

楼层	截面位置	内力	荷载类型				M_{max}及相应的V		$-M_{max}$及相应的V		$\|V_{max}\|$及相应的M	
			S_{Gk}	S_{Qk}	S_{wk}							
			恒荷载	活荷载	左风	右风	组合种类	组合值	组合种类	组合值	组合种类	组合值
3	左端	V	112.97	29.06	−3.57	3.57	—	—	—	—	1.35×恒+1.4×1.0×0.7×活+1.4×1.0×0.6×右风	183.99
	跨中	M	236.90	62.04	2.08	−2.08	1.35×恒+1.4×1.0×0.7×活+1.4×1.0×0.6×左风	382.36	—	—	—	—
		V	—	—	0.00	0000	—	—	—	—	—	—
	右端	M	−263.86	−58.81	−2.94	12.94	—	—	1.35×恒+1.4×1.0×0.7×活+1.4×1.0×0.6×左风	−424.72	1.35×恒+1.4×1.0×0.7×活+1.4×1.0×0.6×左风	−424.72
		V	−252.51	−56.85	−3.57	3.57	—	—	—	—	1.35×恒+1.4×1.0×0.7×活+1.4×1.0×0.6×左风	−399.61

注：1. 表中弯矩的单位是 kN·m，剪力的单位是 kN。

2. 永久荷载效应控制情况下，恒荷载、楼面活荷载、风荷载的荷载分项系数分别为 1.35、1.4、1.4；楼面活荷载和风荷载的组合系数分别为 0.7 和 0.6；楼面和屋面活荷载考虑设计使用年限的调整系数 $\gamma_L=1.0$。

3. 表中内力组合值的结果均乘以结构重要性系数，即 $\gamma_0=1.0$。

2.8.1.3 地震作用效应和其他荷载效应的基本组合

对一般结构，风荷载组合值系数为 0，所以地震作用效应和其他荷载效应的基本组合只考虑重力荷载代表值和水平地震作用两种荷载效应的组合。组合过程列于表 2.63。

表 2.63 用于承载力计算的框架梁抗震基本组合表（第三层 AB 框架梁）

楼层	截面位置	内力	荷载类型			M_{max}及相应的V		左端$-M_{max}$及相应的V		右端$-M_{max}$及相应的V	
			S_{GE}	S_{Ek}							
			重力荷载	左震	右震	组合种类	组合值	组合种类	组合值	组合种类	组合值
3	左端	M	−157.21	179.48	−179.48	—	—	0.75(1.2×重力荷载+1.3×右震)	−316.48	0.75(1.0×重力荷载+1.3×左震)	57.09
		V	127.89	−37.86	37.86	—	—	0.85(1.2×重力荷载+1.3×右震)	172.28	0.85(1.0×重力荷载+1.3×左震)	66.87

楼层	截面位置	内力	荷载类型		M_{max}及相应的V		左端$-M_{max}$及相应的V		右端$-M_{max}$及相应的V	
			S_{GE}	S_{Ek}	组合种类	组合值	组合种类	组合值	组合种类	组合值
			重力荷载	左震 / 右震						
3	跨中	M	270.63	20.47 / -20.47	0.75(1.2×重力荷载+1.3×左震)	263.53	—	—	—	—
		V								
	右端	M	-293.27	-138.54 / 138.54	—	—	0.75(1.0×重力荷载+1.3×右震)	-84.87	0.75(1.2×重力荷载+1.3×左震)	-399.02
		V	-280.55	-37.86 / 37.86	—	—	0.85(1.0×重力荷载+1.3×右震)	-196.63	0.85(1.2×重力荷载+1.3×左震)	-328.00

注：1. 表中弯矩的单位是 kN·m，剪力的单位是 kN。

2. 对于受弯混凝土梁，受弯时，承载力抗震调整系数 $\gamma_{RE}=0.75$，受剪时，承载力抗震调整系数 $\gamma_{RE}=0.85$。

3. 重力荷载代表值和水平地震作用的荷载分项系数分别为 1.2、1.0（当重力荷载效应对构件承载能力有利时，取 1.0）和 1.3。

2.8.1.4 荷载效应的准永久组合

根据《混凝土结构设计规范》（GB 50010—2010）第 7.1.2 条的规定，在计算框架梁的最大裂缝宽度时采用荷载效应的准永久组合，荷载效应的准永久组合是考虑非抗震设计时的恒荷载和活荷载的组合。组合过程列于表 2.64。

表 2.64　用于正常使用极限状态验算的框架梁准永久组合表（第三层 AB 框架梁）

楼层	截面位置	内力	荷载类型		组合种类
			S_{Gk}	S_{Qk}	$1.0S_{Gk}+1.0×0.4S_{Qk}$
			恒荷载	活荷载	
3	左端	M	-141.30	-32.50	☆-154.29
		V	112.97	29.06	—
	跨中	M	236.90	62.04	☆261.72
		V	—	—	—
	右端	M	-263.86	-58.81	☆-287.39
		V	-252.51	-56.85	—

注：1. 表中弯矩的单位是 kN·m，剪力的单位是 kN。

2. 根据《建筑结构荷载规范》（GB 50009—2012），活荷载的准永久值系数取为 0.4。

3. 带☆标记的组合值用于框架梁裂缝宽度验算。

2.8.2　框架柱内力组合

选择第三层Ⓐ轴线框架柱为例进行内力组合，考虑恒荷载、活荷载、重力荷载代表值、风荷载和水平地震作用五种荷载。

2.8.2.1 控制截面的内力

对于框架柱，本设计实例在手算时直接采用轴线处的内力值，不换算成柱边缘截面的内力值，这样算得的钢筋用量比需要的钢筋用量略微多一些。框架柱控制截面的内力值详见表 2.65。

表 2.65　第三层Ⓐ轴线框架柱控制截面的内力值

楼层	截面位置	内力	荷载类型						
			S_{GE}	S_{Gk}	S_{Qk}	S_{wk}		S_{Ek}	
			重力荷载	恒荷载	活荷载	左风	右风	左震	右震
3	柱顶	M	−113.90	−99.85	−27.77	13.57	−13.57	124.36	−124.36
		N	757.00	718.76	83.24	−4.96	4.96	−57.85	57.85
		V	−65.56	−58.17	−14.69	6.85	−6.85	62.81	−62.81
	柱底	M	122.10	109.56	25.09	−11.1	11.1	−101.75	101.75
		N	789.40	751.16	83.24	−4.96	4.96	−57.85	57.85
		V	−65.56	−58.17	−14.69	6.85	−6.85	62.81	−62.81

注：1. 表中弯矩的单位是 kN·m，轴力、剪力的单位是 kN。

2. 弯矩以右侧受拉为正，剪力以绕杆端顺时针方向为正，轴力以受压为正。

2.8.2.2　非抗震设计时的基本组合

非抗震设计时的基本组合是考虑恒荷载、活荷载和风荷载三种荷载效应的组合。弯矩和轴力由可变荷载效应控制的基本组合过程列于表 2.66 中，由永久荷载效应控制的基本组合过程列于表 2.67 中。剪力基本组合过程列于表 2.68 中。

表 2.66　用于承载力计算的框架柱非抗震弯矩和轴力由可变荷载效应
控制的基本组合表（第三层Ⓐ轴线框架柱）

楼层	截面位置	内力	荷载类型				N_{max} 及相应的 M		N_{max} 及相应的 M		$\lvert M_{max} \rvert$ 及相应的 N	
			S_{Gk}	S_{Qk}	S_{wk}		组合种类	组合值	组合种类	组合值	组合种类	组合值
			恒荷载	活荷载	左风	右风						
3	柱顶	M	−99.85	−27.77	13.57	−13.57	1.2 恒+ 1.4 活+ 1.4×1.0× 0.6×右风	−170.10	1.2 恒+ 1.4×左风	−100.82	1.2 恒+ 1.4 活+ 1.4×1.0× 0.6×右风	−170.10
		N	718.76	83.24	−4.96	4.96	1.2 恒+ 1.4 活+ 1.4×1.0× 0.6×右风	983.21	1.2 恒+ 1.4×左风	855.57	1.2 恒+ 1.4 活+ 1.4×1.0× 0.6×右风	983.21
	柱底	M	109.56	25.09	−11.10	11.10	1.2 恒+ 1.4 活+ 1.4×1.0× 0.6×右风	175.92	1.2 恒+ 1.4×左风	115.93	1.2 恒+ 1.4 活+ 1.4×1.0× 0.6×右风	175.92
		N	751.16	83.24	−4.96	4.96	1.2 恒+ 1.4 活+ 1.4×1.0× 0.6×右风	1022.09	1.2 恒+ 1.4×左风	894.45	1.2 恒+ 1.4 活+ 1.4×1.0× 0.6×右风	1022.09

注：1. 表中弯矩的单位是 kN·m，轴力的单位是 kN。

2. 可变荷载效应控制情况下，恒荷载、楼面活荷载、风荷载的荷载分项系数分别为 1.2、1.4、1.4；楼面活荷载和风荷载的组合系数分别为 0.7 和 0.6；楼面和屋面活荷载考虑设计使用年限的调整系数 $\gamma_L=1.0$。

3. 表中内力组合值的结果均乘以结构重要性系数，即 $\gamma_0=1.0$。

表 2.67　用于承载力计算的框架柱非抗震弯矩和轴力由永久荷载效应控制的基本组合表（第三层Ⓐ轴线框架柱）

楼层	截面位置	内力	荷载类型				N_{max} 及相应的 M		N_{min} 及相应的 M		$\lvert M_{max}\rvert$ 及相应的 N	
			S_{Gk}	S_{Qk}	S_{wk}		组合种类	组合值	组合种类	组合值	组合种类	组合值
			恒荷载	活荷载	左风	右风						
3	柱顶	M	−99.85	−27.77	13.57	−13.57	1.35 恒＋1.4×1.0×0.7×活＋1.4×1.0×0.6×右风	−173.41	1.35 恒＋1.4×0.6×左风	−123.40	1.35 恒＋1.4×1.0×0.7×活＋1.4×1.0×0.6×右风	−173.41
		N	718.76	83.24	−4.96	4.96	1.35 恒＋1.4×1.0×0.7×活＋1.4×1.0×0.6×右风	1056.07	1.35 恒＋1.4×0.6×左风	966.16	1.35 恒＋1.4×1.0×0.7×活＋1.4×1.0×0.6×右风	1056.07
	柱底	M	109.56	25.09	−11.10	11.10	1.35 恒＋1.4×1.0×0.7×活＋1.4×1.0×0.6×右风	181.82	1.35 恒＋1.4×0.6×左风	138.58	1.35 恒＋1.4×1.0×0.7×活＋1.4×1.0×0.6×右风	181.82
		N	751.16	83.24	−4.96	4.96	1.35 恒＋1.4×1.0×0.7×活＋1.4×1.0×0.6×右风	1099.81	1.35 恒＋1.4×0.6×左风	1009.90	1.35 恒＋1.4×1.0×0.7×活＋1.4×1.0×0.6×右风	1099.81

注：1. 表中弯矩的单位是 kN·m，剪力的单位是 kN。

2. 永久荷载效应控制情况下，恒荷载、楼面活荷载、风荷载的荷载分项系数分别为 1.35、1.4、1.4；楼面活荷载和风荷载的组合系数分别为 0.7 和 0.6；楼面和屋面活荷载考虑设计使用年限的调整系数 $\gamma_L=1.0$。

3. 表中内力组合值的结果均乘以结构重要性系数，即 $\gamma_0=1.0$。

表 2.68　用于承载力计算的框架柱非抗震剪力基本组合表（第三层Ⓐ轴线框架柱）

楼层	截面位置	内力	荷载类型				可变荷载控制组合	永久荷载控制组合
			S_{Gk}	S_{Qk}	S_{wk}		1.2 恒＋1.4 活＋1.4×1.0×0.6×右风	1.35 恒＋1.4×1.0×0.7×活＋1.4×1.0×0.6×右风
			恒荷载	活荷载	左风	右风		
3	柱身	V	−58.17	−14.69	6.85	−6.85	−96.12	−98.68

注：1. 表中剪力的单位是 kN。

2. 可变荷载效应控制情况下，恒荷载、楼面活荷载、风荷载的荷载分项系数分别为 1.2、1.4、1.4；楼面活荷载和风荷载的组合系数分别为 0.7 和 0.6。永久荷载效应控制情况下，恒荷载、楼面活荷载、风荷载的荷载分项系数分别为 1.35、1.4、1.4；楼面活荷载和风荷载的组合系数分别为 0.7 和 0.6；楼面和屋面活荷载考虑设计使用年限的调整系数 $\gamma_L=1.0$。

3. 表中内力组合值的结果均乘以结构重要性系数，即 $\gamma_0=1.0$。

2.8.2.3　地震作用效应和其他荷载效应的基本组合

对一般结构，风荷载组合值系数为 0，所以地震作用效应和其他荷载效应的基本组合只考虑重力荷载代表值和水平地震作用两种荷载效应的组合。弯矩和轴力组合过程列于表 2.69 中，剪力组合过程列于表 2.70 中。

表 2.69　用于承载力计算的框架柱抗震弯矩和轴力基本组合表（第三层Ⓐ轴线框架柱）

| 楼层 | 截面位置 | 内力 | 荷载类型 | | | N_{max} 及相应的 M | | N_{min} 及相应的 M | | $\lvert M_{max} \rvert$ 及相应的 N | |
| | | | S_{GE} | S_{Ek} | | | | | | | |
			重力荷载	左震	右震	组合种类	组合值	组合种类	组合值	组合种类	组合值
3	柱顶	M	−113.90	124.36	−124.36	0.80(1.2×重力荷载+1.3×右震)	−238.68	0.80(1.0×重力荷载+1.3×左震)	38.21	0.80(1.2×重力荷载+1.3×右震)	−238.68
		N	757.00	−57.85	57.85	0.80(1.2×重力荷载+1.3×右震)	786.88	0.80(1.0×重力荷载+1.3×左震)	545.44	0.80(1.2×重力荷载+1.3×右震)	786.88
	柱底	M	122.10	−101.75	101.75	0.80(1.2×重力荷载+1.3×右震)	223.04	0.80(1.0×重力荷载+1.3×左震)	−8.14	0.80(1.2×重力荷载+1.3×右震)	223.04
		N	789.40	−57.85	57.85	0.80(1.2×重力荷载+1.3×右震)	817.99	0.80(1.0×重力荷载+1.3×左震)	571.36	0.80(1.2×重力荷载+1.3×右震)	817.99

注：1. 表中弯矩的单位是 kN·m，轴力的单位是 kN。

2. 轴压比不小于 0.15 时，框架柱承载力抗震调整系数 $\gamma_{RE}=0.80$。

3. 重力荷载代表值和水平地震作用的荷载分项系数分别为 1.2、1.0（当重力荷载效应对构件承载能力有利时，取 1.0）和 1.3。

表 2.70　用于承载力计算的框架柱抗震剪力基本组合表（第三层Ⓐ轴线框架柱）

| 楼层 | 截面位置 | 内力 | 荷载类型 | | | 抗震组合 | |
| | | | S_{GE} | S_{Ek} | | $\gamma_{RE}[1.2S_{GE}+1.3S_{Ek}]$ | |
			重力荷载	左震	右震	左震	右震
3	柱身	V	−65.56	62.81	−62.81	2.53	−136.28

注：1. 表中剪力的单位是 kN。

2. 对于框架柱，受剪时承载力抗震调整系数 $\gamma_{RE}=0.85$。

2.8.2.4　荷载效应的准永久组合

根据《混凝土结构设计规范》（GB 50010—2010）第 7.1.2 条的规定，在计算框架柱的最大裂缝宽度时采用荷载效应的准永久组合，荷载效应的准永久组合是考虑非抗震设计时的恒荷载和活荷载的组合。组合过程列于表 2.71 中。

表 2.71　用于正常使用极限状态验算的框架柱准永久组合表（第三层Ⓐ轴线框架柱）

| 楼层 | 截面位置 | 内力 | 荷载类型 | | 恒荷载+活荷载 |
| | | | S_{Gk} | S_{Qk} | $1.0S_{Gk}+1.0×0.4S_{Qk}$ |
			恒荷载	活荷载	
3	柱顶	M	−99.85	−27.77	−110.96
		N	718.76	83.24	752.06
	柱底	M	109.56	25.09	119.60
		N	751.16	83.24	784.46

注：1. 表中弯矩的单位是 kN·m，轴力的单位是 kN。

2. 根据《建筑结构荷载规范》（GB 50009—2012），活荷载的准永久值系数取为 0.4。

2.8.2.5 基础设计的荷载效应组合

在进行基础设计时，确定不同的设计任务时，需要采用不同的荷载效应组合。具体可参考第 6 章的内容，用于基础设计的基顶位置的荷载效应组合不再赘述。

2.9 框架梁柱截面设计

2.9.1 框架梁截面设计

2.9.1.1 框架梁非抗震截面设计

（1）选取最不利组合内力

依据表 2.61 和表 2.62，非抗震设计时框架梁的最不利内力具体列于表 2.72 中。

表 2.72 非抗震设计时框架梁的最不利内力

楼层	截面位置	内力	框架梁的最不利内力
3	左端	M	-236.95
		V	183.99
	跨中	M	382.36
	右端	M	-424.72
		V	-399.61

注：表中弯矩的单位是 kN·m，剪力的单位是 kN。

（2）框架梁正截面受弯承载能力计算

第三层 AB 框架梁的截面尺寸为 $350\text{mm} \times 900\text{mm}$，混凝土等级为 C30，纵向受力钢筋采用 HRB400 级，箍筋采用 HPB300 级。截面有效高度暂取为 $h_0 = 860\text{mm}$。材料的强度标准值和设计值如下。

混凝土强度：C30 $f_c = 14.3\text{N/mm}^2$；$f_t = 1.43\text{N/mm}^2$；$f_{tk} = 2.01\ \text{N/mm}^2$

钢筋强度：HRB400 $f_y = 360\text{N/mm}^2$；$f_{yk} = 400\text{N/mm}^2$；

           HPB300 $f_y = 270\text{N/mm}^2$；$f_{yk} = 300\text{N/mm}^2$；

相对受压区高度：$\xi_b = \dfrac{\beta_1}{1 + \dfrac{f_y}{E_s \varepsilon_{cu}}} = \dfrac{0.8}{1 + \dfrac{360}{2.00 \times 10^5 \times 0.0033}} = 0.518$

第三层 AB 框架梁的正截面受弯承载能力及纵向钢筋计算过程详见表 2.73。最小配筋率为：

$$\rho_{min} = \max[0.2\%, (45f_t/f_y)\%] = \max[0.2\%, 0.18\%] = 0.2\%.$$

从表 2.73 看出，各截面的配筋率均大于最小配筋率，满足要求。需要说明，根据《混凝土结构设计规范》（GB 50010—2010）第 5.2.4 条的规定，对于现浇楼盖，宜考虑楼板作为翼缘对梁刚度和承载力的影响，因此，框架梁支座截面可以按照矩形截面进行配筋计算，跨中截面可以按照 T 形截面进行配筋计算，为方便计算，本书的配筋计算均按照矩形截面考虑。

（3）框架梁斜截面受剪承载能力计算

斜截面受剪承载能力及配箍计算详见表 2.74。表中算出 $A_{sv}/s < 0$，说明按构造配箍即可。

（4）框架梁裂缝宽度验算

三级裂缝控制等级时，《混凝土结构设计规范》（GB 50010—2010）规定钢筋混凝土构件的最大裂缝宽度可按荷载准永久组合并考虑长期作用影响的效应计算。因此各框架梁按荷载效应的准永久组合的最大裂缝宽度不大于裂缝宽度限值。弯矩采用正常使用极限状态下的荷载效应准永久组合值，即表 2.64 中数值前带☆标记的组合值。裂缝宽度验算过程详见表 2.75，从表中看出，框架梁支座和跨中的最大裂缝宽度均小于 0.3mm，满足裂缝宽度限值。

表 2.73　第三层 AB 框架梁正截面受弯承载能力计算（非抗震设计）

截面位置		M	α_s	ξ	γ_s	A_s/mm^2	配筋	实配 A_s	$\rho/\%$
		kN・m	$\alpha_s=M/(\alpha_1 bh_0^2 f_c)$	$\xi=1-\sqrt{1-2\alpha_s}$	$\gamma_s=0.5(1+\sqrt{1-2\alpha_s})$	$A_s=M/(\gamma_s h_0 f_y)$		mm²	$\rho=A_s/(bh_0)$
支座	左端	−236.95	0.06	0.066<0.518	0.967	791.54	4 Φ 20	1256	0.42
	右端	−424.72	0.11	0.122<0.518	0.939	1461.11	6 Φ 20	1884	0.63
跨中		382.36	0.10	0.109<0.518	0.945	1306.38	5 Φ 20	1570	0.52

表 2.74　第三层 AB 框架梁斜截面受剪承载能力计算（非抗震设计）

截面位置	V/kN	$0.25\beta_c f_c bh_0/\text{kN}$	$A_{sv}/s=(V-0.7f_t bh_0)/f_{yv}h_0$	实配四肢箍筋(A_{sv}/s)
左端	183.99	1076.08	−0.51<0	Φ8@200(1.01)
右端	399.61	1076.08	0.42	Φ8@200(1.01)

表 2.75　第三层 AB 框架梁裂缝宽度验算（非抗震设计）

截面位置		M_k /(kN・m)	A_s /mm²	$\sigma_{sk}=\dfrac{M_k}{0.87h_0 A_s}$ /(N/mm²)	A_{te} /mm²	$\rho_{te}=\dfrac{A_s}{A_{te}}$ /%	$\psi=1.1-\dfrac{0.65f_{tk}}{\rho_{te}\sigma_{sk}}$	a_{cr}	$d_{eq}=\dfrac{\sum n_i d_i^2}{\sum n_i v_i d_i}$ /mm	$\omega_{max}=a_{cr}\psi\dfrac{\sigma_{sk}}{E_s}\left(1.9c+0.08\dfrac{d_{eq}}{\rho_{te}}\right)$ /mm
支座	左端	154.29	1256	164.18	157500	0.80,取 1.0（因 ρ_{te}<0.01，取 ρ_{te}=0.01）	0.10<0.2, 取 0.2	1.9	20	0.02
	右端	287.39	1884	203.88	157500	1.20	0.56	1.9	20	0.06
跨中		261.72	1570	222.80	157500	1.00	0.51	1.9	20	0.06

2.9.1.2　框架梁抗震截面设计

（1）选择最不利组合内力

依据表 2.63，抗震设计时框架梁的最不利内力具体列于表 2.76。在进行斜截面抗剪承载力计算时，应根据"强剪弱弯"的原则对梁端截面组合的剪力设计值进行调整。

表 2.76　抗震设计时框架梁的最不利内力

楼层	截面位置	内力	框架梁的最不利内力
3	左端	M	−316.48
		V	172.28
	跨中	M	263.53
	右端	M	−399.02
		V	−328.00

注：表中弯矩的单位是 kN・m，剪力的单位是 kN。

（2）框架梁正截面受弯承载能力计算

第三层 AB 框架梁的截面尺寸为：$350\text{mm}\times900\text{mm}$，混凝土等级为 C30，纵向受力钢筋采用 HRB400 级，箍筋采用 HPB300 级。框架抗震等级为三级。对于受弯混凝土梁，受弯时，承载力抗震调整系数 $\gamma_{RE}=0.75$，受剪时，承载力抗震调整系数 $\gamma_{RE}=0.85$。材料的强度标准值和设计值如下。

混凝土强度：C30　　$f_c=14.3\text{N/mm}^2$；$f_t=1.43\text{N/mm}^2$；$f_{tk}=2.01\text{N/mm}^2$

钢筋强度：HRB400　　$f_y=360\text{N/mm}^2$；$f_{yk}=400\text{N/mm}^2$

　　　　　HPB300　　$f_y=270\text{N/mm}^2$；$f_{yk}=300\text{N/mm}^2$

相对受压区高度：由《混凝土结构设计规范》（GB 50010—2010）第 11.3.1 条可知，$\xi_b=0.35$。

第三层 AB 框架梁的正截面受弯承载能力及纵向钢筋计算过程详见表 2.77。

表 2.77　第三层 AB 框架梁正截面受弯承载能力计算（抗震设计）

截面位置		M	α_s	ξ	γ_s	A_s/mm^2	配筋	实配 A_s	$\rho/\%$
		$\text{kN}\cdot\text{m}$	$\alpha_s=M/(\alpha_1 bh_0^2 f_c)$	$\xi=1-\sqrt{1-2\alpha_s}$	$\gamma_s=$ $0.5\times(1+\sqrt{1-2\alpha_s})$	$A_s=M/(\gamma_s h_0 f_y)$		mm^2	$\rho=A_s/(bh_0)$
支座	左端	-316.48	0.09	$0.090<0.35$	0.955	1070.11	4Φ20	1256	0.42
	右端	-399.02	0.11	$0.114<0.35$	0.943	1366.97	5Φ20	1570	0.52
跨中		263.53	0.07	$0.074<0.35$	0.963	883.86	4Φ20	1256	0.42

最小配筋率如下：

支座：$\rho_{\min}=\max[0.25\%,(55f_t/f_y)\%]=\max[0.25\%,0.22\%]=0.25\%$。

跨中：$\rho_{\min}=\max[0.2\%,(45f_t/f_y)\%]=\max[0.2\%,0.18\%]=0.2\%$。

从表 2.77 看出，各截面的配筋率均大于最小配筋率，满足要求。

（3）框架梁斜截面受剪承载能力计算

为避免梁在弯曲破坏前发生剪切破坏，应按"强剪弱弯"的原则调整框架梁端截面组合的剪力设计值。该框架梁的抗震等级为三级，框架梁端截面剪力设计值 V，应按公式（1.10）进行调整，即 $V=\eta_{vb}(M_b^l+M_b^r)/l_n+V_{Gb}$，梁端剪力增大系数 $\eta_{vb}=1.1$。

V_{Gb} 是考虑地震作用组合时的重力荷载代表值产生的剪力设计值，可按简支梁计算确定。把第三层 AB 框架梁从图 2.83 中按照简支梁取出，其计算简图如图 2.116 所示，由图中可算出 $V_{Gbl}=165.4\text{kN}$，$V_{Gbr}=272.29\text{kN}$。

梁端控制截面剪力"强剪弱弯"的调整详见表 2.78。需要说明：在表中梁右端的弯矩均为负值（抗震等级为一级框架时，考虑安全性，将绝对值较小的弯矩取为零。本实例为三级抗震等级时，可不将绝对值较小的弯矩取为零）。表 2.63 中抗震基本组合时已经考虑了承载力抗震调整系数，表 2.78 中 M_b^l、M_b^r 为不考虑承载力抗震调整系数的梁端弯矩组合值（表 2.78 中数值已经考虑，也即还原为

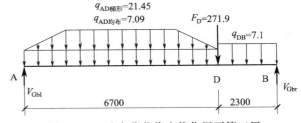

图 2.116　重力荷载代表值作用下第三层
AB 简支梁（单位：F：kN，q：kN/m）

原来不乘以承载力抗震调整系数的内力）。

表 2.78　梁端控制截面剪力"强剪弱弯"的调整

截面	M_b^l（表 2.63）/(kN·m)	M_b^r（表 2.63）/(kN·m)	M_b^l/(kN·m)	M_b^r/(kN·m)	l_n/m	V_{Gb}/kN	$V=\eta_{vb}(M_b^l+M_b^r)/l_n+V_{Gb}$/kN	$\gamma_{RE}\cdot V$/kN
梁左支座（顺时针）	57.09	−399.02	76.12	−532.03	8.4	165.4	245.04	208.28
梁左支座（逆时针）	−316.48	−84.87	−421.97	−113.16	8.4	165.4	205.84	174.96
梁右支座（顺时针）	57.09	−399.02	76.12	−532.03	8.4	272.29	351.93	299.14
梁右支座（逆时针）	−316.48	−84.87	−421.97	−113.16	8.4	272.29	312.73	265.82

注：承载力抗震调整系数 $\gamma_{RE}=0.85$。

从表 2.73 可知，框架梁左端最大剪力组合值为 172.28kN，框架梁右端最大剪力组合值为 328.00kN。从表 2.78 可知，框架梁左端最大剪力组合值为 208.28kN，框架梁右端最大剪力组合值为 299.14kN。因此取框架梁左端最大剪力组合值为 208.28kN 和框架梁右端最大剪力组合值为 328.00kN 进行第三层 AB 框架梁斜截面受剪承载能力计算。斜截面受剪承载能力及配箍计算详见表 2.79。

表 2.79　第三层 AB 框架梁斜截面受剪承载能力计算（抗震设计）

截面位置	V/kN	$0.20\beta_c f_c bh_0$/kN	$A_{sv}/s=(V-0.42f_t bh_0)/f_{yv}h_0$	实配加密区四肢箍筋(A_{sv}/s)	实配非加密区四肢箍筋(A_{sv}/s)	$0.26\dfrac{f_t}{f_{yv}}$	$\rho_{sv}=\dfrac{A_{sv}}{bs}$	加密区长度
左端	208.28	860.86	0.12	Φ8@100(2.01)	Φ8@150(1.34)	0.14%	0.38%>0.14%	1350
右端	328.00	860.86	0.63	Φ8@100(2.01)	Φ8@150(1.34)	0.14%	0.38%>0.14%	1350

注：表中剪力 V 已乘以承载力抗震调整系数 $\gamma_{RE}=0.85$。

2.9.2　框架柱截面设计

2.9.2.1　框架柱非抗震截面设计

（1）框架柱正截面受弯承载能力计算

① 基本数据资料

第三层Ⓐ轴线框架柱的截面尺寸为：600mm×600mm，混凝土等级为 C30，纵向受力钢筋采用 HRB400 级，箍筋采用 HPB300 级。材料的强度标准值和设计值如下。

混凝土强度：C30　　$f_c=14.3N/mm^2$；$f_t=1.43N/mm^2$；$f_{tk}=2.01N/mm^2$

钢筋强度：HRB400　$f_y=360N/mm^2$；$f_{yk}=400N/mm^2$

HPB300 $f_y = 270 \text{N/mm}^2$; $f_{yk} = 300 \text{N/mm}^2$

相对受压区高度：$\xi_b = \dfrac{\beta_1}{1 + \dfrac{f_y}{E_s \varepsilon_{cu}}} = \dfrac{0.8}{1 + \dfrac{360}{2.00 \times 10^5 \times 0.0033}} = 0.518$

② 轴压比验算

由表 2.66、表 2.67 和表 2.69 可知，柱底最大的轴力为 1099.81kN。需要说明：验算轴压比时的轴力组合值不考虑承载力抗震调整系数。

轴压比 $\mu = \dfrac{N}{f_c bh} = \dfrac{1099.81 \times 10^3}{14.3 \times 600 \times 600} = 0.21$，小于三级抗震等级框架柱轴压比限值 0.85。做设计时，主要控制底层柱或者变截面处框架柱的轴压比满足要求。

③ 框架柱正截面受弯承载能力计算

考虑框架柱同一截面可能承受正负向弯矩，故采用对称配筋。

从表 2.66 和表 2.67 选取几组内力进行正截面受弯承载能力计算，如果不好判断哪种内力组合的配筋结果最大，建议对每种内力组合结果均做计算。选取的内力列于表 2.80。

表 2.80　框架柱正截面受弯承载能力计算内力取值

楼层	截面位置	内力	组合情况 1	组合情况 2	组合情况 3	组合情况 4
3	柱顶	M	−170.10	−100.82	−173.41	−123.40
		N	983.21	855.57	1056.07	966.16
	柱底	M	175.92	115.93	181.82	138.58
		N	1022.09	894.45	1099.81	1009.90

框架柱正截面受弯承载能力的计算过程详见表 2.81。下面结合表 2.81，以组合情况 1 为例进行计算过程说明。

表 2.81　框架柱正截面受弯承载能力计算（非抗震设计）

截面位置	组合情况 1
$M_1/(\text{kN} \cdot \text{m})$	−170.10
$M_2/(\text{kN} \cdot \text{m})$	175.92
与 M_2 对应的 N/kN	1022.09
l_0/m	4.5
$b \times h_0/\text{mm}$	600×560
e_0/mm	172.12
e_a/mm	20
$e_i = e_0 + e_a/\text{mm}$	192.12
e/mm	452.12
ξ	$0.213 < \xi_b = 0.518$
偏心性质	大偏压
a_s'/mm	40
$A_s = A_s' = \dfrac{Ne - \xi(1 - 0.5\xi)\alpha_1 f_c bh_0^2}{f_y'(h_0 - a_s')}/\text{mm}^2$	−266.95＜0,按构造配筋
单侧选配钢筋	4 Φ 20

截面位置	组合情况 1
单侧实配面积/mm²	1256
最小总配筋率	0.7%
最小总配筋面积/mm²	2520(1256×2=2512,框架柱按单偏压计算,另一方向中间也需要配置纵向受力钢筋)
单侧最小配筋面积/mm²($\rho_{\min}=0.2\%$)	720

柱的计算长度根据《混凝土结构设计规范》（GB 50010—2010）第 6.2.20-2 条规定，计算长度系数取 1.25。故柱的计算长度 $l_0=1.25H=4.5$（m）。

截面有效高度取为 $h_0=h-40=600-40=560$（mm）。

附加偏心矩 e_a 取 20mm 和偏心方向截面尺寸的 1/30 两者中的较大值 600/30＝20mm，故取 $e_a=20$mm。

根据《混凝土结构设计规范》（GB50010—2010）第 6.2.3 条的规定，当同一主轴方向的杆端弯矩比 M_1/M_2 不大于 0.9 且轴压比不大于 0.9 时，若构件的长细比满足公式（2.21）的要求，可不考虑判断是否考虑轴向压力在挠曲杆件中产生的附加弯矩影响，即

$$l_c/i \leqslant 34-12(M_1/M_2) \tag{2.21}$$

式中　M_1、M_2——分别为已考虑侧移影响的偏心受压构件两端截面按结构弹性分析确定的对同一主轴的组合弯矩设计值，绝对值较大端为 M_2，绝对值较小端为 M_1，当构件按单曲率弯曲时，M_1/M_2 取正值，否则取负值；

　　l_c——构件的计算长度，可近似取偏心受压构件相应主轴方向上下支撑点之间的距离；

　　i——偏心方向的截面回转半径。

对于组合情况 1，$M_1/M_2=170.10/175.92=0.97>0.9$，轴压比 $\mu=\dfrac{N}{f_c bh}=$

$\dfrac{1022.09\times10^3}{14.3\times500\times600}=0.20<0.9$，应考虑轴向压力在挠曲杆件中产生的二阶效应影响。

若利用构件的长细比判断，则 $i=\sqrt{\dfrac{I}{A}}=\sqrt{\dfrac{600\times600^3}{12\times600\times600}}=173.21$（mm）

因为 4500/173.21＝25.98≤34－12×（－170.10/175.92）＝45.60，则可不考虑轴向压力在挠曲杆件中产生的二阶效应影响。

综上所述，本实例应按《混凝土结构设计规范》（GB 50010—2010）第 6.2.4 条的规定，考虑轴向压力在挠曲杆件中产生的二阶效应影响，计算考虑轴向压力在挠曲杆件中产生的二阶效应后控制截面的弯矩设计值，根据公式（2.22）～公式（2.25）计算。

$$M=C_m \eta_{ns} M_2 \tag{2.22}$$

$$C_m=0.7+0.3\times\frac{M_1}{M_2} \tag{2.23}$$

$$\eta_{ns}=1+\frac{1}{1300(M_2/N+e_a)/h_0}\left(\frac{l_c}{h}\right)^2 \zeta_c \tag{2.24}$$

$$\zeta_c=\frac{0.5f_c A}{N} \tag{2.25}$$

当 $C_m\eta_{ns}$ 小于 1.0 时取 1.0；对剪力墙及核心筒墙，可取 $C_m\eta_{ns}=1.0$。

式中 C_m——构件端截面偏心距调节系数，当小于 0.7 时取 0.7；

η_{ns}——弯矩增大系数；

N——与弯矩设计值 M_2 相应的轴向压力设计值；

e_a——附加偏心矩；

ζ_c——偏心受压构件的截面曲率修正系数，当计算值大于 1.0 时取 1.0；

h——截面高度，对环形截面，取外直径，对圆形截面，取直径；

h_0——截面有效高度；

A——构件截面面积。

则套用公式计算如下：

$C_m = 0.7 + 0.3 \times \dfrac{M_1}{M_2} = 0.7 + 0.3 \times \dfrac{-170.10}{175.92} = 0.41 < 0.7$，所以取 $C_m = 0.7$。

$\zeta_c = 0.5 f_c A / N = 0.5 \times 14.3 \times 600^2 / 1022090 = 2.52 > 1.0$，故取 $\zeta_c = 1.0$。

$$\begin{aligned} \eta_{ns} &= 1 + \frac{1}{1300(M_2/N + e_a)/h_0}\left(\frac{l_c}{h}\right)^2 \zeta_c \\ &= 1 + \frac{1}{1300(175.92 \times 1000/1022.09 + 20)/560}\left(\frac{4500}{600}\right)^2 \times 1.0 \\ &= 1.126 \end{aligned}$$

$C_m \eta_{ns} = 0.7 \times 1.126 = 0.788 < 1.0$，所以取 $C_m \eta_{ns} = 1.0$，也即 $M = C_m \eta_{ns} M_2 = M_2$，弯矩没有放大，仍取原来数值。

轴向力对截面重心的偏心矩 $e_0 = M/N = 175.92 \times 1000/1022.09 = 172.12$(mm)

初始偏心矩：$e_i = e_0 + e_a = 172.12 + 20 = 192.12$(mm)

$e = e_i + h/2 - a_s = 192.12 + 600/2 - 40 = 452.12$(mm)

采用对称配筋，$\xi = \dfrac{x}{h_0} = \dfrac{N}{\alpha_1 f_c b h_0} = \dfrac{1022.09 \times 10^3}{14.3 \times 600 \times 560} = 0.213 < \xi_b = 0.518$，所以为大偏压的情况。因 $x = \xi \cdot h_0 = 0.213 \times 560 = 119.28$ (mm) $> 2a'_s = 80$(mm)，则按下式计算纵向受力钢筋：

$$A_s = A'_s = \frac{Ne - \xi(1 - 0.5\xi)\alpha_1 f_c b h_0^2}{f'_y(h_0 - a'_s)} \tag{2.26}$$

（2）框架柱斜截面受剪承载能力计算

由表 2.68 可知，第三层 Ⓐ 轴线框架柱非抗震剪力基本组合的控制剪力值为 98.68kN。与之组合相对应的轴力组合值为 1099.81kN。

框架柱斜截面受剪承载能力的计算过程详见表 2.82。下面结合表 2.82，对计算过程进行说明。

表 2.82 框架柱斜截面受剪承载能力的计算（非抗震设计）

V/kN	$0.25\beta_c f_c b h_0$ /kN	N/kN	$0.3 f_c A$/kN	$\dfrac{A_{sv}}{s} = \dfrac{V - \dfrac{1.75}{\lambda+1} f_t b h_0 - 0.07N}{f_{yv} h_0}$	实配箍筋（构造配箍）	
					加密区	非加密区
98.68	1201.2	1099.81	1544.40	$-1.49 < 0$	Φ8@100	Φ8@150

截面尺寸复核：

因为 $h_w/b = \dfrac{560}{600} = 0.93 < 4$，所以 $0.25\beta_c f_c b h_0 = 1201.2$kN > 98.68kN，说明截面尺寸

满足要求。

剪跨比：$\lambda = H_n/(2h_0) = \dfrac{2.7}{2 \times 0.56} = 2.41 < 3$，所以取 $\lambda = 2.41$。

由于 $N = 1099.81\text{kN} < 0.3f_cA = 0.3 \times 14.3 \times 600 \times 600 = 1544.4 \text{ (kN)}$，故取 $N = 1099.81\text{kN}$。

将上述各参数代入下式进行配箍计算：

$$\frac{A_{sv}}{s} = \frac{V - \dfrac{1.75}{\lambda+1}f_t bh_0 - 0.07N}{f_{yv}h_0}$$

(3) 框架柱裂缝宽度验算

根据《混凝土结构设计规范》（GB 50010—2010）第 7.1.2 条的规定，对于 $e_0/h_0 \leqslant 0.55$ 的偏心受压构件，可不验算裂缝宽度。本实例所选框架柱组合情况 1，因 $e_0/h_0 = 175.92/560 = 0.314 < 0.55$，因此不需验算裂缝宽度。

2.9.2.2　框架柱抗震截面设计

框架柱抗震截面设计分为框架柱正截面受弯承载能力计算和框架柱斜截面受剪承载能力计算。需要注意抗震设计时，应根据"强柱弱梁"和"强剪弱弯"的原则调整柱的弯矩设计值和剪力设计值，具体可参考《混凝土结构设计规范》（GB 50010—2010）第 11.4.1 条、第 11.4.3 条的规定和本书第 1 章中的框架柱抗震设计实例。框架结构还要进行框架梁柱节点核心区截面的抗震验算，具体可参考《建筑抗震设计规范》（GB 50011—2010）附录 D，在此不再赘述。

第3章

框架结构工程实例电算解析
——模型建立（PMCAD）

3.1 PMCAD 基本功能和一般规定

3.1.1 PMCAD 的基本功能

（1）人机交互建立全楼结构模型。

用人机交互方式引导用户在屏幕上逐层布置柱、梁、墙、洞口、楼板等结构构件，快速搭建起全楼结构框架。

（2）自动导算荷载，建立恒活荷载库。

PMCAD 具有较强的荷载统计和传导计算功能。除计算结构自重外，还可自动完成从楼板到次梁，从次梁到主梁，从主梁到承重柱、墙，从上部结构传到基础的全部计算，再加上局部的外加荷载，建立建筑的荷载数据模型。

（3）为各种计算模型提供计算所需数据文件。

可指定任一个轴线形成 PK 平面杆系，计算所需的框架计算数据文件；可指定任一层平面的任一次梁或主梁组成的多组连梁，形成 PK 连续梁计算所需的数据文件；为空间有限元壳元计算程序 SATWE 提供数据；为三维空间杆系薄壁柱程序 TAT 提供计算数据。

（4）为上部结构各绘图 CAD 模块提供结构构件的精确尺寸。

（5）为基础设计 CAD 模块提供底层结构布置与轴线网格布置，还提供上部结构传下的恒活荷载。

（6）可完成现浇钢筋混凝土楼板结构计算与配筋设计。

（7）可完成结构平面施工图的辅助设计。

（8）可完成砖混结构和底层框架上部砖房结构的抗震计算及受压、高厚比、局部承压计算。绘制砖混结构圈梁布置一般规定图和圈梁大样、构造柱大样图。

（9）统计结构工程量，并以表格形式输出。

3.1.2 PMCAD 的一般规定

（1）两节点之间最多设置一个洞口。当需设置两个洞口时，应在两洞口间增设一网格线和节点。

（2）软件将由墙或梁围成的平面闭合体自动编成房间，自动生成房间编号。房间用来作为输入楼面上的次梁、预制板、洞口和导算荷载、绘图的基本单元。当不构成房间时，可设置虚梁（100mm×100mm）构成房间。

（3）次梁可作为主梁输入或作为次梁输入，在矩形房间或非矩形房间均可输入次梁。

（4）主菜单1中输入的墙是结构承重墙或抗侧力墙，框架填充墙不应当作墙输入，它的重量可作为外加荷载输入，否则不能形成框架荷载。

（5）平面布置时，应避免大房间内套小房间的布置，否则会在荷载导算或统计材料时重叠计算，可在大小房间之间用虚梁连接，将大房间切割。

3.2 建筑模型与荷载输入

3.2.1 输入前准备

执行 PMCAD 程序的第一步，以交互输入的方法，建立一楼层的结构平面，包括轴线、构件布置等，并以图形形式储存。将各结构层根据每一结构层的高度组装成整体结构，并以数据文件的形式保存，即完成结构整体模型的输入。

（1）建立工程子目录。每一项工程须建立一单独的专用工作子目录，在此目录下只能保存一个工程的文件，建议用工程名称做目录名。不同工程的数据结构，应在不同的工作子目录下运行。

（2）根据建筑图对各层进行结构布置，初步确定梁、柱、承重墙及承重墙体洞口、斜杆的截面尺寸，计算各层的楼面荷载及其他荷载，为结构输入作必要的数据准备。

（3）一个工程的数据结构，是由若干带扩展名 .PM 的有格式或无格式文件组成。保留一项已建立的工程数据结构，对于人机交互建立的各层平面数据，是指该工程名称加扩展名的若干文件，其余为 *.PM，把上述文件复制到另一计算机的工作子目录中，就可在另一计算机上恢复原有工程的数据结构。

（4）本框架结构设计实例采用中国建筑科学研究院最新 PKPM 系列设计软件（PKPM2010 V2.1 版本）进行结构电算。

3.2.2 框架结构分析

3.2.2.1 框架结构设计实例的基本情况

在建立结构整体模型之前，需要对整个结构进行分析。本办公楼设计实例为 4 层框架结构，各层建筑平面图、剖面图、门窗表等如图 2.1～图 2.15 所示，一～四层的结构层高分别为 4.9m（从基础顶面算起，包括初估地下部分 1m）、3.6m、3.6m 和 3.9m。各层梁、柱的布置及尺寸见结构平面布置图，各层采用现浇钢筋混凝土楼板，板厚取值可参考表 2.1～表 2.7。

建筑抗震设防类别为丙类，抗震设防烈度为 7 度（0.10g），二类场地，框架抗震等级为三级，周期折减系数取 0.7，按设计地震分组第一组计算。基本风压为 0.4kN/m²，地面粗糙度类别为 C 类，梁、板、柱的混凝土均选用 C30，梁、柱主筋选用 HRB400，箍筋选用 HPB300，板筋选用 HRB335。框架梁端负弯矩调幅系数取为 0.85，建筑设计使用年限 50 年。结构重要系数为 1.0。

在建模时，次梁均作为主梁输入。因电算结果和手算结果需要进行对比，楼梯间按真实的荷载传递输入。

3.2.2.2　结构标准层

结构布置相同（即构件布置相同，包括次梁、楼板的输入也要求相同），并且相邻的楼层可以定义为一个结构标准层。结构标准层的定义次序必须遵守建筑楼层从下到上的次序。

结构标准层为四个：结构标准层 1、结构标准层 2、结构标准层 3 和结构标准层 4。

3.2.2.3　荷载标准层

荷载布置（指楼面荷载）相同并且相邻的楼层定义为一个荷载标准层。荷载标准层的次序必须遵循从下到上的次序，否则后面会出错。荷载标准层定义楼面的恒、活载。一般定义荷载标准层选用这一楼层大多数的恒载、活载，若某个别房间的荷载不同于其他房间，在后面可以进行修改。荷载输入的值是荷载标准值，荷载分项系数程序已经考虑，单位为 kN/m^2。一般荷载不同的楼层定义为不同的荷载标准层。

荷载标准层为四个：荷载标准层 1、荷载标准层 2、荷载标准层 3 和荷载标准层 4。

3.2.2.4　楼层组合

楼层组合按表 3.1 进行。

表 3.1　楼层组合表

层数	楼层组合	层高/m
第一层	结构标准层 1＋荷载标准层 1	4.9
第二层	结构标准层 2＋荷载标准层 2	3.6
第三层	结构标准层 3＋荷载标准层 3	3.6
第四层	结构标准层 4＋荷载标准层 4	3.9

3.2.2.5　荷载计算

(1) 恒荷载

恒荷载取值见表 3.2。

表 3.2　恒荷载取值

序号	类别	恒荷载/(kN/m^2)
1	不上人屋面恒荷载(板厚 120mm)	6.5
2	不上人屋面恒荷载(板厚 100mm)	6.0
3	标准层楼面恒荷载(板厚 120mm)	4.5
4	标准层楼面恒荷载(板厚 100mm)	4.0
5	雨篷恒荷载(板厚 100mm)	5.1
6	卫生间恒荷载(板厚 120mm)	6.5
7	填充墙外墙体(无洞口,选用 200mm 大空页岩砖,砌筑容重<10kN/m²)	3.0
8	填充墙内墙体(无洞口,选用 200mm 大空页岩砖,砌筑容重<10kN/m²)	2.8
9	女儿墙墙体(高 1000mm,选用 200mm 大空页岩砖,砌筑容重<10kN/m²)	3.0
10	塑钢门窗	0.45

(2) 活荷载

活荷载取值详见表 2.8。

3.2.3 定义第 1 结构标准层

3.2.3.1 轴线输入

（1）点击 PKPM 图标，进入 PKPM 系列程序菜单。

（2）点击结构选项，进入结构设计计算菜单。进入 PMCAD 程序前，点击右下角的改变目录，进入工程子目录（工程子目录事先已建立，本实例的工程子目录是事先在 D 盘建立的"办公楼"文件夹）。

（3）点击 PMCAD，进入 PMCAD 主菜单，出现 PMCAD 主菜单（图 3.1）。

图 3.1　PMCAD 程序主菜单

（4）鼠标移至"建筑模型与荷载输入"，点击"应用"按钮或双击"建筑模型与荷载输入"，进入建筑模型与荷载输入的新文件建立或打开已建立的文件，屏幕显示如图 3.2 所示。

图 3.2　建筑模型与荷载输入的新文件建立

键入新文件文件名"办公楼设计",点击"确定",建立新的 PM 文件。

对于新建的 PM 文件,进入"建筑模型与荷载输入"菜单进行第一结构标准层的输入。

(5) 点击轴线输入,出现下拉菜单,点击正交轴网,出现直线轴网输入菜单。在轴网数据录入和编辑栏里按从左到右填写下开间和上开间的数值,按从下至上填写左进深和右进深的数值,也可双击常用值中的数据,如图 3.3 所示。点击"确定"按钮,选定插入点,屏幕显示整体网格线图形,如图 3.4 所示。点击"轴线命名",按顺序定义横向和纵向的轴线名称。点击"轴线显示",屏幕显示如图 3.5 所示。

3.2.3.2 网格生成

回到主菜单,点击"网格生成",出现下拉菜单,点击"轴线显示"之后,再点击"形

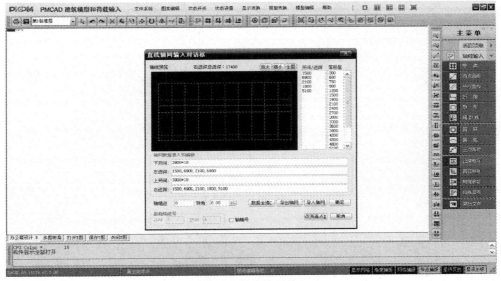

图 3.3　直线轴网输入

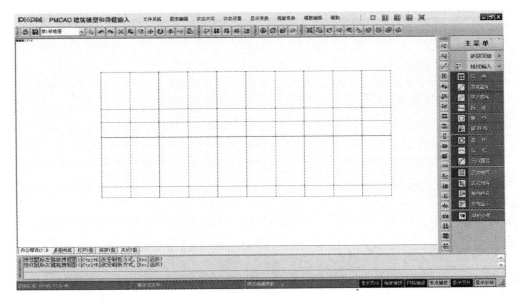

图 3.4　整体网格线图形

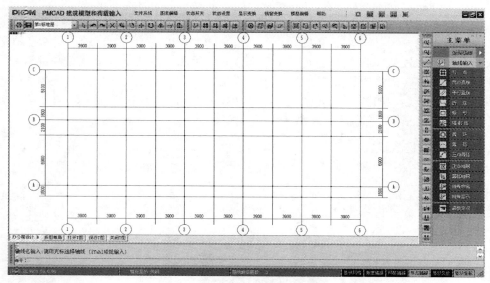

图 3.5　轴线显示

成网点"。点击"网点编辑",删除不需要的节点,如图 3.6 所示。

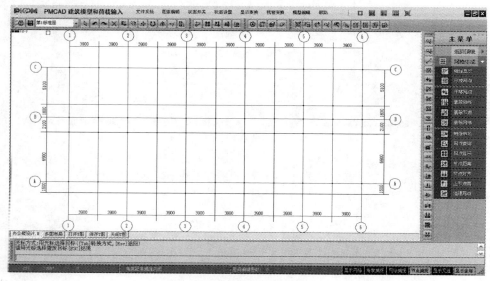

图 3.6　网点编辑

3.2.3.3　第一结构标准层楼层定义

(1) 柱布置

点击"楼层定义",出现下拉菜单,点击"柱布置",出现"柱截面列表"。点击"新建"按钮,输入第一标准柱参数,如图 3.7 所示。点击"确定"按钮,在"柱截面列表"中出现序号为 1 的柱截面,如图 3.8 所示。再继续点击"新建"按钮,输入第二标准柱参数,如图 3.9 所示。点击"确定"按钮,在"柱截面列表"中出现序号为 1 和 2 的两种柱截面,如图 3.10 所示。

图 3.7　第一标准柱参数

图 3.8　柱截面列表（一）

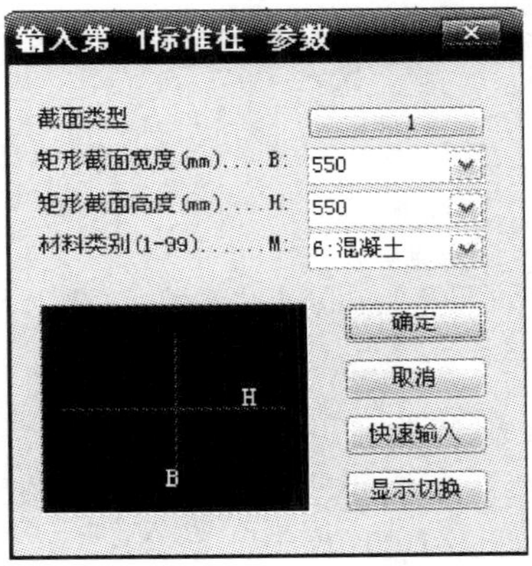

图 3.9　第二标准柱参数

图 3.10　柱截面列表（二）

　　柱截面尺寸定义完成之后，选择各种型号的柱子进行布置（也可以定义一种截面的柱子之后，直接进行柱子的布置）。点击序号1，点击"布置"，出现第一柱布置对话框（图3.11），沿轴偏心和偏轴偏心是柱截面形心点横向偏离、纵向偏离节点的距离。在沿轴偏心和偏轴偏心的空格里分别填写175和－175（向下偏为负，向上偏为正；向左偏为负，向右偏为正），用光标布置①轴线和©轴线相交处的柱子（图3.12）。在沿轴偏心和偏轴偏心的空格里分别填写−175和−175，用光标布置⑥轴线和©轴线相交处的柱子（图3.13）。在沿轴偏心和偏轴偏心的空格里分别填写0和−175，用光标布置②、③、④、⑤轴线和©轴线相交处的柱子（图3.14）。采用同样的方法布置Ⓐ、Ⓑ轴线上的柱子。

图3.11　第一柱布置对话框

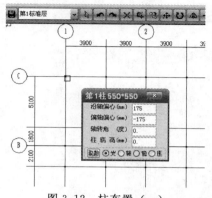

图3.12　柱布置（一）

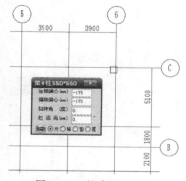

图3.13　柱布置（二）

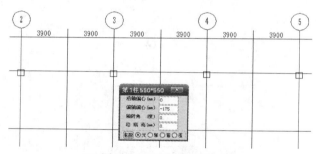

图3.14　柱布置（三）

点击"截面显示"菜单中的"柱显示"，出现"柱显示开关"对话框，点击"数据显示"中的"显示截面尺寸"，图中标注各柱的截面尺寸，如图3.15所示；点击"数据显示"中的"显示偏心标高"，图中标注各柱的偏心和标高，如图3.16所示。由此便可校对柱子的布置是否正确。

（2）主梁布置

点击"主梁布置"，出现"梁截面列表"。点击"新建"按钮，输入第1标准梁参数。第1标准梁为①轴线和⑥轴线的横向框架梁，因为①轴线和⑥轴线的横向框架梁为边框架，靠柱外边平齐，《高层建筑混凝土结构技术规程》（JGJ 3—2010）规定，梁、柱中心线之间的偏心距，9度抗震设计时不应大于柱截面在该方向宽度的1/4；非抗震设计和6～8度抗震设计时不宜大于柱截面在该方向宽度的1/4，所以框架梁的宽度不宜小于300mm。另外，对于边框架，为了增强整个建筑的抗扭能力，截面宜选择稍大些。Ⓐ轴线和Ⓑ轴线之间的距离为9000mm，跨度较大，因此，梁高应取大一些。综上所述，第1标准梁的截面尺寸取为：350mm×1000mm，如图3.17所示。点击"确定"按钮，在"梁截面列表"中出现序号为1的主梁截面，如图3.18所示。选择截面后双击或点击"布置"按钮即可布置构件。布置①

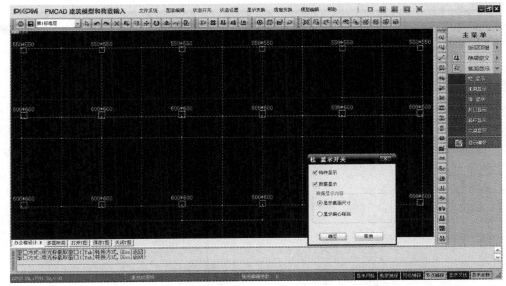

图 3.15　显示柱截面尺寸

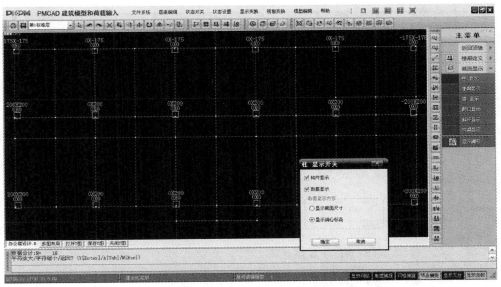

图 3.16　显示柱的偏心和标高

轴线和⑥轴线的第一标准梁分别如图 3.19 和图 3.20 所示。在布置主梁时,偏心的数值可不填写正负号,光标指向轴线的一侧,偏心就在这一侧。其余标准梁截面尺寸如下。

　　第 2 标准梁截面尺寸:350mm×900mm,布置在②、③、④、⑤轴线在Ⓐ、Ⓑ轴线之间的 4 根梁,偏心为 0;

　　第 3 标准梁截面尺寸:350mm×700mm,布置在②、③、④、⑤轴线在Ⓑ、Ⓒ轴线之间的 4 根梁,偏心为 0;

　　第 4 标准梁截面尺寸:350mm×800mm,通长布置在Ⓐ、Ⓑ、Ⓒ轴线上,偏心为 75mm;

　　第 5 标准梁截面尺寸:250mm×750mm,通长布置在Ⓐ、Ⓑ轴线之间,偏心为 0;

第 6 标准梁截面尺寸：250mm×650mm；

第 7 标准梁截面尺寸：200mm×400mm；

第 8 标准梁截面尺寸：350mm×400mm；

第 9 标准梁截面尺寸：250mm×400mm；

第 10 标准梁截面尺寸：300mm×650mm。

主梁截面列表如图 3.21 所示。主梁的布置和截面尺寸如图 3.22 所示，图 3.23 显示了主梁的偏心和标高。

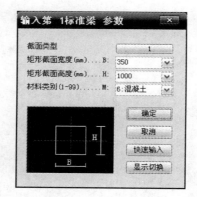

图 3.17　第一标准梁参数

图 3.18　梁截面列表（一）

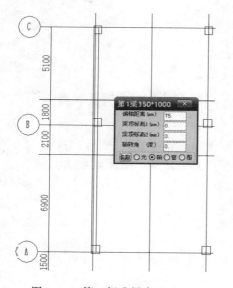

图 3.19　第一标准梁布置（一）

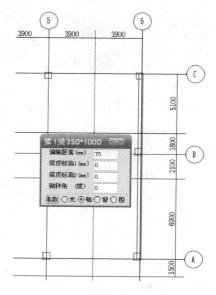

图 3.20　第一标准梁布置（二）

（3）次梁布置

本实例中的次梁为两个楼梯梁，选择第 7 标准梁，截面尺寸为 200mm×400mm。点击"次梁布置"，出现"梁截面列表"，如图 3.21 所示。选择序号 7，进行次梁布置。用光标捕捉输入第一点，用光标捕捉输入第二点，然后出现输入复制间距和次数，如果向上布置次梁，则复制间距为正值，如果向下布置次梁，则复制间距为负值。如果向右布置次梁，则复制间距为正值，如果向左布置次梁，则复制间距为负值。输入："1100，1"或者直接输入："1100"，然后回车确定。同样布置另一楼梯梁，最后次梁的布置和截面尺寸显示如图 3.24 所示。

次梁也可作为主梁输入。由于次梁不在轴线上，为避免轴线输入过多，引起混淆，所以次梁两端没有节点，作为主梁输入，必须形成次梁两端的节点。可以通过点击"轴线输入"中的"两点直线"来形成次梁两端的网点（节点）。用光标捕捉第一点，然后输入"0，1100"，得到下一点，即"0，1100"点，再输入"3900，0"，得到"3900，0"点。点击"网格生成"中的"形成网点"，出现次梁两端的两个网点。点击"楼层定义"中的"主梁布置"，选择"序号 7"的梁进行布置。点击"截面显示"中的"主梁显示"，则所

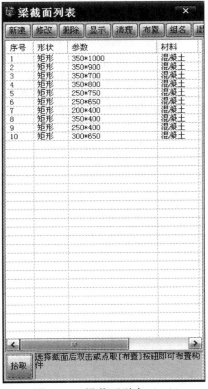

图 3.21 梁截面列表（二）

有主梁的截面尺寸如图 3.25 所示。利用"轴线输入"中的"平行直线"布置次梁更简便。

（4）输入本层信息

点击"本层信息"，进入"本层信息"对话框。按照对话框的内容相应输入板厚、板混凝土强度等级、板钢筋保护层厚度、柱混凝土强度等级、梁混凝土强度等级、剪力墙混凝土

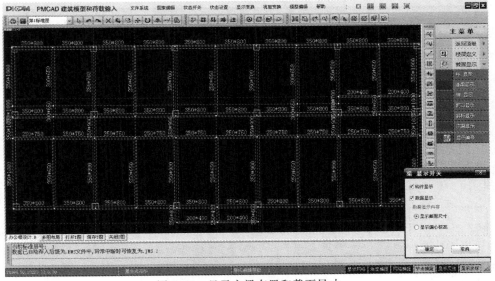

图 3.22 显示主梁布置和截面尺寸

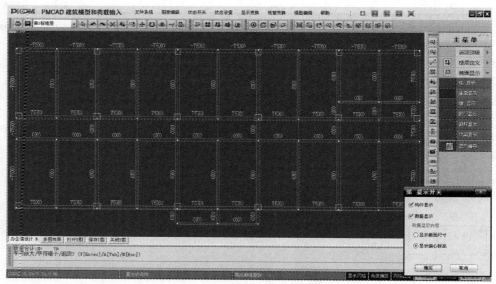

图 3.23　显示主梁的偏心和标高

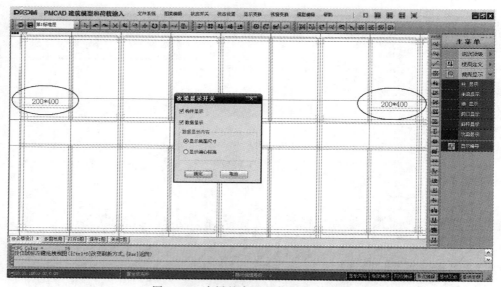

图 3.24　次梁的布置和截面尺寸显示

强度等级、梁柱钢筋类别、本标准层层高，如图 3.26 所示。此对话框中的"本标准层层高"设定值，只用于定向观察某一轴线立面时做立面高度的值。实际各层层高的数据在楼层组装菜单中输入。

　　本实例把第一层作为第一结构标准层输入，也即基础连梁层（也可称为基础拉梁、基础连梁，地梁等）没有作为结构标准层输入。基础连梁及其上部填充墙的荷载在基础设计时以节点荷载输入。本实例把基础连梁的梁顶标高统一为－1.200（具体详见 6.1.2 节的说明），这样基础连梁锚固在基础内，手算和电算的计算模型基本一致。此种方法的缺点是当基础连梁上部有填充墙体时，填充墙体砌筑高度较高。

　　当基础埋置深度较深时，也可以把基础连梁设置在±0.000 以下适当位置（比如

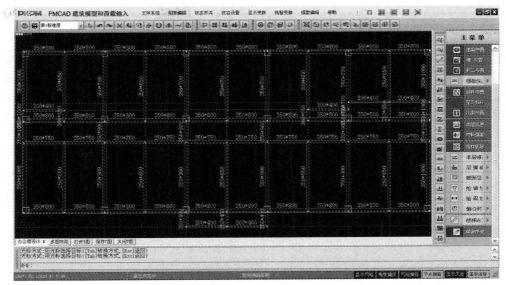

图 3.25　次梁做主梁布置时的梁截面尺寸显示

—0.050)，可以适当减小框架柱的计算长度，此时基础连梁应作为地下框架梁，可按一层框架建模输入，并按规范规定设置箍筋加密区，此时，基础连梁层作为框架梁画出其平法配筋图，具体构造可参考 11G101-3 的规定，也可设置两道基础连梁，一层在基础顶面，一层在接近±0.000 的位置。

（5）本层修改

点击"本层修改"，进入"本层修改"菜单（图 3.27）。"本层修改"包括三部分内容。

图 3.26　第 1 标准层本层信息对话框　　　图 3.27　本层修改菜单　　　图 3.28　层编辑菜单

① 设置错层斜梁；

② 把该标准层上某一类型截面的构件用另一类型截面构件替换；

③ 点取已布置的构件，出现该构件信息对话框，可在该对话框修改构件信息。

（6）层编辑

层编辑是在各结构标准层之间考虑互相的关系，进行编辑。在整体的组装中结构标准层随结构层的增加只能按顺序从第一结构标准层到最后的结构标准层。层编辑的菜单如图3.28所示。主要可以进行以下几个方面的编辑。

① 删标准层——删除整体输入不需要的结构标准层。

② 插标准层——在某结构标准层前插入整体输入需要的另一结构标准层。

③ 层间编辑——在多个结构标准层或全部结构标准层上同时进行结构标准层修改。如需在第1～10层标准层上同一位置加一根梁，可先将层间编辑菜单定义编辑1～10层，则只需进行在一层布置梁的操作，其他层的加梁可自动完成。进入层间编辑，先选择要同时编辑的层，随后所有的操作均在这几层同时进行，进行完一层后自动切换到下一层并提示确定。

④ 层间复制——把当前标准层上的部分内容拷贝到其他标准层上。

⑤ 单层拼装——单层拼装是针对打开工程的当前标准层（没有设置层间编辑）进行拼装。拼装的对象来自其他工程或本工程的某一被选标准层。注意与层间复制的区别，层间复制是在一个工程文件中进行层间的对象复制。

⑥ 工程拼装——在结构层布置时，可利用已经输入的楼层，把它们拼装在一起成为新的结构标准层，从而简化楼层布置的输入。注意与单层拼装的区别，单层拼装是将某一标准层的内容进行拼装。

（7）截面显示

显示柱、主梁、墙、洞口、斜杆和次梁等构件及其截面尺寸。进入"截面显示"菜单（图3.29），对各种构件可选择"构件显示"和"数据显示"。进入"数据显示"可选择显示截面尺寸或显示偏心标高。对已输入在平面上的构件可随时用光标点指，显示构件的截面尺寸、偏心、位置等数据。

图 3.29　截面显示菜单

图 3.30　偏心对齐

（8）绘梁线

绘梁线是把梁的布置连同它相应的网格线一起输入。也就是以前先输轴线再布置梁，现在可以直接绘梁。绘梁时先选择绘梁类型（定义过的主梁类型），然后输入梁偏轴距离、标高（梁向上、向右偏为正；向下、向左偏为负），最后在相应的位置绘出梁线。

（9）偏心对齐

利用梁柱墙的相互关系，通过对齐的方法达到柱偏心、梁偏心或墙偏心。点击偏心对齐，进入梁柱墙偏心对齐菜单（图3.30）。

① 柱上下齐、梁上下齐、墙上下齐——使该构件从上到下各结构标准层都与第一结构标准层的构件对齐。

② 柱与柱齐、梁与梁齐、墙与墙齐——结构标准层中，在同一轴线的同类构件对齐。

③ 柱与墙齐、梁与柱齐、墙与柱齐、柱与梁齐、梁与墙齐、墙与梁齐——结构标准层中，一类构件与另一类构件对齐。

3.2.4　定义第2、3、4结构标准层

3.2.4.1　定义第2结构标准层

（1）添加第2标准层

在"楼层定义"菜单中点击"换标准层"，出现"选择/添加标准层"（图3.31）。选择"添加新标准层"，新增标准层方式选择"全部复制"，点击"确定"按钮，出现"第2标准层"。"第2标准层"和"第1标准层"的区别是"第2标准层"没有雨篷，楼梯梁的位置有变化。点击"构件删除"中的"删除梁"，把雨篷梁删除。在"网点编辑"中"删除节点"，把雨篷梁的多余的节点删除。楼梯梁可以删除后重新添加，也可以采用"图素编辑"中的"平移"命令，将楼梯梁向上平移300mm，再点击"网格生成"中的"形成网点"。在"网点编辑"中"删除节点"，把原来的楼梯梁两端的多余的节点删除。通过局部修改，得到"第2标准层"的平面图，点击"网点编辑"中的"网点显示"，显示网格长度如图3.32所示。

图3.31　选择/添加标准层对话框

（2）本层信息

在"楼层定义"菜单中点击"本层信息"，本标准层层高改为3600mm（图3.33）。

（3）截面显示

点击"截面显示"中的"主梁显示"，显示主梁的截面尺寸如图3.34所示。

3.2.4.2　定义第3结构标准层

在"楼层定义"菜单中点击"换标准层"，选择"添加新标准层"，新增标准层方式选择"全部复制"，则出现"第3标准层"。"第3标准层"与"第2标准层"完全相同。本层信息也相同，层高为3600mm。

3.2.4.3　定义第4结构标准层

（1）添加第4标准层

在"楼层定义"菜单中点击"换标准层"，选择"添加新标准层"，新增标准层方式选择

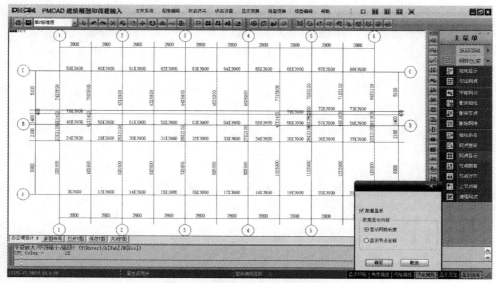

图 3.32　第 2 标准层网格长度

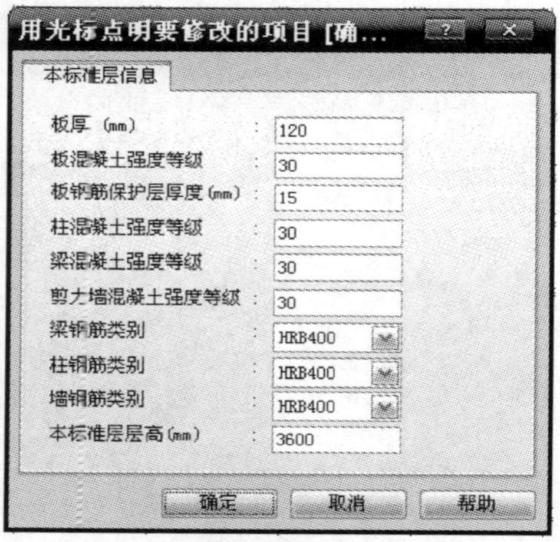

图 3.33　第 2 标准层本层信息对话框

"全部复制"，则出现"第 4 标准层"。点击"构件删除"中的"删除梁"，删除楼梯间两根楼梯梁和Ⓑ轴线、Ⓒ轴线之间的横梁。点击"网点编辑"中的"删除节点"，删除多余的节点。也可以直接删除不需要梁的两端节点，这样就自动删除了该梁。

删除③轴线、Ⓐ轴线、Ⓒ轴线之间的纵向梁和横向梁，删除③轴线与Ⓑ轴线相交的柱子，然后布置井字梁。由"2.3.2 框架梁柱截面尺寸确定"可知，井字梁的截面尺寸为 300mm×1100mm。③轴线上的井字梁与柱相交，其截面取为 350mm×1100mm。井字梁四周边梁的截面尺寸为 400mm×1200mm。点击"楼层定义"中的"主梁布置"，进行井字梁的布置。

井字梁的四周边梁需要进行截面改动。可以删除井字梁的四周边梁，然后按照新的截面尺寸进行布置。也可以直接在四周边梁位置重新布置新的截面尺寸梁，覆盖原来的截面尺寸。还可以采用"本层修改"中的"主梁查改"进行截面变动。

(2) 本层信息

在"楼层定义"菜单中点击"本层信息"，本标准层层高改为 3900mm（图 3.35）。

(3) 截面显示

点击"截面显示"中的"主梁显示"，主梁的截面尺寸显示如图 3.36 所示。

3.2.5　第 1 结构标准层荷载输入

点击"荷载输入"，出现"荷载输入"菜单，可输入第 1 荷载标准层的各种荷载。

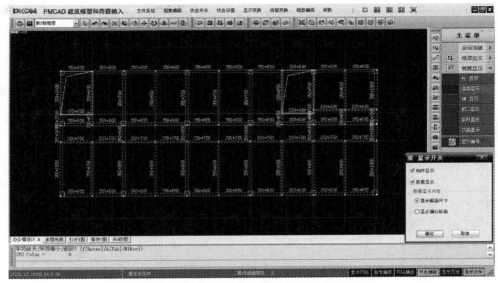

图 3.34　第 2 标准层主梁截面尺寸显示

3.2.5.1　恒活设置

点击"荷载输入"，再点击"恒活设置"，出现如图 3.37 所示的荷载定义对话框。"恒活设置"的功能是输入各荷载标准层的楼面恒荷载标准值和楼面活荷载标准值，定义荷载标准层。此处定义的荷载数值是指楼面、屋面统一的大多房间的恒荷载和活荷载，个别房间不同荷载的情况，可在后面进行修改。定义荷载标准层不仅需其楼面荷载相同，同时须考虑楼层上的其他荷载是否相同。

对话框的一个选项是"考虑活荷载折减"。《建筑结构荷载规范》（GB 50009—2012）第 5.1.2 条规定，民用建筑的楼面梁和柱、墙、基础设计时应根据建筑类别的不同和工程规模不同对活荷载进行相应的折减。软件对梁和柱、

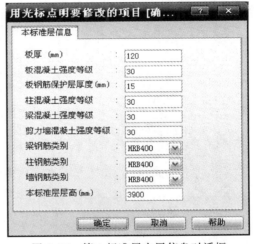

图 3.35　第 4 标准层本层信息对话框

墙、基础的活荷载折减功能，是在软件使用的不同环节分别实现的。设计楼面梁（注意屋面梁根据规范要求不进行折减）时的活荷载折减是在建模中设置，也即在"恒活设置"中用选项"考虑活荷载折减"设定，在楼面导荷过程中实现，此处进行了折减后，后续的竖向荷载导算以及结构内力计算时取用的活荷载均为经过折减的数值。SATWE、TAT、PMSAP、PK 等模块中还可以设置按柱、墙、基础上的楼层数进行活荷载折减，而对柱、墙、基础活荷载按楼层数的折减是在楼面荷载导算的结果上叠加进行的，也就是说，如果设置了楼面梁的活荷载折减，在后续模块中又设置了活荷载按楼层折减，则最终的活荷载值被折减了两次。这种情况会导致计算荷载较少，不安全，应该分两次分别进行两种折减，每次的折减弄清楚计算的对象。"恒活设置"中选项"考虑活荷载折减"是针对梁构件的；考虑楼层数的折减是针对柱、墙、基础构件的，两种折减不应该同时进行。也就是要明确：楼面活荷载标

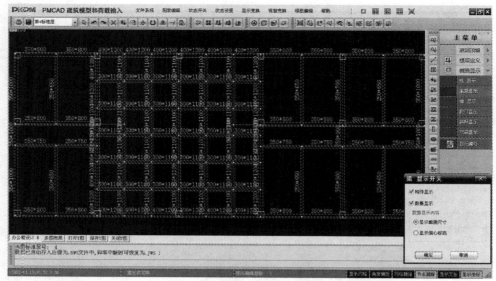

图 3.36　第 4 标准层主梁截面尺寸显示

图 3.37　"荷载定义"对话框

准值折减只是针对楼面层折减，对于屋面层并不折减；设计楼面梁时的折减系数只是影响梁，而不应该影响与其相连的竖向构件，比如柱、墙或基础。在设计时，第一次进行楼面梁设计，图 3.37 中勾选"考虑活荷载折减"；第二次进行竖向构件（柱、墙或基础）设计，图 3.37 中不勾选"考虑活荷载折减"，而在图 4.8 活载信息对话框中勾选"柱墙设计时活荷载折减"，用于柱、墙设计。

因为本实例房屋为 4 层，手算时没有进行活荷载折减，电算时此处不折减，但是在图 4.8 柱、墙设计时活荷载折减，也就是这两个折减不同时进行。因此手算和电算的结果会有一些差别。

对话框的另一选项"自动计算现浇楼板自重"，若选择该项，则输入的荷载值应不包括板的自重；若不选择该项，则输入的荷载值应包括板的自重。表 3.2 中的恒荷载标准值取值已经包含了板的自重，因此图 3.37 中不勾选"自动计算现浇楼板自重"选项。

3.2.5.2　楼面荷载

(1) 楼面恒载

点击"楼面荷载"，再点击"楼面恒载"，出现"修改恒载"对话框。逐次修改各块楼板的楼面恒载，第 1 层楼面恒载最终结果如图 3.38 所示。

(2) 楼面活载

按同样方法逐次修改各块楼板的楼面活载，第 1 层楼面活载最终结果如图 3.39 所示。

(3) 导荷方式

点击"导荷方式"，屏幕显示导荷方式子菜单，同时出现各房间楼面荷载的传导方向，调整楼面单向板的传力方向，最终楼面荷载的传导方向如图 3.40 所示。

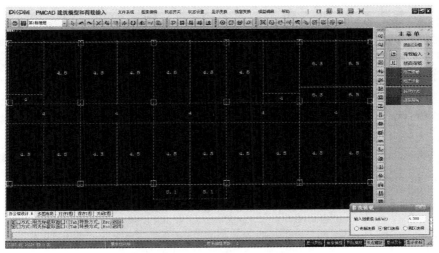

图 3.38　第 1 层楼面恒载最终结果

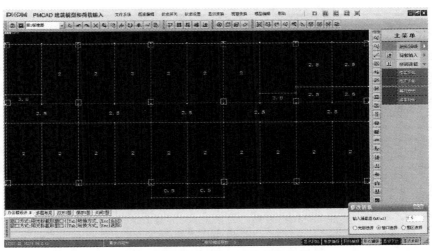

图 3.39　第 1 层楼面活载最终结果

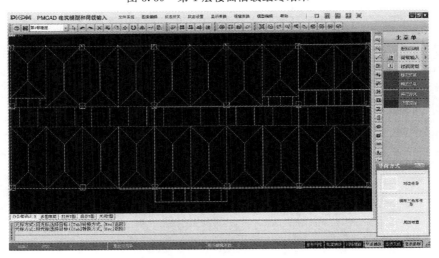

图 3.40　第 1 荷载标准层房间最终楼面荷载的传导方向

第 3 章　框架结构工程实例电算解析——模型建立（PMCAD） **221**

3.2.5.3 梁间荷载

点击"梁间荷载",出现"梁间荷载"菜单。"梁间荷载"指的是除楼面荷载以外的梁上恒荷载标准值或活荷载标准值(如梁上的墙体荷载),包括"恒载输入"和"活载输入"。在输入梁间荷载之前,需要整理当前层所有梁上的荷载。

(1)墙体荷载计算

在电算荷载输入时,梁上墙体荷载的输入有一种方法是:考虑开门窗洞口的大小,将没开洞墙体的荷载乘以 0.6～1.0 的系数,近似作为实际墙体的荷载。这种方法有一定的误差。本书详细计算墙体和门窗的荷载然后均布到其跨度上,比较准确。纵横向墙体荷载的计算详见表 3.3。

表 3.3 纵横向墙体荷载计算

序号	位置		线荷载/(kN/m)
1	横向墙体	①轴线、⑥轴线	墙长 6.9m(无洞口,上层梁高 1.0m,层高 3.6m)	$(3.6-1.0)\times 3.0=7.8$
2			墙长 2.1m(有窗洞 1.9m×1.8m,上层梁高 1.0m,层高 3.6m)	墙体:$(3.6-1.0-1.8)\times 3.0=2.4$ 窗:$0.45\times 1.8=0.81$ 合计:3.21
3		②轴线、③轴线、④轴线、⑤轴线	墙长 6.9m(无洞口,上层梁高 0.9m,层高 3.6m)	$(3.6-0.9)\times 2.8=7.56$
4			墙长 6.9m(无洞口,上层梁高 0.7m,层高 3.6m)	$(3.6-0.7)\times 2.8=8.12$
5			墙长 2.1m(走廊,无墙体)	0
6		①～⑤轴线间横隔墙	墙长 6.9m(无洞口,上层梁高 0.65m,层高 3.6m)	$(3.6-0.65)\times 2.8=8.26$
7		⑤～⑥轴线间横隔墙	墙长 5.1m(无洞口,上层梁高 0.65m,层高 3.6m)	$(3.6-0.65)\times 2.8=8.26$
8	纵向外墙体	Ⓐ轴线、Ⓒ轴线	墙长 7.8m(有两个窗 C2:2.1m×1.8m,上层梁高 0.8m,层高 3.6m)	$\dfrac{[7.8\times(3.6-0.8)-2\times 2.1\times 1.8]\times 3+2\times 2.1\times 1.8\times 0.45}{7.8}=5.93$
9	纵向内墙体	Ⓑ轴线	墙长 3.9m(有一个门 M2:1.0m×2.1m,上层梁高 0.8m,层高 3.6m)	$\dfrac{[3.9\times(3.6-0.8)-1.0\times 2.1]\times 2.8+1.0\times 2.1\times 0.45}{3.9}=6.6$
10		Ⓑ轴线	墙长 7.8m(有一个门洞:2.0m×2.1m,梁高 0.8m,层高 3.6m)	$\dfrac{[7.8\times(3.6-0.80)-2.0\times 2.1]\times 2.8}{7.8}=6.4$

序号	位置		线荷载/(kN/m)
11	纵向内墙体	Ⓐ轴~Ⓑ轴线之间 墙长7.8m(有两个门 M3:1.5m×2.1m,上层梁高0.75m,层高3.6m)	$\dfrac{[7.8\times(3.6-0.75)-2\times1.5\times2.1]\times2.8+2\times1.5\times2.1\times0.45}{7.8}=6.1$
12		Ⓑ轴~Ⓒ轴线之间 墙长7.8m(有两个门 M4:0.9m×2.1m,上层梁高0.40m,层高3.6m)	$\dfrac{[7.8\times(3.6-0.40)-2\times0.9\times2.1]\times2.8+2\times0.9\times2.1\times0.45}{7.8}=7.8$

(2)楼梯荷载计算

在电算荷载数据输入时,楼梯间荷载有一种输入方法是:将楼梯间板厚取为0,将楼梯荷载折算成楼面荷载,在输楼面恒荷载时,将楼梯的面荷载加大。这种方法的优点只是方便,但不符合实际受力情况,不很合理。第二种方法是将楼梯的荷载折算成线荷载,作用在梁上,这种方法更接近实际受力情况,比较准确。在PMCAD主菜单2时,可在楼梯间位置上开一个较大洞口,也可将楼梯间的板厚设为0,其上荷载也设置为0。本书按照真实的楼梯荷载传递输入数据,下面计算二层楼梯通过楼梯梁传至一层楼面的荷载。各层楼梯平面布置图如图2.29所示,楼梯剖面布置图如图2.30所示。

① LTL-3的均布荷载计算详见表3.4。

表3.4　LTL-3均布荷载计算

序号	荷载类别	传递途径	荷载/(kN/m)
1	恒荷载	TB1传来	$7.48\times1.8=13.46$
2		TB2传来	$\dfrac{(7.48\times3.3+4.57\times0.3)}{3.6}\times1.8=13.03$
3		平台板传来	程序直接进行计算,在此不输入
4		自重	程序直接进行计算,在此不输入
5		合计(TB1和TB2传来的荷载差别不大,近似取相等):	13.46
6	活荷载	TB1传来(右半跨)	$3.5\times1.8=6.3$
7		TB2传来(左半跨)	$3.5\times1.8=6.3$
8		平台板传来	程序直接进行计算,在此不输入
9		合计	6.3

② LTL-4(二层)通过TZ传至下端支承梁上的集中力。LTL-4(二层)的荷载计算详见表3.5。TZ的集中力计算见表3.6。

LTL-4(二层)传至两端的恒荷载集中力为:$18.23\times\dfrac{3.9}{2}+6.73=42.3(\text{kN})$。

LTL-4(二层)传至两端的活荷载集中力为:$9.19\times\dfrac{3.9}{2}=17.9(\text{kN})$。

(3)"梁间荷载"输入

① "恒载输入"。进入"梁间荷载"菜单,点击"恒载输入",出现"选择要布置的梁荷载"对话框,选择"添加",出现"选择荷载类型"对话框,选择均布荷载,出现"输入第1类型荷载参数"(图3.41),填入线荷载数值,再点击"确定",出现图3.42所示的"选择

要布置的梁荷载"对话框，点击"布置"，在平面图中布置相应恒荷载的梁。根据表3.3，按照先横句梁，再纵向梁的顺序布置梁间荷载，一定要细心，荷载输入是基础，不能出错。

表 3.5 　LTL-4（二层）的荷载计算

序号	荷载类别	传递途径	荷载/(kN/m)
1	恒荷载	TB3 传来（数据参考表 1.31，梯板荷载基本相同）	$7.48 \times 1.65 = 12.34$
2		TB2 传来（数据参考表 1.34，梯板荷载基本相同）	$\dfrac{(7.48 \times 3.3 + 4.57 \times 0.3)}{3.6} \times 1.8 = 13.03$
3		平台板(PTB-3)传来	按单向板考虑，$4.0 \times \dfrac{(2.1-0.3)}{2} = 3.6$
4		LTL-4(二层)自重(200mm×400mm)及抹灰层	$25 \times 0.20 \times (0.40-0.10) = 1.5$ $0.01 \times (0.40-0.10) \times 2 \times 17 = 0.102$
5		LTL-4 均布线荷载（因 TB2 和 TB3 传来荷载相差不大，近似按均布考虑）	$13.03 + 3.6 + 1.5 + 0.102 = 18.23$
6	活荷载	TB3 传来	$3.5 \times 1.65 = 5.775$
7		TB2 传来	$3.5 \times 1.8 = 6.3$
8		平台板(PTB-3)传来	按单向板考虑，$3.5 \times \dfrac{(2.1-0.3)}{2} = 3.15$
9		LTL-4 均布线荷载（因 TB2 和 TB3 传来荷载相差不大，近似按均布考虑）	$3.15 + \dfrac{(5.775+6.3)}{2} = 9.19$

表 3.6 　TZ 集中力计算

序号	类别	荷载
1	TZ(200mm×350mm)自重(抹灰略)	$26^* \times 0.20 \times 0.35 \times (1.8-0.4) = 2.55(kN)$ (26^* 上标带 * 号是考虑抹灰因素，钢筋混凝土容重取为 $26kN/m^3$)
2	L1(200mm×300mm)自重(抹灰略)	$26^* \times 0.2 \times 0.3 = 1.56(kN/m)$
3	L1 上墙体自重	$(1.8-0.7) \times 2.8 = 3.08(kN/m)$
4	L1 传至 TZ 集中力	$(3.08+1.56) \times \dfrac{(2.1-0.3)}{2} = 4.18(kN)$
5	合计	$2.55 + 4.18 = 6.73(kN)$

图 3.41　输入第 1 类型荷载参数对话框

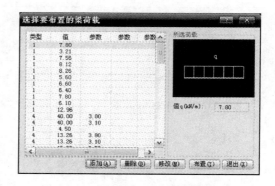

图 3.42　选择要布置的梁荷载对话框

需要说明第 4 类型荷载为集中荷载，需输入参数有两个：一个是集中力的大小，一个是集中力作用点距离左端的距离 x（图 3.43）。图 3.43 中⑤轴线上的集中力距左端 $x = 6.9 - 1.8 - 2.1 + 0.1 = 3.1$(m)（集中力作用于 LTL-4 梁的中心位置）；图 3.43 中除⑤轴线外的其他三个集中力距左端 $x = 6.9 - 1.2 + 0.1 - 2.1 + 0.1 = 3.8$(m)（集中力作用于 LTL-4 梁的中心位置）。

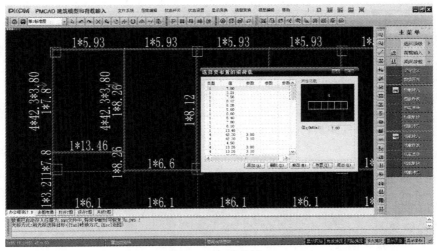

图 3.43　恒荷载输入

恒荷载最终输入的结果显示如图 3.44 所示。

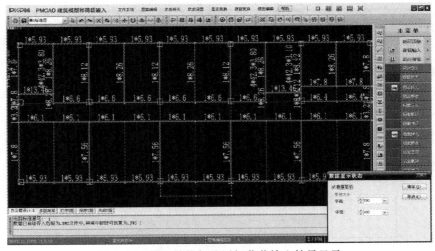

图 3.44　第 1 结构标准层恒荷载输入结果显示

②"活载输入"。输入楼梯间周围梁上的活荷载，输入方法同恒荷载。活荷载最终输入的结果显示如图 3.45 所示。

3.2.6　第 2 结构标准层荷载输入

3.2.6.1　恒活设置

按图 3.37 中的荷载定义对话框修改楼面统一的大多房间的恒荷载和活荷载，本层取值

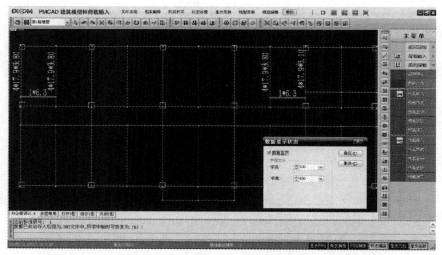

图 3.45　第 1 结构标准层活荷载输入结果显示

与图 3.37 中的数值相同。

3.2.6.2　楼面荷载

(1) 楼面恒载

逐次修改各块楼板的楼面恒载，第 2 层楼面恒载最终结果如图 3.46 所示。

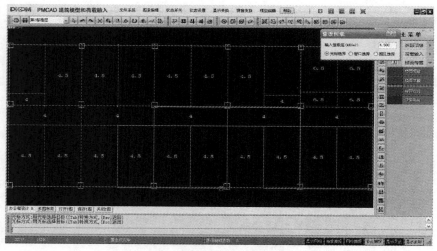

图 3.46　第 2 层楼面恒载最终结果

(2) 楼面活载

按同样方法逐次修改各块楼板的楼面活载，第 2 层楼面活载最终结果如图 3.47 所示。

(3) 导荷方式

点击"导荷方式"，屏幕显示导荷方式子菜单，同时出现各房间楼面荷载的传导方向，调整楼面单向板的传力方向。

3.2.6.3　梁间荷载

(1) 墙体荷载计算

参考表 3.3，第 2 结构标准层上纵横向墙体荷载的计算详见表 3.7。

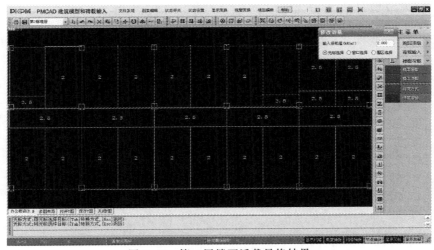

图 3.47　第 2 层楼面活载最终结果

表 3.7　纵横向墙体荷载计算

序号	位置		线荷载/(kN/m)
1	横向墙体	①轴线、⑥轴线	墙长 6.9m(无洞口,上层梁高 1.0m,层高 3.6m)	7.8
2			墙长 2.1m(有窗洞 1.9m× 1.8m,上层梁高 1.0m,层高 3.6m)	3.21
3		②轴线、③轴线、④轴线、⑤轴线	墙长 6.9m(无洞口,上层梁高 0.9m,层高 3.6m)	7.56
4			墙长 6.9m(无洞口,上层梁高 0.7m,层高 3.6m)	8.12
5			墙长 2.1m(走廊,无墙体)	0
6		①~⑤轴线间横隔墙	墙长 6.9m(无洞口,上层梁高 0.65m,层高 3.6m)	8.26
7		⑤~⑥轴线间横隔墙	墙长 5.1m(无洞口,上层梁高 0.65m,层高 3.6m)	8.26
8	纵向外墙体	Ⓐ轴线、Ⓒ轴线	墙长 7.8m(有两个窗 C2: 2.1m×1.8m,上层梁高 0.8m,层高 3.6m)	5.93
9	纵向内墙体	Ⓑ轴线	墙长 3.9m(有一个门 M3: 1.5m×2.1m,上层梁高 0.8m,层高 3.6m)	$\dfrac{[3.9\times(3.6-0.8)-1.5\times2.1]\times2.8+1.5\times2.1\times0.45}{3.9}=6$
10		Ⓑ轴线	墙长 7.8m(有一个门洞: 2.0m×2.1m,上层梁高 0.8m,层高 3.6m)	6.4
11		Ⓐ轴~Ⓑ轴线之间	墙长 7.8m(有两个门 M3: 1.5m×2.1m,上层梁高 0.75m,层高 3.6m)	6.1
12		Ⓐ轴~Ⓑ轴线之间	墙长 3.9m(有一个门 M2: 1.0m×2.1m,上层梁高 0.75m,层高 3.6m)	$\dfrac{[3.9\times(3.6-0.75)-1.0\times2.1]\times2.8+1.0\times2.1\times0.45}{3.9}=6.7$
13		Ⓑ轴~Ⓒ轴线之间	墙长 7.8m(有两个门 M4: 0.9m×2.1m,上层梁高 0.40m,层高 3.6m)	7.8

（2）楼梯荷载计算

参考图 2.29 和图 2.30 计算三层楼梯通过楼梯梁传至二层楼面两边支承梁的集中力。

① LTL-5 的线荷载计算详见表 3.8。

表 3.8　LTL-5 的线荷载计算

序号	荷载类别	传递途径	荷载/(kN/m)
1	恒荷载	TB3 传来	$7.48 \times 1.65 = 12.34$
2		平台板传来	程序直接进行计算，在此不输入
3		自重	程序直接进行计算，在此不输入
4		合计	12.34
5	活荷载	TB3 传来	$3.5 \times 1.65 = 5.775$
6		平台板传来	程序直接进行计算，在此不输入
7		合计	5.775

② LTL-4（三层）通过 TZ 传至下端支承梁上的集中力。LTL-4（三层）的荷载计算详见表 3.9。TZ 的集中力计算见表 3.6。

表 3.9　LTL-4（三层）的荷载计算

序号	荷载类别	传递途径	荷载/(kN/m)
1	恒荷载	TB3 传来	$7.48 \times 1.65 = 12.34$
2		平台板(PTB-3)传来	按单向板考虑，$4.0 \times \dfrac{(2.1-0.3)}{2} = 3.6$
3		LTL-4(三层)自重 (200mm×400mm)及抹灰层	$25 \times 0.20 \times (0.40-0.10) = 1.5$ $0.01 \times (0.40-0.10) \times 2 \times 17 = 0.102$
4		LTL-4 均布线荷载	16.74
5	活荷载	TB3 传来	$3.5 \times 1.65 = 5.775$
6		平台板(PTB-3)传来	按单向板考虑，$3.5 \times \dfrac{(2.1-0.3)}{2} = 3.15$
7		LTL-4 均布线荷载	$5.775 + 3.15 = 8.925$

参考表 3.6，TZ 集中力为 6.73kN，则

LTL-4（三层）传至两端的恒荷载集中力为：$16.74 \times \dfrac{3.9}{2} + 6.73 = 39.4 \text{(kN)}$。

LTL-4（三层）传至两端的活荷载集中力为：$8.925 \times \dfrac{3.9}{2} = 17.4 \text{(kN)}$。

（3）"梁间荷载"输入

① "恒载输入"。按表 3.7～表 3.9 进行恒荷载输入。第 4 类型荷载为集中荷载，⑤轴线上的集中力作用点距离左端的距离 $x = 6.9 - 1.8 - 2.1 + 0.1 = 3.1$m（集中力作用于 LTL-4 梁的中心位置）；除⑤轴线外的其他三个集中力距左端 $x = 6.9 - 1.5 + 0.1 - 2.1 + 0.1 = 3.5$m（集中力作用于 LTL-4 梁的中心位置）。

恒荷载最终输入的结果如图 3.48 所示。

② "活载输入"。输入楼梯间周围梁上的活荷载，输入方法同恒荷载。活载最终输入的结果如图 3.49 所示。

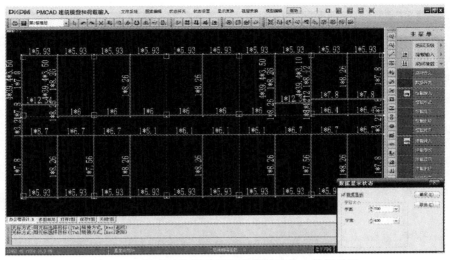

图 3.48　第 2 结构标准层恒荷载最终输入结果显示

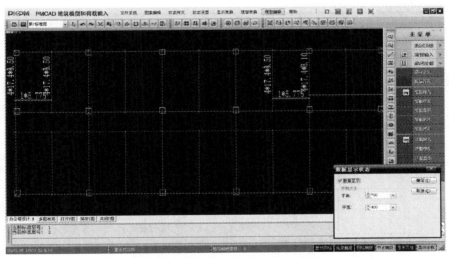

图 3.49　第 2 结构标准层活荷载输入结果显示

3.2.7　第 3 结构标准层荷载输入

3.2.7.1　恒活设置

按图 3.37 中的荷载定义对话框修改楼面统一的大多房间的恒荷载和活荷载，本层取值与图 3.37 中的数值相同。

3.2.7.2　楼面荷载

第 3 荷载标准层的楼面恒载和楼面活载与第 2 荷载标准层的楼面恒载和楼面活载完全相同。导荷方式做相同修改。

3.2.7.3　梁间荷载

(1) 墙体荷载计算

参考表 3.3，第 3 结构标准层上纵横向墙体荷载的计算详见表 3.10。

表 3.10　纵横向墙体荷载计算

序号	位置			线荷载/(kN/m)
1	横向墙体	①轴线、⑥轴线	墙长 6.9m（无洞口，上层梁高 1.0m，层高 3.9m）	$(3.9-1.0)\times3.0=8.7$
2			墙长 2.1m（有窗洞 1.9m×1.8m，上层梁高 1.0m，层高 3.9m）	墙体：$(3.9-1.0-1.8)\times3.0=3.3$ 窗：$0.45\times1.8=0.81$ 合计：4.11
3		②轴线、④轴线	墙长 6.9m（无洞口，上层梁高 1.2m，层高 3.9m）	$(3.9-1.2)\times2.8=7.56$
4		⑤轴线	墙长 6.9m（无洞口，上层梁高 0.7m，层高 3.9m）	$(3.9-0.7)\times2.8=9$
5		走廊	墙长 2.1m（无墙体）	0
6			墙长 2.1m（有一个门 M5，1.2m×2.1m）	$\dfrac{[2.1\times(3.9-1.2)-1.2\times2.1]\times2.8+1.2\times2.1\times0.45}{2.1}=4.74$
7		①～⑤轴线间横隔墙	墙长 6.9m（无洞口，上层梁高 0.65m，层高 3.9m）	$(3.9-0.65)\times2.8=9.1$
8		⑤～⑥轴线间横隔墙	墙长 5.1m（无洞口，上层梁高 0.65m，层高 3.9m）	$(3.9-0.65)\times2.8=9.1$
9	纵向外墙体	Ⓐ轴～Ⓒ轴线（除②轴～④轴线间墙体）	墙长 7.8m（有两个窗 C2：2.1m×1.8m，上层梁高 0.8m，层高 3.9m）	$\dfrac{[7.8\times(3.9-0.8)-2\times2.1\times1.8]\times3+2\times2.1\times1.8\times0.45}{7.8}=6.8$
		Ⓐ轴～Ⓒ轴线（②轴～④轴线间墙体）	墙长 7.8m（有两个窗 C2：2.1m×1.8m，上层梁高 1.2m，层高 3.9m）	$\dfrac{[7.8\times(3.9-1.2)-2\times2.1\times1.8]\times3+2\times2.1\times1.8\times0.45}{7.8}=5.63$
10		Ⓑ轴线	墙长 3.9m（有一个门 M2：1.0m×2.1m，上层梁高 0.8m，层高 3.9m）	$\dfrac{[3.9\times(3.9-0.8)-1.0\times2.1]\times2.8+1.0\times2.1\times0.45}{3.9}=7.4$
11		Ⓑ轴线	墙长 7.8m（有一个门洞：2.0m×2.1m，上层梁高 0.8m，层高 3.9m）	$\dfrac{[7.8\times(3.9-0.80)-2.0\times2.1]\times2.8}{7.8}=7.2$
12	纵向内墙体	Ⓐ轴～Ⓑ轴线之间	墙长 7.8m（有两个门 M3：1.5m×2.1m，上层梁高 0.75m，层高 3.9m）	$\dfrac{[7.8\times(3.9-0.75)-2\times1.5\times2.1]\times2.8+2\times1.5\times2.1\times0.45}{7.8}=6.9$
13		Ⓐ轴～Ⓑ轴线之间	墙长 3.9m（有一个门 M2：1.0m×2.1m，上层梁高 0.75m，层高 3.9m）	$\dfrac{[3.9\times(3.9-0.75)-1.0\times2.1]\times2.8+1.0\times2.1\times0.45}{3.9}=7.6$
14		Ⓑ轴～Ⓒ轴线之间	墙长 7.8m（有两个门 M4：0.9m×2.1m，上层梁高 0.40m，层高 3.9m）	$\dfrac{[7.8\times(3.9-0.40)-2\times0.9\times2.1]\times2.8+2\times0.9\times2.1\times0.45}{7.8}=8.7$

（2）楼梯荷载计算

参考图 2.29 和图 2.30 计算三层楼梯传至楼梯梁的均布线荷载。LTL-6 的线荷载计算详见表 3.11。

表 3.11　LTL-6 的线荷载计算

序号	荷载类别	传递途径	荷载/(kN/m)
1	恒荷载	TB3 传来	7.48×1.65＝12.34（作用在右半跨）
2		平台板传来	程序直接进行计算，在此不输入
3		自重	程序直接进行计算，在此不输入
4	活荷载	TB3 传来	3.5×1.65＝5.775（作用在右半跨）
5		平台板传来	程序直接进行计算，在此不输入

（3）"梁间荷载"输入

①"恒载输入"。按表 3.10 和表 3.11 进行恒荷载输入。梯板传递给 LTL-6 的线荷载只作用在右半跨，选择荷载类型 3，输入线荷载和荷载参数，如图 3.50 所示。恒荷载最终输入的结果如图 3.51 所示。

②"活载输入"。输入楼梯间周围梁上的活荷载，输入方法同恒荷载。活荷载最终输入的结果如图 3.52 所示。

3.2.8　第 4 结构标准层荷载输入

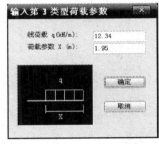

图 3.50　第 3 类型荷载参数

3.2.8.1　恒活设置

点击"荷载输入"，再点击"恒活设置"，出现如图 3.53 所示的荷载定义对话框，修改屋面的恒荷载和活荷载。

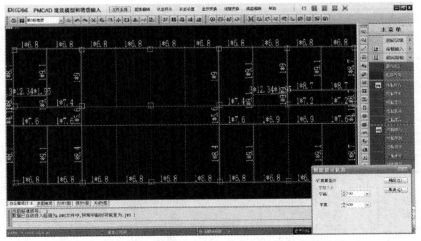

图 3.51　第 3 结构标准层恒荷载最终输入结果显示

3.2.8.2　楼面荷载

（1）楼面恒载

点击"楼面荷载"，再点击"楼面恒载"，出现"修改恒载"对话框。第 4 层楼面恒载最

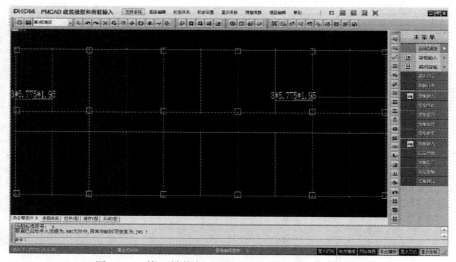

图 3.52　第 3 结构标准层活荷载最终输入结果显示

图 3.53　荷载定义对话框

终结果如图 3.54 所示。

（2）楼面活载

第 4 层楼面活载最终结果如图 3.55 所示。

（3）导荷方式

点击"导荷方式"，屏幕显示导荷方式子菜单，同时出现各房间楼面荷载的传导方向，调整楼面单向板的传力方向，最终楼面荷载的传导方向如图 3.56 所示。

3.2.8.3　梁间荷载

第 4 结构标准层上只有四周的女儿墙，女儿墙墙体选用 200mm 厚大孔页岩砖，荷载为 3.0kN/m²，女儿墙 1000mm 高，女儿墙墙体线荷载为 $3.0 \times 1.0 = 3.0 (kN/m)$。

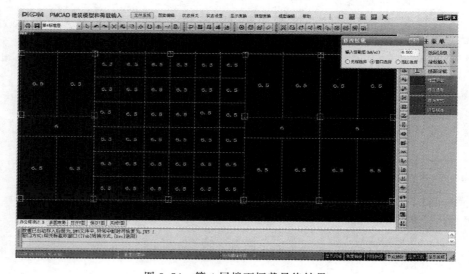

图 3.54　第 4 层楼面恒载最终结果

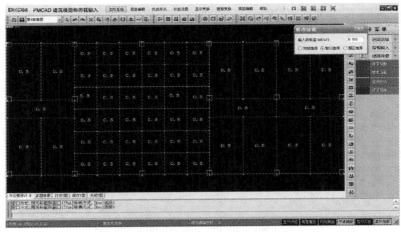

图 3.55　第 4 层楼面活载最终结果

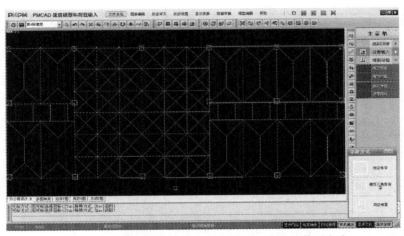

图 3.56　第 4 结构标准层房间最终楼面荷载的传导方向

　　第 4 结构标准层的"梁间荷载"输入只有"恒载输入"，沿外围四周输入梁上恒载，恒荷载最终输入的结果如图 3.57 所示。

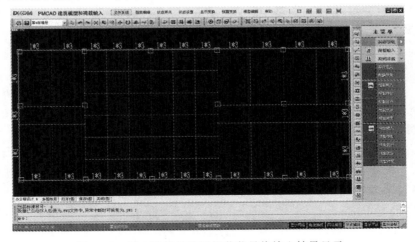

图 3.57　第 4 结构标准层恒荷载最终输入结果显示

第 3 章　框架结构工程实例电算解析——模型建立（PMCAD）　**233**

3.2.9 设计参数输入

设计参数在从 PMCAD 生成的各种结构计算文件中均起作用，有些参数在后面各菜单还可以进行修改，包括总信息参数、材料信息参数、地震信息参数、风荷载信息参数、钢筋信息参数等。

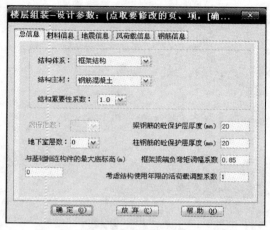

图 3.58 设计参数（总信息）

3.2.9.1 总信息（图 3.58）

(1) 结构体系：包括框架结构、框-剪结构、框-筒结构、筒中筒结构、剪力墙结构、短肢剪力墙结、复杂高层结构、砌体结构和底框结构等结构体系。程序根据所选的结构体系，相应采用规范中规定的不同的设计参数、不同的信息输入和计算方法。

(2) 结构主材：包括钢筋混凝土、砌体、钢和混凝土。程序根据所选用的材料，要求输入材料信息，并采用相应的计算方法。

(3) 结构重要性系数：1.1、1.0、0.9，隐含取值 1.0。该系数主要是针对非抗震地区设置，程序在组合配筋时，对非地震参与的组合才乘以该放大系数。

(4) 底框层数：选择底框砌体结构的框架层数。当结构体系为底框砌体结构时选择，底框层数不多于 3 层。

(5) 地下室层数：结构的地下层数。填入小于层数的数。当设有地下室时，程序对结构作如下处理：计算风载时，其高度扣去地下室层数，风力在地下室处为 0；在总刚度集成时，地下室各层的水平位移被嵌固；在抗震计算时，结构地下室不产生振动，地下室各层没有地震力，但地下室各层承担上部传下的地震反应；在计算剪力墙加强区时，将扣除地下室的高度求上部结构的加强区部位，且地下室部分亦为加强部位；地下室同样进行内力调整。

(6) 与基础相连构件的最大底标高：该标高是程序自动生成接基础支座信息的控制参数。当右"楼层组装"对话框中选中了左下角"生成与基础相连的墙柱支座信息"，并按"确定"按钮退出该对话框时，程序会自动根据此参数将各标准层上底标高低于此参数的构件所在的节点设置为支座。如果基底标高一样齐，"与基底相连的最大底标高"可取默认值。

(7) 梁、柱钢筋混凝土保护层厚度。梁、柱混凝土保护层厚度均按环境类别一取用，即均取为 20mm（对于卫生间等部位的梁，保护层厚度可按按环境类别二 a 取用，即均取为 25mm）。

(8) 框架梁端负弯矩调幅系数：在竖向荷载作用下，框架梁端负弯矩很大，配筋困难，不便于施工。因此允许考虑塑性变形内力重分布对梁端负弯矩进行适当调幅，通过调整使梁端弯矩减少，相应增加跨中弯矩，使梁上下配筋均匀一些，达到节约材料，方便施工的目的。由于钢筋混凝土的塑性变形能力有限，调幅的幅度必须加以限制。

① 装配整体式框架梁端负弯矩调幅系数可取为 0.7～0.8；现浇框架梁端负弯矩调幅系数可取 0.8～0.9；

② 框架梁端负弯矩调幅后，梁跨中弯矩应按平衡条件相应增大；

③ 应先对竖向荷载作用下框架梁的弯矩进行调幅，再与水平作用产生的框架梁弯矩进行组合；

④ 截面设计时，为保证框架梁跨中截面底钢筋不至于过少，框架梁跨中截面正弯矩设计值不应小于竖向荷载作用下按简支梁计算的跨中弯矩设计值的 50%；

⑤ 当梁端为柱或墙且为负弯矩时，可折减调幅；当梁端为正弯矩时，不能折减调幅；

⑥ 钢梁不调整梁端负弯矩调幅系数。

3.2.9.2　材料信息（图 3.59）

(1) 混凝土容重：可填 25 左右的数。混凝土自重是计算混凝土梁、柱、支撑和剪力墙自重的，对于不考虑自重的结构可取 0；如果要细算梁、柱、墙的抹灰等荷载，可把自重定为 26~28kN/m³ 等。

(2) 钢材容重：可填 78.5kN/m³ 左右的数。

(3) 钢截面净毛面积比值：可填 0.5~1 之间的数。

(4) 墙：墙主筋类别、墙水平分布筋类别、墙水平分布筋间距（应填入加强区间距，并满足规范要求，可填 50~400 之间的数）、墙竖向分布筋类别、墙竖向分布筋配筋率（可填 0.12~1.2 之间的数）。

(5) 梁柱箍筋：梁箍筋类别、柱箍筋类别。

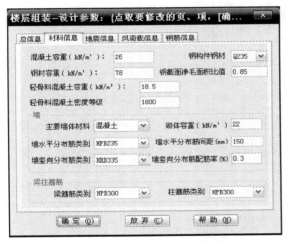

图 3.59　设计参数（材料信息）

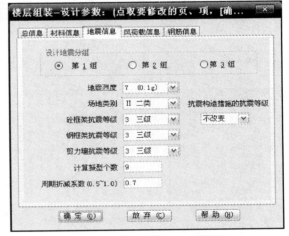

图 3.60　设计参数（地震信息）

3.2.9.3　地震信息（图 3.60）

(1) 设计地震分组：分为设计地震第一组、设计地震第二组和设计地震第三组。根据《建筑抗震设计规范》（GB 50011—2010）的附录 A 选择。程序根据不同的地震分组，计算特征周期。

(2) 地震烈度：所设计结构的设防烈度，根据《建筑抗震设计规范》（GB 50011—2010）选择。抗震设防烈度和设计基本地震加速度取值的对应关系见表 3.12。

表 3.12　抗震设防烈度和设计基本地震加速度取值的对应关系

抗震设防烈度	6 度	7 度	8 度	9 度
设计基本地震加速度值	0.05g	0.10g(0.15g)	0.20g(0.30g)	0.40g

(3) 场地类别：1 类、2 类、3 类、4 类、上海。根据《建筑抗震设计规范》（GB

50011—2010）选择。建筑的场地类别应根据土层等效剪切波速和场地覆盖层厚度按表 3.13 划分为四类。当有可靠的剪切波速和覆盖层厚度且其值处于表 3.13 所列场地类别的分界线附近时，应允许按插值方法确定地震作用计算所用的设计特征周期。在其他条件相同的情况下，场地类别越大，场地越软，设计特征周期（表 3.14）越大，地震影响系数曲线（图 3.61）的台阶就越长，地震作用加大，所算出的结构侧移也大，相应的造价也增加。

表 3.13　各类建筑场地的覆盖层厚度　　　　　　　　　　单位：m

岩石的剪切波速或土的等效剪切波速/(m/s)	场地类别				
	I_0	I_1	II	III	IV
$v_s > 800$	0				
$800 \geqslant v_s > 500$		0			
$500 \geqslant v_{se} > 250$		<5	≥5		
$250 \geqslant v_{se} > 150$		<3	3~50	>50	
$v_{se} \leqslant 150$		<3	3~15	15~80	>80

注：表中 v_s 系岩石的剪切波速。

表 3.14　特征周期值　　　　　　　　　　单位：s

设计地震分组	场地类别				
	I_0	I_1	II	III	IV
第一组	0.20	0.25	0.35	0.45	0.65
第二组	0.25	0.30	0.40	0.55	0.75
第三组	0.30	0.35	0.45	0.65	0.90

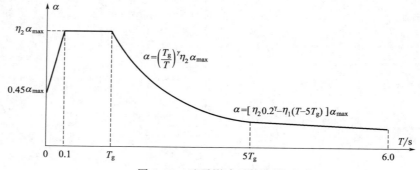

图 3.61　地震影响系数曲线

α—地震影响系数；α_{max}—地震影响系数最大值；η_1—直线下降段的下降斜率调整系数；γ—衰减指数；T_g—特征周期；η_2—阻尼调整系数；T—结构自振周期

（4）框架抗震等级：特一级、一级、二级、三级、四级、非抗震。根据《建筑抗震设计规范》（GB 50011—2010）选择。

（5）剪力墙的抗震等级：特一级、一级、二级、三级、四级、非抗震。根据《建筑抗震设计规范》（GB 50011—2010）选择。

（6）计算振型个数：地震力计算用侧刚度计算法时，不考虑耦连的振型数，个数不大于结构的层数；考虑耦连的振型数，个数不大于 3 倍层数。地震力计算用总刚度法时，结构要有较多的弹性节点，振型个数不受上限控制，一般取大于 12。振型个数的大小与结构层数、结构形式有关，当结构层数较多或结构层刚度突变较大时振型个数应取得多些。

（7）周期折减系数：高层建筑结构内力位移分析时，只考虑了主要结构构件（梁、柱、剪力墙和筒体等）的刚度，没有考虑非承重结构的刚度，因而计算的自振周期较实际的长，按这一周期计算的地震力偏小。为此，《高层建筑混凝土结构技术规程》（JGJ 3—2010）规定计算各振型地震影响系数所采用的结构自振周期应考虑非承重墙体的刚度影响予以折减。

大量工程实测周期表明：实际建筑物自振周期短于计算的周期。尤其是有实心砖填充墙的框架结构，由于实心砖填充墙的刚度大于框架柱的刚度，其影响更为显著，实测周期为计算周期的 0.5～0.6 倍；剪力墙结构中，由于砖墙数量少，其刚度又远小于钢筋混凝土墙的刚度，实测周期与计算周期比较接近。因此，当非承重墙体为填充砖墙时，高层建筑结构的计算自振周期折减系数可按下列规定取值：框架结构可取 0.6～0.7；框架-剪力墙结构可取 0.7～0.8；剪力墙结构可取 0.9～1.0。对于其他结构体系或采用其他非承重墙体时，可根据工程情况确定周期折减系数。

（8）抗震构造措施的抗震等级

《建筑工程抗震设防分类标准》（GB 50223—2008）将建筑工程分为以下四个抗震设防类别：特殊设防类（甲类）、重点设防类（乙类）、标准设防类（丙类）和适度设防类（丁类）。各抗震设防类别建筑的抗震设防标准，应符合下列要求。

① 标准设防类，应按本地区抗震设防烈度确定其抗震措施和地震作用，达到在遭遇高于当地抗震设防烈度的预估罕遇地震影响时不致倒塌或发生危及生命安全的严重破坏的抗震设防目标。

② 重点设防类，应按高于本地区抗震设防烈度一度的要求加强其抗震措施；但抗震设防烈度为 9 度时应按比 9 度更高的要求采取抗震措施；地基基础的抗震措施，应符合有关规定。同时，应按本地区抗震设防烈度确定其地震作用。

③ 特殊设防类，应按高于本地区抗震设防烈度提高一度的要求加强其抗震措施；但抗震设防烈度为 9 度时应按比 9 度更高的要求采取抗震措施。同时，应按批准的地震安全性评价的结果且高于本地区抗震设防烈度的要求确定其地震作用。

④ 适度设防类，允许比本地区抗震设防烈度的要求适当降低其抗震措施，但抗震设防烈度为 6 度时不应降低。一般情况下，仍应按本地区抗震设防烈度确定其地震作用。

《高层建筑混凝土结构技术规程》（JGJ 3—2010）规定各抗震设防类别的高层建筑结构应符合下列抗震措施要求。

① 甲类、乙类建筑：应按本地区抗震设防烈度提高一度的要求加强其抗震措施，但抗震设防烈度为 9 度时应按比 9 度更高的要求采取抗震措施；当建筑场地为 I 类时，应允许仍按本地区抗震设防烈度的要求采取抗震构造措施。

② 丙类建筑：应按本地区抗震设防烈度确定其抗震措施；当建筑场地为 I 类时，除 6 度外，应允许按本地区抗震设防烈度降低一度的要求采取抗震构造措施。

3.2.9.4 风荷载信息（图 3.62）

（1）修正后的基本风压：基本风压应按照现行国家标准《建筑结构荷载规范》（GB 50009—2012）的规定采用。对于特别重要的高层建筑或对风荷载比较敏感的高层建筑，应考虑 100 年重现期的风压值较为妥当。当没有 100 年一遇的风压资料时，也可近似将 50 年一遇的基本风压值乘以增大系数 1.1 采用。对风荷载是否敏感，主要与高层建筑的自振特性有关，目前尚无实用的划分标准。一般情况下，房屋高度大于 60m 的高层建筑都是对风荷载比较敏感的高层建筑，可按 100 年一遇的风压值采用；对于房屋高度不超过 60m 的高层建筑，其基本风压是否提高，可由设计人员根据实际情况确定。

（2）地面的粗糙度类别：地面粗糙度应分为四类：A 类指近海海面和海岛、海岸、湖岸及沙漠地区；B 类指田野、乡村、丛林、丘陵以及房屋比较稀疏的乡镇和城市郊区；C 类指有密集建筑群的城市市区；D 类指有密集建筑群且房屋较高的城市市区。

（3）体型系数：沿高度的体型分段数（与楼层的平面形状有关，不同形状楼面的体型系数不一样，一栋建筑最多可为 3 段）。每段参数有 2 个，此段的最高层号、体型系数。体型系数可由辅助计算按钮计算（图 3.63）。

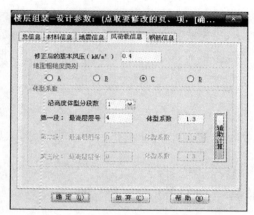

图 3.62　设计参数（风荷载信息）

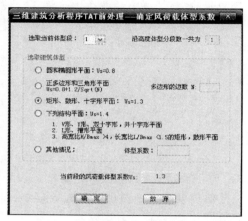

图 3.63　体型系数的辅助计算

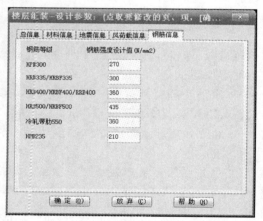

图 3.64　设计参数（钢筋信息）

3.2.9.5　钢筋信息（图 3.64）

钢筋信息按《混凝土结构设计规范》（GB 50010—2010）给出，一般取默认值。

3.2.10　楼层组装

3.2.10.1　楼层组装

"楼层组装"是将定义的结构标准层和荷载标准层从下到上组装成实际的建筑模型。定义结构标准层和荷载标准层时必须按建筑从下至上的顺序进行定义；楼层组装时，结构标准层与荷载标准层不允许交叉组装，必须从下到上进行组装。底层柱接通基础，底层层高应从基础顶面算起。这样对风荷载、地震作用、结构的总刚度都有影响，但计算结果是偏于安全的。

点击"楼层组装"，屏幕显示"楼层组装"对话框（图 3.65）。在对话框中，出现"标准层"即已输入的各结构标准层。分别选择标准层、结构层高（选择或直接输入）和层名，并确定有几层相同的结构，点击"增加"，组装结果出现。

3.2.10.2　模型显示

点击"整楼模型"中的"重新组装"，点击"确定"，逐层显示每一标准层的模型。图 3.66～图 3.68 分别显示了第 1 标准层、第 2、3 标准层和第 4 标准层的模型，图 3.69 显示了整楼模型。从模型显示图中可大致判断模型建立的正误。

图 3.65 "楼层组装"对话框

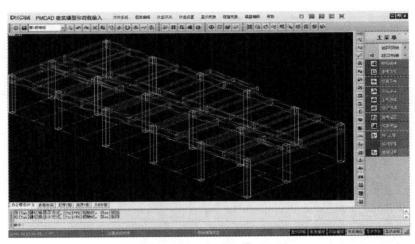

图 3.66 第 1 标准层模型显示

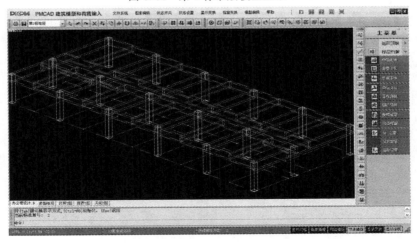

图 3.67 第 2、3 标准层模型显示

第 3 章 框架结构工程实例电算解析——模型建立（PMCAD） **239**

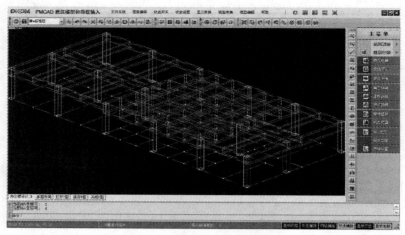

图 3.68　第 4 标准层模型显示

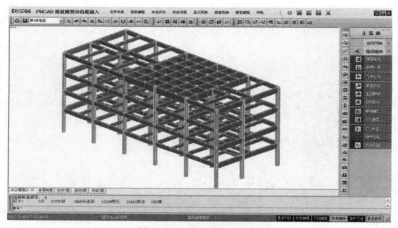

图 3.69　整楼模型显示

图 3.70　退出选项卡

3.2.11　退出选项

完成了建筑模型与荷载输入之后，点击"保存"，然后点击"退出"，选择"存盘退出"，出现"退出选项"，如图 3.70 所示。

选择"存盘退出"，出现选择对话框如图 3.71 所示。确定退出此对话框时，无论是否勾选任何选项，程序都会进行模型各层网点、杆件的几何关系分析，分析结果保存在工程文件 layadjdata.pm 中，为后续的结构设计菜单作必要的数据准备。同时对整体模型进行检查，找出模型中可能存在的缺陷，进行提示。

取消退出此对话框时，只进行存盘操作，不执行数据处理和模型几何关系分析，适用于建模未完成时临时退出的情况。

执行完 PMCAD 主菜单第 1 项"建筑模型与荷载输入"之后，形成了以下文件。

① 办公楼设计.JWS：模型文件，包括建模中输入的所有内容、楼面恒载、活载导算到梁墙上的结果，后续各模块部分存盘数据。

② 办公楼设计.BWS：建模过程中的临时文件，内容与办公楼设计.JWS 一样，当发生

异常情况导致 JWS 文件丢失时，可将其更名为 JWS 使用。

③ axisrect.axr：“正交轴网”功能中设置的轴网信息。

④ layadjdata.pm：建模存盘退出时生成的文件，记录模型中网点、杆件关系的预处理结果，供后续的程序使用。

⑤ pm3j_2jc.pm：荷载竖向导算至基础的结果。

⑥ pm3j_perflr.pm：各层层底荷载值。

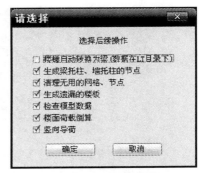

图 3.71　选择对话框

3.3　平面荷载显示校核

通过 PMCAD 主菜单 1 形成的平面数据文件中可获得的荷载信息有：活荷载是否计算信息；各荷载标准层中均布楼面恒荷载和均布楼面活荷载信息（主菜单 1 建立荷载标准层）输入等。PMCAD 主菜单 2 的主要功能是检查交换输入和自动导算的荷载是否准确，不会对荷载结果进行修改或重写，也有荷载归档的功能。

3.3.1　人机交互输入荷载

设计人员在 PMCAD 主菜单 1 中人机交互输入的荷载，在输入时可能较多较杂乱，但在这里可得到人机交互输入的清晰记录，通过校核，可以避免一些荷载输入的错误。下面以第 1 层为例显示人机交互输入的荷载。其余各层的荷载校核省略。

3.3.1.1　楼面恒载和楼面活载

单击“荷载选择”，在“荷载校核选项”选项卡里选择荷载类型“楼面荷载”，再选择恒载、活载和交互输入荷载，显示方式为“图形方式”，字符高度和宽度也可进行调整（图 3.72）。屏幕显示如图 3.73 所示。图中的结果与图 3.38、图 3.39 中的数值相对比，结果应该一致。

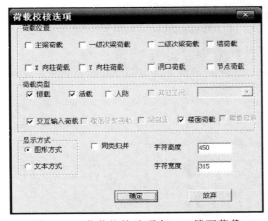

图 3.72　荷载校核选项卡——楼面荷载

3.3.1.2　梁上荷载

在“荷载校核选项”选项卡里选择荷载类型“主梁荷载”，再选择恒载、活载和交互输入荷载，显示方式为“图形方式”，字符高度和宽度也可进行调整。屏幕显示如图 3.74所示。图中的结果与图 3.44、图 3.45 中的数值相对比，结果应该一致（图 3.74 中数据是四舍五入的）。

3.3.2　楼面导算荷载

楼面导算荷载主要是程序自动将楼面板的荷载传导到周边的承重梁或墙上的荷载。下面以第 1 层为例显示楼面导算的荷载。

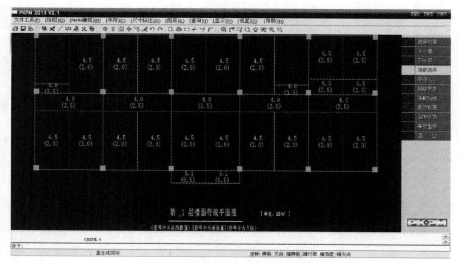

图 3.73　楼面荷载平面图和菜单

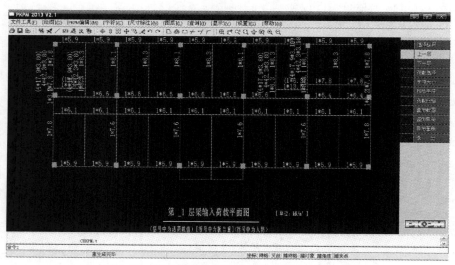

图 3.74　第 1 层梁上荷载平面图（恒载和活载）

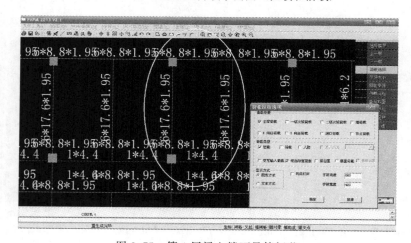

图 3.75　第 1 层梁上楼面导算恒载

3.3.2.1　梁上楼面导算恒载

在"荷载校核选项"选项卡里选择荷载类型"主梁荷载"，再选择恒载和楼面导算荷载，显示方式为"图形方式"，字符高度和宽度可进行调整，字符位置可进行移动。屏幕显示梁上楼面导算恒载如图 3.75 所示。

下面说明图 3.75 中椭圆圈出梁的导算恒载值的计算方法。"6 * 8.8 * 1.95"表示梁上的三角形荷载，荷载类型为 6，$4.5 \times 3.9 \div 2 \approx 8.8$ 为三角形顶点的荷载，$3.9 \div 2 = 1.95$ 为三角形的高；"1 * 4.4"表示由走廊单向板传递到梁上的均布线荷载，荷载类型为 1，$4.0 \times 2.1 \div 2 \approx 4.4$ 为均布荷载的数值；"6 * 17.6 * 1.95"表示梁上的梯形荷载（两边楼面导算相加），荷载类型为 6，$4.5 \times 3.9 \approx 17.6$ 为梯形的最大荷载，$3.9 \div 2 = 1.95$ 为梯形的高。

3.3.2.2　梁上楼面导算活载

在"荷载校核选项"选项卡里选择荷载类型"主梁荷载"，再选择活载和楼面导算荷载，显示方式为"图形方式"。屏幕显示梁上楼面导算活载如图 3.76 所示。

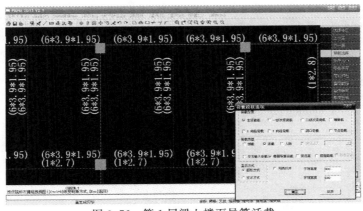

图 3.76　第 1 层梁上楼面导算活载

3.3.3　梁自重

在"荷载校核选项"选项卡里选择荷载类型"主梁荷载"，再选择恒载和梁自重，显示方式为"图形方式"。屏幕显示梁自重如图 3.77 所示。图中"1 * 7.3"表示相应梁的自重均

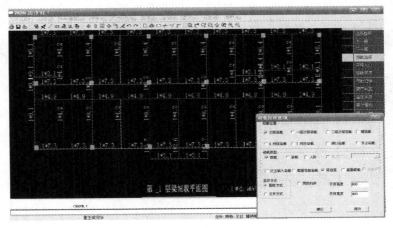

图 3.77　第 1 层梁自重

布线荷载，荷载类型为1，0.35×0.8×26≈7.3为梁自重的数值，注意因要考虑梁自重抹灰的影响，在前面输入的钢筋混凝土容重为26kN/m³。

3.3.4 竖向导荷

单击"竖向导荷"，出现竖向导荷选项卡（图3.78）。竖向导荷可算出作用于任一层柱或墙上的由其上层传来的恒荷载和活荷载，可以根据《建筑结构荷载规范》（GB 50009—2012）的要求考虑活载折减，可以输出某层的总面积及单位面积荷载，可以输出某层以上的总荷，可以输出荷载的设计值，也可输出荷载的标准值。

比如在基础设计中计算基础底面积时，应按正常使用极限状态下荷载效应的标准组合，这时利用竖向导荷将荷载分项系数全部取为1.0，得出底层柱的内力，即可使用。在计算基础配筋时，应按承载能力极限状态下荷载效应的基本组合，采用相应的分项系数，这时可将荷载分项系数分别取1.35、1或1.2、1.4，取组合结果大者用于设计。需要注意在进行基础设计时应考虑底层墙体的荷载以及柱底部的弯矩和剪力，最好利用JCCAD进行设计。

图3.78 竖向导荷选项卡

图3.79 恒、活荷载组合分项系数菜单

3.3.4.1 活荷载不折减

单击"竖向导荷"选项卡的"确定"按钮，出现"恒、活荷载组合分项系数"菜单（图3.79），填入所需的分项系数（恒载为1.2，活载为1.4），单击"OK"按钮，出现第1层竖向导荷值（图3.80）。

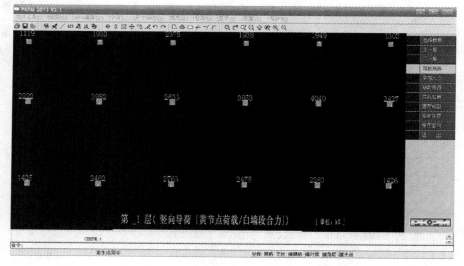

图3.80 第1层竖向导荷值（活荷载不折减）

3.3.4.2 活荷载折减

在图 3.78"竖向导荷选项卡"中选择活荷载折减后，程序出现各层活荷载折减系数，程序默认取规范值（图 3.81）。然后同时选取恒、活荷载的分项系数（恒载为 1.2，活载为 1.4），单击"OK"按钮，出现第 1 层竖向导荷值（图 3.82）。比较活荷载折减前后最大受力的柱子的轴力，图 3.80 中为 4040kN，图 3.82 中为 3833kN，可见活荷载不折减时的轴力比考虑活荷载折减时的轴力增大约 5.4%。《建筑结构荷载规范》（GB 50009—2012）的第 5.1.2 条关于活荷载折减的条文为强制性条文，在设计时应严格执行。

图 3.81　活荷载折减系数

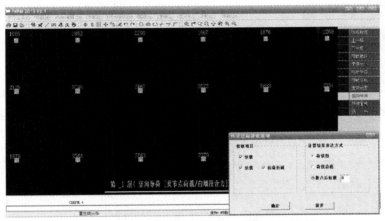

图 3.82　第 1 层竖向导荷值（考虑活荷载折减）

图 3.83　竖向荷载传递结果

3.3.4.3 荷载总值

在图 3.78"竖向导荷选项卡"中选择"荷载总值"，可输出某层以上的总荷载、某层的总面积及单位面积荷载。选取恒、活荷载的分项系数均为 1，单击"确定"按钮之后，屏幕显示"竖向荷载传递结果"（图 3.83）。图中显示"本层平均每平方米荷载值为 14.5679kN/m²"，一般的框架结构楼面平均面荷载标准值在 14kN/m² 左右。

3.4　绘制结构平面施工图

PMCAD 主菜单 3"画结构平面图"具有绘制结构平面布置图及楼板结构配筋施工图的功能。通过 PMCAD 主菜单 1、2 的执行，已输入了结构楼板的设计数据。由 PMCAD 主菜单 3 画结构平面布置图并完成现浇楼板的配筋计算。每操作一次该菜单即绘制一个楼层的结构平面，每一层绘制在一张图纸上，图纸名称为 PM＊.T（＊为层号）。

单击 PMCAD 主菜单 3，出现对话框画结构平面图主菜单，如图 3.84 所示。点击"绘新图"，出现如图 3.85 所示"绘新图"选择框。如果该层没有执行过画结构平面施工图的操作，程序直接画出该层的平面模板图。如果原来已经执行过画结构平面施工图的操作，当前工作目录下已经有当前层的平面图，则程序提供两个选项，如图 3.85 所示。

图 3.84　画结构平面图主菜单

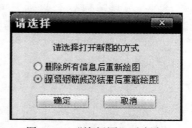

图 3.85　"绘新图"选择框

3.4.1　参数定义

参数定义包括计算参数和绘图参数两部分内容。

3.4.1.1　计算参数

(1) 楼板配筋参数。"配筋计算参数"对话框见图 3.86。

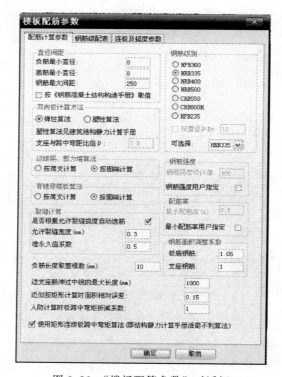

图 3.86　"楼板配筋参数"对话框

钢筋最小直径、钢筋最大间距的填写可参考 1.2.2 节中相关内容。

在"配筋计算参数"对话框中，双向板的计算方法可选"弹性方法"或"塑性方法"。若按塑性计算时，需设定支座弯矩与跨中弯矩的比值。对于双向板（长/宽≤2）时，按塑性计算，对于双向板（长/宽＞2）、单向板或不规则板程序自动按弹性计算。

边缘梁支座算法可按简支计算和固端计算，一般可选择按固端计算，此时，可将"板底钢筋"的钢筋放大调整系数调整为大于 1 的数值，适当增加边跨的跨中弯矩，"支座钢筋"一般不放大。

在裂缝计算中，如果勾选"按照允许裂缝宽度选择钢筋（是否选用）"，则程序选出的钢筋不仅满足强度计算要求，还将满足允许裂缝宽度要求。当然这样处理的结果用钢量较多。

(2)"钢筋级配表"对话框（图 3.87）

在"钢筋级配表"这项参数中可填入要选择的楼板配筋中的常用钢筋。用"添加"、"替换"和"删除"的方式进行操作。

(3)"连板及挠度参数"对话框（图 3.88）

设置连续板串计算时所需的参数。对于现浇楼板，负弯矩调幅系数一般取 1.0。左（下）端支座、右（上）端支座指连续板串的最左（下）端、右（上）端边界。

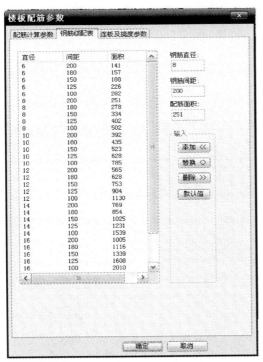

图 3.87 "钢筋级配表"对话框

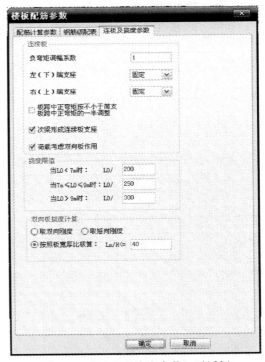

图 3.88 "连板及挠度参数"对话框

3.4.1.2 绘图参数

点击"绘图参数"，弹出如图 3.89 所示的对话框。在绘制楼板施工图时，要标注正筋、负筋的配筋值、钢筋编号、尺寸等，不同设计人员的绘图习惯不同，可以根据图中提示进行修改。

需要特别说明，多跨负筋长度选择"程序内定"时，与恒载和活载的比值有关，当活载不大于恒载的 3 倍时，负筋长度取跨度的 1/4；当活载大于恒载的 3 倍时，负筋长度取跨度的 1/3。

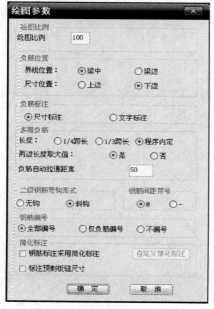

图 3.89 "绘图参数"对话框

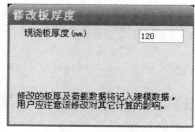

图 3.90 修改现浇板厚度

3.4.2 楼板计算

单击"楼板计算"，出现"楼板计算"菜单，程序对矩形板按单向板或双向板的计算方法进行计算；对非矩形的凸形不规则板块，则用边界元法计算；对非矩形的凹形不规则板块，则用有限元法计算。程序会自动识别板的形状类型并选择相应的计算方法。

（1）修改板厚和修改荷载

各层现浇楼板的厚度已在结构交互建模和数据文件中输入，这个数据是本层所有房间都采用的厚度，当某房间厚度并非此值时，可单击此菜单，将该房间厚度修正。当某房间为空洞口时，例如楼梯间，或不打算画出房间中的内容时，可将该房间板厚修改为 0。修改板厚时，在板厚对话框中（图 3.90）中键入修改后的楼板厚度，注意单位是 mm。点击"确定"，随后用光标选择需变更楼板厚度的房间，修改完后可按 Esc 键退回上级菜单。注意某房间楼板厚度为 0 时，该房间上的荷载仍按传递方式自动传到房间四周的梁或墙上，但不配置该板的钢筋。第 1 结构标准层修改后的板厚如图 3.91 所示，第 2、第 3 结构标准层修改后的板厚如图 3.92 所示，第 4 结构标准层修改后的板厚如图 3.93 所示。需要说明的是第 4 结构标准层井字梁楼盖部分靠近②、④轴线的现浇板区格板厚度在计算中还是按照 100mm 计算，在施工图（图 5.64 屋面层结构平面图）中把板厚改为 200mm，因井字梁避开了柱位，靠近柱位的区格板要加强。

（2）显示板边界条件

程序用不同的线型和颜色表示不同的边界条件，固定边界为红色显示，简支边界为蓝色显示，设计者可对程序默认的边界条件加以修改。

（3）自动计算

单击"自动计算"，程序自动按各独立房间计算板的内力。

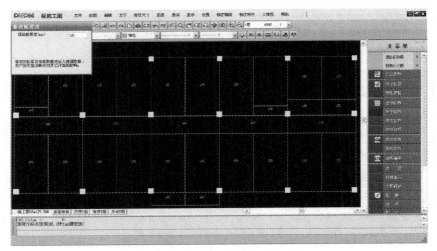

图 3.91　第 1 结构标准层的板厚

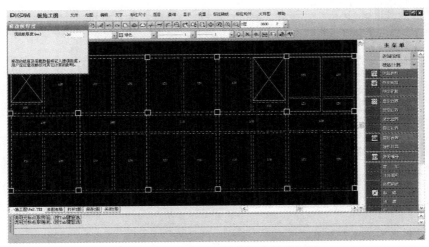

图 3.92　第 2、第 3 结构标准层的板厚

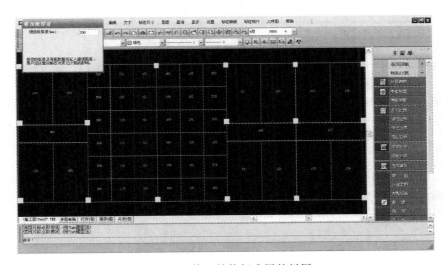

图 3.93　第 4 结构标准层的板厚

第 3 章　框架结构工程实例电算解析——模型建立（PMCAD）　**249**

（4）连板计算

连板算法是考虑了在中间支座上内力的连续性，即中间支座两侧的内力是平衡的，而自动计算中支座两侧的内力不一定是平衡的。对于大部分很均匀、规则的板面可考虑板的连续性，对于平面不均匀、不规则的板面可不考虑板的连续性，按单独的板块进行计算。如想取消连板计算，需重新点取"自动计算"。

（5）房间编号

选择此菜单，可显示全层各房间编号，也可仅显示指定的房间号。当自动计算时，提示某房间计算有错误时，方便检查。

（6）现浇板弯矩图

选择此菜单，可显示现浇板的弯矩图（图3.94），梁、墙、次梁上的支座弯矩值用蓝色显示，各房间的板跨中 X 向和 Y 向弯矩用黄色显示，该图图名为 BM＊. T（＊为层号）。

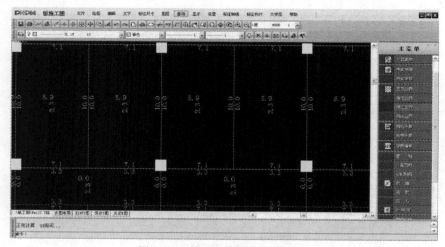

图 3.94　第一层现浇板的弯矩图

（7）现浇板的计算面积

选择此菜单，可显示现浇板的计算面积图（图3.95），梁、墙、次梁上的值用蓝色显示，各房间的板跨中的值用黄色显示，该图图名为 BAS＊. T（＊为层号）。

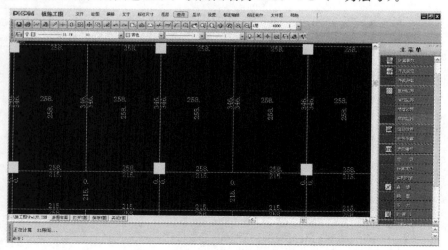

图 3.95　第一层现浇板的计算面积图

(8) 现浇板的实配钢筋

选择此菜单，可显示现浇板的实配钢筋图（图 3.96），梁、墙、次梁上的值用蓝色显示，各房间的板跨中的值用黄色显示。

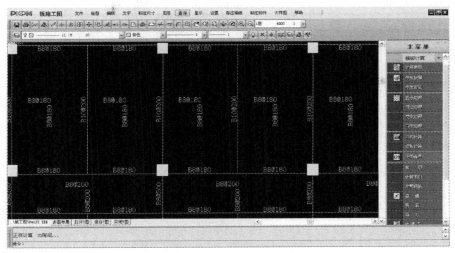

图 3.96　第一层现浇板的实配钢筋图

(9) 现浇板裂缝宽度图

选择此菜单，可显示现浇板的裂缝宽度计算结果图（图 3.97），该图图名为 CRACK * . T（ * 为层号）。图中有字符重合的地方，可以利用"文字"—"字符"—"字符拖动"进行文字避让。本实例现浇板的裂缝宽度均小于 0.3mm（部分环境类别为二 a 的构件的最大裂缝宽度为 0.2mm），满足规范要求。

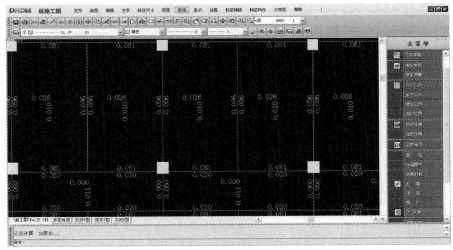

图 3.97　第一层现浇板的裂缝宽度图

(10) 现浇板跨中挠度图

选择此菜单，可显示现浇板的跨中挠度计算结果图（图 3.98），该图图名为 DEFLET * . T（ * 为层号）。由《混凝土结构设计规范》（GB 50010—2010）第 3.4.3 条可知，当 $L_0 < 7m$ 时，现浇板挠度限值为 $L_0/200 = 3900/200 = 19.5(mm) > 6.45mm$，所以图中现浇板的跨中挠度均符合要求。

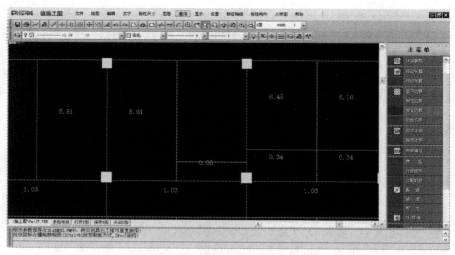

图 3.98   第一层现浇板的跨中挠度图

(11) 现浇板的剪力图

选择此菜单，可显示现浇板的剪力计算结果图，该图图名为 $BQ*.T$（$*$ 为层号）。

(12) 计算书

选择此菜单，可详细列出指定板（弹性计算时的规则现浇板）的详细计算过程，计算书包括内力、配筋、裂缝和挠度。

计算以房间为单元进行并给出每房间的计算结果。需要计算书时，可点取需要计算书的房间，然后程序自动生成该房间的计算书。单击"计算书"，选择 22 号房间（图 3.99），其计算书的一部分如图 3.100 所示。

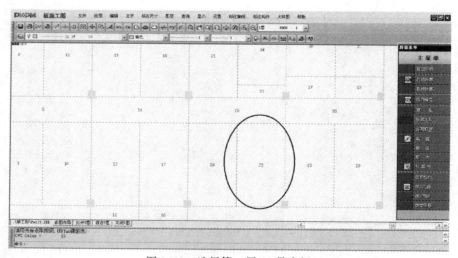

图 3.99   选择第一层 22 号房间

(13) 面积校核

选择此菜单，可将实配钢筋面积与计算钢筋面积做比较，若实配钢筋面积与计算钢筋面积的比值小于 1 时，以红色显示（图 3.101）。

(14) 改 X 正筋、Y 正筋和支座筋

选择此菜单，可显示程序自动选出的板跨中 X 方向和 Y 方向的钢筋直径和间距，设计

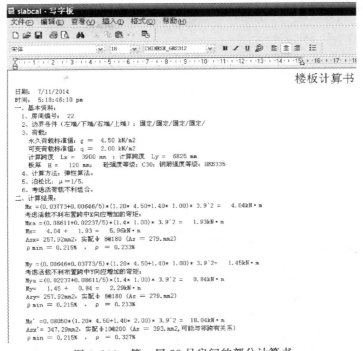

图 3.100　第一层 22 号房间的部分计算书

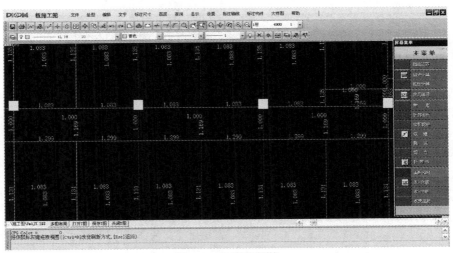

图 3.101　面积校核

者可以进行修改。

3.4.3　预制楼板

当楼板中采用预制板时，进行预制楼板的布置。注意不能在同一房间内同时布置预制板和现浇楼板。若某房间输入预制楼板后，程序会自动将该房间处的现浇楼板取消。预制楼板的子菜单如图 3.102 所示。每个房间中预制板可有两种宽度，在自动布板方式下程序以最小现浇带为目标对两种板

图 3.102　预制楼板的子菜单

的数量做优化选择。

3.4.4 绘制结构平面布置图

点击主菜单，屏幕显示当前结构标准层的平面模板图，进入该层的结构平面施工图设计，若该层未曾设计过，程序直接生成一张新图；若该层已经设计过，则程序调出已经画出的本层平面图，由设计者在上面继续补充修改。

(1) 标注构件

标注构件的二级菜单有注柱尺寸、注梁尺寸、注墙尺寸、标注板厚等内容。注柱尺寸、注梁尺寸、标注板厚、楼面标高、标柱截面、标梁截面等如图 3.103 所示，尺寸标注位置取决于光标所点的位置。

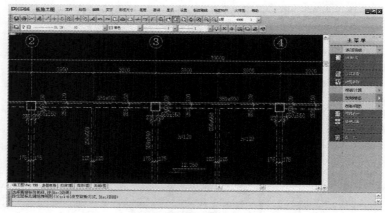

图 3.103　标注构件

(2) 标注字符

标注字符的二级菜单有注柱字符、注梁字符等内容（图 3.104）。标注字符时先键入字

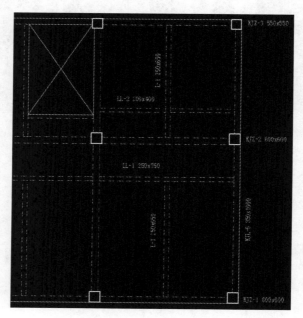

图 3.104　注柱字符、注梁字符

符内容，再点取标注该字符的构件，点取时，点取位置偏在构件的哪一边，则字符就被标在那一个位置，对于梁或墙，可将字符标在梁上或梁左，梁下或梁右。

（3）标注轴线

标注轴线是在平面图上画出轴线及总尺寸线，其二级菜单有自动标注、交互标注、逐根点取等内容。自动标注仅能标注正交的轴线。标注轴线菜单也可以标注标高和写图名。

（4）楼板钢筋

点击"楼板钢筋"，出现楼板钢筋主菜单（图3.105）。楼板钢筋的二级菜单有逐间布筋、板底正筋、支座负筋、补强正筋、补强负筋、板底通长、支座通长、区域布筋、区域标注、洞口钢筋、钢筋修改、钢筋编号等16项内容。选择"逐间布筋"，程序自动绘出所选房间的板底钢筋和四周支座的钢筋（图3.106）。

楼板配筋中应考虑温度配筋，可根据《混凝土结构设计规范》（GB 50010—2010）第9.1.8条的规定，在温度、收缩应力较大的现浇板的未配筋表面布置温度收缩钢筋，钢筋间距宜取为150～200mm，温度收缩钢筋可利用原有钢筋贯通布置，也可另行设置构造钢筋网，并与原有钢筋按受拉钢筋的要求搭接或在周边构件中锚固。板的上、下表面沿纵、横两个方向的配筋率均不宜小于0.1%。

图3.105 楼板钢筋主菜单

（5）画钢筋表

选择此菜单，程序自动生成钢筋表，移动光标指定钢筋表在平面图上画出的位置，表中会显示所有已画钢筋的直径、间距、级别、单根钢筋的最短长度和最长长度、根数、总长度和总重量等结果（图3.107）。

（6）楼板剖面

选择此菜单，程序可画出指定位置的板的剖面（图3.108），并按一定比例画出。

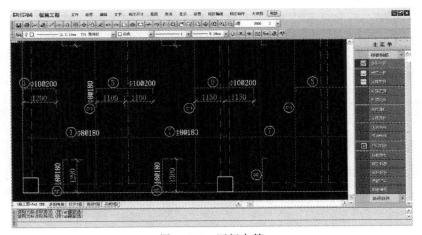

图3.106 逐间布筋

（7）插入图框

选择此菜单，程序可在设计者确定的相应位置插入图框。也可按"Tab"键改变插入图

<table>
<thead>
<tr><th colspan="8" align="center">楼板钢筋表</th></tr>
</thead>
<tbody>
<tr><td>编号</td><td>钢筋简图</td><td>规格</td><td>最短长度</td><td>最长长度</td><td>根数</td><td>总长度</td><td>重量</td></tr>
<tr><td>①</td><td>3825</td><td>φ8@180</td><td>3824</td><td>3824</td><td>39</td><td>149136</td><td>58.8</td></tr>
<tr><td>②</td><td>6825</td><td>φ8@180</td><td>6825</td><td>6825</td><td>91</td><td>621075</td><td>245.1</td></tr>
<tr><td>③</td><td>105┐1290┌105 105</td><td>φ10@200</td><td>1500</td><td>1500</td><td>35</td><td>52500</td><td>32.4</td></tr>
<tr><td>④</td><td>105┐1290┌105 105</td><td>φ8@180</td><td>1500</td><td>1500</td><td>23</td><td>34500</td><td>13.6</td></tr>
<tr><td>⑤</td><td>2200┌105</td><td>φ10@200</td><td>2410</td><td>2410</td><td>70</td><td>168700</td><td>104.0</td></tr>
<tr><td>⑥</td><td>85┐2180</td><td>φ8@180</td><td>2370</td><td>2370</td><td>23</td><td>54510</td><td>21.5</td></tr>
<tr><td>⑦</td><td>3900</td><td>φ8@180</td><td>3900</td><td>3900</td><td>117</td><td>456300</td><td>180.0</td></tr>
<tr><td>⑧</td><td>105┐1300</td><td>φ8@180</td><td>1510</td><td>1510</td><td>69</td><td>104190</td><td>41.1</td></tr>
<tr><td>⑨</td><td>2300┌105</td><td>φ10@200</td><td>2510</td><td>2510</td><td>70</td><td>175700</td><td>108.3</td></tr>
<tr><td>⑩</td><td>85┐2200</td><td>φ8@180</td><td>2390</td><td>2390</td><td>69</td><td>164910</td><td>65.1</td></tr>
<tr><td>⑪</td><td>7725</td><td>φ8@200</td><td>7724</td><td>7724</td><td>12</td><td>92688</td><td>36.6</td></tr>
<tr><td>⑫</td><td>2175</td><td>φ8@200</td><td>2175</td><td>2175</td><td>40</td><td>87000</td><td>34.3</td></tr>
<tr><td>⑬</td><td>105┐870┌85</td><td>φ8@200</td><td>1060</td><td>1060</td><td>11</td><td>11660</td><td>4.6</td></tr>
<tr><td>⑭</td><td>85┐1440┌85</td><td>φ8@200</td><td>1610</td><td>1610</td><td>31</td><td>49910</td><td>19.7</td></tr>
<tr><td>总重</td><td></td><td></td><td></td><td></td><td></td><td></td><td>965.2</td></tr>
</tbody>
</table>

图 3.107　楼板钢筋表

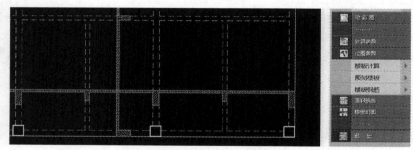

图 3.108　楼板剖面

框的大小，然后再确定插入的位置。

（8）存图退出

单击"退出"，则形成了该层平面图的一个图形文件，文件名为 PM＊.T，在后面的图形编辑等操作中可将 PM＊.T 转化为 PM＊.DWG 文件。

其他标准层也根据以上的步骤绘制出结构平面施工图。

第4章
框架结构工程实例电算解析
——三维分析（SATWE）

SATWE（Space Analysis of Tall-building with Wall-Element）是专门为多、高层建筑结构分析与设计而研制的空间组合结构有限元分析软件，适用于各种复杂体型的高层钢筋混凝土框架、框剪、剪力墙、筒体等结构，以及混凝土-钢混合结构和高层钢结构。程序解决了剪力墙和楼板的模型简化问题，减小了模型简化后的误差，提高了分析精度，使分析结果能够更好地反映出高层建筑结构的真实受力状态。

对剪力墙和楼板的合理简化及有限元模拟是多、高层结构分析的关键，它直接决定了多、高层结构分析模型的科学性，同时也决定了软件分析结果的精度和可信度。SATWE 以壳元理论为基础，构造了一种通用墙元来模拟剪力墙，这种墙元对剪力墙的洞口（仅限于矩形洞）的尺寸和位置无限制，具有较好的适用性。墙元不仅具有平面内刚度，也具有平面外刚度，可以较好地模拟工程中剪力墙的真实受力状态，而且墙元的每个节点都具有空间全部 6 个自由度，可以方便地与任意空间梁、柱单元连接，而无须任何附加约束。对于楼板，SATWE 给出了 4 种简化假定：①楼板整体平面内无限刚，适用于多数常见结构；②分块无限刚，适用于多塔或错层结构；③分块无限刚带弹性连接板带，适用于楼板局部开大洞、塔与塔之间上部相连的多塔结构及某些平面布置较特殊的结构；④弹性楼板，可用于特殊楼板结构或要求分析精度高的高层结构。这些假定灵活、实用，在应用中可根据工程的实际情况采用其中一种或几种假定。

SATWE 程序以梁柱施工图、JLQ 等程序为后处理模块。由 SATWE 程序完成的内力分析和配筋计算结果，可接梁柱施工图、JLQ 等程序绘制梁、柱和剪力墙施工图，并可为各类基础程序提供柱、墙底内力作为各类基础的设计荷载。

4.1 接 PM 生成 SATWE 数据

SATWE 的前处理工作主要由 PMCAD 完成。对于一个工程，经 PMCAD 的主菜单 1、2、3 后，生成如下数据文件（假定工程文件名为办公楼）：办公楼. * 和 *. PM。这些文件是 SATWE 所必需的。

SATWE 的主菜单如图 4.1 所示，主菜单 1 "接 PM 生成 SATWE 数据" 的主要功能就是在 PMCAD 生成上述数据文件的基础上，补充多高层结构分析所需的一些参数，并对一些特殊结构（如多塔、错层结构）、特殊构件（如角柱、非连梁、弹性楼板等）做出相应设定，最后将上述所有信息自动转换成多高层结构有限元分析及设计所需的数据格式，生成几何数据文件 STRU.SAT、竖向荷载数据文件 LOAD.SAT 和风荷载数据文件 WIND.SAT，供 SATWE 的主菜单 2、3 调用。

图 4.1　SATWE 程序主菜单

单击 SATWE 主菜单第 1 项"接 PM 生成 SATWE 数据"，屏幕弹出"补充输入及SATWE 数据生成"和"图形检查"子菜单，分别如图 4.2 和图 4.3 所示。

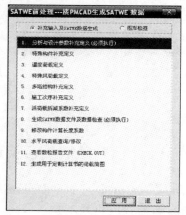

图 4.2　补充输入及 SATWE 数据生成子菜单

图 4.3　图形检查子菜单

4.1.1　分析与设计参数补充定义

单击"分析与设计参数补充定义"，进入 SATWE 参数补充修正对话框（图 4.4），屏幕共设 10 页参数信息，分别为总信息、风荷载信息、地震信息、活荷信息、调整信息、配筋信息、荷载组合、设计信息、地下室信息和砌体结构。对于一个工程，在第一次启动SATWE 程序主菜单时，程序自动将上述所有参数赋值（取多数工程中常用值作为隐含值）。

4.1.1.1　总信息（图 4.4）

（1）水平力与整体坐标夹角

该参数为地震作用、风荷载作用方向与结构整体坐标的夹角，逆时针方向为正，单位为

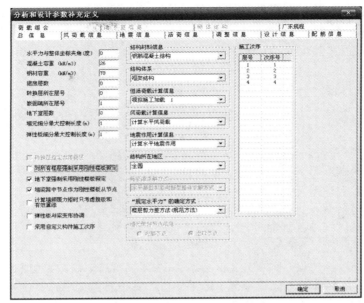

图 4.4 总信息对话框

度。当需要进行多方向侧向力核算时，可改变此参数。

（2）混凝土容重

可填 25 左右的数，考虑梁、柱的抹灰等荷载，把自重定为 $26 \sim 27 \mathrm{kN/m^3}$ 比较合适。

（3）钢材容重

钢材容重一般为 $78.5 \mathrm{kN/m^3}$，若考虑钢构件表面装修层重时，钢材容重可适当增加。

（4）裙房层数

裙房层数用作底部加强区高度的判断，如果不需要判断，直接填为零。

（5）转换层所在层号

确定转换层所在层号是为了便于进行正确的内力调整。

（6）嵌固端所在层号

嵌固端是指上部结构的计算嵌固端，当地下室顶板作为嵌固部位时，嵌固端所在层为地上一层，即地下室层数+1；如果在基础顶面嵌固时，嵌固端所在层号为 1。《建筑抗震设计规范》（GB 50011—2010）第 6.1.3-3 条规定了地下室作为上部结构嵌固部位时应满足的要求；《高层建筑混凝土结构技术规程》（JGJ 3—2010）第 3.5.2-2 条规定结构底部嵌固层与其相邻上层的侧向刚度比不宜小于 1.5。

（7）地下室层数

地下室层数是指与上部结构同时进行内力分析的地下室部分，该参数是为导算风荷载和设置地下室信息服务的。因为地下室无风荷载作用，程序在上部结构风荷载计算中扣除地下室高度。若虽有地下室，但在进行上部结构分析时不考虑地下室，则该参数应填 0。

（8）墙元细分最大控制长度

墙元细分最大控制长度是在墙元细分时的参数。墙元细分最大控制长度（$D_{\max}$）参数应填写计算单元最大尺寸，该参数一般取 $1.0 \mathrm{m} \leqslant D_{\max} \leqslant 5.0 \mathrm{m}$。对于一般工程，可取 $D_{\max} = 2.0 \mathrm{m}$；对于框支剪力墙结构，可取 $D_{\max} = 1.5 \mathrm{m}$ 或 $D_{\max} = 1.0 \mathrm{m}$。

（9）对所有楼层强制采用刚性楼板假定

当计算结构位移比时，需要选择"对所有楼层强制采用刚性楼板假定"。除结构位移比计算外，其他的结构分析、设计不应该选择此项。

(10) 墙元侧向节点信息

墙元侧向节点信息是墙元刚度矩阵凝聚计算的一个控制参数，SATWE中此参数不起作用。

(11) 结构材料信息

选择结构材料信息，是为了可以针对规范中的不同结构材料的规定选择不同的设计参数。

(12) 结构体系

程序提供了15种结构体系，结构体系的选择决定了规范的正确应用。

(13) 恒活荷载计算信息

① 不计算恒活荷载：不计算竖向力。

② 一次性加载：按一次加荷方式计算竖向力，采用整体刚度一次加载模型，这种计算适用于多层结构，或有上传荷载（如：吊柱等）的结构。

③ 模拟施工加载1：采用整体刚度分层加载模型，普遍应用于各种类型的下传荷载的结构，目的是去掉下部荷载对上部结构产生的平动影响，但不适应有吊柱的情况。

④ 模拟施工加载2：模拟施工加载2与模拟施工加载1类似，但在分析过程中将竖向构件（柱、墙）的轴向刚度放大十倍，以削弱竖向荷载按刚度的重分配。这样将使得柱和墙上分得的轴力比较均匀，接近手算结果，传给基础的荷载更为合理。

⑤ 模拟施工加载3：只是在分层加载时，去掉了没有用的刚度（如第1层加载，则只有1层的刚度，而模拟施工加载1却仍为整体刚度），使其更接近于施工过程。建议可以首选模拟施工加载来计算恒载。

因此，对一般的多层建筑，施工中的层层找平对多层结构的竖向变位影响很小，所以可选择"一次性加载"或者"模拟施工加载1"。对高层建筑的上部结构计算时可采用"模拟施工加载1"，对高层建筑的基础计算时可采用"模拟施工加载2"。

(14) 模拟施工次序信息

程序隐含指定每一个自然层是一次施工（简称为逐层施工），也可以通过施工次序定义指定连续若干层为一次施工（简称为多层施工）。对一些传力复杂的结构，应采用多层施工的施工次序。

(15) 风荷载计算信息

大部分工程采用SATWE缺省的"水平风荷载"即可，如需考虑更细致的风荷载，可通过"特殊风荷载"实现。

(16) 地震作用计算信息

① 不计算地震作用：即不计算地震作用。

② 计算水平地震作用：计算 X、Y 两个方向的水平地震作用。

③ 计算水平和竖向地震作用：计算 X、Y 和 Z 三个方向的地震作用。

4.1.1.2 风荷载信息

进入"风荷载信息"选项，进行参数修正（图4.5）。

(1) 地面粗糙度类别

地面粗糙度可分为A、B、C、D四类：A类指近海海面和海岛、海岸、湖岸及沙漠地区；B类指田野、乡村、丛林、丘陵以及房屋比较稀疏的乡镇和城市郊区；C类指有密集建筑群的城市市区；D类指有密集建筑群且房屋较高的城市市区。

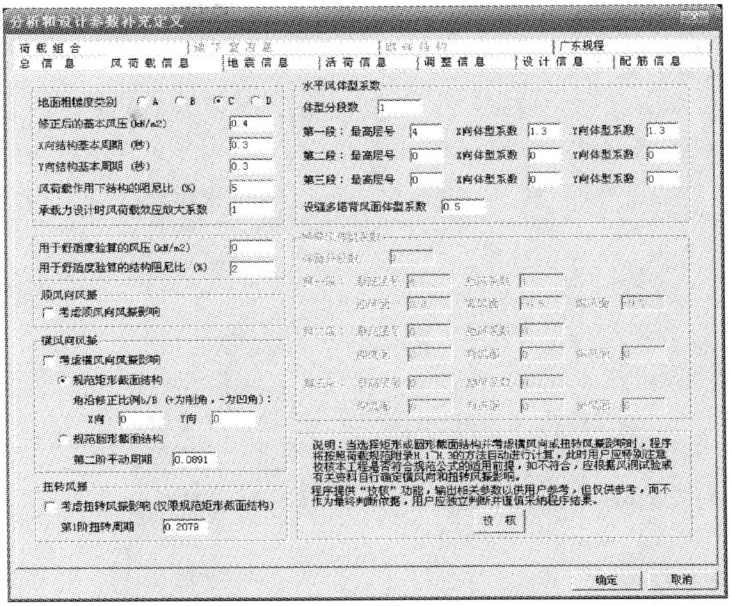

图 4.5 风荷载信息对话框

(2) 修正后的基本风压

根据《建筑结构荷载规范》(GB 50009—2012) 取值,基本风压不得小于 $0.3kN/m^2$。对于高层建筑、高耸结构以及对风荷载比较敏感的其他结构(一般房屋高度大于 60m 的都是对风荷载比较敏感的高层建筑),基本风压应适当提高。比如在沿海地区或强风地带,当地的基本风压应在规范规定的基础上放大 1.1 或 1.2 倍。

(3) X、Y 向结构基本周期

在导算风荷载的过程中,涉及若干个参数,其中一个是结构的基本周期,它是用来求脉动系数的,对于比较规则的结构,可以采用近似方法计算结构基本周期:框架结构 $T_1 = (0.05\sim0.1)n$;框剪结构、框筒结构 $T_1 = (0.06\sim0.08)n$;剪力墙结构、筒中筒结构 $T_1 = (0.05\sim0.06)n$,n 为结构的层数。在设计时,可按这些方法给出结构基本周期初值,也可以在 SATWE 计算完成后,得出准确的结构基本周期后,再回到此处填入新的周期值,然后重新计算,可以得到更为准确的风荷载。本实例初步估算结构基本周期为 0.30s。

(4) 风荷载作用下结构的阻尼比

混凝土结构及砌体结构的阻尼比采用 0.05;有填充墙钢结构可采用 0.02;无填充墙钢结构可采用 0.01。

(5) 水平风体型分段数、各段体型系数

沿高度的体型分段数(与楼层的平面形状有关,不同形状楼面的体型系数不一样,一栋建筑最多可为 3 段)。每段参数有 2 个,此段的最高层号、体型系数。

(6) 特殊风体型系数

"总信息"页"风荷载计算信息"下拉框中,选择"计算特殊风荷载"或者"计算水平和特殊风荷载"时,"特殊风体型系数"变亮,允许修改,否则为灰化,不可修改。

(7) 设缝多塔背风面体型系数

在计算有变形缝的结构时,为扣除设缝处遮挡面的风荷载,可以指定各塔的遮挡面,程序按照此处输入的背风面体型系数对遮挡面的风荷载进行折减。若将此参数填为 0，则相当于不考虑挡风面的影响。

(8) 承载力设计时风荷载效应放大系数

《高层建筑混凝土结构技术规程》（JGJ 3—2010）第 4.2.2 条规定：对风荷载比较敏感的高层建筑，承载力设计时应按基本风压的 1.1 倍采用。对于正常使用极限状态设计（如位移计算），其要求可比承载力设计适当降低，一般仍可采用基本风压值或由设计人员根据实际情况确定。填写该系数后，程序将直接对风荷载作用下的构件内力进行放大，但不改变结构位移。

(9) 用于舒适度验算的风压、阻尼比

《高层建筑混凝土结构技术规程》（JGJ 3—2010）第 3.7.6 条规定：房屋高度不小于 150m 的高层混凝土建筑结构应满足风振舒适度要求。验算风振舒适度时的风压和阻尼比可能与风荷载计算时采用的基本风压和阻尼比不同，因此，在此填写的风压和阻尼比数值仅用于舒适度验算。

验算风振舒适度时结构阻尼比宜取 0.01～0.02，风压缺省与风荷载计算的基本风压取值相同，也可自己修改。本实例不需要验算。

(10) 考虑顺风向风振影响

《建筑结构荷载规范》（GB 50009—2012）第 8.4.1 条规定：对于基本自振周期 T_1 大于 0.25s 的工程结构，如房屋、屋盖及各种高耸结构，以及对于高度大于 30m 且高宽比大于 1.5 的高柔房屋，均应考虑风压脉动对结构发生顺风向风振的影响。本实例结构的基本自振周期初估为 0.30s＞0.25s，但考虑房屋较矮，手算时没有考虑风振系数，因此电算部分也不考虑顺风向风振影响。

(11) 考虑横风向风振影响

对于横风向风振作用效应明显的高层建筑以及细长圆形截面构筑物，宜考虑横风向风振影响。本实例不需要考虑。

4.1.1.3 地震信息（图 4.6）

(1) 结构规则性信息

根据结构具体情况可选择"规则"或"不规则"。

建筑及其抗侧力结构的平面布置宜规则、对称，并应具有良好的整体性；建筑的立面和竖向剖面宜规则，结构的侧向刚度宜均匀变化，竖向抗侧力构件的截面尺寸和材料强度宜自下而上逐渐减小，避免抗侧力结构的侧向刚度和承载力突变。当存在表 4.1 所列举的平面不规则类型或表 4.2 所列举的竖向不规则类型时，应按特殊要求进行水平地震作用计算和内力调整，并应对薄弱部位采取有效的抗震构造措施。

表 4.1　平面不规则的类型

不规则类型	定义
扭转不规则	楼层的最大弹性水平位移（或层间位移），大于该楼层两端弹性水平位移（或层间位移）平均值的 1.2 倍
凹凸不规则	结构平面凹进的一侧尺寸，大于相应投影方向总尺寸的 30%
楼板局部不连续	楼层的尺寸和平面刚度急剧变化，例如，有效楼板宽度小于该层楼板典型宽度的 50%，或开洞面积大于该层楼面面积的 30%，或较大的楼层错层

(2) 设计地震分组

程序提供第一组、第二组和第三组三种选择。根据建筑物所建造的区域，按《建筑抗震

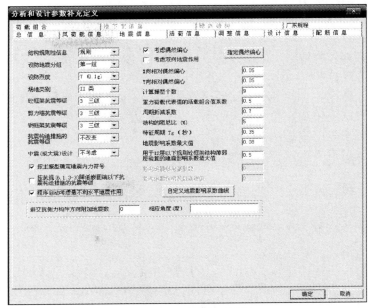

图 4.6　地震信息对话框

设计规范》（GB 50011—2010）取值。程序根据不同的地震分组，计算特征周期。

表 4.2　竖向不规则的类型

不规则类型	定　义
侧向刚度不规则	该层的侧向刚度小于相邻上一层的 70%，或小于其上相邻三个楼层侧向刚度平均值的 80%；除顶层外，局部收进的水平向尺寸大于相邻下一层的 25%
竖向抗侧力构件不连续	竖向抗侧力构件（柱、抗震墙、抗震支撑）的内力由水平转换构件（梁、桁架等）向下传递
楼层承载力突变	抗侧力结构的层间受剪承载力小于相邻上一楼层的 80%

(3) 设防烈度

设防烈度取值 6、7、8、9 分别代表抗震设防烈度 6 度、7 度、8 度、9 度。

(4) 场地类别

场地类别分别为 I_0、I_1、II、III、IV 类土。

(5) 框架、剪力墙抗震等级

依据按《建筑抗震设计规范》（GB 50011—2010）或《高层建筑混凝土结构技术规程》（JGJ 3—2010）确定。应明确此处填的抗震等级是"计算地震作用"时的抗震等级，而不是采用"抗震构造措施"时的抗震等级。

(6) 考虑偶然偏心

偶然偏心的含义是：由偶然因素引起的结构质量分布变化，会导致结构固有振动特性的变化，因而结构在相同地震作用下的反应也将发生变化。考虑偶然偏心，也就是考虑由偶然偏心引起的可能最不利的地震作用。

《高层建筑混凝土结构技术规程》（JGJ 3—2010）第 4.3.3 条规定，计算单向地震作用时，应考虑偶然偏心的影响，每层质心沿垂直于地震作用方向的偏移值可取与地震作用方向垂直的建筑物总长度的 5%。

（7）考虑双向地震作用

《高层建筑混凝土结构技术规程》（JGJ 3—2010）规定质量与刚度分布明显不对称、不均匀的结构，应计算双向水平地震作用下的扭转影响；其他情况，应计算单向水平地震作用下的扭转影响。选择双向地震作用组合后，地震作用内力会放大较多。当结构布置较为对称时，可以选择"不考虑"。

在地震作用计算中，一般采用简化的层模型侧向刚度来进行地震振动分析，这种简化的侧向刚度又分两种：一种是不考虑扭转影响，另一种是考虑扭转影响。

（8）计算振型个数

计算振型个数可取不小于 3 的整数。振型个数一般可以取振型参与质量达到总质量90%所需的振型数。

当地震作用采用侧向刚度计算时，若不考虑耦联振动，计算振型数不得大于结构层数；若考虑耦联振动，计算振型数一般不小于 9，且不大于 3 倍的层数。

当地震作用采用总刚计算时，此时结构一般有较多的"弹性节点"，所以振型数的选择可以不受上限的控制，一般取大于 12。

振型数的大小还与结构层数及结构形式有关，当结构层数较多或结构层刚度突变较大时，振型数也应取得多些，例如顶部有小塔楼、转换层等结构形式。对于双塔结构，振型数不能小于 12，对于多于双塔的结构，其振型数则应更多。

（9）重力荷载代表值的活载组合值系数

根据《建筑抗震设计规范》（GB 50011—2010）第 5.1.3 条的规定修改，缺省值为 0.5。

（10）周期折减系数

周期折减系数可选取 0.7～1.0 的数。周期折减系数主要用于框架、框架-剪力墙或框架简体结构。由于框架有填充墙，在早期弹性阶段会有很大的刚度，会吸收很大的地震力，当地震作用进一步加大时，填充墙首先破坏，刚度大大减弱，回到原结构（不考虑填充墙）状态。而在 SATWE 计算中，只计算原结构（不考虑填充墙）梁、柱、墙的刚度以及相应结构自振周期，因此计算刚度小于结构实际刚度，计算周期大于实际周期。若用计算周期计算地震作用，地震作用会偏小，使结构分析偏于不安全，因此要采用周期折减的方法放大地震作用。周期折减系数不改变结构的自振特性，只改变地震影响系数。

周期折减的目的是为了充分考虑框架结构和框架-剪力墙结构中的填充墙刚度对计算周期的影响。对于框架结构，若填充墙较多，周期折减系数可取 0.6～0.7；若填充墙较少，周期折减系数可取 0.7～0.8。对于框架-剪力墙结构，周期折减系数可取 0.8～0.9。纯剪力墙结构的周期不折减。

（11）结构的阻尼比

对于一些常规结构，程序给出了结构阻尼比的隐含值。比如钢筋混凝土结构的阻尼比可取为 0.05。《建筑抗震设计规范》（GB 50011—2010）第 8.2.2 条规定：多遇地震下的计算，钢结构房屋高度小于 50m，阻尼比可取 0.04；钢结构房屋高度大于 50m 且小于 200m，阻尼比可取 0.03；钢结构房屋高度不小于 200m，阻尼比可取 0.02。在罕遇地震下的弹塑性分析，阻尼比可取 0.05。

（12）特征周期

特征周期值可参考表 3.14 中数值。

（13）多遇或罕遇地震影响系数最大值

多遇或罕遇地震影响系数最大值（表 4.3）随地震烈度变化而变化，通过该参数可求得地震作用。

表 4.3 水平地震影响系数最大值

地震影响	6 度	7 度	8 度	9 度
多遇地震	0.04	0.08(0.12)	0.16(0.24)	0.32
罕遇地震	0.28	0.50(0.72)	0.90(1.20)	1.40

注：括号中数值分别用于设计基本地震加速度为 $0.15g$ 和 $0.30g$ 的地区。

(14) 用于 12 层以下规则混凝土框架结构薄弱层验算的地震影响系数最大值

此参数即表 4.3 中罕遇地震影响系数最大值。

(15) 斜交抗侧力构件方向附加地震数及相应角度

一般情况下，允许在建筑结构的两个主轴方向分别计算水平地震作用并进行抗震验算，各方向的水平地震作用应由该方向抗侧力构件承担。有斜交抗侧力构件的结构，当相交角度大于 15°时，应分别计算各抗侧力构件方向的水平地震作用。最多允许附加 5 组地震。附加地震数在 0～5 之间取值，在相应角度中输入各角度值。

(16) 中震（或大震）设计

此参数包括 3 个选项，不考虑、不屈服、弹性。也就是不考虑中震（或大震）设计；考虑中震（或大震）不屈服设计；考虑中震（或大震）弹性设计。后两个选择是针对结构抗震性能设计提供的选项。本实例选择不考虑。

(17) 自定义地震影响系数曲线

单击"自定义地震影响系数曲线"，用户可以查看也可自定义地震影响系数曲线(图 4.7)。

(18) 抗震构造措施的抗震等级

《建筑工程抗震设防分类标准》（GB 50223—2008）将建筑工程分为以下四个抗震设防类别：特殊设防类（甲类）、重点设防类（乙类）、标准设防类（丙类）和适度设防类（丁类）。各抗震设防类别建筑的抗震设防标准应符合的要求各不相同，抗震构造措施的抗震等级确定详见《建筑工程抗震设防分类标准》（GB 50223—2008）第 3.9.1 条、第 3.9.2 条和第 3.9.7 条。

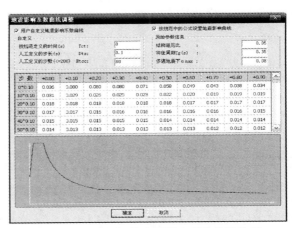

图 4.7 查看和调整地震影响系数曲线单元

(19) 按主振型确定地震内力符号

根据《建筑抗震设计规范》（GB 50011—2010）第 5.2.3 条计算的地震效应没有符号，SATWE 原有的符号确定规则是每个内力分量取各振型下绝对值最大者的符号，勾选此参数可解决原有规定下个别构件内力符号不匹配的情况。

(20) 按抗规（6.1.3-3）降低嵌固端以下抗震构造措施的抗震等级

《建筑抗震设计规范》（GB 50011—2010）第 6.1.3-3 条规定：当地下室顶板作为上部结构的嵌固部位时，地下一层的抗震等级应与上部结构相同，地下一层以下抗震构造措施的抗震等级可逐层降低一级，但不应低于四级。地下室中无上部结构的部分，抗震构造措施的抗震等级可根据具体情况采用三级或四级。

(21) 程序自动考虑最不利水平地震作用

地震沿着不同的方向作用，结构地震反应的大小一般也不相同。结构地震反应是地震作用方向角的函数，存在某个角度使得结构地震反应最大，这个方向就是最不利地震作用方向。结构的抗震设计应考虑最不利地震作用方向进行设计，需要了解结构抵抗地震作用的最薄弱方向。

4.1.1.4 活荷载信息 （图 4.8）

（1）柱、墙设计时活荷载

根据《建筑结构荷载规范》（GB 50009—2012）第 5.1.1 条和第 5.1.2 条的规定，可对一些结构在柱、墙设计时进行活荷载折减，程序默认规范的折减系数。关于活荷载折减问题请参考 3.2.5 节。

（2）传给基础的活荷载是否折减

活荷载作为一种工况，按照地基设计规范的要求，在民用多高层建筑结构的基础设计时，应对承受的活荷载进行折减。此处不折减，在图 6.13 荷载组合参数菜单中折减。

（3）梁活荷载不利布置最高层号

此参数填 0，表明不考虑活荷不利布置；若填一个大于零的数 N_L，则表示从 $1 \sim N_L$ 各层考虑梁活荷载的不利布置，而 $N_L + 1$ 层以上不考虑活荷载的不利布置；若 N_L 等于结构的层数，则表示对全楼所有层都考虑活荷的不利布置。

（4）柱、墙、基础活荷载折减系数

此处分 6 挡给出了"计算截面以上层数"和相应的折减系数，隐含值是根据《建筑结构荷载规范》（GB 50009—2012）给出的。

（5）考虑结构使用年限的活荷载调整系数

根据《高层建筑混凝土结构技术规程》（JGJ 3—2010）第 5.6.1 条的规定，设计使用年限为 50 年时取为 1.0，设计使用年限为 100 年时取为 1.1。在荷载效应组合时活荷载组合系数将乘上考虑结构使用年限的活荷载调整系数。钢结构可参考本条规定，本实例不调整。

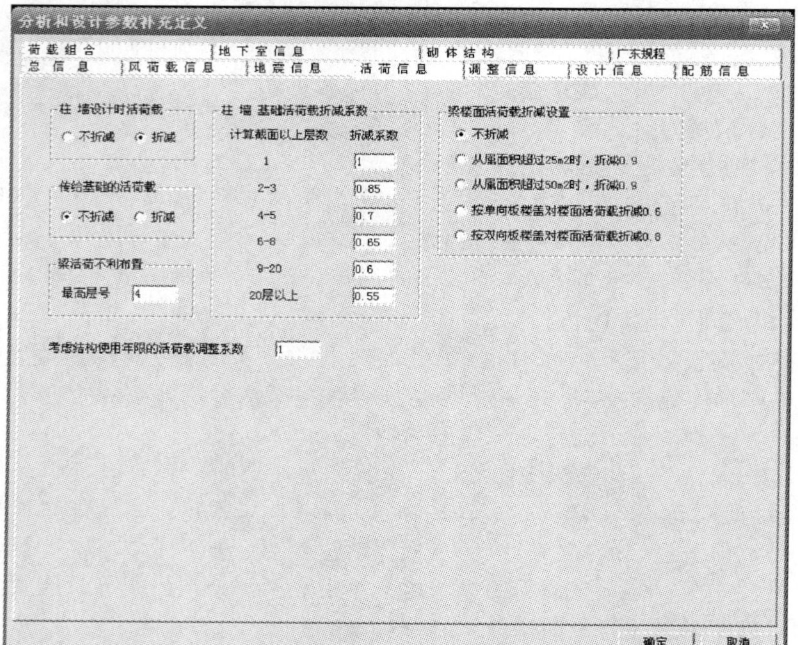

图 4.8 活荷载信息对话框

4.1.1.5　调整信息（图4.9）

(1) 梁端负弯矩调幅系数

在竖向荷载作用下，框架梁端负弯矩很大，配筋困难，不便于施工。因此允许考虑塑性变形内力重分布对梁端负弯矩进行适当调幅，通过调整使梁端弯矩减少，相应增加跨中弯矩，使梁上下配筋均匀一些，达到节约材料，方便施工的目的。由于钢筋混凝土的塑性变形能力有限，调幅的幅度必须加以限制。装配整体式框架梁端负弯矩调幅系数可取为0.7～0.8；现浇框架梁端负弯矩调幅系数可取为0.8～0.9。

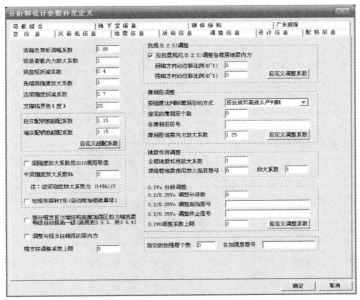

图4.9　调整信息对话框

(2) 梁活荷载内力放大系数

当考虑活荷载的不利分布时，梁弯矩放大系数取1.0；当不作活荷载的不利分布，而仅按满布荷载计算时，一般工程宜取1.1～1.2。梁弯矩放大系数对梁正负弯矩均起作用。程序对钢梁不作调整。

(3) 梁扭矩折减系数

对于现浇楼板结构，当采用刚性楼板假定时，可以考虑楼板对梁抗扭的作用，在截面设计时应对梁扭矩予以适当折减。计算分析表明，梁的扭矩折减系数与楼盖的约束作用和梁的位置密切相关。边梁和中梁有区别，有次梁和无次梁也不一样。因此，应根据具体情况确定楼面梁的扭矩折减系数。对一般工程的扭矩折减系数可取0.4～1.0。一般工程取0.4。若考虑楼板的弹性变形，梁的扭矩不应折减。程序规定对于不与刚性楼板相连的梁及弧梁，此系数不起作用。

当结构没有楼板时，该系数应取1.0；对于有弧梁的结构，弧梁的扭转折减系数应取1.0。所以当结构部分没有楼板或有弧梁时，要计算两遍：第一遍考虑扭转的折减，计算楼板的直梁；第二遍不考虑扭转的折减，计算没有楼板的梁和弧梁。

(4) 连梁刚度折减系数

这里的连梁是指那些两端与剪力墙相连的梁和剪力墙洞口间的连梁，连梁刚度折减系数一般取值范围为0.55～1.0，一般工程取0.7。

抗震设计的框架-剪力墙或剪力墙结构的连梁，由于两端的刚度很大，剪力就会很大，连梁截面设计有困难，往往出现超筋现象。抗震设计时，在保证连梁具有足够的承受其所属面积竖向荷载能力的前提下，允许其适当开裂（即降低刚度）而把内力转移到墙体等其他构件上，这就是在内力和位移计算中，对连梁的刚度进行折减。通常，设防烈度为 6 度、7 度时连梁刚度折减系数取 0.7，8 度、9 度时取 0.55，最小不宜小于 0.55。当结构位移由风荷载控制时，连梁刚度折减系数不宜小于 0.8。

（5）中梁刚度增大系数

梁刚度的放大是考虑现浇楼板对梁刚度的影响，现浇楼板和梁连成一体按照 T 形截面梁工作，而计算时梁截面取矩形，因此可将现浇楼面和装配整体式楼面中梁的刚度放大。

对于现浇楼板，两侧均与刚性楼板相连的中梁抗弯刚度放大系数可取为 1～2.0，只有一侧与刚性楼板相连的中梁或边梁的刚度放大系数可取为 1～1.5。

有现浇面层的装配整体式框架梁的刚度放大系数可适当减小，中梁抗弯刚度放大系数可取为 1～1.5，边梁抗弯刚度放大系数可取为 1～1.2。

当梁侧没有楼板或为预制楼板时，中梁和边梁刚度放大系数值应为 1.0。

（6）调整与框支柱相连的梁内力

《高层建筑混凝土结构技术规程》（JGJ 3—2010）第 10.2.17 条规定：带转换层的高层建筑结构，其框支柱承受的地震剪力标准值应做如下调整。

每层框支柱的数目不多于 10 根的场合，当框支层为 1～2 层时，每根柱所受的剪力应至少取基底剪力的 2%；当框支层为 3 层及 3 层以上时，每根柱所受的剪力应至少取基底剪力的 3%。

每层框支柱的数目多于 10 根的场合，当框支层为 1～2 层时，每层框支柱承受剪力之和应取基底剪力的 20%；当框支层为 3 层及 3 层以上时，每层框支柱承受剪力之和应取基底剪力的 30%。

框支柱剪力调整后，应相应调整框支柱的弯矩及柱端梁（不包括转换梁）的剪力和弯矩，框支柱轴力可不调整。

若选择该参数，程序自动对框支柱的地震作用弯矩、剪力作调整，由于调整系数往往很大，为了避免异常情况，程序给出一个控制开关，可人为决定是否对与框支柱相连的框架梁的地震作用弯矩、剪力进行相应调整。

（7）按抗震规范第 5.2.5 条调整各楼层地震内力

《建筑抗震设计规范》（GB 50011—2010）第 5.2.5 条规定：抗震验算时，结构任一楼层的水平地震的剪重比不应小于表 4.4 给出的最小地震剪力系数值。

剪重比为水平地震楼层剪力与该层重力荷载的比值。若选择该项，由程序自动进行调整，即程序对结构的每一层分别判断，若结构某一层的剪重比小于楼层最小地震剪力系数值（表 4.4）时，则相应放大该层的地震作用效应（内力）。对于竖向不规则结构的薄弱层，还需乘以 1.15 的增大系数。另一方面需要注意：当结构的剪重比小于楼层最小地震剪力系数值时，首先应调整结构方案，直到达到规范的限值为止，而不能简单的调大地震力。

表 4.4　楼层最小地震剪力系数值

类　　别	6 度	7 度	8 度	9 度
扭转效应明显或基本周期小于 3.5s 的结构	0.008	0.016(0.024)	0.032(0.048)	0.064
基本周期大于 5.0s 的结构	0.006	0.012(0.018)	0.024(0.036)	0.048

注：1. 基本周期介于 3.5s 和 5s 之间的结构可插入取值；

2. 舌号内数值分别用于设计基本地震加速度为 0.15g 和 0.30g 的地区。

注意：WZQ.OUT 文件中的所有结果都是结构的原始值，是未经过调整的；而 WNL＊.OUT文件中的内力是调整后的。

（8）实配钢筋超配系数

对于 9 度设防烈度的各类框架和一级抗震等级的框架结构，采用超配系数就是按规范考虑材料、配筋因素的一个附加放大系数。程序隐含值为 1.15，可采用。

（9）按刚度比判断薄弱层的方式

可选择"按抗规和高规从严判断"。

（10）薄弱层地震内力放大系数

《建筑抗震设计规范》（GB 50011—2010）规定的薄弱层地震内力放大系数不小于 1.15；《高层建筑混凝土结构技术规程》（JGJ 3—2010）规定的薄弱层地震内力放大系数不小于 1.25，程序缺省值为 1.25。

（11）指定的薄弱层个数及相应的各薄弱层层号

《建筑抗震设计规范》（GB 50011—2010）第 3.4.3 条规定：平面规则而竖向不规则的建筑结构，其薄弱层的地震剪力应乘以 1.15 的增大系数；《高层建筑混凝土结构技术规程》（JGJ 3—2010）第 3.5.8 条规定：对竖向不规则的高层建筑结构，包括某楼层抗侧刚度小于其上一层的 70％或小于其上相邻三层侧向刚度平均值的 80％，或结构楼层层间抗侧力结构的承载力小于其上一层的 80％，或某楼层竖向抗侧力构件不连续，其薄弱层对应于地震作用标准值的地震剪力应乘以 1.25 的增大系数。

在设计初期，如果难以确定薄弱层位置，可不填写，经计算后可确定薄弱层位置。

（12）全楼地震作用放大系数

该系数为地震作用调整系数，取值范围为 1.0～1.5。可通过此参数来放大地震作用，提高结构的抗震安全性。

（13）指定的加强层个数及相应的各加强层层号

指定加强层后，加强层及相邻层柱、墙的抗震等级自动提高一级；加强层及相邻层的轴压比减小 0.05；加强层及相邻层设置约束边缘构件。

（14）$0.2V_0$ 调整起始层号和终止层号

此条调整信息针对框架-剪力墙结构。对于框架-剪力墙结构，一般剪力墙刚度很大，剪力墙承担大部分的地震作用，而框架承担的地震作用很小。如果按此地震作用设计，在剪力墙开裂后刚度减小，框架结构部分将承担比原设计较大的地震作用，会变得不安全。因此，按照《高层建筑混凝土结构技术规程》（JGJ 3—2010）第 8.1.4 条的规定需对框架-剪力墙结构中框架部分进行地震剪力的调整，框架部分承担至少 20％的基底剪力，以增加框架的抗震能力。

在考虑是否进行 $0.2Q_0$ 调整时需要注意以下几点。

① 对柱少剪力墙多的框架-剪力墙结构，让框架柱承担 20％的基底剪力会使放大系数过大，以致梁柱设计不合理。所以 $0.2Q_0$ 的调整一般只用于框架柱较多的主体结构。当结构以剪力墙为主时则可不调整。

② $0.2Q_0$ 调整放大系数只对框架梁柱的弯矩和剪力有影响，框架柱的轴力标准值可不调整。

③ Q_0 的确定：对于框架柱数量从下到上基本不变的规则建筑，Q_0 为"地震作用标准值的结构底部总剪力"；对于框架柱数量从下至上分段有规律的变化的结构，Q_0 为"每段最下一层结构对应于地震作用标准值的总剪力"。

④ 框架剪力的调整必须在满足规范规定的楼层"最小地震剪力系数（剪重比）"的前

提下进行。在设计过程中应根据计算结果来确定调整起算层号和终止层号。

(15) $0.2V_0$、框支柱调整上限

缺省值 $0.2V_0$ 调整上限为 2.0，框支柱调整上限为 5.0，可以修改。

(16) 顶塔楼地震作用放大起算层号及放大系数

对于结构顶部有小塔楼的结构，如地震的振型数取得不够多，则由于高振型的影响，顶部小塔楼的地震力会偏小，所以可以在这里对顶部的小塔楼的地震力进行放大。该系数仅放大顶塔楼的地震内力，不改变位移。

顶层带有小塔楼的结构，在动力分析中会出现鞭梢效应，这对小塔楼是很不利的。实际计算过程当中，若参与振型数取得足够多（再增加振型数对地震作用影响很小），可不调整顶层小塔楼地震作用；若参与振型数取得不够多，应调整小塔楼地震作用。计算振型数 (N_{mode}) 与顶层小塔楼地震作用放大系数 (R_{t1}) 的对应关系如下。

非耦联：$3 \leqslant N_{mode} < 6$，$R_{t1} \leqslant 3.0$；$6 \leqslant N_{mode} \leqslant 9$，$R_{t1} \leqslant 1.5$。

耦联：$9 \leqslant N_{mode} < 12$，$R_{t1} \leqslant 3.0$；$12 \leqslant N_{mode} \leqslant 15$，$R_{t1} \leqslant 1.5$。

放大起算层号：程序对该层号以上的结构构件的地震力进行放大；顶部塔楼放大系数：可填入大于等于 1 的数值。

若不调整顶部塔楼的内力，可将起算层号及放大系数均取为 0。

4.1.1.6 设计信息 （图 4.10）

(1) 结构重要性系数

结构的重要性系数隐含取值 1.0。该系数用于非抗震地区，程序在组合配筋时，对非地震作用参与的组合才乘以该放大系数。

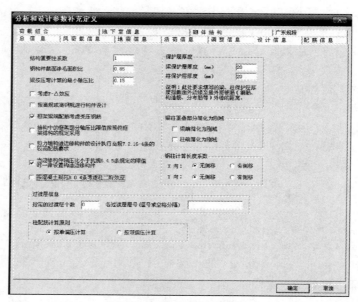

图 4.10 设计信息对话框

(2) 梁、柱保护层厚度

《混凝土结构设计规范》（GB 50010—2010）以最外层钢筋（包括箍筋、构造筋、分布筋等）的外缘（不再以纵向受力钢筋的外缘）计算混凝土保护层厚度。可参考《混凝土结构设计规范》（GB 50010—2010）第 8.2.1 条的规定填写。

(3) 考虑 P-Δ 效应

P-Δ 效应是指在结构分析中竖向荷载的侧移效应。当结构发生水平位移时，竖向荷载与水平位移的共同作用，将使相应的内力加大。考虑 P-Δ 效应，在计算混凝土柱的计算长度系数时，柱计算长度系数取 1.0。

对于混凝土结构，当不满足《高层建筑混凝土结构技术规程》（JGJ 3—2010）第 5.4.1 条时应考虑重力二阶效应对水平力作用下结构内力和位移的不利影响，即选择考虑 P-Δ 效应。

当选择不考虑 P-Δ 效应，对混凝土柱按《混凝土结构设计规范》（GB 50010—2010）第 6.2.20 条确定框架结构各层柱的计算长度。

对于钢结构，应该按照《建筑抗震设计规范》（GB 50011—2010）第 8.2.3 条的规定选择是否考虑 P-Δ 效应。

(4) 梁柱重叠部分简化为刚域

这个参数主要考虑考虑梁柱截面重叠比较大造成的梁计算跨度发生变化而使其负弯矩区发生变化的问题。勾选此项则程序将梁柱重叠部分作为刚域计算，否则将梁柱重叠部作为梁的一部分计算。

(5) 按高规或者高钢规进行构件设计

点取此项，程序按高规或者高钢规进行荷载组合计算，否则，按多层结构或者普通钢结构进行荷载组合计算。

(6) 钢柱计算长度系数

点取此项，程序按《钢结构设计规范》（GB 50017—2003）附录 D-2 的公式计算钢柱的计算长度系数，否则按《钢结构设计规范》（GB 50017—2003）附录 D-1 的公式计算钢柱的计算长度系数。

(7) 剪力墙构造边缘构件的设计执行高规 7.2.16-4 条的较高配筋要求

点取此项，程序将一律按《高层建筑混凝土结构技术规程》（JGJ 3—2010）第 7.2.16-4 条的要求控制构造边缘构件的最小配筋。

(8) 按混凝土规范 B.0.4 条考虑柱二阶效应

对于排架结构柱，宜选择此项。

(9) 柱配筋计算原则

当选择单偏压计算配筋时，程序按两个方向各自配筋，否则程序按双偏压计算配筋。对异型柱程序自动按双偏压计算配筋。由于双偏压的多解性，配筋量与形式不唯一，故柱一般按单偏压配筋，按双偏压复核验算。

4.1.1.7 配筋信息 （图 4.11）

(1) 梁、柱箍筋间距

梁、柱箍筋间距应填入加密区的间距，并满足《混凝土结构设计规范》（GB 50010—2010）和《建筑抗震设计规范》（GB 50011—2010）的要求。抗震设防工程一般可取 100mm，并满足《建筑抗震设计规范》（GB 50011—2010）的要求。若梁上荷载复杂、有较大的集中力，则梁箍筋应全长加密。非抗震设防工程按构造规定可取 200mm。此参数强制为 100，灰化不允许修改，对于箍筋间距非 100 的情况，可对配筋结果进行折算。

(2) 墙水平分布筋间距

墙水平分布筋间距可取 100～300mm。若为非抗震设计，按照《混凝土结构设计规范》（GB 50010—2010）第 9.4.4 条的规定：钢筋混凝土剪力墙水平及竖向分布钢筋的直径不应

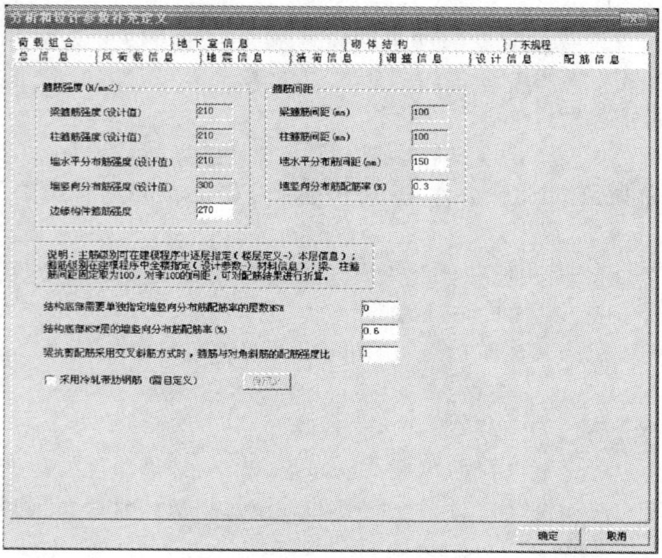

图 4.11　配筋信息对话框

小于 8mm，间距不应大于 300mm。

（3）墙竖向分布筋配筋率

《混凝土结构设计规范》（GB 50010—2010）第 11.7.14 条规定：一、二、三级抗震等级的剪力墙的水平和竖向分布钢筋配筋率均不应小于 0.25%；四级抗震等级剪力墙的水平和竖向分布钢筋配筋率均不小于 0.2%；分布钢筋间距不应大于 300mm，其直径不应小于 8mm。部分框支剪力墙结构的剪力墙底部加强部位，水平和竖向分布钢筋配筋率均不应小于 0.3%，钢筋间距不应大于 200mm。

对于特一级剪力墙，按《高层建筑混凝土结构技术规程》（JGJ 3—2010）第 3.10.5 条规定一般部位的水平和竖向分布钢筋最小配筋率应取为 0.35%，底部加强部位的水平和竖向分布钢筋的最小配筋率应取为 0.4%。

（4）结构底部需要单独指定墙竖向分布筋配筋率的层数及配筋率

对于特一级剪力墙，按《高层建筑混凝土结构技术规程》（JGJ 3—2010）第 3.10.5 条的规定：一般部位的水平和竖向分布钢筋最小配筋率应取为 0.35%，底部加强部位的水平和竖向分布钢筋的最小配筋率应取为 0.4%。

4.1.1.8　荷载组合信息

进入"荷载组合"信息选项（图 4.12），通过参数修正，可以指定各个荷载工况下的分项系数和组合系数。

（1）恒荷载分项系数

恒荷载分项系数隐含取《建筑结构荷载规范》（GB 50009—2012）第 3.2.4 条规定的值，即 1.2，对由永久荷载效应控制的组合，应取 1.35。

（2）活荷载分项系数

活荷载分项系数隐含取《建筑结构荷载规范》（GB 50009—2012）第 3.2.4 条规定的值，即 1.4，对标准值大于 4kN/m² 的工业房屋楼面结构的活荷载应取 1.3。

（3）风荷载分项系数

风力分项系数隐含取《建筑结构荷载规范》（GB 50009—2012）第 3.2.4 条规定的值，

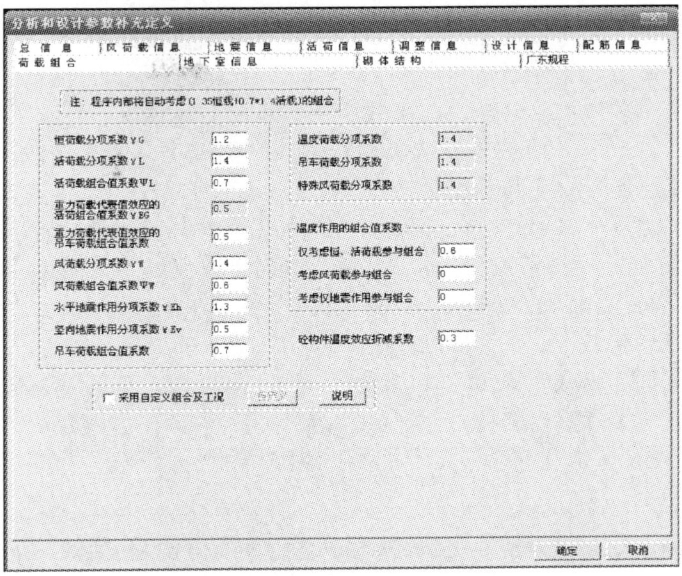

图 4.12　荷载组合信息对话框

即 1.4。

(4) 活荷载组合值系数

活荷载组合系数可取《建筑结构荷载规范》(GB 50009—2012) 中规定的各类荷载的相应数值，一般活荷载组合系数取为 0.7。

(5) 风荷载组合值系数

风荷载组合系数可取《建筑结构荷载规范》(GB 50009—2012) 中的规定值 0.6。

(6) 水平地震作用分项系数和竖向地震作用分项系数

仅计算水平地震作用时，水平地震作用分项系数隐含取《建筑抗震设计规范》(GB 50011—2010) 第 5.4.1 条规定的值，即 1.3，竖向地震作用分项系数取为 0；仅计算竖向地震作用时，竖向地震作用分项系数隐含取《建筑抗震设计规范》(GB 50011—2001) 第 5.4.1 条规定的值，即 1.3，水平地震作用分项系数取为 0；同时计算水平与竖向地震作用（水平地震为主）时，水平地震作用分项系数取为 1.3，竖向地震作用分项系数取为 0.5；同时计算水平与竖向地震作用（竖向地震为主）时，水平地震作用分项系数取为 0.5，竖向地震作用分项系数取为 1.3。

(7) 采用自定义组合及工况

若选择"采用自定义组合及工况"，程序将弹出自定义组合工况对话框，显示组合系数，以供参考、调整。同时，还可以选择"说明"项来查看自定义组合的用法及原理。

单击"采用自定义组合及工况"，弹出"自定义荷载组合"（图 4.13 和图 4.14）。从表中看出，程序考虑了 35 种工况组合。

① 非抗震设计时主要有如下几种组合工况。

工况 1（以恒载效应控制）：1.35×恒载+0.7×1.4×活载=1.35×恒载+0.98×活载；

工况 2（以活载效应控制）：1.2×恒载+1.4×活载；

工况 10（考虑活载和风载组合，以活载为主，Y 向左风情况）：

1.2×恒载+1.4×活载+0.6×1.4×风载=1.2×恒载+1.4×活载+0.84×风载；

工况 11（考虑活载和风载组合，以活载为主，Y 向右风情况）：

1.2×恒载+1.4×活载−0.6×1.4×风载=1.2×恒载+1.4×活载−0.84×风载；

工况 14（考虑活载和风载组合，以风载为主，*Y* 向左风情况）：

1.2×恒载+0.7×1.4×活载+1.4×风载=1.2×恒载+0.98×活载+1.4×风载；

工况 15（考虑活载和风载组合，以风载为主，*Y* 向右风情况）：

1.2×恒载+0.7×1.4×活载−1.4×风载=1.2×恒载+0.98×活载−1.4×风载；

② 抗震设计时主要有如下几种组合工况。

工况 30（考虑重力荷载代表值、风载和水平地震组合，重力荷载代表值在此考虑为100%恒载和 50%活载，对一般结构，风载组合系数为 0，*Y* 向左震情况）：

1.2×恒载+1.2×0.5×活载+1.3×水平地震=1.2×恒载+0.6×活载+1.3×水平地震，也即=1.2×重力荷载+1.3×水平地震；

工况 31（考虑重力荷载代表值、风载和水平地震组合，重力荷载代表值在此考虑为100%恒载和 50%活载，对一般结构，风载组合系数为 0，*Y* 向右震情况）：

1.2×恒载+1.2×0.5×活载−1.3×水平地震=1.2×恒载+0.6×活载−1.3×水平地震。

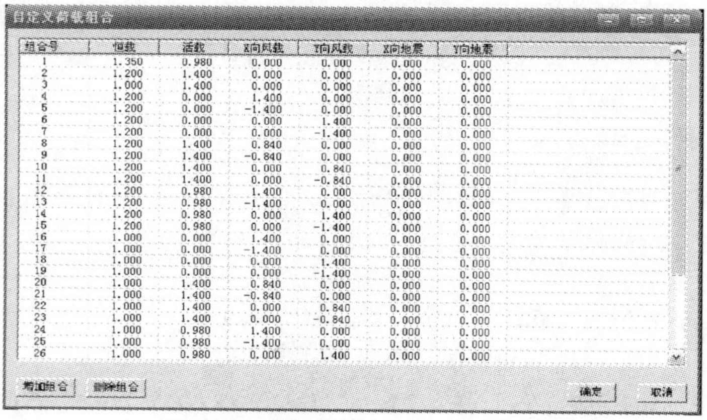

组合号	恒载	活载	X向风载	Y向风载	X向地震	Y向地震
1	1.350	0.980	0.000	0.000	0.000	0.000
2	1.200	1.400	0.000	0.000	0.000	0.000
3	1.000	1.400	0.000	0.000	0.000	0.000
4	1.200	0.000	1.400	0.000	0.000	0.000
5	1.200	0.000	-1.400	0.000	0.000	0.000
6	1.200	0.000	0.000	1.400	0.000	0.000
7	1.200	0.000	0.000	-1.400	0.000	0.000
8	1.200	1.400	0.840	0.000	0.000	0.000
9	1.200	1.400	-0.840	0.000	0.000	0.000
10	1.200	1.400	0.000	0.840	0.000	0.000
11	1.200	1.400	0.000	-0.840	0.000	0.000
12	1.200	0.980	1.400	0.000	0.000	0.000
13	1.200	0.980	-1.400	0.000	0.000	0.000
14	1.200	0.980	0.000	1.400	0.000	0.000
15	1.200	0.980	0.000	-1.400	0.000	0.000
16	1.000	0.000	1.400	0.000	0.000	0.000
17	1.000	0.000	-1.400	0.000	0.000	0.000
18	1.000	0.000	0.000	1.400	0.000	0.000
19	1.000	0.000	0.000	-1.400	0.000	0.000
20	1.000	1.400	0.840	0.000	0.000	0.000
21	1.000	1.400	-0.840	0.000	0.000	0.000
22	1.000	1.400	0.000	0.840	0.000	0.000
23	1.000	1.400	0.000	-0.840	0.000	0.000
24	1.000	0.980	1.400	0.000	0.000	0.000
25	1.000	0.980	-1.400	0.000	0.000	0.000
26	1.000	0.980	0.000	1.400	0.000	0.000

图 4.13　自定义荷载组合（一）

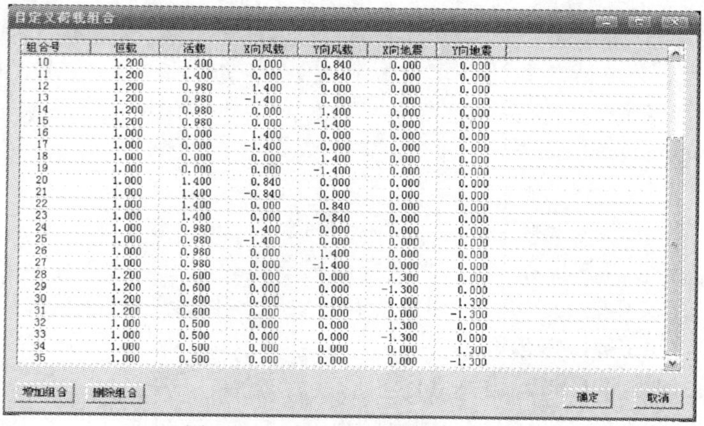

组合号	恒载	活载	X向风载	Y向风载	X向地震	Y向地震
10	1.200	1.400	0.000	0.840	0.000	0.000
11	1.200	1.400	0.000	-0.840	0.000	0.000
12	1.200	0.980	1.400	0.000	0.000	0.000
13	1.200	0.980	-1.400	0.000	0.000	0.000
14	1.200	0.980	0.000	1.400	0.000	0.000
15	1.200	0.980	0.000	-1.400	0.000	0.000
16	1.000	0.000	1.400	0.000	0.000	0.000
17	1.000	0.000	-1.400	0.000	0.000	0.000
18	1.000	0.000	0.000	1.400	0.000	0.000
19	1.000	0.000	0.000	-1.400	0.000	0.000
20	1.000	1.400	0.840	0.000	0.000	0.000
21	1.000	1.400	-0.840	0.000	0.000	0.000
22	1.000	1.400	0.000	0.840	0.000	0.000
23	1.000	1.400	0.000	-0.840	0.000	0.000
24	1.000	0.980	1.400	0.000	0.000	0.000
25	1.000	0.980	-1.400	0.000	0.000	0.000
26	1.000	0.980	0.000	1.400	0.000	0.000
27	1.000	0.980	0.000	-1.400	0.000	0.000
28	1.200	0.600	0.000	0.000	1.300	0.000
29	1.200	0.600	0.000	0.000	-1.300	0.000
30	1.200	0.600	0.000	0.000	0.000	1.300
31	1.200	0.600	0.000	0.000	0.000	-1.300
32	1.000	0.500	0.000	0.000	1.300	0.000
33	1.000	0.500	0.000	0.000	-1.300	0.000
34	1.000	0.500	0.000	0.000	0.000	1.300
35	1.000	0.500	0.000	0.000	0.000	-1.300

图 4.14　自定义荷载组合（二）

4.1.2　特殊构件补充定义

单击“特殊构件补充定义”，屏幕出现第 1 层的平面简图和特殊构件补充定义菜单，可对特殊构件进行补充定义（图4.15）。程序对特殊构件采用不同的颜色进行区分。另外需要注意重复定义即为删除。

(1) 特殊梁

特殊梁指的是不调幅梁、连梁、转换梁、一端铰接梁、两端铰接梁、滑动支座梁、门式刚梁、耗能梁和组合梁等。

不调幅梁是指在配筋计算时不作弯矩调幅的梁。程序对全楼的所有梁都自动进行判断，将两端都没有支座或仅一端有支座的梁（如次梁、悬臂梁等）隐含定义为不调幅梁。

连梁是指与剪力墙相连、允许开裂、可作刚度折减的梁。程序对全楼的所有梁都自动进行判断，将两端都与剪力墙相连，且至少在一端与剪力墙轴线的夹角不大于25°的梁隐含定义为连梁。

转换梁是指框支转换大梁或托柱梁。程序没有隐含定义转换梁，需要自行定义。在设计时，程序自动按抗震等级放大转换梁的地震作用内力。

铰接梁有一端铰接或两端都铰接的情况，铰接梁没有隐含定义，需要自行定义。

SATWE程序中考虑了梁一端有滑动支座约束的情况，滑动支座梁没有隐含定义，需要自行定义。

刚性梁是指两端都在柱截面范围内的梁。程序自动将其定义为刚性梁，该梁的刚度无穷大且无自重。

(2) 特殊柱

特殊柱包括角柱、上端铰接柱、下端铰接柱、两端铰接柱、框支柱和门式钢柱等。角柱、框支柱与普通柱相比，其内力调整系数和构造要求有较大差别，因此需在此专门指定设置，指定的角柱标注为"角柱"。单击"抗震等级"，则出现柱的抗震等级和特殊柱——角柱标注（图4.16）。

图4.15 特殊构件补充定义菜单

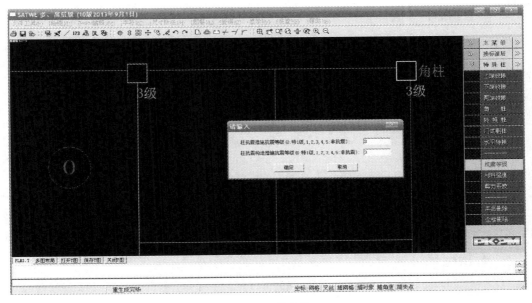

图4.16 特殊柱

（3）特殊支撑

特殊支撑指是铰接支撑，在 PMCAD 中定义和布置的支撑，当转到 SATWE 程序时，对钢筋混凝土支撑默认为两端刚接，对钢结构支撑默认为两端铰接。

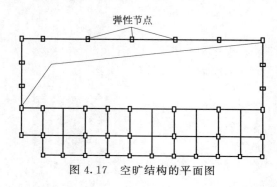

图 4.17　空旷结构的平面图

（4）特殊节点

特殊节点指的是弹性节点，在空旷结构（图 4.17）中，各层没有楼板，因此可能不满足刚性楼板的假定。对这样的节点，可用弹性节点来定义（或者指定铰接端），使其脱离刚性楼板假定对其的影响。

（5）弹性板

弹性楼板是以房间为单元进行定义的，一个房间为一个弹性楼板单元。在图 4.16 中，小圆环内为 0 表示该房间无楼板或板厚为零（洞口面积大于房间面积一半时，则认为该房间没有楼板）。

弹性楼板单元分为"弹性楼板 6""弹性楼板 3"和"弹性膜"三种。

"弹性楼板 6"：程序真实地计算楼板平面内和平面外刚度。一般用于板柱结构和板柱-剪力墙结构的计算。

"弹性楼板 3"：假定楼板平面内无限刚，程序仅真实地计算楼板平面外刚度。"弹性楼板 3"是针对厚板转换层结构的转换厚板提出的。

"弹性膜"：程序真实地计算楼板平面内刚度，楼板平面外刚度不考虑（取为 0）。"弹性膜"主要针对空旷的工业厂房、体育场馆结构、楼板局部开大洞结构、楼板平面较长或存在较大凹入以及平面弱连接结构等。

对于量大面广的普通工程，其楼板一般都不特殊，都可以简单地采用刚性楼板假定。

（6）刚性板号

刚性板号菜单的功能是以填充方式显示各块刚性楼板，以便检查在弹性楼板定义中是否有遗漏。

（7）材料强度和抗震等级

选择此项，可以重新修改单根构件的材料强度和抗震等级。在所有构件抗震等级定义中，单根构件定义将是优先级最高的，而且经单根构件定义抗震等级的构件，程序不会自动提供抗震等级，这样设计者可灵活实现如转换层结构的转换层上部分和下部分、地下室部分、裙房部分及弱联结部分等不同抗震等级控制。

4.1.3　特殊风荷载定义

特殊风荷载主要用于平、立面变化比较复杂的结构，或者对风荷载有特殊要求的结构或某些部位，例如空旷结构、体育场馆、工业厂房、轻钢屋面、有大悬挑结构的广告牌、候车站、收费站等。尤其钢结构在施工阶段时，风对结构可能产生负压（吸力），所以特殊风荷载定义于梁上或节点上，并用正、负荷载表示压力或吸力。因此，程序定义的特殊风荷载与常用的水平荷载不同，它是由梁上、下作用的竖向风荷载以及节点的三向力组成的风荷载。

4.1.4　多塔结构补充定义

该菜单为补充输入菜单，通过此项菜单，可补充定义结构的多塔信息。对于一个非多塔结构，可以跳过此项菜单，直接执行"生成 SATWE 数据文件及数据检查"菜单，程序隐含规定该工程为非多塔结构。

对于多塔结构，一旦执行过本项菜单，补充输入和多塔信息将被存放于硬盘当前目录名为 SAT_TOW.PM 的文件中，以后再启动 SATWE 的前处理文件时，程序会自动读入以前定义的多塔信息。若要取消一个工程的多塔定义，可简单地将 SAT_TOW.PM 文件删除。

"多塔结构补充定义"菜单的子菜单包括换层显示、多塔定义、多塔立面、多塔平面、多塔检查和遮挡定义等六项内容。

4.1.5 生成 SATWE 数据文件及数据检查

单击"生成 SATWE 数据文件及数据检查"，屏幕显示如图 4.18 所示，该菜单是 SAT-WE 前处理的核心，其功能是综合 PMCAD 主菜单 1、2 生成的数据和前述几项菜单输入的补充信息，将其转化成空间组合结构有限元分析所需的数据格式，生成几何数据文件 STRU.SAT、竖向荷载数据文件 LOAD.SAT 和风荷载数据文件 WIND.SAT，供 SATWE 主菜单 2、主菜单 3 调用。

当对工程的结构方案进行了修改，或者经 PMCAD 菜单 1、2 或前述几项菜单采用交互方式对工程的几何布置或荷载信息作过修改的，都要重新执行一遍此菜单，重新生成 SATWE 的几何数据文件和荷载数据文件，否则，修改的信息无效。

执行此菜单后，若没有出错，屏幕会显示出检查结果（图 4.19）。若发现几何数据文件或荷载数据文件有错，会在数检报告中输出有关错误信息，此时可点取"查看数检报告文件（CHECK.OUT）"菜单，查阅数检报告中的有关信息。

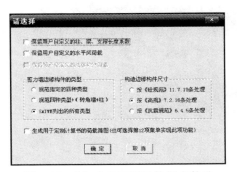

图 4.18 "生成 SATWE 数据文件及数据检查"菜单选项卡

图 4.19 数据检查结果

4.1.6 修改构件计算长度系数

数据检查以后，程序已把各层梁柱的计算长度系数计算好了，点击"修改构件计算长度系数"菜单，屏幕弹出子菜单："指定柱"、"梁面外长"和"指定支撑"等。可用于修改柱的两向、梁平面外和支撑两向的计算长度系数（对于柱、支撑构件，修改的是长度系数；对于梁构件，修改的则是平面外长度）。若进行修改，则必须重新执行"生成 SATWE 数据文件及数据检查"菜单，并在弹出的"请选择"对话框（图 4.18）中"保留用户自定义的柱、梁、支撑长度系数"选择项前打"√"，使修改生效。

选择"修改构件计算长度系数"，程序给出图形显示，图 4.20 为第一层构件计算长度系数，图 4.21 为第二层构件计算长度系数，从图中看出，本实例底层混凝土柱的计算长度系数为 1.0。楼层柱的计算长度系数为 1.25，非框架梁的计算长度取两端支撑梁的中心之间的距离，框架梁的计算长度取两端支撑柱的中心之间的距离。

对一些特殊情况，比如钢结构柱或结构带有支撑等一些特殊情况下的柱，其长度系数的计算比较复杂，可以在此直接输入、修改。

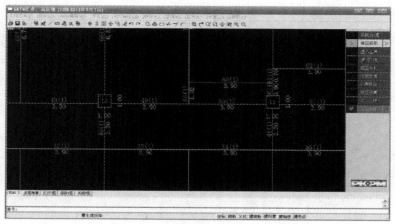

图 4.20　第一层构件计算长度系数

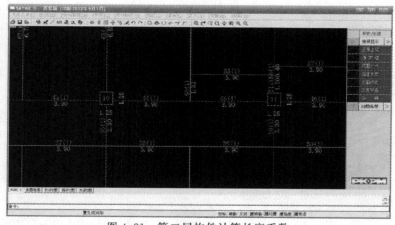

图 4.21　第二层构件计算长度系数

4.1.7　水平风荷载查询和修改

点击"水平风荷载查询/修改"菜单，可以对普通的水平风荷载（不包括前处理中定义的特殊风荷载）进行查询和修改。若进行修改，则必须重新执行"生成 SATWE 数据文件及数据检查"菜单，并在弹出的"请选择"对话框（图 4.18）中"保留用户自定义的水平风荷载"选择项前打"√"，使修改生效。

4.1.8　查看数检报告文件

点击查看数检报告文件，则打开 CHECK.OUT 记事本（图 4.22），记事本会给出数检结果的错误信息和警告信息。

图 4.22 CHECK.OUT 记事本

4.1.9 各层平面简图

单击图 4.3 中的"各层平面简图",屏幕显示各层的平面简图（图 4.23），平面简图的文件名为 FLR＊.T，＊为楼层号，比如第一层的平面简图文件为 FLR1.T，可通过"图形编辑、打印及转换"将 FLR＊.T 文件转换为 FLR＊.DWG 文件。各层平面简图分别如图 4.24～图 4.26 所示（第 2 层和第 3 层平面简图相同）。

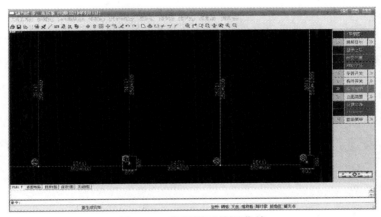

图 4.23 各层平面简图菜单

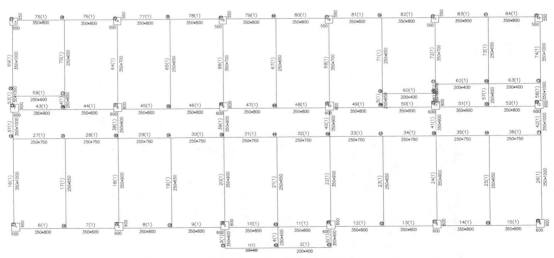

图 4.24 第 1 层平面简图

4.1.10 各层恒载简图

单击图 4.3 中的"各层恒载简图",屏幕显示各层的恒载简图（图 4.27），恒载简图的

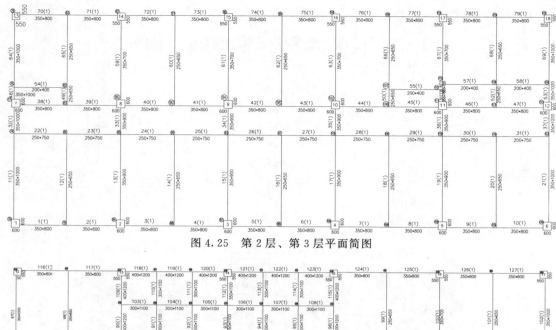

图4.25 第2层、第3层平面简图

图4.26 第4层平面简图

文件名为LOAD_D*.T，*为楼层号，比如第3层的恒载简图文件为LOAD_D3.T，可通过图3.1中的"7. 图形编辑、打印及转换"将LOAD_D*.T文件转换为LOAD_D*.DWG文件。

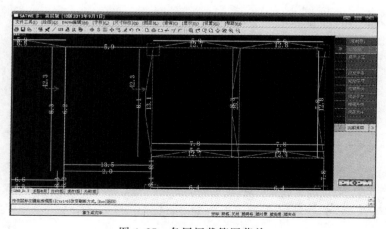

图4.27 各层恒载简图菜单

4.1.11 各层活载简图

单击图4.3中的"各层活载简图",屏幕显示各层的活载简图(图4.28),活载简图的文件名为LOAD_L*.T,*为楼层号,比如第3层的活载简图文件为LOAD_L3.T,可通过"图形编辑、打印及转换"将LOAD_L*.T文件转换为LOAD_L*.DWG文件。

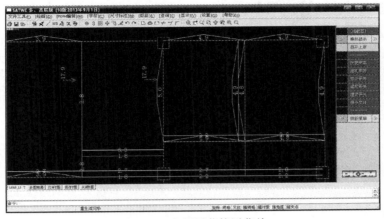

图4.28 各层活载简图菜单

4.1.12 结构轴侧简图

单击"结构轴侧简图",程序可做各层的三维线条图或结构全楼的轴侧简图(图4.29),并且可以任意转角度观察,以确定杆件之间的连接关系,可复核结构的几何位置是否正确。

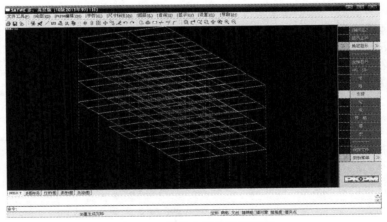

图4.29 结构全楼的轴侧简图

4.2 SATWE结构内力分析和配筋计算

执行SATWE主菜单2"结构内力,配筋计算",屏幕弹出SATWE计算控制参数选择框(图4.30),可对需计算的项目进行选择。其中"刚心座标、层刚度比计算""形成总刚并分解""结构位移计算""全楼构件内力计算""生成传给基础的刚度""构件配筋及验算"

等栏目应该勾选。有抗震设防的工程应选择"结构地震作用计算"。有吊车的结构应选择"吊车荷载计算"。

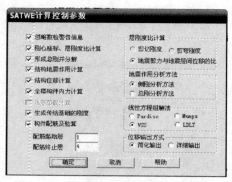

图 4.30　SATWE 计算控制参数选择框

（1）层刚度比计算

规范对结构的层刚度有明确的要求，在判断楼层是否为薄弱层、地下室是否能作为嵌固端、转换层刚度是否满足要求等方面都要求有层刚度作为依据，所以层刚度计算的准确性就非常重要。层刚度比计算参数中提供"剪切刚度""剪弯刚度"和"地震剪力与地震层间位移的比"三种选择，对于不同类型的结构，可以选择不同的层刚度计算方法。

底部大空间为一层的部分框支剪力墙结构可选择"剪切刚度"算法；

底部大空间为多于一层的部分框支剪力墙结构可选择"剪弯刚度"算法；

对于大多数一般的有抗震设防的工程应选择"地震剪力与地震层间位移的比"算法。

（2）地震作用分析方法

该参数可选择结构刚度的计算方法，包括"侧刚分析方法"和"总刚分析方法"两种选择。

在地震作用分析的振型分解法中，结构刚度计算可采用侧刚度和总（整体）刚度两种计算方法。侧刚法是一种简化的计算方法，计算速度快，适合于满足刚性楼板假定的结构和分块楼板刚性的多塔结构。当定义有弹性楼板或有不与楼板相连的构件时，会有一定的误差。若弹性范围不大或不与楼板相连的构件不多，精度能满足工程要求。

总刚计算方法直接采用结构的总刚和与之相应的质量进行地震反应分析。这种方法适用于各种结构，精度高，可准确分析结构每层和各构件的空间反应，但计算量很大。对于没有弹性楼板且没有不与楼板相连构件的结构，两种方法的计算结果一致。当考虑楼板的弹性变形（某层局部或整体有弹性楼板单元）或有较多的错层构件时，建议按总刚模型进行结构的振动分析。

（3）生成传给基础的刚度

计算基础上刚度是为了把上部结构的刚度传给下部基础（JCCAD 中使用）所做的上刚度凝聚工作。在基础计算时，考虑上部结构的实际刚度，使之上下共同工作。

（4）线性方程组解法

程序提供" VSS 向量稀疏求解器"和"LDLT 三角分解"两种计算方法，VSS 向量稀疏求解器的计算速度及解题能力均强于"LDLT 三角分解"，可优先选用。

（5）位移输出方式

该参数提供"简化输出"和"详细输出"两种位移输出方式。

若选择"简化输出"，在 WDISP. OUT 输出文件中仅输出各工况下结构的楼层最大位移值；按总刚分析方法时，在 WZQ. OUT 文件中仅输出周期、地震力，不输出各振型信息。

若选择"详细输出"，在 WDISP. OUT 输出文件中还输出各工况下每个节点的位移，在 WZQ. OUT 文件中还输出各振型下每个节点的位移。

4.3 PM次梁内力与配筋计算

单击SATWE主菜单3"PM次梁内力与配筋计算"，程序将对PMCAD中输入的所有次梁，按连续梁的方式一次全部计算，可显示其弯矩、剪力包络图、配筋值图等（图4.31）。在SATWE中可将次梁整体归并，并绘制施工图。

PM次梁并不参与SATWE整体计算，它的计算过程是：

① 将在同一直线上的次梁连续生成一连续次梁；

② 对每根连续梁按PK的二维连梁计算模式算出恒、活载下的内力和配筋，包括活荷载不利布置计算；

③ 逐层进行计算，自动完成计算全过程，生成每层PM次梁的内力与配筋简图。

图4.31 PM次梁计算显示选项卡

4.4 分析结果图形和文本显示

单击SATWE主菜单4"分析结果图形和文本显示"，屏幕弹出SATWE图形文件输出菜单（图4.32）和SATWE文本文件输出菜单（图4.33）。

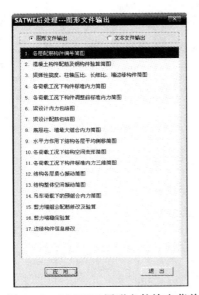

图4.32 SATWE图形文件输出菜单

图4.33 SATWE文本文件输出菜单

4.4.1 图形文件输出

4.4.1.1 各层配筋构件编号简图

该菜单的功能是在各层配筋构件编号简图上标注各层梁、柱、支撑和墙-柱及墙-梁的编号。对于每一根墙-梁，还在该墙-梁的下部标出了其截面的尺寸。在各个结构层的配筋构件编号简图中，显示结构本层的刚度中心坐标（双同心圆）和质心坐标（带十字线的圆环），可直观地观察本层刚度中心和质量中心的偏差，当偏心较大时，应考虑建筑平面布置是否合理，可返回平面建模菜单修改平面布置。各层配筋构件编号简图的文件名为 WPJW＊.T，＊为楼层号。

4.4.1.2　混凝土构件配筋及钢构件验算简图

该菜单的功能是以图形方式显示配筋计算结果（图 4.34），文件名为 WPJ＊.T，＊为楼层号。简图中的结果为整数，单位是 cm^2。

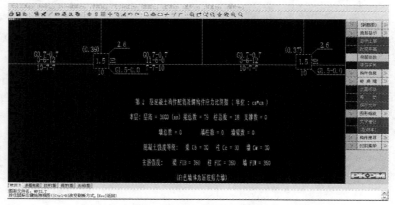

图 4.34　混凝土构件配筋计算结果简图

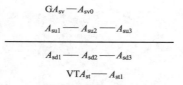

图 4.35　混凝土梁配筋的简化表示

（1） 混凝土梁和钢骨混凝土梁配筋的简化表示如图 4.35 所示。下面说明图 4.35 中各个标注的含义。

A_{su1}、A_{su2}、A_{su3} 分别表示梁上部左端、跨中、右端配筋面积，cm^2；

A_{sd1}、A_{sd2}、A_{sd3} 分别表示梁下部左端、跨中、右端配筋面积，cm^2；

A_{sv} 表示梁加密区在 S_b（图 4.36）范围内抗剪箍筋面积和剪扭箍筋面积的较大值，cm^2；

A_{sv0} 表示梁非加密区在 S_b（图 4.36）范围内的剪扭箍筋面积，cm^2；

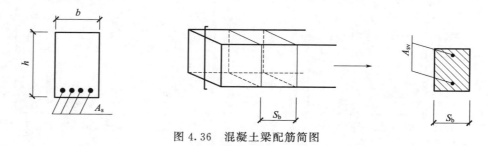

图 4.36　混凝土梁配筋简图

A_{st} 表示梁受扭所需的纵筋面积，cm^2；

A_{st1} 表示梁受扭所需周边箍筋的单肢箍的面积，cm^2；

若 A_{st} 和 A_{st1} 都为 0，则不输出这一行；G、VT 为箍筋、剪扭配筋标记。

（2） 矩形混凝土柱和钢骨柱配筋的简化表示如图 4.37 所示。下面说明图 4.37 中各个标

284　混凝土框架结构工程实例手算与电算设计解析

注的含义。

A_{sc}表示柱一根角筋的面积，采用双偏压计算时，角筋面积不应小于此值；采用单偏压计算时，角筋面积可不受此值控制；

A_{sx}、A_{sy}表示柱 B 边和 H 边的单边配筋，包括角筋；柱全截面的配筋面积为：$2 \times (A_{sx} + A_{sy}) - 4 \times A_{sc}$；

A_{svj}表示节点域在 S_c（图 4.38）范围内的全部箍筋面积；

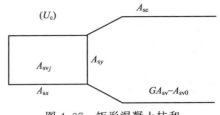

图 4.37　矩形混凝土柱和钢骨柱配筋的简化表示

A_{sv}、A_{sv0}分别为加密区和非加密区在 S_c（图 4.38）范围内的全部箍筋面积；

U_c 表示柱的轴压比；

G 为箍筋标志。

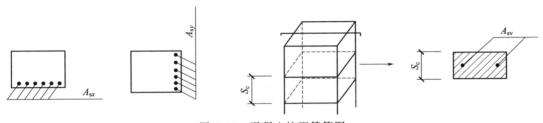

图 4.38　混凝土柱配筋简图

(3) 各层配筋简图

各层配筋简图分别如图 4.39～图 4.42 所示。该菜单也可以显示每一层构件的配筋率，例如图 4.43 中给出了第 2 层构件的配筋率。

4.4.1.3　梁弹性挠度、柱轴压比、长细比、墙边缘构件简图

该菜单的功能是以图形方式显示梁弹性挠度、柱轴压比、长细比和墙边缘构件。

(1) 柱轴压比

选择柱轴压比，屏幕出现柱轴压比和计算长度系数简图（图 4.44）。该图的文件名为 WPJC * . T，* 为楼层号。柱旁边括弧里的数字为柱的轴压比，柱两边的两个数分别为该方向的计算长度系数。若柱轴压比超限，则以红色数字显示，不超限的轴压比以白色数字显示。

(2) 梁的弹性挠度

选择弹性挠度，屏幕出现梁的弹性挠度简图，图中单位为 mm。该挠度值是按梁的弹性刚度和短期作用效应组合计算的，未考虑长期作用效应的影响。

第 4 层梁的弹性挠度如图 4.45 所示，井字梁跨中最大挠度为 6.65mm。一般情况下，井字梁的参考挠度取值为：井字梁的挠度 $f \leqslant l_1/300$，要求较高时 $f \leqslant l_1/400$。本实例中，井字梁的挠度 $f \leqslant l_1/300 = 15600/300 = 52$（mm），要求较高时 $f \leqslant l_1/400 = 15600/400 = 39$（mm），可见井字梁的弹性挠度满足要求。

(3) 墙边缘构件

墙边缘构件是指剪力墙或抗震墙的约束边缘构件，包括暗柱、端柱和翼墙。《建筑抗震设计规范》（GB 50011—2010）第 6.4.5 条、第 6.4.6 条和《高层建筑混凝土结构技术规程》（JGJ 3—2010）第 7.2.15 条、第 7.2.16 条都规定了在剪力墙端部应设置边缘构件。

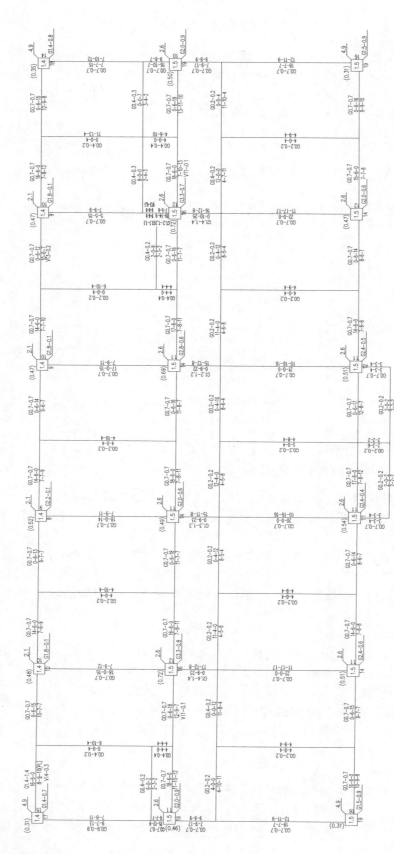

图4.39　第1层混凝土构件配筋及钢构件应力比简图(单位：cm²)

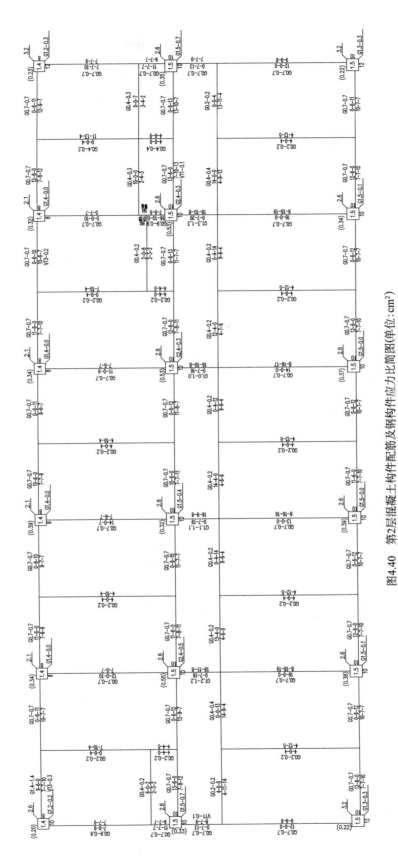

图4.40 第2层混凝土构件配筋及钢构件应力比简图(单位:cm²)

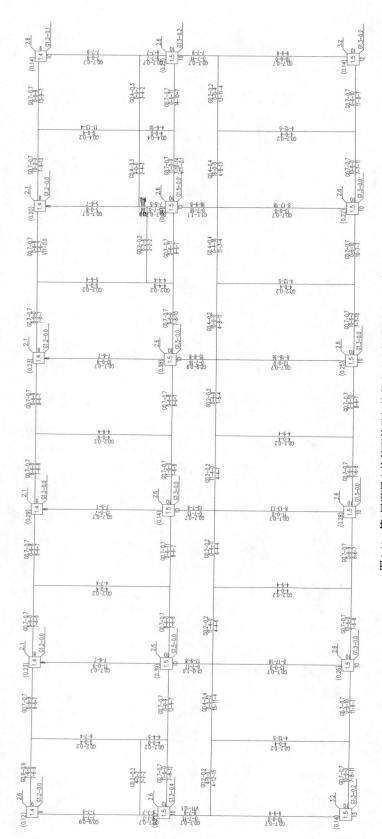

图4.41 第3层混凝土构件配筋及钢构件应力比简图(单位：cm²)

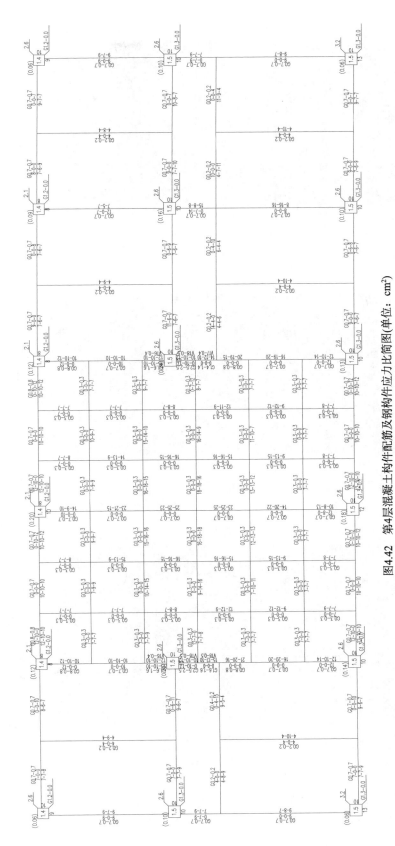

图4.42 第4层混凝土构件配筋及钢构件应力比简图(单位：cm²)

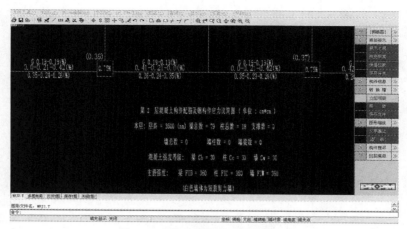

图 4.43　第 2 层构件配筋率简图

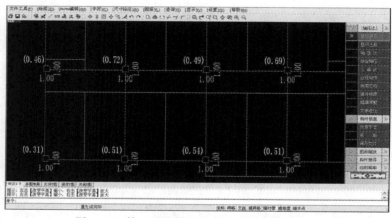

图 4.44　第 1 层柱轴压比和计算长度系数简图

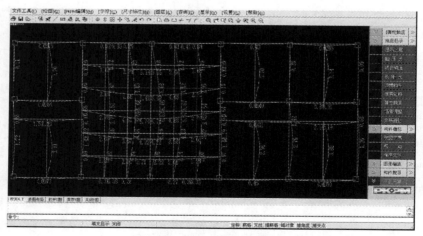

图 4.45　第 4 层梁的弹性挠度

4.4.1.4　各荷载工况下构件标准内力简图

该菜单的功能是以图形方式显示各荷载工况下梁柱的标准内力简图。选择此项，可查看和输出各层梁、柱、墙和支撑等的标准内力图。标准内力图指地震、风载、恒载、活载等标准值分别作用下的分组弯矩图、剪力图和轴力图。在弯矩图中，标出了两端支座和跨中的最大值；在剪力图中，标出两端部的最大值。该图的文件名为 WBEM＊.T，＊为楼层号。

4.4.1.5　梁设计内力包络图

该菜单的功能是以图形方式显示各梁的截面设计内力包络图。用图形表达构件内力，可以一目了然地观察到构件的内力大小、内力分布，比用文本文件更直接、直观。内力包络图包括弯矩包络图和剪力包络图。该图的文件名为 WBEMF＊.T，＊为楼层号。

4.4.1.6　梁设计配筋包络图

该菜单的功能是以图形方式显示梁截面的配筋结果，图面上负弯矩对应的配筋以负数表示，正弯矩对应的配筋以正数表示。该图的文件名为 WBEMR＊.T，＊为楼层号。

4.4.1.7　底层柱、墙最大组合内力简图

选择此项，程序以图形显示底层柱、墙底最大设计值组合内力，主要包括以下几种组合（组合结果已包含有荷载分项系数）。

最大剪力：$V_{x\max}$、$V_{y\max}$ 及相应的其他内力；

最大轴力：$N_{\min}$、$N_{\max}$ 及相应的其他内力；

最大弯矩：$M_{x\max}$、$M_{y\max}$ 及相应的其他内力；

恒＋活组合时的内力。

底层最大组合内力主要用于基础设计，在进行最大组合内力搜索时，若有活荷载折减，则在组合时，对活荷载折减；当计算了吊车荷载时，在组合时已组合进了吊车荷载。文件名为 WDCNL＊.T，其中＊代表层号。

4.4.1.8　水平力作用下结构各层平均侧移简图

选择此项，程序可以给出水平力作用下楼层侧移单线条的显示图，具体可显示地震作用下的地震力、层剪力、倾覆弯矩、层位移、层位移角和风力作用下的风力、层剪力、倾覆弯矩、层位移、层位移角。

（1）地震作用

在地震作用下，最大层位移如图 4.46 所示，最大层间位移角如图 4.47 所示，层剪力如图 4.48 所示，倾覆弯矩如图 4.49 所示。

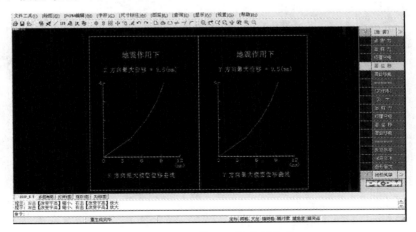

图 4.46　地震作用下最大层位移

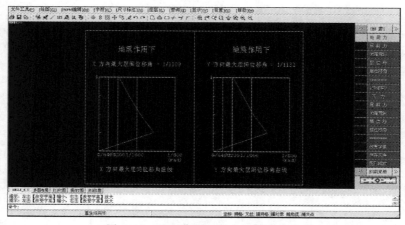

图 4.47 地震作用下最大层间位移角

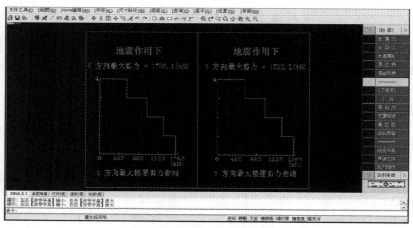

图 4.48 地震作用下层剪力

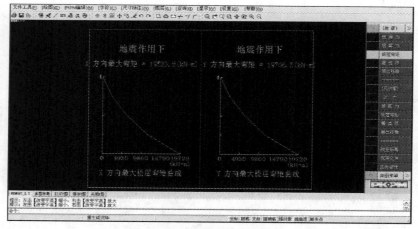

图 4.49 地震作用下倾覆弯矩

《建筑抗震设计规范》（GB 50011—2010）第 5.5.1 条规定：多遇地震作用下的结构抗震变形验算其楼层内最大的弹性层间位移应符合下式要求：

$$\Delta u_e \leqslant [\theta_e] h \tag{4.1}$$

式中　Δu_e——多遇地震作用标准值产生的楼层内最大的弹性层间位移；计算时，以弯曲变形为主的高层建筑外，可不扣除结构整体弯曲变形；应计入扭转变形，各作用分项系数均应采用 1.0；钢筋混凝土结构构件的截面刚度可采用弹性刚度；

　　$[\theta_e]$——弹性层间位移角限值，宜按表 4.5 采用；

　　h——计算楼层层高。

从图 4.47 可看出，地震作用下最大层间位移角均满足表 4.5 规定的弹性层间位移角限值。

表 4.5　弹性层间位移角限值

结构类型	$[\theta_e]$
钢筋混凝土框架	1/550
钢筋混凝土框架-抗震墙、板柱-抗震墙、框架-核心筒	1/800
钢筋混凝土抗震墙、筒中筒	1/1000
钢筋混凝土框支层	1/1000
多、高层钢结构	1/300

(2) 风作用

风作用下的层位移如图 4.50 所示。

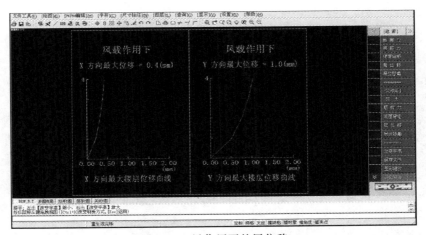

图 4.50　风作用下的层位移

4.4.1.9　各荷载工况下结构空间变形简图

选择此项，程序可以给出 X 向地震、Y 向地震、X 向风载、Y 向风载、恒载、活载等工况下结构的空间变形简图，也可显示框架结构经图形渲染后的三维实体图。程序还可显示各荷载工况下空间变形的动态变化，如图 4.51 所示为 Y 向地震动态变化中的一个变化状态。

4.4.1.10　结构各层质心振动简图

选择此项，可以按自己的要求绘各振型的振型图。与"侧刚分析模型"相对应的是"结构各层质心振动简图"，显示各个振型时的振型曲线，图形文件名为 WMODE.T；与"总刚分析模型"相对应的是"结构整体空间振动简图"，显示各个振型时的动态图形。

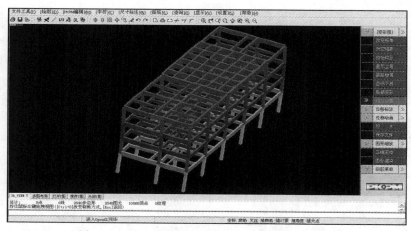

图 4.51　Y 向地震动态变化（Y 向平动第 1 振型）

下面说明侧刚计算的振型图。本实例选择 9 个振型，由图 4.63 中的平动系数和扭转系数判断可知，Y 方向的前三个平动振型是：第一振型为振型号 2，第二振型为振型号 5，第三振型为振型号 8，选择"Mode2、Mode5、Mode8"，屏幕显示 Y 方向振型图如图 4.52 所示。X 方向的前三个平动振型是：第一振型为振型号 1，第二振型为振型号 4，第三振型为振型号 7，选择"Mode1、Mode4、Mode7"，屏幕显示 X 方向振型图如图 4.53 所示。振型号 3、6、9 为扭转振动。

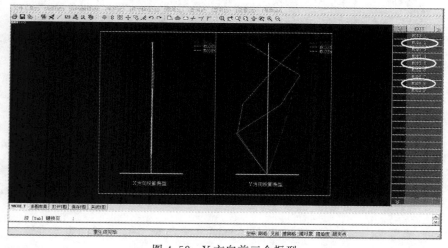

图 4.52　Y 方向前三个振型

4.4.1.11　结构整体空间振动简图

选择此项，程序将以动画的形式显示各振型的空间振动情况，可以非常直观地显现各个振型的特征。根据前面的分析，图 4.54 和图 4.55 分别为 X 向平动第 1 振型和第 2 振型的空间振动简图；图 4.56 为扭转第 1 振型的空间振动简图。

4.4.2　文本文件输出

文本文件的输出子菜单如图 4.33 所示。

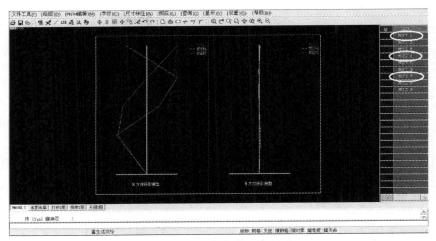

图 4.53　X 方向前三个振型

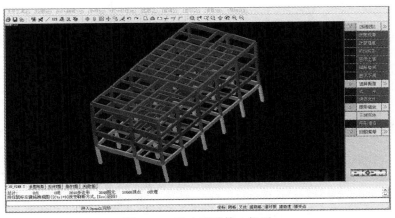

图 4.54　X 向平动第 1 振型

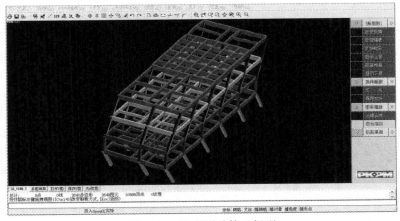

图 4.55　X 向平动第 2 振型

4.4.2.1　结构设计信息文件（WMASS.OUT）

结构设计信息保存在输出文件 WMASS.OUT 中，主要包括以下六部分的信息（图 4.57）。

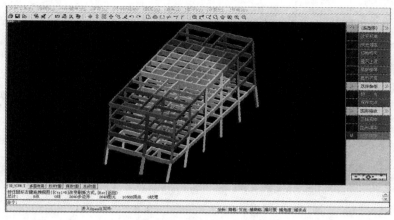

图 4.56　扭转第 1 振型

图 4.57　结构设计信息文本文件（WMASS.OUT）

(1) 结构总信息

这是在 SATWE 主菜单 1 "分析与设计参数补充定义（必须执行）"中设定的参数，把这些参数放于此文件中输出，目的是为了便于设计者存档。其中还输出剪力墙加强区的层数和高度。

(2) 各层的质量、质心坐标信息

从图 4.58 看出，相邻楼层的质量之比均不超过 1.5，满足《高层建筑混凝土结构技术规程》（JGJ 3—2010）第 3.5.6 条的规定，即楼层质量沿高度宜均匀分布，楼层质量不宜大于相邻下部楼层质量的 1.5 倍。

(3) 各层构件数量、构件材料和层高等信息

(4) 风荷载信息

(5) 各层刚心、偏心率、相邻层侧移刚度比等计算信息，包括抗倾覆验算结果和结构整体稳定验算结果

层刚度是楼层的剪切刚度，层刚度中心也是剪切刚度中心；层刚度比是本层与下层的刚

```
***********************************************************
*              各层的质量、质心坐标信息                    *
*                                                          *
***********************************************************

层号   塔号    质心 X    质心 Y     质心 Z    恒载质量   活载质量   附加质量    质量比
                (m)       (m)        (m)       (t)        (t)       (t)
 4      1     16.682    19.266    16.000     819.0      15.3       0.0       1.08
 3      1     17.907    19.248    12.100     713.6      62.3       0.0       0.96
 2      1     17.634    19.362     8.500     742.9      67.0       0.0       0.97
 1      1     17.545    19.436     4.900     771.8      67.1       0.0       1.00

        活载产生的总质量 (t):                 211.651
        恒载产生的总质量 (t):                3047.298
        附加总质量 (t):                         0.000
        结构的总质量 (t):                    3258.949
        恒载产生的总质量包括结构自重和外加恒载
        结构的总质量包括恒载产生的质量和活载产生的质量和附加质量
        活载产生的总质量和结构的总质量是活载折减后的结果 (1t = 1000kg)
```

图 4.58　各层的质量、质心坐标信息

度比，在考虑薄弱层时，可以采用倒数。偏心率是指楼层刚心和质心之差与楼层回转半径之比。各层刚心、偏心率、相邻层侧移刚度比等计算信息的参数说明如图 4.59 所示，计算结果如图 4.60 所示。结构整体稳定验算结果如图 4.61 所示。

从图 4.59 看出，各层偏心率 E_{ex}、E_{ey} 均小于 0.15，参考《高层民用建筑钢结构技术规程》(JGJ 99—98) 第 3.2.2 条的规定，房屋平面为规则结构。结构平面偏心率不宜过大，否则结构计算的其他各项要求很难满足。若结构平面偏心率过大，则应调整结构平面布置。

正常设计的高层建筑下部楼层侧向刚度宜大于上部楼层的侧向刚度，否则变形会集中于刚度小的下部楼层而形成结构薄弱层，因此《高层建筑混凝土结构技术规程》(JGJ 3—2010) 第 3.5.2 条规定：抗震设计的高层建筑结构，其楼层侧向刚度不宜小于相邻上部楼层侧向刚度的 70%或其上相邻三层侧向刚度平均值的 80%。图 4.59 中 R_{atx}，R_{aty} 是本层塔侧移刚度与下一层相应塔侧移刚度的比值，除第 2 层外其余各层 R_{atx}，R_{aty} 均不大于 1/0.7＝1.4，因为此条是高规的要求，本实例为多层建筑，为尽可能丰富设计内容，本实例各层层高富于变化，因此导致刚度的变化。规范条文虽然是不宜小于，当然也可以从严遵从高规的规定，由此条判断本实例房屋为竖向不规则结构，则返回修改图 4.6 中的结构规则性信息，重新进行计算。

```
==========================================================
                各层刚心、偏心率、相邻层侧移刚度比等计算信息
----------------------------------------------------------
Floor No     : 层号
Tower No     : 塔号
Xstif, Ystif : 刚心的 X，Y 坐标值
Alf          : 层刚性主轴的方向
Xmass, Ymass : 质心的 X，Y 坐标值
Gmass        : 总质量
Eex, Eey     : X，Y 方向的偏心率
Ratx, Raty   : X，Y 方向本层塔侧移刚度与下一层相应塔侧移刚度的比值(剪切刚度)
Ratx1, Raty1   X，Y 方向本层塔侧移刚度与上一层相应塔侧移刚度70%的比值
             或上三层平均侧移刚度80%的比值之较小者
RJX1, RJY1, RJZ1: 结构总体坐标系中塔的侧移刚度和扭转刚度(剪切刚度)
RJX3, RJY3, RJZ3: 结构总体坐标系中塔的侧移刚度和扭转刚度(地震剪力与地震层间位移的比)
==========================================================
```

图 4.59　各层刚心、偏心率、相邻层侧移刚度比等计算信息的参数说明

《建筑抗震设计规范》(GB 50011—2010) 第 3.4.3 条也规定了竖向不规则的参考指标：该层的侧向刚度（侧移刚度）小于相邻上一层刚度的 70%，或小于其上相邻三个楼层侧向刚度（侧移刚度）平均值的 80%的结构为竖向不规则结构。图 4.59 中 R_{atx1}，R_{aty1} 为 X，Y 方向本层塔侧移刚度与上一层相应塔侧移刚度 70%的比值或上三层平均侧移刚度 80%的比值中之较小者，当此数值小于 1 时，该层为薄弱层，必须在图 4.9 调整信息对话框中填写薄弱层个数和层号，填写时每个层号以空格断开。本实例第 1 层 R_{atx1}＝0.8730＜1，因此，第 1 层为薄弱层，地震剪力放大系数为 1.25，其余各层的 R_{atx1}，R_{aty1} 均大于 1。

控制刚重比主要是为了控制结构的稳定性，以免结构产生滑移和倾覆。图 4.60 所示的

结构整体稳定验算结果有两个，按《高层建筑混凝土结构技术规程》(JGJ 3—2010) 中第5.4.4条。根据在图4.4总信息对话框中输入的结构体系，验算结构整体稳定。按《高层建筑混凝土结构技术规程》(JGJ 3—2010) 中第5.4.1条和《建筑抗震设计规范》(GB 50011—2010) 中第8.2.3条，判断结构是否考虑重力二阶效应，当计算结果同时满足两个规范要求时，可不考虑重力二阶效应，此时，可返回图4.10，取消“P-Δ 效应”选项。本实例不需要考虑重力二阶效应，也即在图4.10中不需要点选“P-Δ 效应”选项。

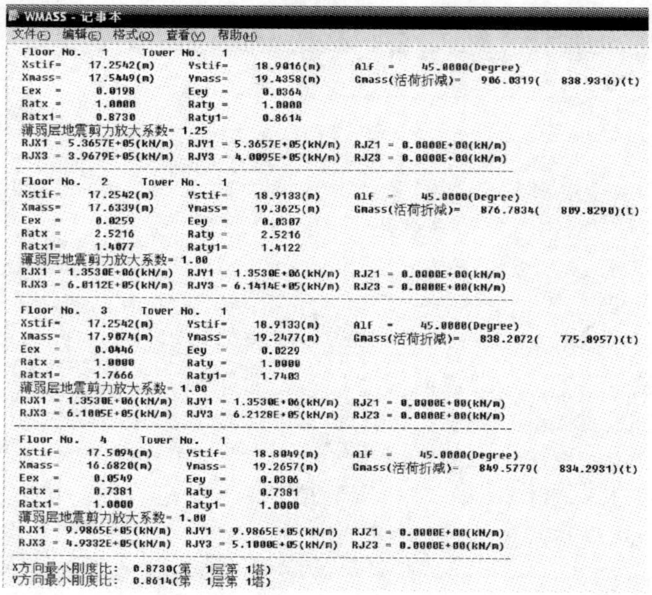

```
WMASS - 记事本
文件(F) 编辑(E) 格式(O) 查看(V) 帮助(H)
 Floor No.   1     Tower No.   1
 Xstif=     17.2542(m)     Ystif=     18.9016(m)     Alf  =     45.0000(Degree)
 Xmass=     17.5449(m)     Ymass=     19.4358(m)     Gmass(活荷折减)=    906.0319(    838.9316)(t)
 Eex  =      0.0198        Eey  =      0.0364
 Ratx =      1.0000        Raty =      1.0000
 Ratx1=      0.8730        Raty1=      0.8614
 薄弱层地震剪力放大系数= 1.25
 RJX1 = 5.3657E+05(kN/m)  RJY1 = 5.3657E+05(kN/m)  RJZ1 = 0.0000E+00(kN/m)
 RJX3 = 3.9679E+05(kN/m)  RJY3 = 4.0095E+05(kN/m)  RJZ3 = 0.0000E+00(kN/m)
 -----------------------------------------------------------------------------
 Floor No.   2     Tower No.   1
 Xstif=     17.2542(m)     Ystif=     18.9133(m)     Alf  =     45.0000(Degree)
 Xmass=     17.6339(m)     Ymass=     19.3625(m)     Gmass(活荷折减)=    876.7834(    809.8290)(t)
 Eex  =      0.0259        Eey  =      0.0307
 Ratx =      2.5216        Raty =      2.5216
 Ratx1=      1.4077        Raty1=      1.4122
 薄弱层地震剪力放大系数= 1.00
 RJX1 = 1.3530E+06(kN/m)  RJY1 = 1.3530E+06(kN/m)  RJZ1 = 0.0000E+00(kN/m)
 RJX3 = 6.0112E+05(kN/m)  RJY3 = 6.1414E+05(kN/m)  RJZ3 = 0.0000E+00(kN/m)
 -----------------------------------------------------------------------------
 Floor No.   3     Tower No.   1
 Xstif=     17.2542(m)     Ystif=     18.9133(m)     Alf  =     45.0000(Degree)
 Xmass=     17.9074(m)     Ymass=     19.2477(m)     Gmass(活荷折减)=    838.2072(    775.8957)(t)
 Eex  =      0.0446        Eey  =      0.0229
 Ratx =      1.0000        Raty =      1.0000
 Ratx1=      1.7666        Raty1=      1.7403
 薄弱层地震剪力放大系数= 1.00
 RJX1 = 1.3530E+06(kN/m)  RJY1 = 1.3530E+06(kN/m)  RJZ1 = 0.0000E+00(kN/m)
 RJX3 = 6.1005E+05(kN/m)  RJY3 = 6.2128E+05(kN/m)  RJZ3 = 0.0000E+00(kN/m)
 -----------------------------------------------------------------------------
 Floor No.   4     Tower No.   1
 Xstif=     17.5094(m)     Ystif=     18.8049(m)     Alf  =     45.0000(Degree)
 Xmass=     16.6820(m)     Ymass=     19.2657(m)     Gmass(活荷折减)=    849.5779(    834.2931)(t)
 Eex  =      0.0549        Eey  =      0.0306
 Ratx =      0.7381        Raty =      0.7381
 Ratx1=      1.0000        Raty1=      1.0000
 薄弱层地震剪力放大系数= 1.00
 RJX1 = 9.9865E+05(kN/m)  RJY1 = 9.9865E+05(kN/m)  RJZ1 = 0.0000E+00(kN/m)
 RJX3 = 4.9332E+05(kN/m)  RJY3 = 5.1000E+05(kN/m)  RJZ3 = 0.0000E+00(kN/m)
 -----------------------------------------------------------------------------
X方向最小刚度比:  0.8730(第  1层第 1塔)
Y方向最小刚度比:  0.8614(第  1层第 1塔)
```

图4.60 各层刚心、偏心率、相邻层侧移刚度比等的计算结果

(6) 楼层抗剪承载力及承载力比值

楼层抗剪承载力及承载力比值的计算结果如图4.62所示，从图中看出，底层与上层承载力比值为0.86>0.8，符合《建筑抗震设计规范》(GB 50011—2010) 第3.4.3-2条的规定，因此由此条判断本实例房屋为竖向规则结构。需要注意，判断房屋的规则性需要根据表4.1和表4.2逐条判断，有一条不满足，就可从严判定为不规则的。如果是竖向不规则结构，应按《建筑抗震设计规范》(GB 50011—2010) 第3.4.4条的规定进行地震作用和内力调整，并应对薄弱部位采取有效的抗震构造措施。也可返回模型调整，调整基础埋深、加大底层框架柱的截面尺寸、适当减小框架梁的截面尺寸等，尽量避免出现竖向不规则。

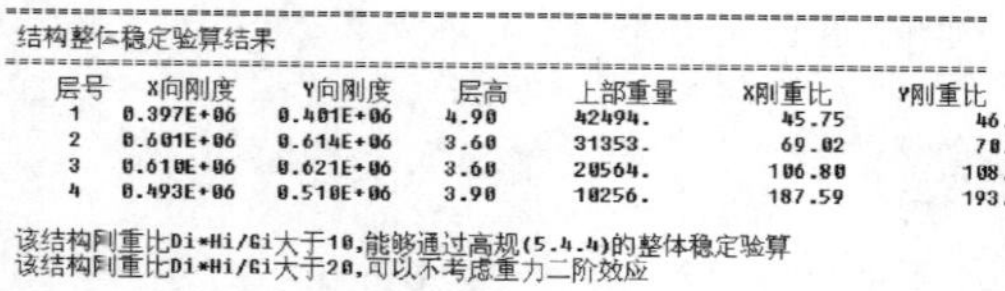

结构整体稳定验算结果

层号	X向刚度	Y向刚度	层高	上部重量	X刚重比	Y刚重比
1	0.397E+06	0.401E+06	4.90	42494.	45.75	46.23
2	0.601E+06	0.614E+06	3.60	31353.	69.02	70.52
3	0.610E+06	0.621E+06	3.60	20564.	106.80	108.76
4	0.493E+06	0.510E+06	3.90	10256.	187.59	193.93

该结构刚重比Di*Hi/Gi大于10,能够通过高规(5.4.4)的整体稳定验算
该结构刚重比Di*Hi/Gi大于20,可以不考虑重力二阶效应

图4.61 结构整体稳定验算结果

4.4.2.2 周期、振型和地震力文件 (WZQ.OUT)

周期、地震力与振型输出文件保存在WZQ.OUT中，这些内容有助于设计人员对结构的整体性能进行评估分析。

(1) 各振型的周期值与振型形态信息

当不考虑耦联时，仅输出各周期值，当考虑耦联时，不仅输出各周期值，还输出相应的振动方向、平动和扭转振动系数 (图4.63)。

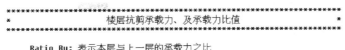

```
**********************************************************
*                楼层抗剪承载力、及承载力比值              *
**********************************************************

    Ratio_Bu: 表示本层与上一层的承载力之比
──────────────────────────────────────────────────────────
层号   塔号    X向承载力      Y向承载力     Ratio_Bu:X,Y
──────────────────────────────────────────────────────────
 4      1     0.3895E+04    0.4203E+04     1.00    1.00
 3      1     0.5552E+04    0.5858E+04     1.43    1.39
 2      1     0.6664E+04    0.7059E+04     1.20    1.21
 1      1     0.5701E+04    0.6393E+04     0.86    0.91
X方向最小楼层抗剪承载力之比:      0.86  层号:   1  塔号:  1
Y方向最小楼层抗剪承载力之比:      0.91  层号:   1  塔号:  1
```

图 4.62　楼层抗剪承载力及承载力比值计算结果

```
周期、地震力与振型输出文件
     (总刚分析方法)

考虑扭转耦联时的振动周期(秒)、X,Y 方向的平动系数、扭转系数

振型号    周 期     转 角        平动系数 (X+Y)        扭转系数
  1      0.7395   179.67     1.00 ( 1.00+0.00 )       0.00
  2      0.7340    89.72     1.00 ( 0.00+1.00 )       0.00
  3      0.6380    32.44     0.00 ( 0.00+0.00 )       1.00
  4      0.2415     1.52     1.00 ( 0.99+0.00 )       0.00
  5      0.2383    91.60     1.00 ( 0.00+1.00 )       0.00
  6      0.2054    28.38     0.01 ( 0.00+0.00 )       0.99
  7      0.1353   177.87     0.99 ( 0.99+0.00 )       0.01
  8      0.1332    87.63     1.00 ( 0.00+0.99 )       0.00
  9      0.1171   151.59     0.01 ( 0.01+0.00 )       0.99

地震作用最大的方向 =    -2.284 (度)
```

图 4.63　各振型的周期值与振型形态信息

《高层建筑混凝土结构技术规程》（JGJ 3—2010）为控制结构的扭转效应，对扭转振动周期和平动振动周期的比值给出了明确规定。对于一个振动周期来说，若转动比例等于 1（或很接近 1，比如 0.99），说明该周期为纯扭转振动周期。若平动系数等于 1（或很接近 1，比如 0.99），则说明该周期为纯平动振动周期，其振动方向为转角，若转角为 0°或 180°，则为 X 方向的平动，若转角为 90°，则为 Y 方向的平动，否则，为沿角度为转角值的空间振动。若扭转系数和平动系数都不等于 1，则该周期为扭转振动和平动振动混合周期。据此可以判断各个方向的各阶振型。

《高层建筑混凝土结构技术规程》（JGJ 3—2010）第 3.4.5 条规定：结构扭转为主的第一自振周期 T_t 与平动为主的第一自振周期 T_1 之比，A 级高度高层建筑不应大于 0.9，B 级高度高层建筑、混合结构高层建筑及复杂高层建筑不应大于 0.85。依据图 4.63，本实例平动为主的第一自振周期 $T_1 = 0.7395$，扭转为主的第一自振周期 $T_t = 0.6380$，$T_t/T_1 = 0.86 < 0.9$，满足要求［规范对多层建筑没有明确要求，在此可参考《高层建筑混凝土结构技术规程》（JGJ 3—2010）的相关规定］。

(2) 各振型的地震作用输出

程序给出各振型楼层的地震反应力和各振型基底反应力，由此可以找出对结构地震反应力作用最大的振型，一般合理的结构布置，每个方向（X 方向地震，Y 方向地震）的第一主振型基底反应力占这个方向所有振型基底反应力总和的 50% 以上。

(3) 等效各楼层的地震作用、剪力、剪重比和弯矩

各层 X 方向的作用力如图 4.64 所示，各层 Y 方向的作用力如图 4.65 所示。从图中看出，楼层剪重比均满足满足《建筑抗震设计规范》（GB 50011—2010）中第 5.2.5 条的要求，当不满足时程序自动调整各层地震剪力。

```
各层 X 方向的作用力(CQC)
Floor     : 层号
Tower     : 塔号
Fx        : X 向地震作用下结构的地震反应力
Vx        : X 向地震作用下结构的楼层剪力
Mx        : X 向地震作用下结构的弯矩
Static Fx: 底部剪力法 X 向的地震力
---------------------------------------------------------------------------------
Floor   Tower       Fx         Vx (分塔剪重比)(整层剪重比)          Mx         Static Fx
                    (kN)       (kN)                              (kN-m)        (kN)
               (注意:下面分塔输出的剪重比不适合于上连多塔结构)

  4       1       611.89       611.89( 7.33%)    ( 7.33%)       2386.35       967.97
  3       1       476.74      1065.53( 6.62%)    ( 6.62%)       6197.97       531.23
  2       1       423.63      1439.49( 5.95%)    ( 5.95%)      11309.89       389.50
  1       1       336.98      1706.15( 5.24%)    ( 5.24%)      19533.82       232.60

抗震规范(5.2.5)条要求的X向楼层最小剪重比 =  1.60%

X 方向的有效质量系数:  99.84%
```

图 4.64　各层 X 方向的作用力

```
各层 Y 方向的作用力(CQC)
Floor     : 层号
Tower     : 塔号
Fy        : Y 向地震作用下结构的地震反应力
Vy        : Y 向地震作用下结构的楼层剪力
My        : Y 向地震作用下结构的弯矩
Static Fy: 底部剪力法 Y 向的地震力
---------------------------------------------------------------------------------
Floor   Tower       Fy         Vy (分塔剪重比)(整层剪重比)          My         Static Fy
                    (kN)       (kN)                              (kN-m)        (kN)
               (注意:下面分塔输出的剪重比不适合于上连多塔结构)

  4       1       615.28       615.28( 7.37%)    ( 7.37%)       2399.61       974.28
  3       1       480.44      1074.23( 6.67%)    ( 6.67%)       6244.19       535.02
  2       1       427.01      1452.04( 6.00%)    ( 6.00%)      11482.90       392.28
  1       1       340.20      1722.24( 5.28%)    ( 5.28%)      19706.56       234.26

抗震规范(5.2.5)条要求的Y向楼层最小剪重比 =  1.60%

Y 方向的有效质量系数:  99.85%
```

图 4.65　各层 Y 方向的作用力

(4) 有效质量系数

有效质量系数是判断结构振型取得够不够的重要指标，也是地震作用够不够的重要指标。当有效质量系数大于 90% 时，表示振型数、地震作用满足规范要求，否则应增加计算的振型数。从图 4.64 和图 4.65 看出，X 方向和 Y 方向的有效质量系数均大于 90%，满足要求。

(5) 各楼层地震剪力系数调整情况

若调整系数大于 1.0，说明该楼层的剪重比不满足楼层最小地震剪力系数值（表 4.4）的要求，此时在内力计算时，应对地震作用下的内力乘以调整系数。

4.4.2.3　结构位移输出文件（WDISP. OUT）

选择此项，屏幕出现文件名为 WDISP. OUT 的记事本，在文件中列出结构位移的信息，若在图 4.30 中的"位移输出方式"选择"简化输出"，则仅输出各工况下结构每层的最大位移和位移比，不输出节点位移信息（图 4.66）。如果选择"详细输出"，除输出楼层最大位移和位移比外，还输出各工况下的各节点三个线位移和三个转角位移信息。

图 4.66 中 Ratio-(X)、Ratio-(Y) 是最大位移与层平均位移的比值，所有地震和风荷载计算的最大位移与层平均位移的比值均应满足《建筑抗震设计规范》（GB 50011—2010）中第 3.4.3 条和第 3.4.4 条的规定。

4.4.2.4　各层内力标准值输出文件（WWNL＊. OUT）

选择此项，屏幕出现内力输出文件选择框（文件名为 WWNL＊. OUT，＊为层号），选择某一层的文件名，单击确定之后，屏幕弹出该层各种工况下的内力标准值。

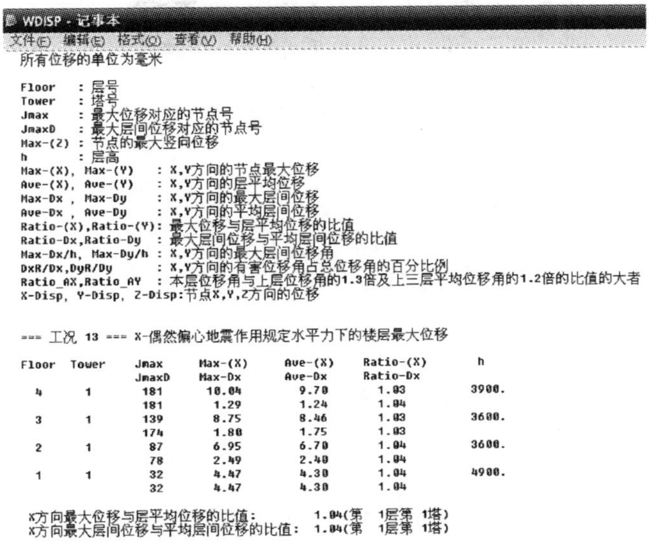

```
WDISP - 记事本
文件(F) 编辑(E) 格式(O) 查看(V) 帮助(H)
所有位移的单位为毫米

Floor   : 层号
Tower   : 塔号
Jmax    : 最大位移对应的节点号
JmaxD   : 最大层间位移对应的节点号
Max-(Z) : 节点的最大竖向位移
h       : 层高
Max-(X), Max-(Y)    : X,Y方向的节点最大位移
Ave-(X), Ave-(Y)    : X,Y方向的层平均位移
Max-Dx , Max-Dy     : X,Y方向的最大层间位移
Ave-Dx , Ave-Dy     : X,Y方向的平均层间位移
Ratio-(X),Ratio-(Y): 最大位移与层平均位移的比值
Ratio-Dx,Ratio-Dy   : 最大层间位移与平均层间位移的比值
Max-Dx/h, Max-Dy/h  : X,Y方向的最大层间位移角
DxR/Dx,DyR/Dy       : X,Y方向的有害位移角占总位移角的百分比例
Ratio_AX,Ratio_AY   : 本层位移角与上层位移角的1.3倍及上三层平均位移角的1.2倍的比值的大者
X-Disp, Y-Disp, Z-Disp:节点X,Y,Z方向的位移


=== 工况 13 === X-偶然偏心地震作用规定水平力下的楼层最大位移

Floor  Tower   Jmax    Max-(X)    Ave-(X)    Ratio-(X)     h
               JmaxD   Max-Dx     Ave-Dx     Ratio-Dx
  4      1     181     10.04       9.70       1.03       3900.
               181      1.29       1.24       1.04
  3      1     139      8.75       8.46       1.03       3600.
               174      1.80       1.75       1.03
  2      1      87      6.95       6.70       1.04       3600.
                78      2.49       2.40       1.04
  1      1      32      4.47       4.30       1.04       4900.
                32      4.47       4.30       1.04

 X方向最大位移与层平均位移的比值:          1.04(第  1层第  1塔)
 X方向最大层间位移与平均层间位移的比值:    1.04(第  1层第  1塔)
```

图 4.66　结构位移输出文件（WDISP. OUT）

4.4.2.5　各层配筋文件（WPJ *. OUT）

选择此项，屏幕出现配筋输出文件选择框（文件名为 WPJ *. OUT，* 为层号），选择某一层的文件名，单击确定之后，屏幕弹出该层的“SATWE 配筋、验算输出文件”。

4.4.2.6　超配筋信息文件（WGCPJ. OUT）

超筋超限信息随着配筋一起输出，既在 WGCPJ. OUT 文件中输出，也在 WPJ *. OUT 文件中输出。计算几层配筋，WGCPJ. OUT 中就有几层超筋超限信息，并且下一次计算会覆盖前次计算的超筋超限内容，因此要想得到整个结构的超筋信息，必须从首层到顶层一起计算配筋。

4.4.2.7　底层最大组合内力文件（WDCNL. OUT）

选择此项，可输出底层柱墙的最大组合内力，文件名为 WDCNL. OUT。该文件主要用于基础设计，给基础提供上部结构的各种组合内力，以满足基础设计的要求。该文件包括底层柱组合内力、底层斜柱或支撑组合内力、底层墙组合内力、各荷载组合下的合力及合力点坐标等四部分。

4.4.2.8　薄弱层验算结果文件（SAT-K. OUT）

选择此项，屏幕出现文件名为 SAT-K. OUT 的记事本，输出结构薄弱层的验算文件。SAT-K. OUT 文件中给出了第 1 层的弹塑性层间位移角，从图 4.67 看出，X，Y 两个方向的第 1 层弹塑性位移角 D_{xsp}/h 均满足表 4.6 规定的弹塑性层间位移角限值。

《建筑抗震设计规范》（GB 50011—2010）第 5.5.5 条规定：结构薄弱层（部位）弹塑性层间位移应符合下式要求：

$$\Delta u_p \leqslant [\theta_p] h \tag{4.2}$$

式中　Δu_p——弹塑性层间位移；

$[\theta_p]$——弹塑性层间位移角限值，可按表 4.6 采用；对钢筋混凝土框架结构，当轴压比小于 0.40 时，可提高 10%；当柱子全高的箍筋构造比最小配箍特征值大 30%时，可提高 20%，但累计不超过 25%；

h——薄弱层楼层高度或单层厂房上柱高度。

表 4.6　弹塑性层间位移角限值

结构类型	$[\theta_p]$
单层钢筋混凝土柱排架	1/30
钢筋混凝土框架	1/50
底部框架砖房中的框架-抗震墙	1/100
钢筋混凝土框架-抗震墙、板柱-抗震墙、框架-核心筒	1/100
钢筋混凝土抗震墙、筒中筒	1/120
多、高层钢结构	1/50

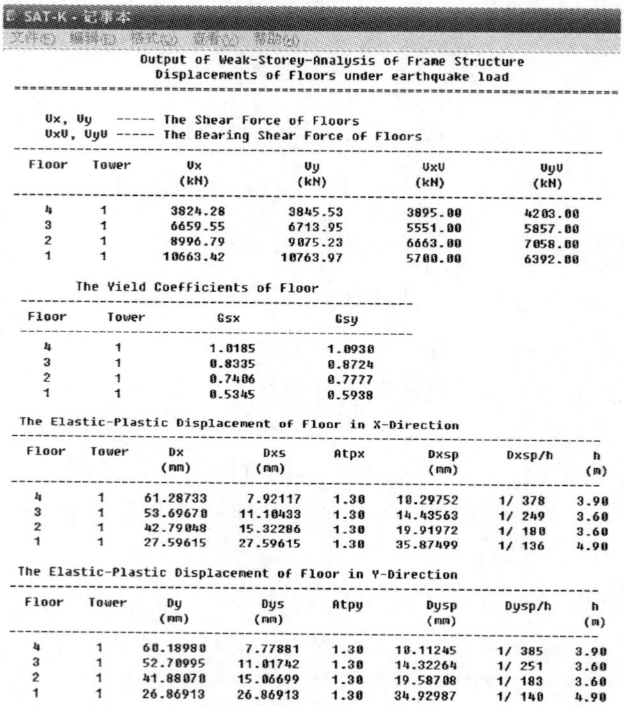
Output of Weak-Storey-Analysis of Frame Structure
Displacements of Floors under earthquake load

Vx, Vy ----- The Shear Force of Floors
VxV, VyV ----- The Bearing Shear Force of Floors

Floor	Tower	Vx (kN)	Vy (kN)	VxV (kN)	VyV (kN)
4	1	3824.28	3845.53	3895.00	4203.00
3	1	6659.55	6713.95	5551.00	5857.00
2	1	8996.79	9075.23	6663.00	7058.00
1	1	10663.42	10763.97	5700.00	6392.00

The Yield Coefficients of Floor

Floor	Tower	Gsx	Gsy
4	1	1.0185	1.0930
3	1	0.8335	0.8724
2	1	0.7406	0.7777
1	1	0.5345	0.5938

The Elastic-Plastic Displacement of Floor in X-Direction

Floor	Tower	Dx (mm)	Dxs (mm)	Atpx	Dxsp (mm)	Dxsp/h	h (m)
4	1	61.28733	7.92117	1.30	10.29752	1/ 378	3.90
3	1	53.69670	11.10433	1.30	14.43563	1/ 249	3.60
2	1	42.79048	15.32286	1.30	19.91972	1/ 180	3.60
1	1	27.59615	27.59615	1.30	35.87499	1/ 136	4.90

The Elastic-Plastic Displacement of Floor in Y-Direction

Floor	Tower	Dy (mm)	Dys (mm)	Atpy	Dysp (mm)	Dysp/h	h (m)
4	1	60.18980	7.77881	1.30	10.11245	1/ 385	3.90
3	1	52.70995	11.01742	1.30	14.32264	1/ 251	3.60
2	1	41.88070	15.06699	1.30	19.58708	1/ 183	3.60
1	1	26.86913	26.86913	1.30	34.92987	1/ 140	4.90

图 4.67　薄弱层验算文件 SAT-K. OUT

4.4.2.9　框架柱倾覆弯矩及 $0.2Q_0$ 调整系数文件（WV02Q. OUT）

选择此项，屏幕出现文件名为 WV02Q. OUT 的记事本，输出框架柱地震倾覆弯矩百分比、框架柱地震剪力百分比和 $0.2Q_0$ 调整系数。

4.4.3　计算结果的分析、判断和调整

目前，采用计算机软件进行多高层建筑结构的分析和设计是相当普遍的。多高层建筑结构的布置复杂，构件较多，计算后数据输出量很大，因此，对计算结果的合理性、可靠性进行判断是十分必要的。结构工程师应以扎实的力学概念和丰富的工程经验为基础，从结构整体和局部两个方面对计算结果的合理性进行判断，确认其可靠性后，方可作为施工图设计的依据。

计算结果的大致判断可以按以下 8 项要求进行（不包括有多塔、错层等特殊结构），若

工程计算结果均满足，可认为计算结果大体正常，可以在工程设计中应用。

4.4.3.1 自振周期

周期大小与刚度的平方根成反比，与结构质量的平方根成正比。周期的大小与结构在地震中的反应有密切关系，最基本的是不能与场地土的卓越周期一致，否则会发生类共振。对于比较正常的工程设计，其不考虑折减的计算自振周期大概在下列范围。

(1) 第一振型的周期

框架结构：$T_1 = (0.12 \sim 0.15)n$；

框架剪力墙结构和框架筒体结构：$T_1 = (0.06 \sim 0.12)n$；

剪力墙结构和筒中筒结构：$T_1 = (0.04 \sim 0.06)n$。

其中，n 为建筑物层数。对于 40 层以上的建筑和层数较低的建筑，上述近似周期的范围可能有较大的差别。

(2) 第二振型的周期

$$T_2 = (1/3 \sim 1/5)T_1$$

(3) 第三振型的周期

$$T_3 = (1/5 \sim 1/7)T_1$$

如果计算结果偏离上述数值太远，应考虑工程中截面是否太大或太小，剪力墙数量是否合理，若不合理应适当予以调整。反之，如果截面尺寸、结构布置都正常，无特殊情况而偏离太远，则应检查输入数据是否有错误。

以上的判断是根据平移振动振型分解方法提出的。考虑扭转耦联振动时，情况复杂得多，首先应挑出与平移振动对应的振型来进行上述比较。下面以图 4.63 中数据为例说明如何判断和分析。根据平动比例由图 4.63 可挑出 X 向、Y 向平移振动所对应的振型，即

X 方向：$T_1 = 0.7395$，$T_2 = 0.2415$，$T_3 = 0.1353$。

Y 方向：$T_1 = 0.7340$，$T_2 = 0.2383$，$T_3 = 0.1332$。

对于 X 方向，$T_1 = 0.7395 > (0.12 \sim 0.15) \times 4 = (0.48 \sim 0.60)$，但差别不大。

$T_2 = 0.2415 \in (1/3 \sim 1/5)T_1 = (0.25 \sim 0.15)$

$T_3 = 0.1353 \in (1/5 \sim 1/7)T_1 = (0.15 \sim 0.11)$

对于 Y 方向，$T_1 = 0.7340 > (0.12 \sim 0.15) \times 4 = (0.48 \sim 0.60)$，但差别不大。

$T_2 = 0.2383 \in (1/3 \sim 1/5)T_1 = (0.24 \sim 0.15)$

$T_3 = 0.1332 \in (1/5 \sim 1/7)T_1 = (0.15 \sim 0.10)$

可见结构的自振周期设计较合理。

4.4.3.2 振型曲线

在正常的计算下，对于比较均匀的结构，振型曲线应是比较连续光滑的曲线，如图 4.68 所示，不应有大的凹凸曲折。

第一振型无零点 [图 4.68(a)]；第二振型在 $(0.7 \sim 0.8)H$ 处有一个零点 [图 4.68(b)]；第三振型分别在 $(0.4 \sim 0.5)H$ 及 $(0.8 \sim 0.9)H$ 处有两个零点 [图 4.68(c)]。

分析图 4.52 和图 4.53，可看出基本符合本条规定，具体推证不再赘述。

4.4.3.3 地震力

根据目前许多工程的计算结果，截面尺寸、结构布置都比较正常的结构，其底部剪力大约在下述范围内。

8 度，Ⅱ类场地土：$F_{EK} \approx (0.03 \sim 0.06)G$

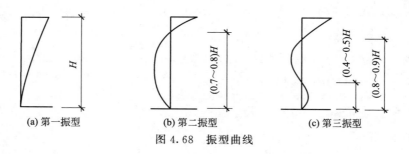

(a) 第一振型　　　　(b) 第二振型　　　　(c) 第三振型

图 4.68　振型曲线

7 度，Ⅱ 类场地土：$F_{EK} \approx (0.015 \sim 0.03)G$

其中，F_{EK} 为底部地震剪力标准值；G 为结构总重量，F_{EK}/G 即为底层的层剪重比。

当结构层数多、刚度小时，偏于较小值；当结构层数少、刚度大时，偏于较大值。当为其他烈度和场地类型时，需相应调整此数值。

当计算的底部剪力小于上述数值时，宜适当加大截面、提高刚度，适当增大地震力以保证安全；反之，地震力过大，宜适当降低刚度以求得合适的经济技术指标。

4.4.3.4　水平位移特征

① 水平位移满足《高层建筑混凝土结构技术规程》（JGJ 3—2010）的要求，是合理设计的必要条件之一，但不是充分条件。也就是说：合理的设计，水平位移应满足限值；但是水平位移限值满足，还不一定是合理的结构，还要考虑周期、地震力大小等综合条件。因为，抗震设计时，地震力大小与刚度直接相关，当刚度小，结构并不合理时，由于地震力也小，所以位移也有可能在限值范围内，此时并不能认为结构合理，因为它的周期长、地震力太小，并不安全。

② 将各层位移连成侧移曲线，应具有以下特征：

剪力墙结构的位移曲线具有悬臂弯曲梁的特征，位移越往上增大越快，成外弯形曲线［图 4.69(a)］；

框架结构的位移曲线具有剪切梁的特点，越往上增长越慢，成内收形曲线［图 4.69(b)］；

框架-剪力墙结构和框架-筒体结构处于两者之间，为反 S 形曲线［图 4.69(c)］。

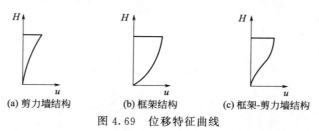

(a) 剪力墙结构　　　　(b) 框架结构　　　　(c) 框架-剪力墙结构

图 4.69　位移特征曲线

③ 在刚度较均匀情况下，位移曲线应连续光滑，不应有突然凸凹变化和折点，否则应检查结构截面尺寸或输入数据是否正确、合理。

需要注意：位移是根据"楼板平面内刚度无限大"这一假定进行计算的。位移与结构的总体刚度有关，计算位移愈小，其结构的总体刚度就愈大，故可以根据初算的结果对整体结构进行调整。如位移值偏小，可减小整体结构的刚度，对墙、梁的截面尺寸适当减小或取消部分剪力墙。如果位移偏大，则考虑如何增加整体结构的刚度，包括加大有关构件的尺寸、改变结构抵抗水平力的形式、增高加强层、斜撑等。

4.4.3.5 内外力平衡

对平衡条件，程序本身已严格检查，但为防止计算过程中的偶然因素，必要时可检查底层的平衡条件，即：

$$\sum_{i=1}^{n} N_i = G$$

$$\sum_{i=1}^{n} V_i = \sum P$$

式中，N_i 为底层柱墙在单组重力荷载下的轴力，其和应等于总重量 G，校核时，不应考虑分层加载；V_i 为风荷载作用下的底层墙柱剪力，求和时应注意局部坐标与整体坐标的方向不同；$\sum P$ 为全部风力值。注意不要考虑剪力调整。

对地震作用，程序不能校核平衡条件，因为各振型采用 SRSS 法（平方和平方根法，适用于平动的振型分解反应谱法）或 CQC 法（完全二次项平方根法，适用于扭转耦联的振型分解反应谱法）进行内力组合后，不再等于总地震力。

4.4.3.6 对称性

对称结构在对称外力作用下，对称点的内力与位移必须对称。SATWE 程序本身已保证了结果对称性。如有反常现象应检查输入数据是否正确。

4.4.3.7 渐变性

竖向刚度、质量变化均匀的结构，在较均匀变化的外力作用下，其内力、位移等计算结果自上而下也均匀变化，不应有大正大负、大出大进等突变。

4.4.3.8 合理性

设计较正常的结构，一般不应有太多的超限截面，基本上应符合以下规律：
① 柱、墙的轴力设计值绝大部分为压力；
② 柱、墙大部分为构造配筋；
③ 梁基本上无超筋；
④ 除个别墙段外，剪力墙符合截面抗剪要求；
⑤ 梁截面抗剪不满足要求、抗扭超限截面不多。

4.4.3.9 需要注意的几个重要比值

除上述 8 项要求外，对于一般要求抗震设计的建筑结构，需要注意以下的几个重要比值（这几个比值在以前的章节均有阐述，在此进一步归纳总结）。

(1) 柱轴压比

柱轴压比的限值是延性设计的要求，规范针对不同抗震等级的结构给出了不同要求，需要注意的是，抗震结构中，轴压力采用的是地震组合下的最大轴力。

(2) 刚度比

控制刚度比主要是为了控制结构的竖向规则性，避免竖向刚度突变，形成薄弱层。对高层建筑而言，不宜采用竖向不规则结构。

(3) 剪重比

剪重比为水平地震楼层剪力与该层重力荷载的比值。控制剪重比（楼层最小地震剪力系数）主要是为了控制各楼层的最小地震剪力，确保结构安全性。

水平地震作用计算时，结构各楼层对应于地震作用标准值的剪力应符合下式要求：

$$V_{EKi} \geqslant \lambda \sum_{j=i}^{n} G_j \qquad (4.3)$$

式中　V_{EKi}——第 i 层对应于水平地震作用标准值的剪力；

λ——水平地震剪力系数，不应小于表 4.4 规定的楼层最小地震剪力系数值；对于竖向不规则结构的薄弱层，应乘以 1.15 的增大系数；

G_j——第 j 层的重力荷载代表值；

n——结构计算总层数。

把公式（4.3）变形为 $\lambda \leqslant \dfrac{V_{EKi}}{\displaystyle\sum_{j=i}^{n} G_j}$，实际上该公式表示剪力与重量之比，即剪重比应满足的条件。

（4）位移比

控制位移比主要是为了控制结构的竖向规则性，以免形成扭转，对结构产生不利影响。《建筑抗震设计规范》（GB 50011—2010）第 3.4.4 条规定：对于平面不规则而竖向规则的建筑结构，楼层竖向构件最大的弹性水平位移和层间位移分别不宜大于楼层两端弹性水平位移和层间位移平均值的 1.5 倍。《高层建筑混凝土结构技术规程》（JGJ 3—2010）第 3.4.5 条规定：在考虑偶然偏心影响的地震作用下，楼层竖向构件的最大水平位移和层间位移，A 级高度高层建筑不宜大于该楼层平均值的 1.2 倍，不应大于该楼层平均值的 1.5 倍；B 级高度高层建筑、混合结构高层建筑及复杂高层建筑不宜大于该楼层平均值的 1.2 倍，不应大于该楼层平均值的 1.4 倍。

（5）周期比

控制周期比主要是为了控制结构的扭转效应，减少扭转对结构带来不利影响。与位移比控制的侧重点不同，周期比侧重控制的是侧向刚度与扭转刚度之间的一种相对关系，而非其绝对大小，其目的是使抗侧力构件的平面布置更有效、更合理，使结构不至于出现过大（相对于侧移）的扭转效应。简单来说，周期比控制不是要求结构足够结实，而是要求结构承载布局的合理性。

高层建筑的第一、二振型不能以扭转为主。《高层建筑混凝土结构技术规程》（JGJ 3—2010）第 3.4.5 条规定：结构扭转为主的第一自振周期 T_t 与平动为主的第一自振周期 T_1 之比，A 级高度高层建筑不应大于 0.9，B 级高度高层建筑、混合结构高层建筑及复杂高层建筑不应大于 0.85。

依据图 4.63，本实例平动为主的第一自振周期 $T_1 = 0.7395$，扭转为主的第一自振周期 $T_t = 0.6380$，$T_t / T_1 = 0.86 < 0.9$，满足要求 ［规范对多层建筑没有明确要求，在此参考《高层建筑混凝土结构技术规程》（JGJ 3—2010）的相关规定］。

（6）刚重比

高层建筑结构的稳定应符合刚重比的要求，控制刚重比主要是为了控制结构的稳定性，以免结构产生滑移和倾覆。图 4.61 中框架结构整体稳定验算满足要求。

稳定验算实际上是对刚度与重量之比（简称刚重比）的验算，框架结构应符合下式要求：

$$D_i \geqslant 10 \sum_{j=i}^{n} G_j / h_i \ (i = 1, 2, \cdots, n) \qquad (4.4)$$

式中　D_i——第 i 层的弹性等效侧向刚度，可取该层剪力与层间位移的比值；

G_j——第 j 层的重力荷载设计值；

h_i——第 i 层层高。

把公式(4.4)变形为 $\dfrac{D_i h_i}{\displaystyle\sum_{j=i}^{n} G_j} \geqslant 10$，也即验算刚重比是否满足大于 10 的要求。

(7) 有效质量比

控制有效质量比（有效质量系数）主要是为了控制结构的地震力是否全计算出来。如果计算时只取了几个振型，那么这几个振型的有效质量之和与总质量之比即为有效质量系数。《高层建筑混凝土结构技术规程》（JGJ 3—2010）第 5.1.13 条规定：B 级高度的高层建筑结构和复杂高层建筑结构在抗震计算时，宜考虑平扭耦联计算结构的扭转效应，振型数不应小于 15，对多塔楼结构的振型数不应小于塔楼数的 9 倍，且计算振型数应使振型参与质量不小于总质量的 90%。

有效质量系数是用于判断参与振型数是否足够。一般要求有效质量系数大于 90%，也说明振型数取够了。图 4.64 和图 4.65 中给出了 X 向和 Y 向的地震有效质量系数，均大于 90%，基本全部参与地震力的计算。

4.4.3.10　根据计算结果对结构进行调整

SATWE 计算完成之后，一些参数和计算结果可能不满足要求，这时候就需要根据计算结果对结构进行适当的调整。

结构布置的调整，应在概念设计的基础上，从整体进行把握，做到有的放矢。如一般高层建筑单位面积的重量在 15kN/m² 左右，如计算结果与此相差很大，则需考虑电算数据输入是否正确。

一旦出现周期比不满足要求的情况，一般只能通过调整平面布置来改善这一状况，这种改变一般是整体性的，局部的小调整往往收效甚微。周期比不满足要求，说明结构的扭转刚度相对于侧移刚度较小，总的调整原则是要加强结构外圈，或者削弱内筒。

高层建筑计算出的第一振型为扭转振型，则表明结构的抗侧力构件布置得不很合理，质量中心与抗侧刚度中心存在偏差，平动质量相对于刚度中心产生转动惯量；或是抗侧力构件数量不足；或是整体抗扭刚度偏小，此时对结构方案应从加强抗扭刚度，减小相对偏心，使刚度中心与质量中心趋于一致，减小结构平面的不规则性等角度出发进行调整。因此可采用加大抗侧力构件截面或增加抗侧力构件数量，或改变抗侧力构件的平面布置位置，将抗侧力构件尽可能均匀对称地布置在建筑物四周，必要时可设置抗震缝，将不规则平面划分为若干相对规则平面等方法进行处理。

在进行概念分析的基础上，有足够的经验和依据时，需要对某些计算结果进行修正，对某些部分进行加强，或对某些局部进行有限量地减弱。在计算机和计算程序相当发达的今天，人们越来越觉得计算机是知识、经验和思维的替代品，人们变得过分依赖和迷信计算机，有时宁肯完全相信计算机的结果，而怀疑自己正确的分析和判断，甚至人们认为使用计算机的能力等同于进行建筑结构设计的能力，完全忽略了安全而经济的设计依赖于渊博的理论知识和丰富的实践经验。总之，计算只是设计的一部分，对于结构设计人员来说，要防止过分依赖计算机而忽视结果分析、忽视概念设计等倾向。

第5章

框架结构工程实例电算解析
——结构施工图绘制

在完成三维结构计算（TAT、SATWE 或 PMSAP）之后，可以执行"墙梁柱施工图"菜单，绘制混凝土结构墙梁柱施工图。梁柱施工图可以用梁立面、剖面施工图、梁平法施工图、柱立面、剖面施工图、柱平法施工图等方式之一表示。

单击"墙梁柱施工图"菜单，进入墙梁柱施工图主菜单（图 5.1），主菜单内容共 8 项。

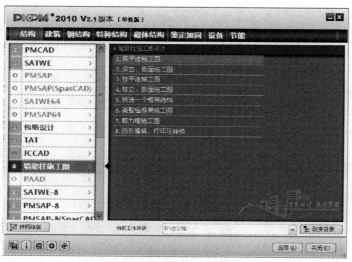

图 5.1　墙梁柱施工图主菜单

5.1　梁平法施工图

5.1.1　梁平面整体表示法

梁的平面布置，应分别按不同结构标准层，将全部梁与其相关联的柱、墙、板一起采用适当比例（一般为 1 : 100）绘制，如果结构比较复杂，也可以把 X 向、Y 向的梁分开绘制。

梁在平面布置图上可采用平面注写方式或截面注写方式表达。按平法设计绘制结构施工图时，应当用表格或其他方式注明包括地下和地上各层的结构层楼（地）面标高、结构层高及相应的结构层号。结构层楼面标高是指将建筑图中的各层地面和楼面标高值扣除建筑面层及垫层做法厚度后的标高，结构层号应与建筑楼层号对应一致。对于轴线未居中的梁，应标注其偏心定位尺寸（贴柱边的梁可不注）。

5.1.1.1 平面注写方式

平面注写方式是在梁平面布置图上，分别在不同编号的梁中各选一根梁，在其上注写截面尺寸和配筋具体数值的方式。平面注写包括集中标注与原位标注，集中标注表达梁的通用数值，原位标注表达梁的特殊数值。当集中标注中的某项数值不适用与梁的某部位时，则将该项数值原位标注，施工时，原位标注取值优先。

（1）梁编号

梁编号由梁类型代号、序号、跨数及有无悬挑代号几项组成，应符合表 5.1 的规定。

表 5.1　梁编号

梁类型	代号	序号	跨数及是否带有悬挑
楼层框架梁	KL	××	(××)、(××A)或(××B)
屋面框架梁	WKL	××	(××)、(××A)或(××B)
框支梁	KZL	××	(××)、(××A)或(××B)
非框架梁	L	××	(××)、(××A)或(××B)
悬挑梁	XL	××	—
井字梁	JZL	××	(××)、(××A)或(××B)

注：(××A) 为一端有悬挑，(××B) 为两端有悬挑，悬挑不计入跨数。

（2）梁集中标注的内容

梁集中标注的内容，有五项为必注值及一项选注值（集中标注可以从梁的任意一跨引出）。

① 梁编号为必注值，括号内标注跨数。

② 梁截面尺寸为必注值。当为等截面梁时，用 $b \times h$ 表示；当有悬挑梁且根部和端部的高度不同时，用斜线分隔根部与端部的高度值，即为 $b \times h_1/h_2$。

③ 梁箍筋（包括钢筋级别、直径、加密区与非加密区间距及肢数）为必注值。箍筋加密区与非加密区的不同间距及肢数需用斜线"/"分隔；当梁箍筋为同一种间距及肢数时，则不需用斜线；当加密区与非加密区的箍筋直径相同时，则将肢数注写一次；箍筋肢数应写在括号内。

当抗震结构中的非框架梁、悬挑梁、井字梁及非抗震结构中的各类梁采用不同的箍筋间距及肢数时，也用斜线"/"分隔。注写时，先注写梁支座端部的箍筋（包括箍筋的箍数、钢筋级别、直径、间距与肢数），在斜线后注写梁跨中部分的箍筋间距及肢数。

④ 梁上部通长筋或架立筋配置（通长筋可为相同或不同直径采用搭接连接、机械连接或对焊连接的钢筋）为必注值。所注规格与根数应根据结构受力要求及箍筋肢数等构造要求而定。当同排纵筋中既有通长筋又有架立筋时，应用加号"＋"将通长筋与架立筋相连。注写时须将角部纵筋写在加号的前面，架立筋写在加号后面的括号内，以示不同直径及与通长筋的区别。当全部采用架立筋时，则将其写入括号内。

当梁的上部纵筋和下部纵筋为全跨相同，且多数跨配筋相同时，此项可加注下部纵筋的配筋值，用分号"；"将上部与下部纵筋的配筋值分隔开来，少数跨不同时按"原位标注"。

⑤ 梁侧面纵向构造钢筋或受扭钢筋配置为必注值。当梁腹板高度 $h_w \geqslant 450\text{mm}$ 时，须配置纵向构造钢筋，所注规格与根数应符合规范规定。此项注写值以大写字母 G 打头，接

续注写设置在梁两个侧面的总配筋值，且对称配置。例如 G4φ12，表示梁的两个侧面共配置 4φ12 的纵向构造钢筋，每侧各配置 2φ12。

当梁侧面需配置受扭纵向钢筋时，此项注写值以大写字母 N 打头，接续注写配置在梁两个侧面的总配筋值，且对称配置。受扭纵向钢筋应满足梁侧面纵向构造钢筋的间距要求，且不再重复配置纵向构造钢筋。例如 N6φ20，表示梁的两个侧面共配置 6φ20 的受扭纵向钢筋，每侧各配置 3φ20。

⑥ 梁顶面标高高差为选注值。梁顶面标高高差是指相对于结构层楼面标高的高差值，对于位于结构夹层的梁，则指相对于结构夹层楼面标高的高差。有高差时，则将其写入括号内，无高差时不注。当某梁的顶面高于所在结构层的楼面标高时，其标高高差为正值，反之为负值。

(3) 梁原位标注的内容

① 梁支座上部纵筋（包含通长筋在内的所有纵筋）。当上部纵筋多于一排时，用斜线"/"将各排纵筋自上而下分开。例如梁支座上部纵筋注写为"6φ22 4/2"，表示上一排纵筋为 4φ22，下一排纵筋为 2φ22。

当同排纵筋有两种直径时，用加号"＋"将两种直径的纵筋相连，注写时将角部纵筋写在前面。例如梁支座上部纵筋注写为"2φ25＋2φ22"，表示 2φ25 放在角部，2φ22 放在中部。

当梁中间支座两边的上部纵筋不同时，须在支座两边分别标注；当梁中间支座两边的上部纵筋相同时，可仅在支座的一边标注配筋值，另一边省去不注。

设计时应注意：对于支座两边不同配筋值的上部纵筋，宜尽可能选用相同直径（不同根数），使其贯穿支座，避免支座两边不同直径的上部纵筋均在支座内锚固。对于以边柱、角柱为端支座的屋面框架梁，当能够满足配筋截面面积要求时，其梁的上部钢筋应尽可能只配置一层，以避免梁柱纵筋在柱顶处因层数过多、密度过大导致施工不便和影响混凝土浇筑质量。

② 梁下部纵筋。当下部纵筋多于一排时，用斜线"/"将各排纵筋自上而下分开。例如梁下部纵筋注写为"6φ22 2/4"，表示上一排纵筋为 2φ22，下一排纵筋为 4φ22，全部伸入支座。

当同排纵筋有两种直径时，用加号"＋"将两种直径的纵筋相连，注写时角筋写在前面。

当梁下部纵筋不全部伸入支座时，将梁支座下部纵筋减少的数量写在括号内。例如梁下部纵筋注写为"6φ22 2(－2)/4，则表示上排纵筋为 2φ22，且不伸入支座；下一排纵筋为 4φ22，全部伸入支座。

当梁的集中标注中已注写了梁上部和下部均为通长的纵筋值时，不需要在梁下部重复做原位标注。

③ 附加箍筋或吊筋。附加箍筋或吊筋通常是直接画在平面图中的主梁上，用线引注总配筋值（附加箍筋的肢数注在括号内），当多数附加箍筋或吊筋相同时，可在梁平法施工图上统一注明，少数与统一注明值不同时，再原位引注。

(4) 需要注意的内容

当在梁上集中标注的内容（即梁截面尺寸、箍筋、上部通长筋或架立筋，梁侧面纵向构造钢筋或受扭纵向钢筋，以及梁顶面标高高差中的某一项或几项数值）不适用于某跨或某悬挑部分时，则将其不同数值原位标注在该跨或该悬挑部位，施工时应按原位标注数值取用。

在梁平法施工图中，当局部梁的布置过密时，可将过密区用虚线框出，适当放大比例后再用平面注写方式表示。

5.1.1.2 截面注写方式

截面注写方式是在各标准层梁的平面布置图上，分别在不同编号的梁中各选择一根梁用剖面号引出配筋图，并在其上注写截面尺寸和配筋具体数值的方式。当表达异形截面梁的尺寸与配筋时，用截面注写方式比较方便，表达比较清楚。

对所有梁按表 5.1 的规定进行编号，从相同编号的梁中选择一根梁，先将"单边截面号"画在该梁上，再将截面配筋详图画在本图或其他图上。当某梁的顶面标高与结构层的楼面标高不同时，应继其梁标号后注写梁顶面标高高差。

在截面配筋详图上注写截面尺寸 $b \times h$、上部筋、下部筋、侧面构造筋和受扭筋，以及箍筋的具体数值，表达形式与平面注写方式相同。截面注写方式既可以单独使用，也可与平面注写方式结合使用。

梁平法施工图菜单可以将梁的配筋标注于每一层的平面图上，用平面整体表示方法绘制混凝土梁配筋施工图。单击"梁平法施工图"，屏幕出现如图 5.2 所示的梁平法施工图主菜单。

图 5.2 梁平法施工图主菜单

5.1.2 配筋参数、设钢筋层和绘新图

5.1.2.1 配筋参数

单击"配筋参数"，出现参数修改菜单（图 5.3 和图 5.4），菜单需要确定绘图参数、归并放大系数、梁名称前缀、纵筋选筋参数、箍筋选筋参数、裂缝挠度选筋参数和其他参数。

为了减少出图量，可先将能合并的梁进行归并。梁的归并原则是：

① 几何条件相同（跨数、跨度、截面形状与尺寸）；

② 钢筋等级相同；

③ 对应截面配筋面积偏差在归并系数之内。

如果考虑实际工程中可能出现的一些偶然因素或施工过程中的很多不确定的因素，梁下部钢筋的放大系数可取 1.0～1.15，梁上部钢筋的放大系数可取 1.0～1.05。

在梁选筋库选择框中可选择常用的钢筋直径。一般可选择直径为 25 及 25 以下的钢筋。

根据国家建筑标准设计图集《混凝土结构施工图平面整体表示方法制图规则和构造详图》（11G101-1）的表示方法，填写其他各项内容。

5.1.2.2 设钢筋层

单击"设钢筋层"，出现"定义钢筋标准层"对话框（图 5.5）。此菜单可以进行钢筋层的增加、更名、清理和合并。实际设计中，存在若干楼层的构件布置和配筋完全相同的情况，可以用同一张施工图代表若干楼层，在程序中，可以通过将这些楼层划分为同一钢筋标准层来实现。读取配筋面积时，程序会在各层同样位置的配筋面积数据中取大值作为配筋依据。

钢筋标准层的概念与 PM 建模时定义的结构标准层不同，一般来讲，同一钢筋标准层的自然层都属于同一结构标准层，但是同一结构标准层的自然层不一定属于同一钢筋标准层。根据设计需要，设计人员可以将两个不同的结构标准层的自然层划分为同样的钢筋层，但应保证两自然层上的梁几何位置全部对应，完全可以用一张施工图表示。

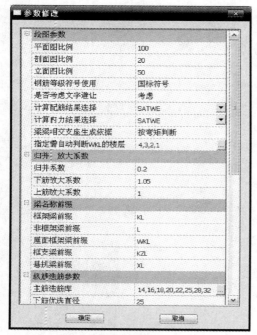

图 5.3　参数修改（一）

图 5.4　参数修改（二）

图 5.5　定义钢筋标准层对话框

5.1.2.3　绘新图

如果模型已经更改或经过重新计算，原有的旧图可能与原图不符，这时就需要重新绘制一张新图。点击"绘新图"，屏幕弹出绘新图选择对话框（图 5.6）。梁平法施工图的文件名为PL＊.T，＊为层号。

如果选择"重新选筋并绘制新图"，则程序会删除本层所有已有数据，重新归并选筋后重新绘图，此选项适合模型更改或者重新进行有限元分析后的施工图更新。

如果选择"使用已有配筋结果绘制新图"，则程序只删除施工图目录中本层的施工图，然后重新绘图。绘图时使用数据库中保存的钢筋数据，不会重新选筋归并。此选项适合模型和分析数据没变，但钢筋标注和尺寸标注的修改比较混乱，需要重新出图的情况。

程序还提供了"编辑旧图"的命令，可以通过此命令反复打开修改编辑过的施工图。

图 5.6　绘新图对话框

5.1.3 连梁定义和查改钢筋

5.1.3.1 连梁定义

（1）连梁定义

单击"连梁定义"，出现连梁定义菜单。梁以连续梁为基本单位进行配筋，在配筋之前应将建模时逐网格布置的梁段串成连续梁。程序按下列标准将相邻的梁段串成连续梁：

① 两个梁段有共同的端节点；

② 两个梁段在共同端节点处的高差不大于梁高；

③ 两个梁段在共同端节点处的偏心不大于梁宽；

④ 两个梁段在同一直线上，即两个梁段在共同端节点处的方向角（弧梁取切线方向角）相差 $180°\pm10°$；

⑤ 直梁段与弧梁段不串成同一个连续梁。

（2）连梁查看

点击"连梁查看"，屏幕出现当前层连续梁的生成结果（图 5.7）。程序用亮黄色的实线或虚线表示连续梁的走向，实线表示有详细标注的连续梁，虚线表示简略标注的连续梁。走向线一般画在连续梁所在轴线的位置，如果连续梁有高差，此线会发生相应的偏心。连续梁的起始端有一个菱形块，表示连续梁第一跨所在位置，连续梁的终止端有一个箭头，表示连续梁最后一跨所在位置。如果对连续梁的划分不满意，可以通过"连梁拆分"或"连梁合并"对连续梁的定义进行调整。

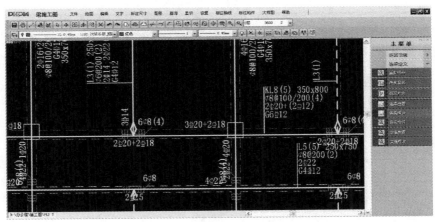

图 5.7 连梁查看

（3）支座查看和修改

点击"支座查看"，屏幕出现当前层支座的生成结果（图 5.8）。当程序自动生成的梁支座不满足设计人员的要求时，可以对支座进行修改。程序用三角形表示梁支座，圆圈表示连梁的内部节点。一般来说，把三角形支座改为圆圈后的梁构造是偏于安全的，支座调整后，构件会重配该梁钢筋并自动更新梁的施工图。

5.1.3.2 查改钢筋

点击"查改钢筋"，屏幕出现查改钢筋菜单。可以进行连梁修改、单跨修改、成批修改、表式改筋、次梁加筋等。图 5.9 所示为单跨修改情况，可直接在对话框中修改钢筋。次梁加筋是指次梁与主梁交接处在主梁上设置附加箍筋或者吊筋。附加箍筋的个数也可以修改，修

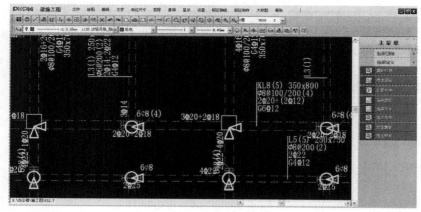

图 5.8　支座查看

改对话框中还显示此处集中力的大小及此集中力等效的钢筋面积。通过附加钢筋面积和集中力等效面积的对比，可以判断此处的附加钢筋是否满足要求（图 5.10）。

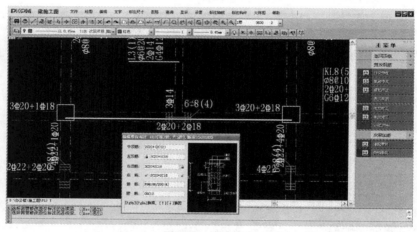

图 5.9　单跨修改

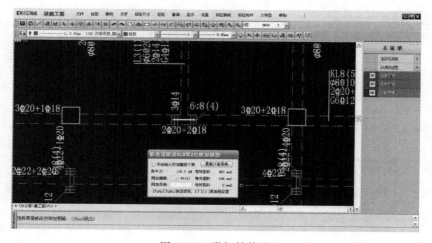

图 5.10　附加筋修改

5.1.4 挠度图和裂缝图

5.1.4.1 挠度图

点击"挠度图"，屏幕弹出挠度计算参数对话框（图 5.11）。梁挠度图的文件名为 ND*.T，* 为层号。可选择将现浇板作为受压翼缘，第 4 层梁的挠度图如图 5.12 所示。

图 5.11 挠度计算参数对话框

从图 5.12 所示的第 4 层梁挠度图中可看出，井字梁部分的强度和裂缝均满足要求，但挠度较大。井字梁的最大的弯曲变形（挠度）为 52.4mm。对于本工程，虽然井字梁的挠度 $52.4mm \approx l_1/300 = 15600/300 = 52$（mm），但这么大的挠度，作为楼板，将来要靠面层来找平，既不经济，也增加了楼面自重，自重增加又增大了梁的挠度；作为屋盖还可能导致屋面积水，积水的重力又增大挠度，挠度的增大又增加了积水，形成恶性循环。因此大跨结构必须严格控制挠度，考虑起拱后的挠度应该是零或反拱。

当然，井字梁挠度过大的原因是刚度不足，如果井字梁的截面尺寸满足一般的构造规定，则解决大跨度结构挠度过大的问题通常可采取预先起拱的措施，本实例中若按要求较高时 $f = l_1/400 = 15600/400 = 39$（mm）考虑，则起拱值可取为 13.4mm[$52.4 - 39 = 13.4$（mm）]。若将井字楼板的长期计算挠度控制在 $l_1/800$ 以内，则施工起拱值可取 32.9mm。混凝土结构工程施工规范规定，现浇钢筋混凝土梁板，当跨度等于或大于 4m 时，模板应起拱，当设计无具体要求时，起拱高度宜为全跨长度的 1/1000～3/1000。

梁弹性挠度与考虑荷载长期作用效应的挠度有很大差别，在图 4.45 中井字梁跨中最大挠度为 6.65mm，而在图 5.12 中该梁的挠度为 52.4mm，两者相差约 7.9 倍。

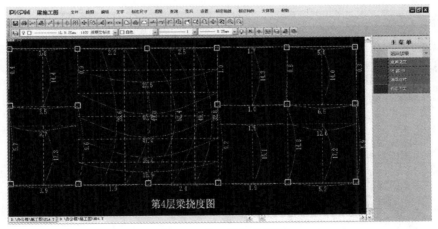

第4层梁挠度图

图 5.12 第 4 层梁挠度图

5.1.4.2 裂缝图

单击"裂缝图"，可以进行混凝土梁的裂缝宽度验算，屏幕出现裂缝计算参数对话框（图 5.13）。梁裂缝图的文件名为 LF*.T，* 为层号。第 2 层梁的裂缝图如图 5.14 所示。裂缝若不满足要求，以红色显示。需要注意的是通过增大配筋面积减小裂缝宽度是比较没有效率的做法，通常钢筋面积增大很多裂缝才能下降一点。其他方法，如增大梁高、减小钢筋直径或增大保护层厚度则可以比较迅速地减小裂缝宽度。

图 5.13　裂缝计算参数对话框

梁施工图中"考虑支座宽度对裂缝的影响"时，程序大约取距离支座内距边缘 1/6 支座宽度处的弯矩，并且降低的幅值不大于 0.3 倍的支座弯矩峰值。这样可以避免配置过多的支座负弯矩钢筋，以利于实现强剪弱弯、强柱弱梁等设计原则。勾选此项，可以节约钢筋；不勾选此项，也可行。但若应用 SATWE 整体分析软件时勾选了图 4.10 中的"梁柱重叠部分简化为刚域"选项，则计算软件给出的弯矩已考虑了支座截面尺寸的影响，在计算裂缝时就不应该对弯矩做重复的折减了，也即在此处就不要再勾选"考虑支座宽度对裂缝的影响"。

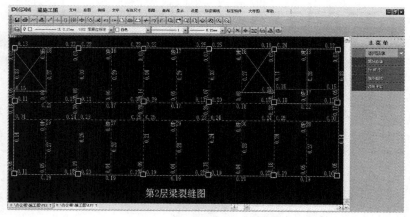

图 5.14　第 2 层梁裂缝图

5.1.5　配筋面积

点击"配筋面积"，屏幕出现配筋面积菜单。该菜单包括计算配筋、实际配筋、实配筋率、配筋比例、S/R 验算、SR 验算书和连梁查找等。以第 2 层梁配筋为例说明梁配筋面积的取值。第 2 层梁的计算配筋面积、实际配筋面积、实配筋率、配筋比例分别如图 5.15～图 5.18 所示。图 5.18 中圆圈里面的 1.03 是根据图 5.15 和图 5.16 计算得出，即 1455÷1406＝1.03。

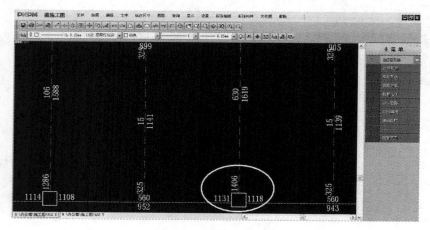

图 5.15　计算配筋面积

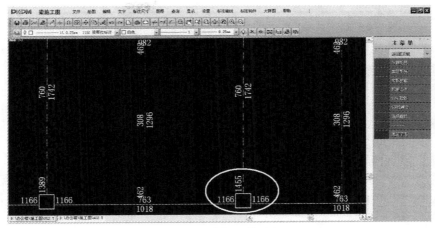

图 5.16　实际配筋面积

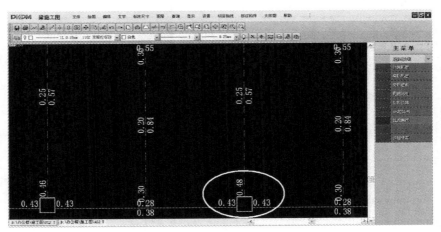

图 5.17　梁实配筋率

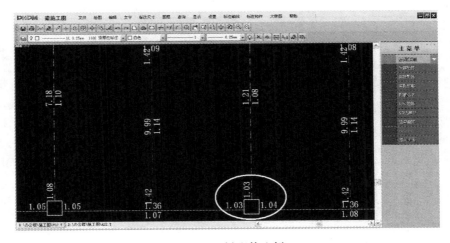

图 5.18　梁配筋比例

5.2 柱平法施工图

5.2.1 柱平面整体表示法

柱平法施工图是在柱平面布置图上采用列表注写方式或截面注写方式表达。在柱平法施工图中，应注明各结构层的楼面标高、结构层高及相应的结构层号。

5.2.1.1 列表注写方式

列表注写方式是在柱平面布置图上（一般只需采用适当比例绘制一张平面布置图，包括框架柱、框支柱、梁上柱和剪力墙上柱），分别在同一编号的柱中选择一个（有时需要选择几个）截面标注几何参数代号；在柱表中注写柱号、柱段起止标高、几何尺寸（含柱截面对轴线的偏心情况）与配筋的具体数值，并配以各种柱截面形状及其箍筋类型图的方式，来表达柱平法施工图。列表注写内容如下。

① 注写柱编号。柱编号由类型代号和序号组成，应符合表5.2的规定。

表 5.2 柱编号

柱类型	代号	序号
框架柱	KZ	××
框支柱	KZZ	××
芯柱	XZ	××
梁上柱	LZ	××
剪力墙上柱	QZ	××

② 注写各段柱的起止标高，自柱根部往上以变截面位置或截面未变但配筋改变处为界分段注写。框架柱和框支柱的根部标高是指基础顶面标高。

③ 对于矩形柱，注写截面尺寸 $b \times h$ 及与轴线关系的几何参数代号 b_1、b_2 和 h_1、h_2 的具体数值，须对应于各段柱分别注写，其中 $b = b_1 + b_2$，$h = h_1 + h_2$。当截面的某一边收缩变化至与轴线重合或偏到轴线另一侧时，b_1、b_2、h_1、h_2 中的某项为零或为负值。

对于圆柱，表中 $b \times h$ 一栏改用在圆柱直径数字前加 d 表示。为表达简单，圆柱截面与轴线的关系也可用 b_1、b_2 和 h_1、h_2 表示，并使 $d = b_1 + b_2 = h_1 + h_2$。

④ 注写柱纵筋。当柱纵筋直径相同，各边根数也相同时（包括矩形柱、圆柱和芯柱），将纵筋注写在"全部纵筋"一栏中。除此之外，柱纵筋分角筋、截面 b 边中部筋和 h 边中部筋三项分别注写（对于采用对称配筋的矩形截面柱，可仅注写一侧中部筋，对称边省略不注）。

⑤ 注写箍筋类型号及箍筋肢数。

⑥ 注写柱箍筋，包括钢筋级别、直径与间距。当为抗震设计时，用斜线"/"区分柱段箍筋加密区与柱身非加密区长度范围内箍筋的不同间距。当箍筋沿柱全高为一种间距时，不需使用"/"线。

5.2.1.2 截面注写方式

截面注写方式是在分标准层绘制的柱平面布置图的柱截面上，分别在同一编号（按表5.2进行编号）的柱中选择一个截面，以直接注写截面尺寸和配筋具体数值的方式注写。

柱平法施工图绘制时，从相同编号的柱中选择一个截面，按另一种比例原位放大绘制柱截面配筋图，并在各配筋图上继其编号后再注写截面尺寸 $b \times h$、角筋或全部纵筋（当纵筋采用一种直径且能够图示清楚时）、箍筋的具体数值以及在柱截面配筋图上标注柱截面与轴线关系 b_1、b_2 和 h_1、h_2 的具体数值。

当纵筋采用两种直径时，须再注写截面各边中部筋的具体数值（对于采用对称配筋的矩形截面柱，可仅在一侧注写中部筋，对称边省略不注）。

5.2.2 参数修改、归并和绘新图

单击"柱平法施工图"，屏幕出现柱平法施工图主菜单。单击"参数修改"，出现参数修改菜单（图 5.19 和图 5.20）。柱钢筋的归并和选筋，是柱施工图最重要的功能。程序归并选筋时，自动根据在此填入的各种归并参数，并参照相应的规范条文对整个工程的柱进行归并选筋。柱归并是在全楼范围内进行，归并条件是满足几何条件（柱单元数、单元高度和截面形状与大小）相同并满足给出的归并系数。柱归并考虑每根柱两个方向的纵向受力钢筋和箍筋。参数修改中的归并参数修改后，程序会自动提示设计人员是否重新执行归并命令。由于重新归并后配筋将有变化，程序将刷新当前层图形，钢筋标注内容将按照程序默认的位置重新标注。

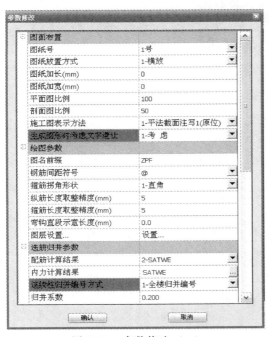

图 5.19 参数修改（一）

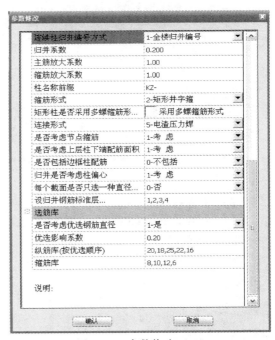

图 5.20 参数修改（二）

"是否考虑节点箍筋"，因节点箍筋的作用与柱端箍筋的作用不同，在以前的版本中，节点核心区的箍筋没有考虑，新版增加了是否考虑节点核心区箍筋的选项。

"是否考虑上层柱下端配筋"，这是因为某些情况下 SATWE 计算出来的配筋，有可能上层柱的配筋大于下层柱的配筋。当选择考虑该参数时，程序选择柱实配钢筋时自动取本层柱段及上层柱下端配筋的较大计算配筋选实配钢筋。如果选择了不考虑该参数，设计人员应提示施工人员注意，当上层柱的配筋大于下层柱的配筋时，应按 11G101 第 57 页的要求。

"是否包括边框柱配筋"，此选项可以控制柱施工图中是否包括剪力墙边框柱的配筋。如

果不包括，则剪力墙边框柱就不参加归并和施工图的绘制，而在剪力墙施工图程序中进行设计。如果包括边框柱配筋，则程序读取的计算配筋包括与柱相连的边缘构件的配筋。

"归并是否考虑柱偏心"，若考虑此项，则归并时偏心信息不同的柱会归并为不同的柱。

根据国家建筑标准设计图集《混凝土结构施工图平面整体表示方法制图规则和构造详图》（11G101-1）的表示方法，填写其他各项内容。

单击"绘新图"，以第 2 层柱为例，添加轴线、层高表等，屏幕如图 5.21 所示。柱平法施工图的文件名为 ZPM＊.T，＊为层号。

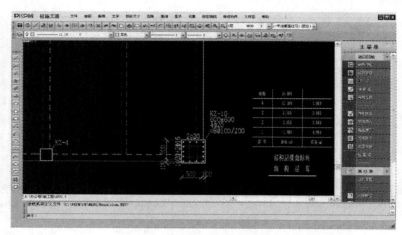

图 5.21　第 2 层柱的平法施工图

5.2.3　修改柱名、平法录入和立面改筋

(1) 修改柱名

设计人员可以根据需要指定框架柱的名称，对于配筋相同的同一组柱子可以一同修改柱子的名称。

(2) 平法录入

可以利用平法录入对话框的方式修改柱钢筋，在对话框中不仅可以修改当前层柱的钢筋，也可以修改其他层的钢筋。对话框还包含了该柱的其他信息，如：几何信息、计算数据和绘图参数（图 5.22）。

(3) 立面改筋

点击"立面改筋"，屏幕出现全部柱子的立面线框图并显示柱子的配筋信息，可以进行修改配筋的操作方式，包括修改钢筋、钢筋拷贝、重新归并、移动大样、插入图框和返回平面菜单。

5.2.4　柱查询、画柱表和立剖面图

(1) 柱查询

柱查询功能可以快速定位柱子在平面中的位置。点击柱查询菜单，在出现的对话框中单击需要定位的柱名称，程序会用高亮闪动的方式显示查询到的柱子（图 5.23 中的 KZ-7）。

(2) 画柱表

绘制新图只绘制了柱施工图的平面图部分，画柱表菜单包括平法柱表、截面柱表、PMPM 柱表、广东柱表等四种表式画法，需要设计人员交互选择要表示的柱、设置柱表绘

制的参数，然后出柱表施工图。这四种画法的操作基本相同，选择相应的命令后，会弹出"选择柱子"对话框（图 5.24），设计人员选择要绘制的柱和相应的参数设置，确认之后，绘制出表式画法的柱施工图。平法柱表、截面柱表、PMPM 柱表、广东柱表四种表式画法的柱施工图分别如图 5.25～图 5.28 所示。

（3）立剖面图

点击"立剖面图"，出现"选择柱子"对话框（图 5.29），选择要绘制立剖面图的柱，然后根据对话框的提示，修改相应的参数，确定之后，屏幕出现该柱子的立剖面图和钢筋表（图 5.30）。选择三维渲染，可以查看该柱与梁的位置关系（图 5.31）。

5.2.5 配筋面积和双偏压验算

（1）配筋面积

"配筋面积"菜单包括计算配筋、实配面积、校核配筋和重新归并等。以第 2 层柱配筋为例说明柱配筋面积的取值。第 2 层柱的计算配筋和实配面积如图 5.32 所示。在图 5.32 中显示了柱的计算配筋面积，其中 T 表示 X（或 Y）方向柱上端纵筋面积（mm^2）；B 表示 X（或 Y）方向柱下端纵筋面积（mm^2）；G 表示加密区和非加密区的箍筋面积（mm^2）。同时图中显示柱的实配钢筋面积，其中 A_{sx} 表示 X 方向纵筋面积（mm^2）；A_{sy} 表示 Y 方向

图 5.22　平法录入对话框

纵筋面积（mm^2）；G_X（100mm）表示 X 方向加密区和非加密区的箍筋面积（mm^2）；G_Y（100mm）表示 Y 方向加密区和非加密区的箍筋面积（mm^2）。当实配钢筋对应项数值小于计算配筋面积时，会提示"有不满足计算要求的柱，请检查！"，并用红色的文字显示标注出不满足计算要求的柱。

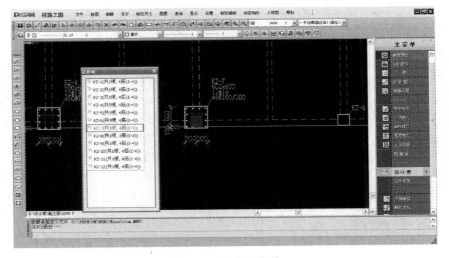

图 5.23　柱查询菜单

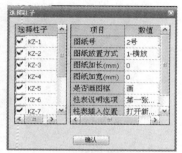

图 5.24 "选择柱子"对话框

（2）双偏压验算

点击"双偏压验算"，程序验算后，对于不满足承载力要求的柱，柱截面以红色填充显示。对于不满足双偏压验算承载力要求的柱，可以直接修改实配钢筋，再次验算直到满足为止。

由于双偏压、双偏拉配筋计算是一个多解的过程，所以当采用不同的布筋方式得到的不同计算结果，它们都可以满足承载力的要求。

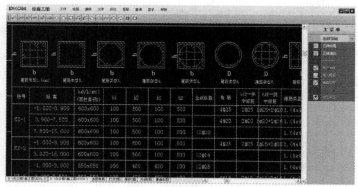

图 5.25 平法柱表

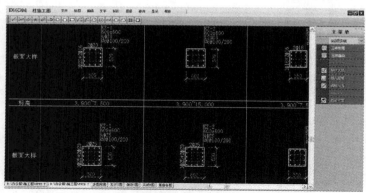

图 5.26 截面柱表

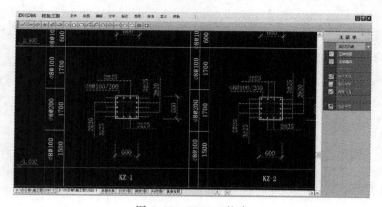

图 5.27 PMPM 柱表

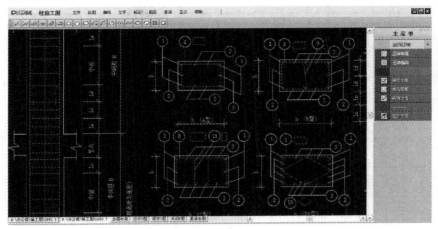

图 5.28　广东柱表

图 5.29　选择柱子对话框

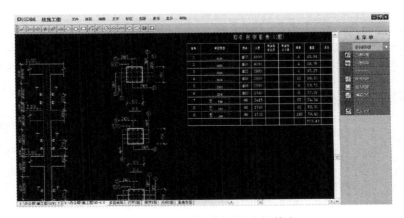

图 5.30　柱子的立剖面图和钢筋表

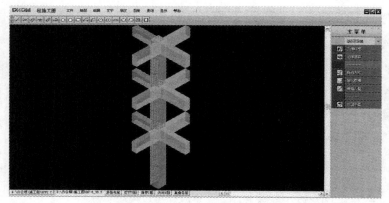

图 5.31 三维渲染

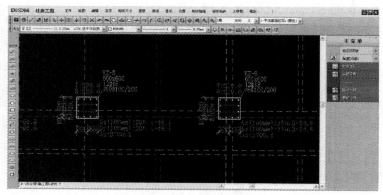

图 5.32 计算配筋面积

5.3 结构施工图绘制

5.3.1 框架施工图绘制

5.3.1.1 挑选一个框架结构

单击墙梁柱施工图主菜单 5 "挑选一个框架结构"，屏幕弹出计算结果选择框（图 5.33），选择"接 SATWE 计算结果"，单击"确定"，屏幕弹出结构平面简图进行框架选择（图 5.34），选择⑤轴线的框架。

图 5.33 计算结果选择框

（1）几何、荷载图

几何、荷载图包括框架立面图、恒载计算简图和活载计算简图。选择"框架立面图"，屏幕显示如图 5.35 所示。

（2）恒载内力包络图

选择恒载内力包络图，屏幕弹出内力种类选择框，选择框有弯矩图、剪力图和轴力图三个选项，分别可以显示恒载作用下的弯矩包络图、剪力包络图和轴力包络图。

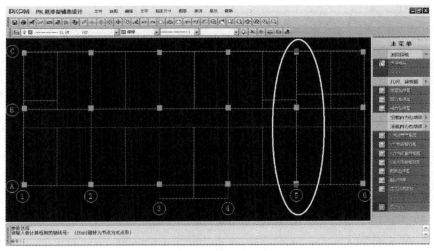

图 5.34　框架选择框

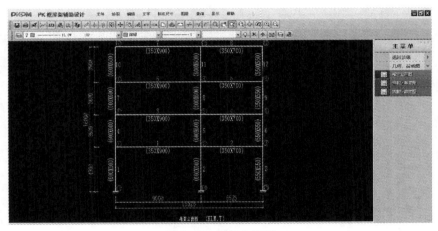

图 5.35　框架立面图

(3) 活载内力包络图

选择活载内力包络图，屏幕弹出内力种类选择框，选择框有弯矩图、剪力图和轴力图三个选项，分别可以显示活载作用下的弯矩包络图、剪力包络图和轴力包络图。

(4) X 方向地震弯矩图和 Y 方向地震弯矩图

选择 X 方向地震弯矩图和 Y 方向地震弯矩图，屏幕分别显示左地震弯矩图和右地震弯矩图。

(5) X 方向风载弯矩图和 Y 方向风载弯矩图

选择 X 方向风载弯矩图和 Y 方向风载弯矩图，屏幕分别显示左风载弯矩图和右风载弯矩图。

(6) 配筋包络图

选择配筋包络图，屏幕显示如图 5.36 所示的配筋包络图。

5.3.1.2　画整榀框架施工图

单击梁柱施工图主菜单 6 "画整榀框架施工图"，屏幕弹出 "PK 选筋、绘图参数"选择框。填写归并放大等参数（图 5.37）、绘图参数（图 5.38）、钢筋信息（图 5.39）和补充输

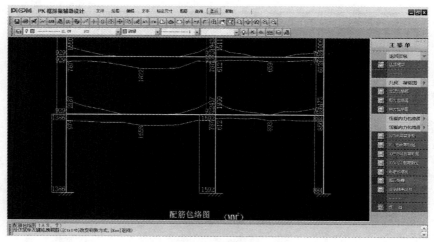

图 5.36 配筋包络图

入（图 5.40）4 页参数选项卡。

图 5.37 归并放大等参数选项卡

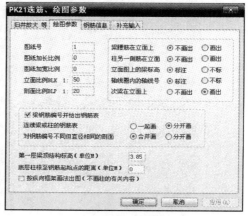

图 5.38 绘图参数选项卡

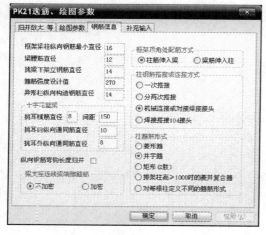

图 5.39 钢筋信息选项卡

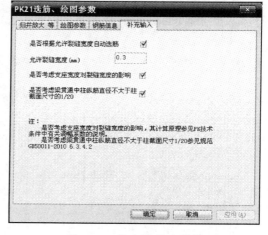

图 5.40 补充输入选项卡

（1）柱纵筋

选择"柱纵筋"，屏幕显示柱框架平面内配筋图（图 5.41，文件名为 ZJ.T）和柱框架平面外配筋图（图 5.42，文件名为 ZJY.T）。柱对称配筋图上显示的是柱对称配筋的单边钢筋的根数和直径（柱左数字为根数，柱右数字为直径）。若采用对话框式修改柱筋，需先选择柱段，再点取要修改的内容（图 5.43），可对柱主筋、柱箍筋和主筋接头进行修改。

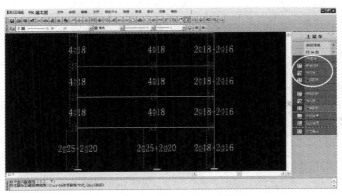

图 5.41　柱框架平面内配筋图

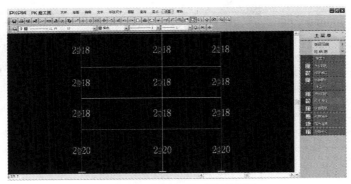

图 5.42　柱框架平面外配筋图

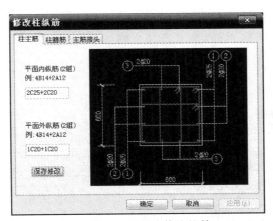

图 5.43　对话框式修改柱筋

（2）梁上配筋

选择"梁上配筋"，屏幕显示梁上部配筋图（图 5.44，文件名为 LSJ.T），图上显示的是梁上部钢筋的根数和直径。若采用对话框式修改梁上钢筋，需先选择梁段，再点取要修改的内容，可对梁左端主筋（图5.45）、梁右端主筋、梁箍筋（图5.46）和上筋断点（图5.47）进行修改。

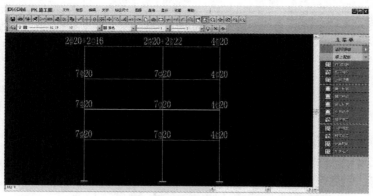

图5.44 梁上部配筋图

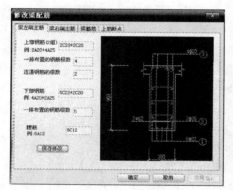

图5.45 对话框式修改梁左端主筋

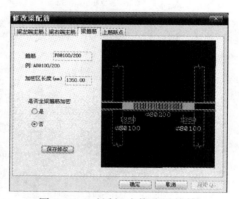

图5.46 对话框式修改梁箍筋

（3）梁下配筋

选择"梁下配筋"，屏幕在梁下部显示梁的下部配筋图，文件名为LXJ.T。

（4）梁柱箍筋

选择"梁柱箍筋"，屏幕显示梁柱箍筋图（图5.48，文件名为GJ.T），图上显示的是梁柱箍筋的直径和级别。用右侧菜单区的加密长度、加密间距、非加密区可分别显示杆件箍筋加密区长度、加密区间距、非加密区间距。

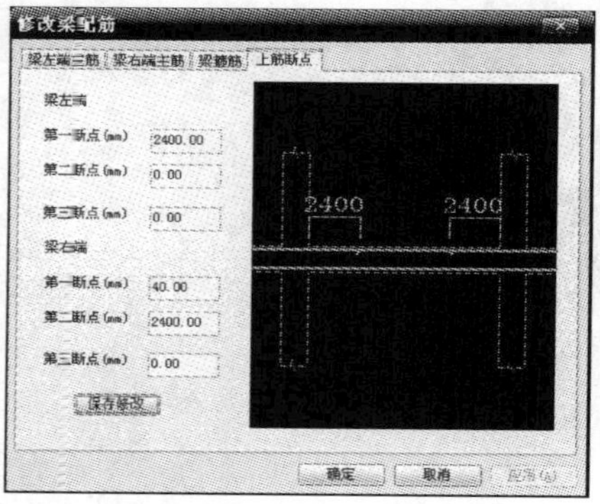

（5）梁腰筋

选择"梁腰筋"，屏幕显示梁腰筋配筋图（图5.49，文件名为YOJ.T），图上显示的是梁腰筋的直径和级别。用右侧菜单区的改梁腰筋可进行直接修改。

（6）节点箍筋

该选项用来显示或修改节点区的箍筋直径和级别，箍筋间距程序内定为100。本项只在抗震等级为一、二级时起作用。

（7）框架梁的裂缝宽度计算

程序按荷载的短期效应组合，即恒载、活载、风

图5.47 对话框式修改梁上筋断点

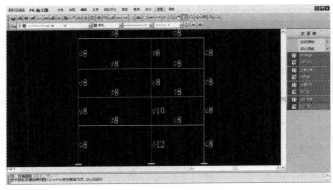

图 5.48　梁柱箍筋图

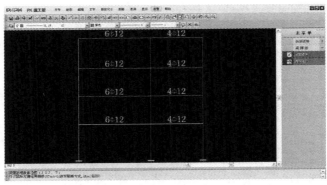

图 5.49　梁腰筋图

载标准值的组合，以矩形截面形式，取程序选配的梁钢筋，按《混凝土结构设计规范》（GB 50010—2010）第 7.1.2 条计算并显示裂缝宽度，当裂缝宽度大于 0.3mm 时，用红色显示，可以通过调整钢筋直径（配筋面积相同的情况下减小直径）或增大钢筋面积等措施使裂缝宽度满足要求。裂缝宽度图的文件名为 CRACK.T（图 5.50）。

（8）框架梁的挠度计算

选择"挠度计算"，为计算荷载长期效应组合，需输入活荷载准永久值系数，查《建筑结构荷载规范》（GB 50009—2012），本实例取为 0.4。挠度图中梁每个截面上的挠度是该处在恒载、活载、风载作用下可能出现的最大挠度，它们不一定由同一荷载工况产生。挠度图的文件名为 DEF.T（图 5.51）。

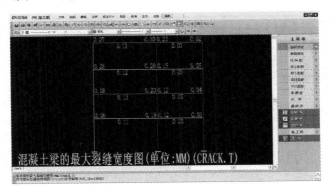

图 5.50　混凝土梁的裂缝宽度图

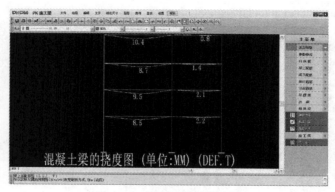

图 5.51　混凝土梁的挠度图

(9)施工图绘制

选择"施工图",进入施工图绘制菜单。选择"画施工图",出现对话框"请输入该榀框架的名称",比如本实例选择⑤轴线的框架,故可输入"KJ-5",屏幕弹出 KJ-5 的施工图(图 5.52),该施工图的文件名为 KJ-5.T。

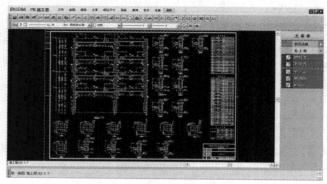

图 5.52　整榀框架施工图

5.3.2　办公楼设计实例结构施工图绘制

结构施工图设计的编制深度应符合"建筑工程设计文件编制深度规定(2008 年版)"的要求。施工图是工程师的语言,因此图面表达必须准确、完整。

结构施工图主要包括三部分:结构设计总说明;基础平面图和基础详图;各层结构平面图及屋面结构平面图;钢筋混凝土构件详图;节点构造详图;其他需要表达内容(如楼梯结构平面布置图及剖面图、预埋件等)。结构施工图一般从下部结构往上部结构编号,依次为结构设计说明、桩位布置图、桩详图、基础布置图、基础详图、地下各层及上部各层的结构布置图、各层框架柱布置及配筋图、各层框架梁布置及配筋图、各层楼板布置及配筋图、次要结构详图(楼梯详图等)。

本书以"云海市建筑职业技术学校办公楼"作为设计实例,图 5.53～图 5.65 绘制了该建筑物的结构施工图,包括结构设计总说明、基础平面布置图、基础详图、柱平法施工图、各层梁平面整体配筋图、各层结构平面图和楼梯详图等。这里需要说明一点:本实例结构计算和结构施工图是根据作者自己的设计经验完成,仅供参考,切不可生搬硬套。需要说明,结构设计没有唯一的方案,只有通过对具体工程做大量分析、试算、调整,最终可做到更优(设计没有最优,只有更优)的设计。

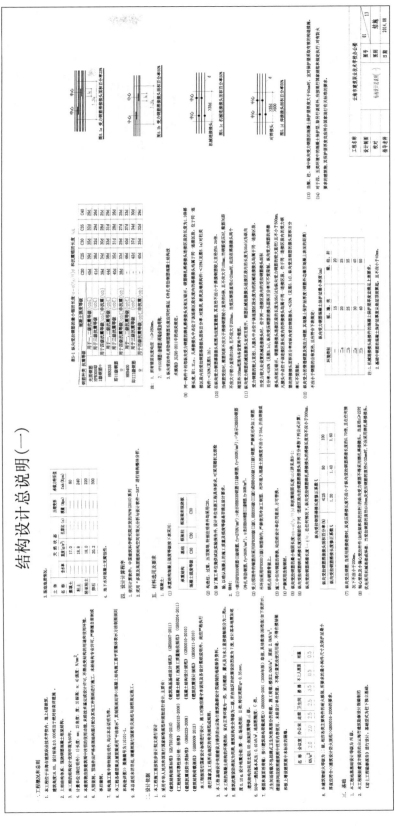

图5.53 结构设计总说明（一）

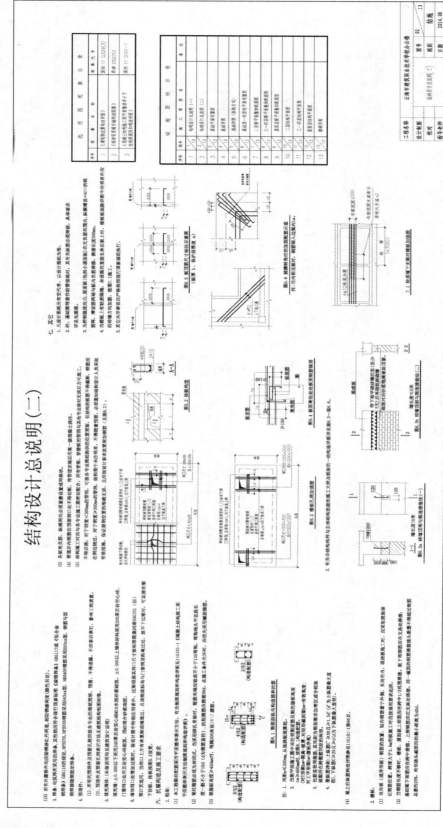

图5.54 结构设计总说明(二)

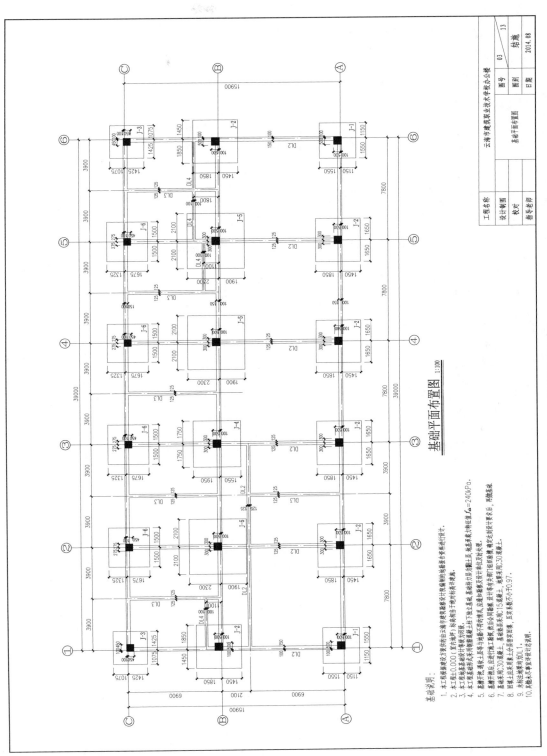

基础平面布置图 1:100

基础说明：
1. 本工程勘察建设方提供的由云海市建筑勘察设计院勘测地基各有料进行设计。
2. 本工程±0.000（室内地坪）标高相当于地坪标高详平面图。
3. 本工程基础底标高详各基础详图。
4. 本工程基础未采用独立基础于持力层下设立主载，基础持力层采用本载力特征值f_a=240kPa。
5. 基槽开挖后应进行施工，基础施不得损伤，应进行验收及对土验合及标准大定。
6. 主槽开挖后，应进行施工基础不得损伤情确况，应进行验收及不得门已经扰解，确定处结构验收将完成后，再施浇筑。
7. 回填土采用30混凝土，基础底采用C15混凝土，垫层采用C30混凝土。
8. 回填土应采用与设本所混凝土，基础底来不采用混凝土，压实系数不小于0.97.
9. 未标注地梁构造DL1.
10. 其他未详事宜详设计说明.

图5.55 基础平面布置图

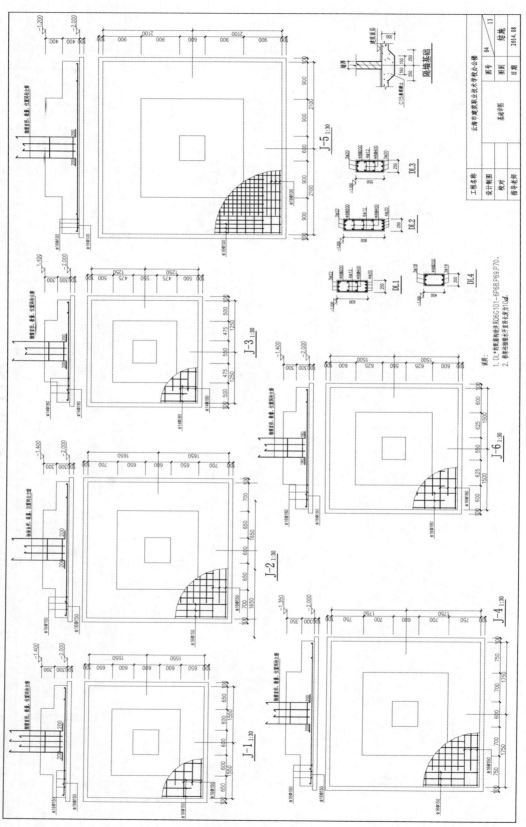

图5.56 基础详图

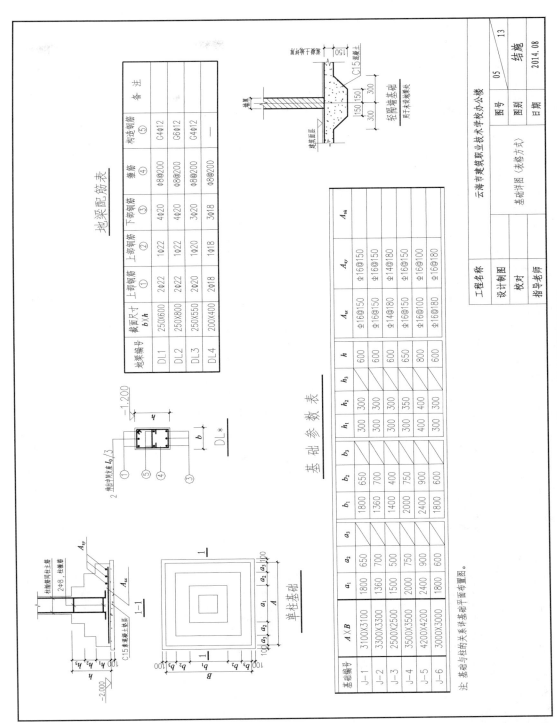

地梁配筋表

地梁编号	截面尺寸 b×h	上部钢筋①	上部钢筋②	下部钢筋③	箍筋④	构造钢筋⑤	备 注
DL1	250X600	2Φ22	1Φ22	4Φ20	Φ8@200	C4Φ12	
DL2	250X800	2Φ22	1Φ22	4Φ20	Φ8@200	G6Φ12	
DL3	250X550	2Φ20	1Φ20	3Φ20	Φ8@200	C4Φ12	
DL4	200X400	2Φ18	1Φ18	3Φ18	Φ8@200	—	

基 础 参 数 表

基础编号	A×B	a_1	a_2	a_3	b_1	b_2	b_3	h_1	h_2	h_3	h	A_{sx}	A_{sy}	A_{s4}
J-1	3100X3100	1800	650		1800	650		300	300		600	Φ16@150	Φ16@150	
J-2	3300X3300	1360	700		1360	700		300	300		600	Φ16@150	Φ16@150	
J-3	2500X2500	1500	500		1400	400		300	300		600	Φ14@180	Φ14@180	
J-4	3500X3500	2000	750		2000	750		300	350		650	Φ16@150	Φ16@150	
J-5	4200X4200	2400	900		2400	900		400	400		800	Φ16@100	Φ16@100	
J-6	3000X3000	1800	600		1800	600		300	300		600	Φ16@180	Φ16@180	

注:基础与柱的关系详基础平面布置图。

单柱基础

DL*

2Φ8,柱墙筋
柱出阴阳接 $l_0/3$

径隔墙基础
用于未表表处

工程名称		云南市某职业技术学校办公楼		
设计制图		基础详图（表格方式）	图号	05	13
校对			图别	结施
指导老师			日期	2014.08

图5.57　基础详图(表格方式)

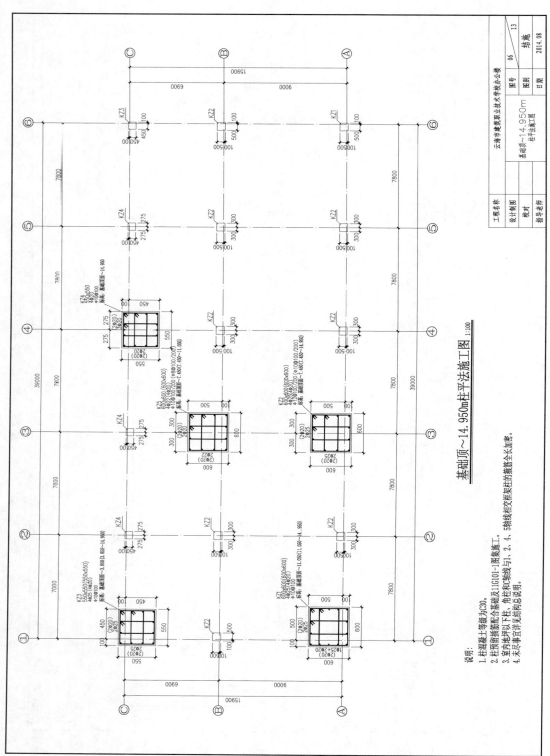

基础顶~14.950m柱平法施工图 1:100

说明：
1. 柱框混凝土等级为C30。
2. 柱预留插筋做法及11G101-1图集施工。
3. 室内地坪以下柱、角柱和C轴线⑤号、角柱和C轴线①、2、4、3框线相交框架柱的箍筋全长加密。
4. 未尽事宜详见结构总说明。

图5.58　柱平法施工图

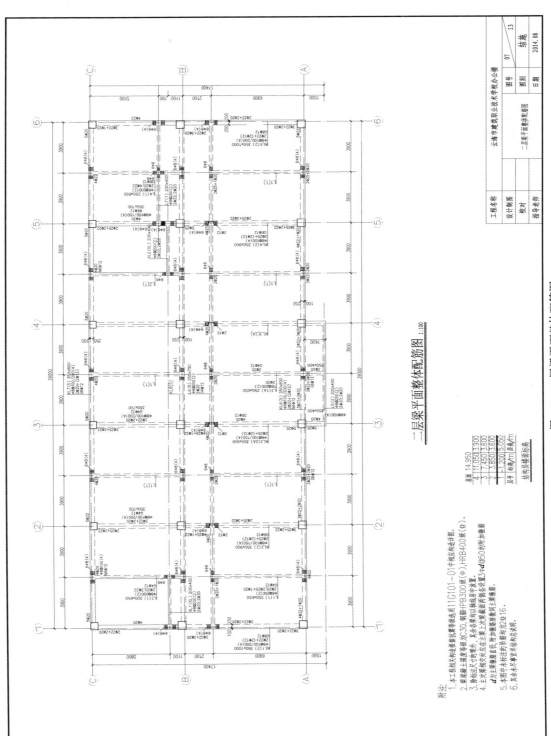

二层梁平面整体配筋图 1:100

附注：
1. 本工程未标注梁柱截面尺寸及构造详图配筋选用11G101-01中柱配筋详图。
2. 梁混凝土强度等级为C30，钢筋IPB300级(Φ)，HRB400级(Φ)。
3. 除标注尺寸的梁外，具本各梁列以楼板梁中设置。
4. 主次梁相交处在主梁上次梁两侧各设置3Φd@50内附加箍筋，d为主梁箍直径，箍间加附加吊筋各梁置量。
5. 本图中未标注的吊筋均为2Φ16。
6. 其余未详事宜详结构说明书。

图5.59 二层梁平面整体配筋图

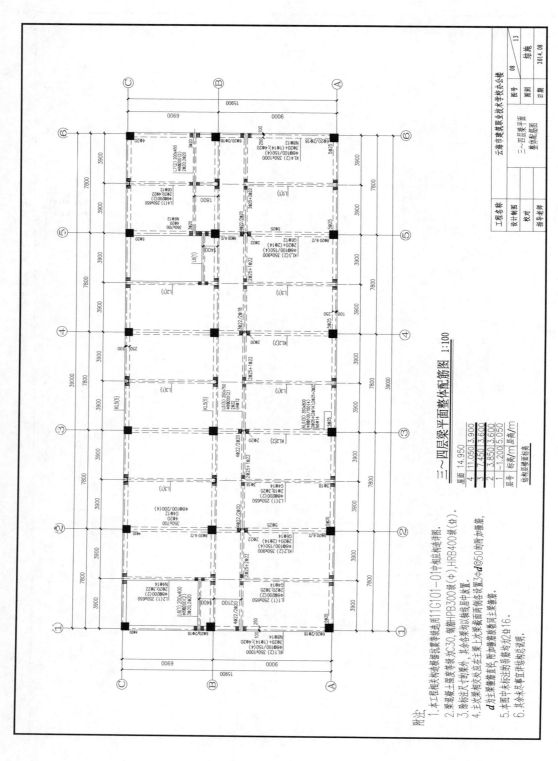

图5.60 三、四层梁平面整体配筋图

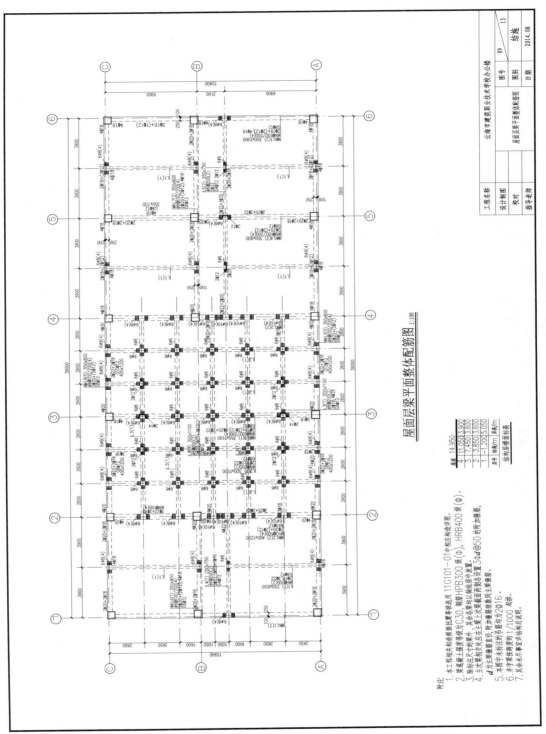

屋面层梁平面整体配筋图 1:100

图5.61 屋面层梁平面整体配筋图

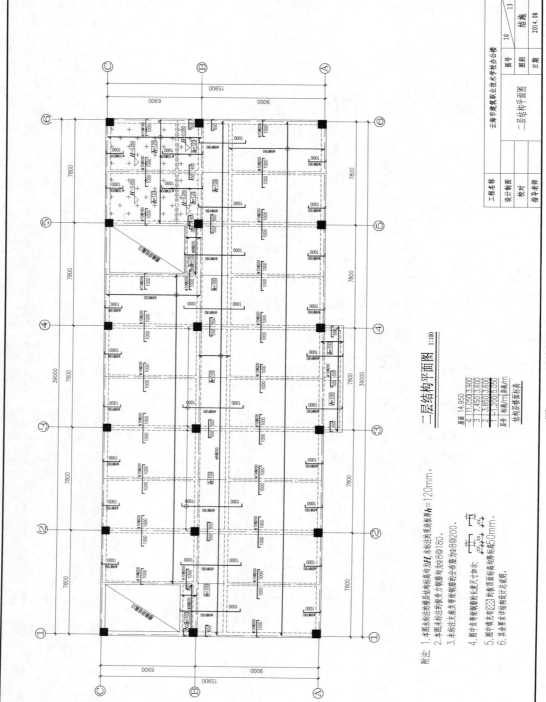

二层结构平面图 1:100

层号	标高/m	层高/m
屋面	14.950	
4	11.050	3.900
3	7.450	3.600
2	3.850	3.600
1	-1.200	5.050
层号	标高/m	层高/m

结构层楼面标高

附注: 1. 本图未标注现浇层结构板顶标高为H, 未标注板厚表板厚H=120mm.
2. 本图未标注板受力钢筋构造为±8@180.
3. 未标注支座负筋钢筋的分布筋为±8@200.
4. 图中未充等负钢筋的长度尺寸均示.
5. 图中墙本充□时□的面积标高标高50mm.
6. 其余要求详结构设计总说明.

图5.62 二层结构平面图

340 混凝土框架结构工程实例手算与电算设计解析

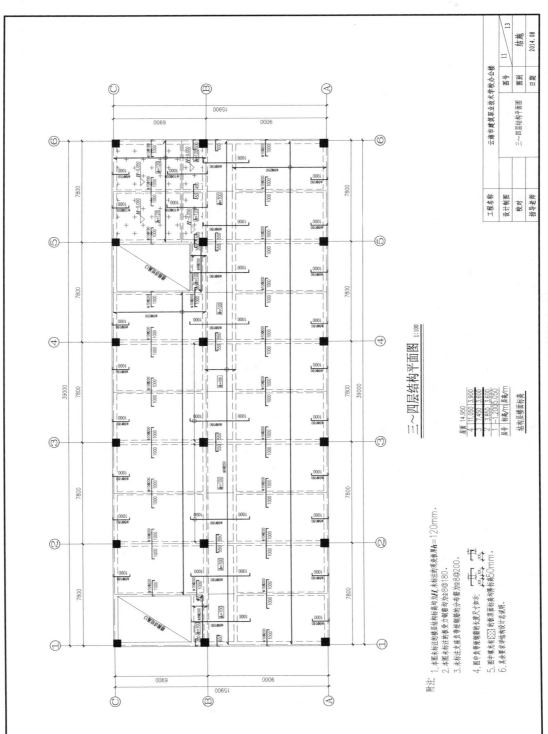

三~四层结构平面图 1:100

附注：
1. 本图未标注的楼层结构梁标高结构为H，未标注的板表厚h=120mm。
2. 本图未标注的板受力钢筋均为8@180。
3. 未标注支座负筋钢筋的分布筋为8@200。
4. 图中负筋钢筋数长度只计一端。
5. 图中填充□的板顶面标高降标高50mm。
6. 其余要求详结构设计总说明。

层高	14.950	
4	11.050	3.900
3	7.450	3.600
2	3.850	3.600
1	-1.200	5.050
层号	标高/m	层高/m

结构层楼面标高

图5.63 三、四层结构平面图

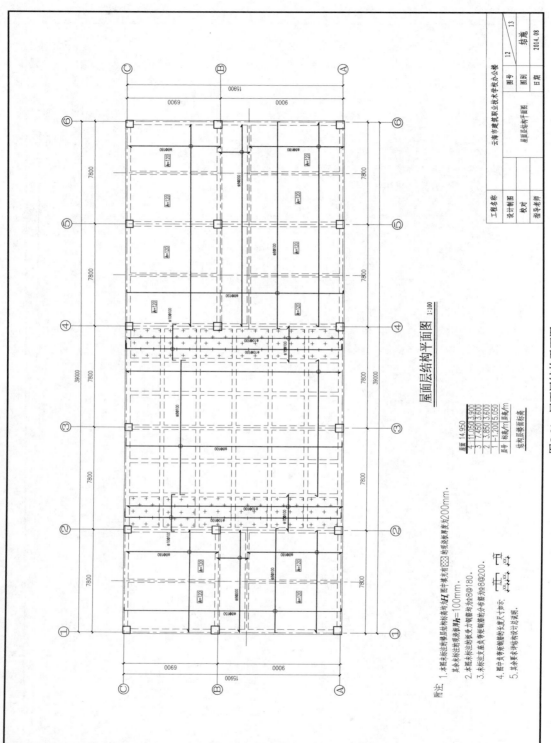

图5.64 屋面层结构平面图

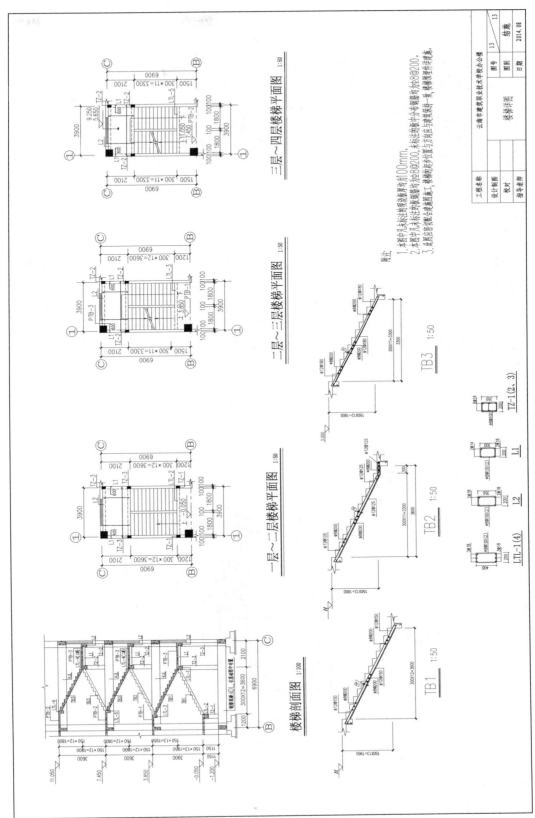

图5.65　楼梯详图

第6章

框架结构工程实例电算解析——基础设计（JCCAD）

基础是建筑结构的重要组成部分，建筑设计的成败，往往取决于基础设计方案选择是否合理，能否适应建筑物场地土的实际情况。所以在进行基础设计时，要以整体的观点，考虑上部结构—基础—地基的相互作用，按照建筑场地的实际情况，选择合适的基础形式和地基处理方案，通过必要的设计和验算，做出安全可靠、经济适用的基础设计。目前，基础设计程序JCCAD软件可以做到方便地对各类基础方案进行比较，并对同一类基础（如筏板基础）采用不同计算方法进行比较。

6.1 地质资料输入和基础人机交互输入

基础设计软件JCCAD的主菜单如图6.1所示。进行独立基础、条形基础设计可运行主菜单第1、2、3、7、8、9等项。

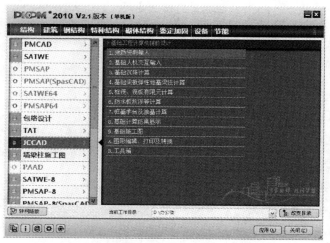

图6.1 基础设计软件JCCAD主菜单

6.1.1 地质资料输入

JCCAD主菜单1为"地质资料输入"，设计桩基础和弹性地基筏板基础时应该输入地质资料。如果要进行沉降计算，也必须输入地质资料数据。地质资料是建筑物场地地基状况的描述，是基础设计的重要依据，可以用人机交互方式或填写数据文件方式输入。由于本实例为独立柱基，不需要在此输入地质资料，故对"地质资料输入"只简单介绍。

由于不同基础类型对土的物理力学指标有不同要求，因此，JCCAD 将地质资料分为两类：有桩地质资料和无桩地质资料。有桩地质资料供有桩基础使用（每层土要求压缩模量、重度、土层厚度、状态参数、内摩擦角和内聚力等六个参数），无桩地质资料供无桩基础（弹性地基筏板）使用（每层土只要求压缩模量、重度、土层厚度等三个参数）。

一个完整的地质资料包括各个勘测孔的平面坐标、竖向土层标高及各个土层的物理力学指标。程序以勘测孔的平面位置形成平面控制网格，将勘测孔的竖向土层标高和物理力学指标进行插值，可以得到勘测孔控制网格内部及附近的竖向各土层的标高和物理力学指标，通过人机交互方式可以形象地观测任意一点和任意竖向剖面的土层分布和力学参数。

6.1.2 基础人机交互输入

选择 JCCAD 主菜单 2"基础人机交互输入"，屏幕弹出底层结构平面布置图和基础人机交互主菜单，如图 6.2 所示。

如果存在已有的基础布置数据，则重新进入"基础人机交互输入"时，屏幕弹出对话框，如图 6.3 所示。选择"读取已有的基础布置数据"，表示此前建立的基础数据和上部结构数据仍然有效。选择"重新输入基础数据"，表示初始化本模块的信息，重新输入。选择"读取已有基础布置并更新上部结构数据"，表示在 PMCAD 中的构件进行了修改，而又想保留原基础数据。选择"保留部分已有的基础"，是对基础平面布置图图形文件的处理。如果选择该选，则仍然采用前一次形成的基础平面布置图；如果不选择该选，则重新生成基础平面布置图。

图 6.2 基础人机交互输入主菜单

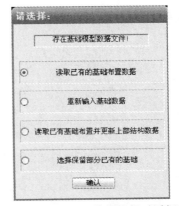

图 6.3 JCCAD 数据选择对话框

6.1.2.1 参数输入

单击"参数输入"菜单，屏幕弹出参数输入子菜单，根据输入的基础类型，选择相应的菜单进行参数修改。

(1) 基本参数

单击"基本参数"菜单，屏幕弹出 4 页参数选择框。

① 地基承载力计算参数（图 6.4）。程序提供了五种方法可供选择，即《建筑地基基础设计规范》（GB 50007—2011）中的综合法及抗剪强度指标法、上海市工程建设规范 DGJ 08-11—2010 中的静桩试验法及抗剪强度指标法和北京地区建筑地基基础勘察设计规范 DBJ 11-501—2009。下面以综合法为例进行说明参数的选取。

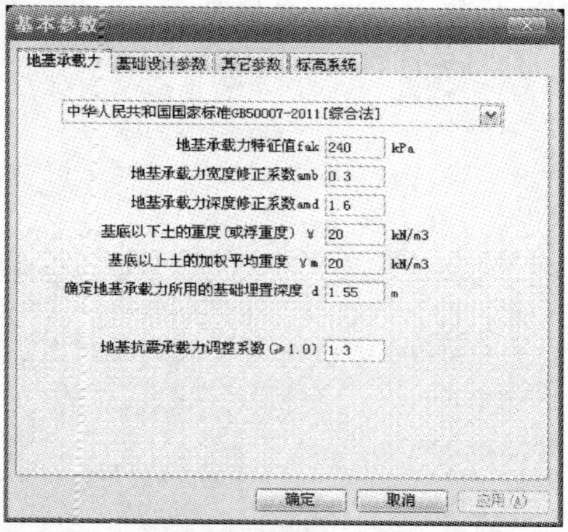

《建筑地基基础设计规范》（GB 50007—2011）第 5.2.4 条规定：当基础宽度大于 3m 或埋置深度大于 0.5m 时，从荷载试验或其他原位测试、经验值等方法确定的地基承载力特征值，

图 6.4 地基承载力计算参数对话框

还应按下式修正：

$$f_a = f_{ak} + \eta_b \gamma (b-3) + \eta_d \gamma_m (d-0.5) \tag{6.1}$$

式中 f_a——修正后的地基承载力特征值，kPa；

    f_{ak}——地基承载力特征值，kPa；

  η_b、η_d——基础宽度和埋深的地基承载力修正系数，按基底下土的类别查表 6.1 取值；

    γ——基础底面以下土的重度，地下水位以下取浮重度，kN/m³；

    b——基础底面宽度，m，当基宽小于 3m 按 3m 取值，大于 6m 按 6m 取值；

    γ_m——基础底面以上土的加权平均重度，地下水位以下取浮重度，kN/m³；

    d——基础埋置深度，m，一般自室外地面标高算起。在填方平整地区，可自填土地面标高算起，但填土在上部结构施工后完成时，应从天然地面标高算起。对于地下室，如采用箱形基础或筏基时，基础埋置深度自室外地面标高算起；当采用独立基础或条形基础时，应从室内地面标高算起。

表 6.1   承载力修正系数

土 的 类 别		η_b	η_d
淤泥和淤泥质土		0	1.0
人工填土 e 或 I_L 大于等于 0.85 的黏性土		0	1.0
红黏土	含水比 $\alpha_w > 0.8$ 含水比 $\alpha_w \leq 0.8$	0 0.15	1.2 1.4
大面积 压实填土	压实系数大于 0.95、黏粒含量 $\rho_c \geq 10\%$ 的粉土 最大干密度大于 2100kg/m³ 的级配砂石	0 0	1.5 2.0
粉土	黏粒含量 $\rho_c \geq 10\%$ 的粉土 黏粒含量 $\rho_c < 10\%$ 的粉土	0.3 0.5	1.5 2.0
e 及 I_L 均小于 0.85 的黏性土 粉砂、细砂（不包括很湿与饱和时的稍密状态） 中砂、粗砂、砾砂和碎石土		0.3 2.0 3.0	1.6 3.0 4.4

地基抗震承载力应按下式计算：

$$f_{aE} = \zeta_a f_a \qquad (6.2)$$

式中　f_{aE}——调整后的地基抗震承载力；

　　　ζ_a——地基抗震承载力调整系数，应按表 6.2 采用；

　　　f_a——深宽修正后的地基承载力特征值应按现行国家标准《建筑地基基础设计规范》（GB 50007—2011）采用。

表 6.2　地基土抗震承载力调整系数

岩土名称和性状	ζ_a
岩石，密实的碎石土，密实的砾、粗、中砂，$f_{ak} \geqslant 300$kPa 的黏性土和粉土	1.5
中密、稍密的碎石土，中密和稍密的砾、粗、中砂，密实和中密的细、粉砂，150kPa$\leqslant f_{ak} < 300$kPa 的黏性土和粉土，坚硬黄土	1.3
稍密的细粉砂 100kPa$\leqslant f_{ak} < 150$kPa 的黏性土和粉土，可塑黄土	1.1
淤泥，淤泥质土，松散的砂，杂填土，新近堆积黄土及流塑黄土	1.0

② 基础设计参数（图 6.5）。基础归并系数是指独立基础和条基截面尺寸归并时的控制参数，程序将基础宽度相对差异在归并系数之内的基础视为同一种基础。

混凝土强度等级是指所有基础的混凝土强度等级（不包括柱和墙）。

拉梁承担弯矩指由拉梁来承受独立基础或桩承台沿梁方向上的弯矩，以减小独立基础底面积。承受的大小比例由所填写的数值决定，如填 0.5 就是承受 50%。拉梁和基础梁可以合并设置，设置拉梁（基础梁）的主要作用是平衡柱下端弯矩，调节不均匀沉降等，其中拉梁承担弯矩比例可选择为 1/10 左右。有抗震设防，基础埋深不一致；地基土层分布不均匀；相邻柱荷载相差悬殊和基础埋深较大等情况需要设置基础拉梁。基础梁的构造需要注意：先素土夯实，再铺炉渣 300mm 厚，梁底需留 100mm 高空隙；基础梁的高度一般可取 1/12 跨距左右。

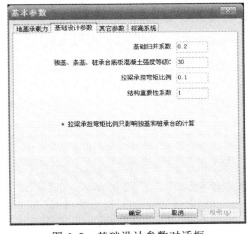

图 6.5　基础设计参数对话框

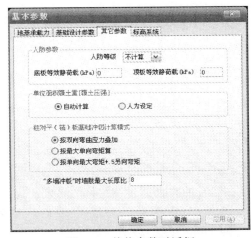

图 6.6　其他参数对话框

③ 其他参数（图 6.6）。若选择人防等级为 4-6B 级核武器或常规武器中的某一级别，则对话框会自动显示在该人防等级下的底板等效静荷载和顶板等效静荷载。

"单位面积覆土重"参数：覆土重是指基础及基底上回填土的平均重度，用于独立基础和条基计算。若选择"自动计算"，表示程序自动按 20kN/m³ 的混合重度计算；若选择"人为设定"，则需要人工输入出现的对话框中显示的"单位面积覆土重"参数，一般设计独立基础和条基并有地下室时采用人工填写"单位面积覆土重"，且覆土高度应计算至地下室室内地坪处，以保证地基承载力计算正确。

④ 标高系统（图 6.7）。室外自然地坪标高是用于计算弹性地基梁覆土重（室外部分）和筏板基础地基承载力修正。

地下水距天然地坪深度参数只对梁元法起作用，程序用该值计算水浮力，影响筏板重心和地基反力的计算结果。

(2) 个别参数

选择此项，可以对"基本参数"中统一设置的基础参数进行个别修改，这样不同的区域可以用不同的参数进行基础设计。

点击"个别参数"，屏幕显示结构与基础相连的平面布置图，点击需要修改参数的网格节点后，屏幕弹出"基础设计参数输入"对话框（图 6.8），输入要修改的参数值，进行个别参数修改。

点击"计算所有节点下土的 Ck，Rk 值"，程序自动计算所有网格节点的黏聚力标准值和内摩擦角标准值。

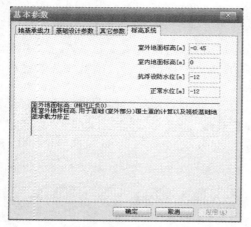
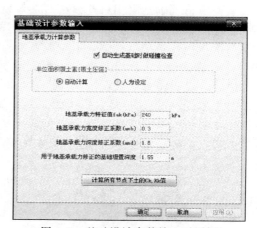

图 6.7　标高系统对话框　　　　　　图 6.8　基础设计参数输入对话框

(3) 参数输出

点击"参数输出"，屏幕弹出如图 6.9 所示的"基础基本参数 .txt"文本文件，设计人员可查看相关参数并存档。

6.1.2.2　网格节点

网格节点菜单的功能是用于增加、编辑 PMCAD 传下的平面网格、轴线和节点，以满足基础布置的需要。程序可将与基础相连的各层网格全部传下来，并合并为同一的网点。如果在 PMCAD 中已经将基础所需要的网格全部输入，则在基础程序中可不进行网格输入菜单；否则需要在该项菜单中增加轴线与节点。例如，弹性地基梁挑出部位的网格、筏板加厚区域部位的网格、删除没有用的网格对筏板基础的有限元划分很重要。网格节点菜单包括加节点、加网格、网格延伸、删节点和删网格。

6.1.2.3　上部构件

"二部构件"菜单主要用于输入基础上的一些附加构件。

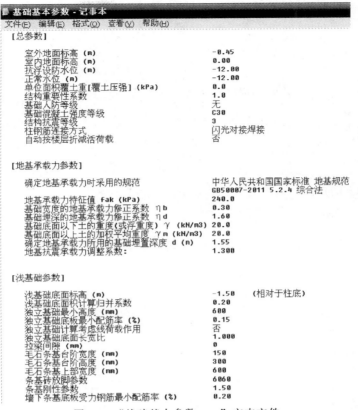

图 6.9 "基础基本参数.txt"文本文件

(1) 框架柱筋

该菜单可输入框架柱在基础上的插筋。如果程序完成了 TAT 或 SATWE 中绘制柱施工图的工作并将结果存入钢筋库，则在此可自动读取 TAT 或 SATWE 的柱钢筋数据。

(2) 填充墙

该菜单可输入基础上面的底层填充墙。对于框架结构，如底层填充墙下需设置条基，则可在此先输入填充墙，再在荷载输入中用"附加荷载"将填充墙荷载布在相应位置上，这样程序会画出该部分完整的施工图。

(3) 拉梁

该菜单用于在两个独立基础或独立桩基承台之间设置拉接连系梁。如果拉梁上有填充墙，其荷载应该按节点荷载输入到拉梁两端基础所在的节点上。

点击"拉梁布置"，屏幕显示拉梁定义对话框（图 6.10），填入拉梁尺寸和梁顶标高后，用光标在底层平面简图上布置拉梁，拉梁布置图如图 6.11 所示。

(4) 圈梁

此菜单用于定义各类圈梁尺寸、钢筋信息和布置圈梁。

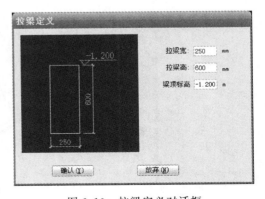

图 6.10 拉梁定义对话框

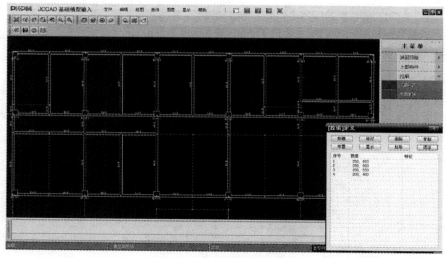

图 6.11　拉梁布置图

（5）柱墩

此菜单用于输入平板基础的板上柱墩。

6.1.2.4　荷载输入

"荷载输入"菜单（图 6.12）功能是输入自定义的荷载和读取上部结构计算传下来的荷载，程序能自动将输入的荷载与读取的荷载相叠加，并可对各类各组荷载删除修改。

（1）荷载参数

点击"荷载参数"菜单，屏幕弹出对话框，如图 6.13 所示。对话框中灰颜色的数值是规范中指定的值，一般不需要修改；如果要修改，可双击该值，将其变成白色的输入框，然后再修改。

在有地震作用的荷载效应组合时，一般结构的风荷载组合值系数取为 0.0，风荷载起控制作用的高层建筑的风荷载组合值系

图 6.12　荷载输入菜单

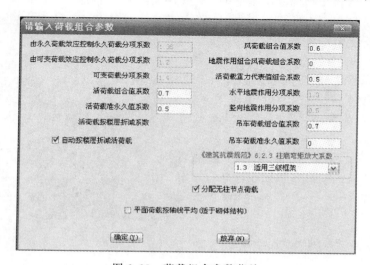

图 6.13　荷载组合参数菜单

数应采用 0.2，本实例为一般建筑，故图 6.13 中"地震作用组合风荷载组合值系数"取为 0。

若选择"分配无柱节点荷载"项，程序可将墙间无柱节点或无基础柱上的荷载分配到节点周围的墙上，并且对墙下基础不会产生丢荷载情况。

当选择自动按楼层折减活荷载时，程序会根据与基础相连接的每个柱、墙上面的楼层数进行活荷载折减。图 3.37 荷载定义对话框中没有考虑活荷载折减，图 4.8 活荷载信息对话框中也没有对传给基础的活荷载折减，在此应该选择自动按楼层折减活荷载。

(2) 无基础柱

有些柱下无需布置独立基础，例如构造柱。"无基础柱"菜单用于设定无独立基础的柱，以便程序自动将柱底荷载传递到其他基础上。

(3) 附加荷载

"附加荷载"菜单的作用是布置、删除自定义的节点荷载与线荷载。附加荷载包括恒荷载标准值和活荷载标准值，可作为一组独立的荷载工况进行基础计算或验算。如果还输入了上部结构荷载，例如 PK 荷载、TAT 荷载、SATWE 荷载和 PM "恒＋活"荷载等，附加荷载先要与上部结构各组荷载叠加，然后进行基础计算。

一般来说，框架结构的填充墙或设备重荷应按附加荷载输入。

本实例采用柱下独立基础，依据《建筑抗震设计规范》（GB 50011—2010）第 6.1.11 条的规定，本实例设置了基础系梁（也可称为基础拉梁、基础连梁，其作用可以统一）。拉梁的作用是将各个柱下独立基础连成一个平面梁格，使得各个独立基础在水平方向能够相互制约，整体性能好；设置拉梁也可以调整基础不均匀沉降。

如果在独立基础上设置基础连梁，基础连梁上有填充墙，则应将填充墙的荷载在此菜单中作为节点荷载输入，而不要作为均布荷载输入，否则将会形成墙下条形基础或丢失荷载。

下面计算基础连梁（图中为 DL＊）传至基础的节点荷载。图 6.14 为基础连梁布置平面图，在图中标示了基础连梁的布置和尺寸，基础连梁的梁顶标高统一为 −1.200（保证最大

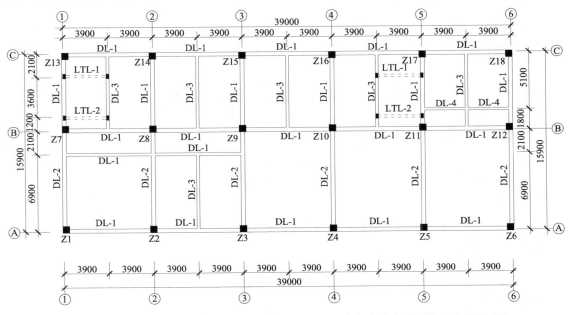

DL-1:250×600   DL-2:250×800   DL-3:250×550   LTL-2:200×400   LTL-1:200×400   DL-4:200×400

图 6.14　基础连梁布置平面图

的 DL 底面与基础底面平齐，这样设置的结果是电算与手算计算模型基本一致，也可把基础系梁作为一层框架梁在上部结构建模输入，则在此处就不需要输入荷载。如果基础埋置较深，则可设置两道基础连梁，一层在基础顶面，一层在接近±0.000 位置），配筋构造参考 11G101—3 中的规定，因基础连梁高度不一致，计算荷载和图示中均考虑基础连梁到定位轴线位置。为计算方便，对框架柱重新编号，计算每个柱上的节点荷载。需要说明：图 6.14 中的 LTL-2 即为图 2.30 中的 LTL-2，此图虽然画出 LTL-2，但是需要注意标高位置不同，也即 LTL-2 不在地梁层，是通过 TZ-1 把荷载传给 DL-1 和 DL-3。

① 基础梁上荷载计算。参考本设计实例的底层平面图中的墙体布置，基础梁上荷载计算详见表 6.3 和表 6.4。需要说明 DL * （梁顶－1.200）其上到±0.000 以下的墙体采用 240mm 厚的实心墙体（也可采用 200 厚），容重取为 18kN/m³，±0.000 以上到第一层梁下采用 200mm 厚的空心墙体，容重取为 10kN/m³。

表 6.3　横向基础梁上荷载计算

序号	位置	线荷载/(kN/m)	线荷载合计/(kN/m)
1	①轴线、⑥轴线	墙重：(3.9－1.0)×3.0=8.7 ±0.000 以下墙重：18×0.24×1.2=5.18 梁自重：25×0.25×0.60=3.75	17.63
2		墙长 6.9m（无洞口，上层梁高 1.0m，层高 3.9m） 墙重：(3.9－1.0)×3.0=8.7 ±0.000 以下墙重：18×0.24×1.2=5.18 梁自重：25×0.25×0.80=5	18.88
3		墙长 2.1m（有窗洞 1.9m×1.8m，上层梁高 1.0m，层高 3.9m） 墙重：(3.9－1.0－1.8)×3.0=3.3 ±0.000 以下墙重：18×0.24×1.2=5.18 窗重：0.45×1.8=0.81	9.29
4	②轴线、③轴线、④轴线、⑤轴线	墙长 6.9m（无洞口，上层梁高 0.9m，层高 3.9m） 墙重：(3.9－0.9)×2.8=8.4 ±0.000 以下墙重：18×0.24×1.2=5.18 梁自重：25×0.25×0.80=5	18.58
5		墙长 6.9m（无洞口，上层梁高 0.7m，层高 3.9m） 墙重：(3.9－0.7)×2.8=8.96 ±0.000 以下墙重：18×0.24×1.2=5.18 梁自重：25×0.25×0.60=3.75	17.89
6		墙长 2.1m（走廊，无墙体）	0	0
7	①~⑤轴线间横隔墙	墙长 6.9m（无洞口，上层梁高 0.65m，层高 3.9m） 墙重：(3.9－0.65)×2.8=9.1 ±0.000 以下墙重：18×0.24×1.2=5.18 梁自重：25×0.25×0.55=3.44	17.72
		墙长 6.9m（有 M2：1.0m×2.1m，上层梁高 0.65m，层高 3.9m） 墙重：$\dfrac{[6.9\times(3.9-0.65)-1.0\times2.1]\times2.8+1.0\times2.1\times0.45}{6.9}$ $=8.4$ ±0.000 以下墙重：18×0.24×1.2=5.18 梁自重：25×0.25×0.55=3.44	17.02
8	⑤~⑥轴线间横隔墙	墙长 5.1m（无洞口，上层梁高 0.65m，层高 3.9m） 墙重：(3.9－0.65)×2.8=9.1 ±0.000 以下墙重：18×0.24×1.2=5.18 梁自重：25×0.25×0.55=3.44	17.72

表 6.4　纵向基础梁上荷载计算

序号	位置		线荷载/(kN/m)	线荷载合计/(kN/m)
1	ⒶA轴线 ⒸC轴线	墙长 7.8m（有两个窗 C2：2.1m×1.8m，上层梁高 0.8m，层高 3.9m）	墙重： $$\frac{[7.8\times(3.9-0.8)-2\times2.1\times1.8]\times3+2\times2.1\times1.8\times0.45}{7.8}$$ $=6.8$ ±0.000 以下墙重：18×0.24×1.2＝5.18 梁自重：25×0.25×0.60＝3.75	15.73
		墙长 7.8m（有两个门 M1：2.4m×2.1m，上层梁高 0.8m，层高 3.9m）	墙重： $$\frac{[7.8\times(3.9-0.8)-2\times2.4\times2.1]\times3+2\times2.4\times2.1\times0.45}{7.8}=6$$ ±0.000 以下墙重：18×0.24×1.2＝5.18 梁自重：25×0.25×0.60＝3.75	14.93
2	Ⓑ轴线	墙长 3.9m（有一个门 M2：1.0m×2.1m，上层梁 0.8m，层高 3.9m）	$$\frac{[3.9\times(3.9-0.8)-1.0\times2.1]\times2.8+1.0\times2.1\times0.45}{3.9}=7.4$$ ±0.000 以下墙重：18×0.24×1.2＝5.18 梁自重：25×0.25×0.60＝3.75	16.33
3		墙长 3.9m（有一个门 M3：1.5m×2.1m，上层梁 0.8m，层高 3.9m）	墙重 $$\frac{[3.9\times(3.9-0.8)-1.5\times2.1]\times2.8+1.5\times2.1\times0.45}{3.9}$$ $=6.78$ ±0.000 以下墙重：18×0.24×1.2＝5.18 梁自重：25×0.25×0.60＝3.75	15.71
4		墙长 7.8m（有一个门洞：2.0m×2.1m，梁高 0.8m，层高 3.9m）	墙重：$$\frac{[7.8\times(3.9-0.80)-2.0\times2.1]\times2.8}{7.8}=7.2$$ ±0.000 以下墙重：18×0.24×1.2＝5.18 梁自重：25×0.25×0.60＝3.75	16.13
5	Ⓐ轴～ Ⓑ轴线 之间	墙长 7.8m（有两个门 M3：1.5m×2.1m，上层梁高 0.75m，层高 3.9m）	墙重： $$\frac{[7.8\times(3.9-0.75)-2\times1.5\times2.1]\times2.8+2\times1.5\times2.1\times0.45}{7.8}$$ $=6.9$ ±0.000 以下墙重：18×0.24×1.2＝5.18 梁自重：25×0.25×0.60＝3.75	15.83
6		墙长 3.9m（无洞口，上层梁高 0.75m，层高 3.9m）	墙重：(3.9-0.75)×2.8＝8.82 ±0.000 以下墙重：18×0.24×1.2＝5.18 梁自重：25×0.25×0.60＝3.75	17.75
7	Ⓑ轴～ Ⓒ轴线 之间	墙长 7.8m（有两个门 M4：0.9m×2.1m，上层梁高 0.40m，层高 3.9m）	墙重： $$\frac{[7.8\times(3.9-0.40)-2\times0.9\times2.1]\times2.8+2\times0.9\times2.1\times0.45}{7.8}$$ $=8.7$ ±0.000 以下墙重：18×0.20×1.2＝4.32 （采用 200 厚实心砖墙） 梁自重：25×0.2×0.4＝2	15.02

② TZ-1 传至 DL 两端的集中力计算。

a. 恒荷载：LTL-2 在恒荷载作用下的计算简图如图 6.15 所示，由图 2.30 和表 2.15 可知，TB1 传至 LTL-2 的恒荷载为局部分布荷载 13.46kN/m，LTL-2 的自重为 25×0.2×0.4＝2(kN/m)。则

$$F_{LTL-2(L)}=2\times3.9\div2+13.46\times2.925\div3.9=14.0(kN)$$

$$F_{LTL-2(R)}=2\times3.9\div2+13.46\times0.975\div3.9=7.27(kN)$$

TZ—1（200mm×350mm）自重：26×0.2×0.35×（1.15−0.4）=1.365(kN)

则，TZ-1 传至 DL 左端的集中力：14.0+1.365=15.4(kN)

TZ-1 传至 DL 右端的集中力：7.27+1.365=8.6(kN)

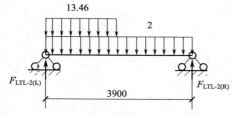

图 6.15　LTL-2 在恒荷载作用下的计算简图
（单位：kN/m）

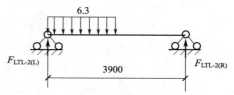

图 6.16　LTL-2 在活荷载作用下的计算简图
（单位：kN/m）

b. 活荷载：LTL-2 在活荷载作用下的计算简图如图 6.16 所示，由图 2.30 和表 2.21 可知，TB1 传至 LTL-2 的活荷载为局部分布荷载 6.3kN/m。则

$$F_{LTL-2(L)}=6.3×2.925÷3.9=4.725(kN)$$

$$F_{LTL-2(R)}=6.3×0.975÷3.9=1.575(kN)$$

则，TZ-1 传至 DL 左端的集中力：4.7kN

TZ-1 传至 DL 右端的集中力：1.6kN

③ TZ-3 传至 DL 两端的集中力计算。

a. 恒荷载：LTL-1 在恒荷载作用下的计算简图如图 6.17 所示，由图 2.30、表 2.15 和表 2.16 可知，TB1 传至 LTL-1 的荷载为 13.46kN/m，LTL-1 的自重及抹灰为 1.6kN/m，PTB-3 传来荷载为 3.6kN/m，总计线荷载为 18.66kN/m。

表 6.5 为 TZ-3 的集中力计算（参考图 2.30）。

表 6.5　TZ-3 集中力计算

序号	类别	荷载
1	TZ-3(200mm×350mm)自重	26×0.2×0.35×(1.95+1.15−0.4)=4.91(kN)
2	L1(200mm×300mm)自重	26×0.2×0.3=1.56(kN/m)
3	L1 上墙体自重	(1.95−0.7)×2.8=3.5(kN/m)
4	L1 传至 TZ-3 集中力	$(3.5+1.56)×\dfrac{(2.1-0.3)}{2}=4.55(kN)$
5	合计	4.91+4.55=9.46(kN)

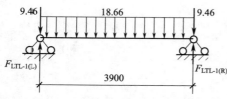

图 6.17　LTL-1 在恒荷载作用下的
计算简图（单位：kN/m）

则，TZ-3 传至 DL 左端和右端的集中力：
$$F_{LTL-1(L)}=F_{LTL-1(R)}=18.66×3.9÷2+9.46=45.8(kN)$$

b. 活荷载：LTL-1 在活荷载作用下的计算简图如图 6.17 所示（数值不同），由图 2.30 和表 2.21 可知，TB1 传至 LTL-1 的活荷载为 6.3kN/m，PTB-3 传至 LTL-1 的活荷载为 3.15kN/m，总计线荷载为 9.45kN/m。则

$$F_{LTL-1(L)}=F_{LTL-1(R)}=9.45×3.9÷2=18.4（kN）$$

则，TZ-3 传至 DL 左端和右端的集中力：18.4kN

④ 柱上节点荷载。Z1～Z18 的柱上节点恒荷载计算结果列于表 6.6，Z1～Z18 的柱上节点活荷载计算结果列于表 6.7。

表 6.6　Z1～Z18 的柱上节点恒荷载

节点荷载位置	计算过程	合计/kN
Z1	DL-1 传来：$15.73 \times 3.9 = 61.35$ DL-2 传来：$18.88 \times 6.9 \times 5.55 \div 9 + 9.29 \times 2.1 \times 1.05 \div 9 + 15.83 \times 3.9 \times 2.1 \div 9 = 97.02$	158
Z2	DL-1 传来：$15.73 \times 7.8 + 17.02 \times 6.9 \div 4 = 152.05$ DL-2 传来：$18.58 \times 6.9 \times 5.55 \div 9 + 5 \times 2.1 \times 1.05 \div 9 + 17.02 \times 6.9 \div 4 \times 2.1 \div 9 + 15.83 \times 3.9 \times 2.1 \div 9 + 17.75 \times 3.9 \times 5.85 \div 7.8 \times 2.1 \div 9 + 3.75 \times 3.9 \times 1.95 \div 7.8 \times 2.1 \div 9 = 114.51$	267
Z3	DL-1 传来：$15.73 \times 3.9 + 14.93 \times 3.9 + 17.02 \times 6.9 \div 4 = 148.93$ DL-2 传来：$17.02 \times 6.9 \div 4 \times 2.1 \div 9 + 17.75 \times 3.9 \times 1.95 \div 7.8 \times 2.1 \div 9 + 3.75 \times 3.9 \times 5.85 \div 7.8 \times 2.1 \div 9 + 5 \times 9 \div 2 = 35.95$	185
Z4	DL-1 传来：$15.73 \times 3.9 + 14.93 \times 3.9 = 119.57$ DL-2 传来：$5 \times 9 \div 2 = 22.5$	142
Z5	DL-1 传来：$15.73 \times 7.8 = 122.69$ DL-2 传来：$5 \times 9 \div 2 = 22.5$	145
Z6	DL-1 传来：$15.73 \times 3.9 = 61.35$ DL-2 传来：$18.88 \times 6.9 \times 5.55 \div 9 + 9.29 \times 2.1 \times 1.05 \div 9 = 82.61$	144
Z7	DL-2 传来：$18.88 \times 6.9 \times 3.45 \div 9 + 9.29 \times 2.1 \times 7.95 \div 9 + 15.83 \times 3.9 \times 6.9 \div 9 = 114.50$ DL-1（竖直方向）传来：$17.63 \times 6.9 \div 2 + 15.4 \times 5.7 \div 6.9 + 45.8 \times 2.1 \div 6.9 = 87.48$ DL-1（水平方向）传来：$3.75 \times 3.9 \times 5.85 \div 7.8 + 15.71 \times 3.9 \times 1.95 \div 7.8 + 17.72 \times 6.9 \div 4 + 8.6 \times 5.7 \div 6.9 \div 2 + 45.8 \times 2.1 \div 6.9 \div 2 = 67.37$	269
Z8	DL-2 传来：$18.58 \times 6.9 \times 3.45 \div 9 + 5 \times 2.1 \times 7.95 \div 9 + 17.02 \times 6.9 \div 4 \times 6.9 \div 9 + 15.83 \times 3.9 \times 6.9 \div 9 + 17.75 \times 3.9 \times 5.85 \div 7.8 \times 6.9 \div 9 + 3.75 \times 3.9 \times 1.95 \div 7.8 \times 6.9 \div 9 = 170.87$ DL-1（竖直方向）传来：$3.75 \times 6.9 \div 2 = 12.94$ DL-1（水平方向）传来：$3.75 \times 3.9 \times 1.95 \div 7.8 + 15.71 \times 3.9 \times 5.85 \div 7.8 + 17.72 \times 6.9 \div 4 + 8.6 \times 5.7 \div 6.9 \div 2 + 45.8 \times 2.1 \div 6.9 \div 2 + 15.71 \times 3.9 \times 5.85 \div 7.8 + 16.33 \times 3.9 \times 1.95 \div 7.8 + 17.72 \times 6.9 \div 4 = 183.14$	367
Z9	DL-2 传来：$5 \times 9 \div 2 + 17.02 \times 6.9 \div 4 \times 6.9 \div 9 + 17.75 \times 3.9 \times 1.95 \div 7.8 \times 6.9 \div 9 + 3.75 \times 3.9 \times 5.85 \div 7.8 \times 6.9 \div 9 = 66.69$ DL-1（竖直方向）传来：$17.89 \times 6.9 \div 2 = 61.72$ DL-1（水平方向）传来：$15.71 \times 3.9 \times 1.95 \div 7.8 + 16.33 \times 3.9 \times 5.85 \div 7.8 + 17.72 \times 6.9 \div 4 + 15.71 \times 3.9 \times 1.95 \div 7.8 + 16.33 \times 3.9 \times 5.85 \div 7.8 + 17.72 \times 6.9 \div 4 = 187.30$	316
Z10	DL-2 传来：$5 \times 9 \div 2 = 22.5$ DL-1（竖直方向）传来：$3.75 \times 6.9 \div 2 = 12.94$ DL-1（水平方向）传来：$16.33 \times 3.9 \times 1.95 \div 7.8 + 15.71 \times 3.9 \times 5.85 \div 7.8 + 17.72 \times 6.9 \div 4 + 15.71 \times 3.9 \times 5.85 \div 7.8 + 3.75 \times 3.9 \times 1.95 \div 7.8 + 17.72 \times 6.9 \div 4 + 15.4 \times 5.7 \div 6.9 \div 2 + 45.8 \times 2.1 \div 6.9 \div 2 = 185.95$	221
Z11	DL-2 传来：$5 \times 9 \div 2 = 22.5$ DL-1（竖直方向）传来：$17.89 \times 6.9 \div 2 + 8.6 \times 5.7 \div 6.9 + 45.8 \times 2.1 \div 6.9 + 15.02 \times 3.9 \div 2 \times 5.1 \div 6.9 = 104.41$ DL-1（水平方向）传来：$15.71 \times 3.9 \times 1.95 \div 7.8 + + 3.75 \times 3.9 \times 5.85 \div 7.8 + 17.72 \times 6.9 \div 4 + 15.4 \times 5.7 \div 6.9 \div 2 + 45.8 \times 2.1 \div 6.9 \div 2 + 16.13 \times 3.9 + 3.44 \times 1.8 \times 6 \div 6.9 \div 2 + 17.72 \times 5.1 \times 2.55 \div 6.9 \div 2 + 15.02 \times 3.9 \times 5.1 \div 6.9 \div 2 = 174.13$	301

..

节点荷载位置	计算过程	合计/kN
Z12	DL-2 传来:18.88×6.9×3.45÷9+9.29×2.1×7.95÷9=67.17 DL-1(竖直方向)传来:17.63×6.9÷2+15.02×3.9×2×5.1÷6.9=82.47 DL-1(水平方向)传来:16.13×3.9+3.44×1.8×6÷6.9÷2+17.72×5.1×2.55÷6.9÷2+15.02×3.9×5.1÷6.9÷2=103.95	254
Z13	DL-1(竖直方向)传来:17.63×6.9÷2+15.4×1.2÷6.9+45.8×4.8÷6.9=95.36 DL-1(水平方向)传来:15.73×3.9+17.72×6.9÷4+8.6×1.2÷6.9÷2+45.8×4.8÷6.9÷2=108.59	204
Z14	DL-1(竖直方向)传来:3.75×6.9÷2=12.94 DL-1(水平方向)传来:15.73×7.8+17.72×6.9÷4×2+8.6×1.2÷6.9÷2+45.8×4.8÷6.9÷2=200.51	213
Z15	DL-1(竖直方向)传来:17.89×6.9÷2=61.72 DL-1(水平方向)传来:15.73×7.8+17.72×6.9÷4×2=183.83	246
Z16	DL-1(竖直方向)传来:3.75×6.9÷2=12.94 DL-1(水平方向)传来:15.73×7.8+17.72×6.9÷4×2+15.4×1.2÷6.9÷2+45.8×4.8÷6.9÷2=201.10	214
Z17	DL-1(竖直方向)传来:17.89×6.9÷2+8.6×1.2÷6.9÷2+45.8×4.8÷6.9÷2+15.02×3.9÷2×1.8÷6.9=86.04 DL-1(水平方向)传来:15.73×7.8+17.72×6.9÷4+15.4×1.2÷6.9÷2+45.8×4.8÷6.9÷2+17.72×5.1×4.35÷6.9÷2+15.02×3.9×1.8÷6.9÷2+3.44×1.8×0.9÷6.9÷2=207.06	293
Z18	DL-1(竖直方向)传来:17.63×6.9÷2+15.02×3.9÷2×1.8÷6.9=68.46 DL-1(水平方向)传来:15.73×3.9+17.72×5.1×4.35÷6.9÷2+15.02×3.9×1.8÷6.9÷2+3.44×1.8×0.9÷6.9÷2=97.88	166

表 6.7　Z1～Z18 的柱上节点活荷载

节点荷载位置	计算过程	合计/kN
Z1～Z6	0	0
Z7	DL-1 传来:4.7×5.7÷6.9+18.4×2.1÷6.9+1.6×5.7÷6.9÷2+18.4×2.1÷6.9÷2=12.94	13
Z8	DL-1 传来:1.6×5.7÷6.9÷2+18.4×2.1÷6.9÷2=3.46	3
Z9	0	0
Z10	DL-1 传来:4.7×5.7÷6.9÷2+18.4×2.1÷6.9÷2=4.74	5
Z11	DL-1 传来:4.7×5.7÷6.9÷2+18.4×2.1÷6.9÷2+1.6×5.7÷6.9+18.4×2.1÷6.9=11.66	12
Z12	0	0
Z13	DL-1 传来:4.7×1.2÷6.9+18.4×4.8÷6.9+1.6×1.2÷6.9÷2+18.4×4.8÷6.9÷2=20.16	20
Z14	DL-1 传来:1.6×1.2÷6.9÷2+18.4×4.8÷6.9÷2=6.54	7
Z15	0	0
Z16	DL-1 传来:4.7×1.2÷6.9÷2+18.4×4.8÷6.9÷2=6.81	7
Z17	DL-1 传来:4.7×1.2÷6.9÷2+18.4×4.8÷6.9÷2+1.6×1.2÷6.9+18.4×4.8÷6.9=19.89	20
Z18	0	0

计算完成所有节点的荷载，单击"加点荷载"，屏幕弹出附加点荷载对话框（图 6.18），按各节点输入相应的恒载标准值和活载标准值。注意所加节点荷载的作用点在柱子的形心，对不在形心位置的节点荷载应该考虑两个方向的偏心距，本实例近似忽略节点荷载两个方向的偏心，直接输入各节点荷载。注意节点荷载输入时看清楚节点的实际位置，而不能仅依据节点的编号。

（4）读取荷载

该菜单的功能是可读取 PM 导荷和砖混、TAT、PK、SATWE、PMSAP 等上部结构分析程序传来的首层柱、墙内力，作为基础设计的外加荷载。点击"读取荷载"，屏幕弹出荷载类型选择框（图 6.19）。

图 6.18　附加点荷载对话框　　　　　　　图 6.19　荷载类型选择框

如果要选择某一程序生成的荷载，可选取左面的按钮。选取之后，右面的列表框中会在相应的荷载项前划"√"，表示荷载选中。程序根据选择的荷载类型读取相应的上部结构分析程序生成的荷载，并组合成计算所需要的荷载组合。

根据《建筑抗震设计规范》（GB 50011—2010）第 4.2.1 条的规定：地基主要受力层范围内不存在软弱黏性土层的下列建筑可不进行天然地基及基础的抗震承载力验算：

① 一般的单层厂房和单层空旷房屋；

② 砌体房屋；

③ 不超过 8 层且高度在 24m 以下的一般民用框架和框架-抗震墙房屋；

④ 基础荷载与③项相当的多层框架厂房和多层混凝土抗震墙房屋。

JCCAD 程序不会自动判断是否需要读取地震作用的工况。当设计的工程不需要进行抗震承载力验算时，应该在图 6.19 荷载类型选择框中将两个方向的水平地震作用和竖向地震作用的钩去掉，则基础设计的荷载组合中就不会出现地震荷载组合。

在地震荷载组合中，对于风荷载起控制作用的高层建筑风荷载与地震作用同时参加荷载组合。当风荷载与地震作用不同时参与组合时，可以将图 6.13 荷载组合参数中"地震作用组合风荷载组合系数"设为 0，这样地震作用组合中就不会出现风荷载的内容。

（5）荷载编辑

该菜单的功能是可对附加荷载和上部结构传下的各工况标准荷载进行查询或修改。点取

"点荷编辑"菜单，再点取要修改荷载的节点即可在屏幕弹出的对话框（图 6.20）中修改节点的轴力、弯矩和剪力。图中的荷载是作用点在节点上的值，而屏幕显示的荷载是作用点在柱形心上；两者按矢量平移原则转换。

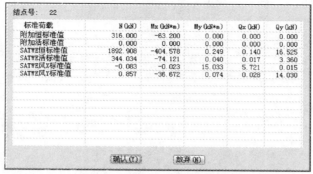

图 6.20 修改节点荷载对话框

(6) 当前组合

该菜单的功能是显示指定的荷载组合图，便于查询或打印。点击"当前组合"，屏幕显示荷载组合类型（图 6.21），用光标选择某组荷载组合时，屏幕显示该组荷载组合图。

图 6.21 荷载组合类型

(7) 目标组合

该菜单的功能是显示荷载效应标准组合、基本组合和准永久组合下的最大轴力、最大弯矩等，供校核荷载之用，与地基基础设计最终选择的荷载组合无关。

《建筑地基基础设计规范》（GB 50007—2011）对所采用的荷载效应最不利组合与相应的抗力限值有以下规定。

① 按地基承载力确定基础底面积及埋深或按单桩承载力确定桩数时，传至基础或承台底面上的作用效应应按正常使用极限状态下作用的标准组合；相应的抗力应采用地基承载力特征值或单桩承载力特征值。

② 计算地基变形时，传至基础底面上的作用效应应按正常使用极限状态下作用的准永久组合，不应计入风荷载和地震作用；相应的限值应为地基变形允许值。

③ 计算挡土墙、地基或滑坡稳定以及基础抗浮稳定时，作用效应应按承载能力极限状态下作用的基本组合，但其分项系数均为 1.0。

④ 在确定基础或桩基承台高度、支挡结构截面、计算基础或支挡结构内力、确定配筋和验算材料强度时，上部结构传来的作用效应和相应的基底反力、挡土墙土压力以及滑坡推力，应按承载能力极限状态下作用效应的基本组合，采用相应的分项系数。当需要验算基础裂缝宽度时，应按正常使用极限状态下作用的标准组合。

点击"目标组合"，屏幕显示目标荷载选择框（图6.22），用光标选择某组荷载组合时，屏幕显示该组荷载组合图。

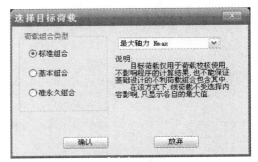

图6.22　目标荷载选择框

6.1.2.5　柱下独基

该菜单用于独立基础设计，程序可根据输入的多种荷载自动选取独立基础尺寸，自动配筋，并可灵活地进行人工干预。

(1) 自动生成

点击"自动生成"菜单，首先选择要生成独立基础的柱，然后输入地基承载力计算参数（图6.23）和柱下独基参数（图6.24）。

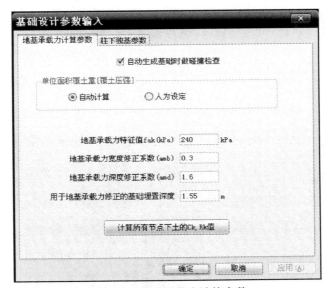

图6.23　地基承载力计算参数

独立基础最小高度指程序确定独立基础尺寸的起算高度，若冲切计算不满足要求时，程序自动增加基础各阶的高度，初始值为600mm。

独基底面长宽比，一般取1～1.5为宜，不能超过2。

独立基础底板最小配筋率是用来控制独立基础底板的最小配筋百分率，如果不控制则填0，程序按最小直径不小于10mm，间距不大于200mm配筋。

在计算基础底面积时，允许基础底面局部不受压，可以通过填写"承载力计算时基础底面受拉面积/基础底面积（0-0.3）"这个参数来确定。填0表示全底面受压，相当于$e < b/6$的情况。

若选择"计算独基时考虑独基底面范围内的线荷载作用"，则计算独立基础时取节点荷载和独立基础底面范围内的线荷载的矢量和作为计算依据，程序根据计算出的基础底面积选

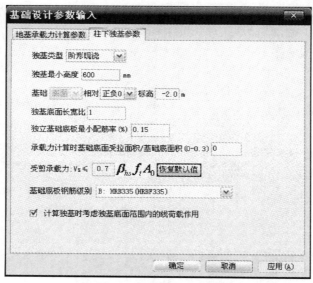

图 6.24 柱下独基参数

代两次。

参数填写完成并确定后，程序会自动在所选择的柱下（除已布置筏板和承台桩的柱外）自动进行独立基础设计，通过基础碰撞检查，当可能发生碰撞时，程序会将发生碰撞的独立基础自动合并成双柱基础或多柱基础（图 6.25）。

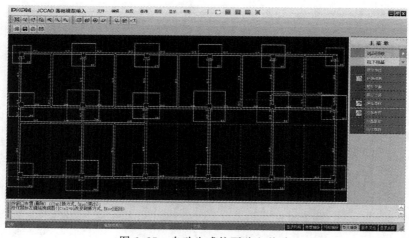

图 6.25 自动生成柱下独立基础

(2) 计算结果

点击"计算结果"，屏幕弹出独立基础计算结果文件——jc0.out 记事本（图 6.26），可作为计算书存档。结果内容包括各荷载工况组合、每个柱子在各组荷载下求出的底面积、冲切计算结果、程序实际选用的底面积、底板配筋计算值与实配钢筋。

(3) 控制荷载

点击"控制荷载"，程序可以生成柱下独基计算时的四种控制荷载效应组合的荷载图，分别是承载力计算、冲切计算、X 向板底配筋、Y 向板底配筋计算时的控制荷载图（图 6.27），方便查看、编辑、校对等。

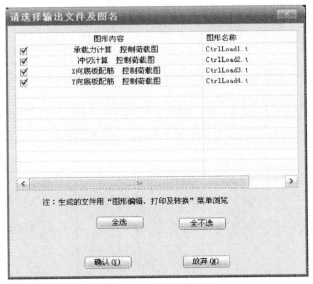

```
jc0 - 记事本
文件(F)  编辑(E)  格式(O)  查看(V)  帮助(H)

节点号=  11   位置:A:2
C30   fak(kPa)= 240.0   q= 1.55m   Pt= 40.0kPa   fy=300MPa
宽度修正系数= 0.30  深度修正系数= 1.60

Load  Mx'(kN*m)  My'(kN*m)   N(kN)  Pmax(kPa)  Pmin(kPa)  fa(kPa)  S(mm)  B(mm)
 493     94.05      1.37   2311.87    292.58     255.67   274.45   3142   3142
(  2      0.00      0.00    320.40)
(  3      0.00      0.00    360.45)

柱下独立基础冲切计算:
at(mm)   load     方向    p_(kPa)   冲切力(kN)   抗力(kN)    H(mm)
 600.    951      X+       200.       614.5      634.4      600.
 600.    951      X-       199.       617.3      617.5      590.
 600.    951      Y+       196.       605.5      617.5      590.
 600.    951      Y-       208.       638.1      651.6      610.
2200.    951      X+       200.       426.7      455.5      240.
2200.    951      X-       199.       426.2      455.5      240.
2200.    951      Y+       194.       418.8      429.7      230.
2200.    951      Y-       208.       445.5      455.5      240.

基础底面长、宽大于柱截面长、宽加两倍基础有效高度!
不用进行受剪承载力计算

基础各阶尺寸:
No   S      B     H
 1  3900   3900   400
 2  2200   2200   350

柱下独立基础底板配筋计算:
Load  M1(kN*m)  AGx(mm*mm)     Load  M2(kN*m)  AGy(mm*mm)
 951    760.4     4081.3        951    786.5     4220.7
x实配:B16@100(0.34%)   y实配:B16@100(0.34%)
```

图 6.26 独立基础计算结果文本文件

请选择输出文件及图名

	图形内容	图形名称
☑	承载力计算 控制荷载图	CtrlLoad1.t
☑	冲切计算 控制荷载图	CtrlLoad2.t
☑	X向底板配筋 控制荷载图	CtrlLoad3.t
☑	Y向底板配筋 控制荷载图	CtrlLoad4.t

注：生成的文件用"图形编辑、打印及转换"菜单浏览

全选   全不选

确认(Y)   放弃(N)

图 6.27 控制荷载图

（4）独基布置

该菜单的功能是对自动生成的独立基础进行查看或修改。点击"独基布置"，屏幕弹出构件选择对话框（图 6.28），可对自动生成的独立基础进行修改、布置或删除等操作。生成的独立基础种类太多，可以适当增大图 6.5 中的基础归并系数，这样可以适当减少独立基础的种类。点击任一序号的独立基础，屏幕弹出柱下独立基础定义对话框（图 6.29）。

（5）双柱基础

当两个柱子的距离比较近时，各自生成独立基础会发生相互碰撞，此时，可以用该菜单

在两个柱下生成一个独立基础，即双柱联合基础。

图 6.28　构件选择对话框

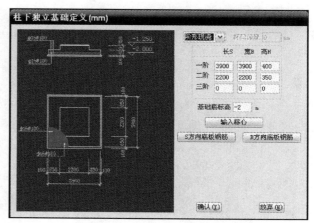

图 6.29　柱下独立基础定义对话框

6.1.2.6　局部承压

该菜单的功能是进行柱下独立基础、承台、基础梁以及桩对承台的局部承压计算。《建筑地基基础设计规范》（GB 50007—2011）第 8.2.7 条规定：当基础的混凝土强度等级小于柱的混凝土强度等级时，尚应验算柱下基础顶面的局部受压承载力。点取"局部承压"，再选择柱或桩，屏幕显示局部承压计算结果文本文件，同时在柱上标注计算结果，若计算结果大于 1.0 为满足局部承压要求，如图 6.30 所示。

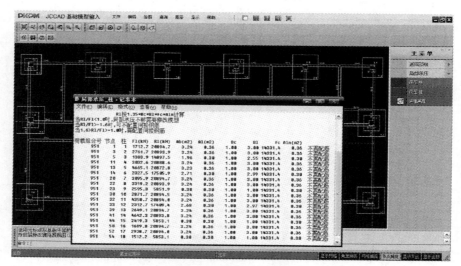

图 6.30　局部承压计算

6.1.2.7　图形管理

该菜单具有与显示、绘图有关的功能，包括各类基础视图选项、图形缩放、三维实体显示、绘制等内容。

单击"三维显示"，可用三维线框图的方式显示构件，如图 6.31 所示。单击"OPGL 方式"，可用 OpenGL 技术显示基础实体模型。

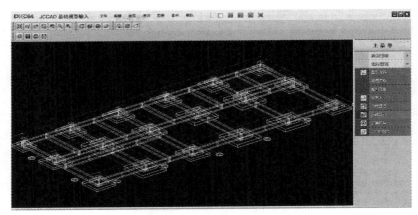

图 6.31　三维显示图

6.2　基础施工图绘制

6.2.1　基础平面施工图

基础施工图菜单用于所有基础类型的平面绘制，有子菜单 17 个，如图 6.32 所示。

(1) 绘图参数

进入 JCCAD 主菜单 7 "基础施工图"，首先需要确定绘图参数，屏幕弹出 "绘图参数" 选择框（图 6.33）。

(2) 标注尺寸

选择此项，可对所有基础构件的尺寸与位置进行标注，如图 6.34 所示。在图 6.34 中，对柱尺寸、拉梁尺寸和独基尺寸进行了标注。

(3) 标注字符

选择此项，可标注柱、梁和独立基础的编号及在墙上设置、标注预留洞口，还可以写图名。

(4) 标注轴线

选择此项，可标注各类轴线（包括弧轴线）间距、总尺寸和轴线号等。"自动标注" 菜单可完成水平向、垂直向轴线间距、总尺寸和轴线号的标注。

(5) 轻隔墙基础

单击 "轻隔墙基"，屏幕弹出输入轻隔墙基础详图参数菜单，输入各参数并确定之后，屏幕显示轻隔墙基础（图 6.35）。

(6) 拉梁剖面

单击 "拉梁剖面"，屏幕弹出输入拉梁剖面参数菜单，输入各参数并确定之后，屏幕显示拉梁的剖面（图 6.36）。

(7) 电梯井

单击 "电梯井"，屏幕弹出电梯井平面图、剖面图参数输

图 6.32　基础施工图菜单

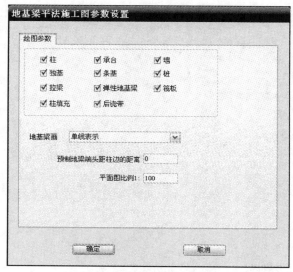

图 6.33　绘图参数选择框

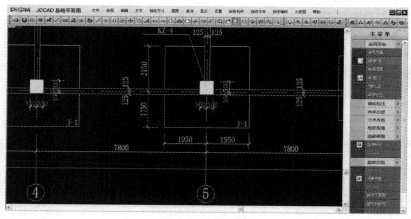

图 6.34　标注尺寸

入框，输入各参数并确定之后，屏幕可逐次显示电梯井的平面图、1—1 剖面图和 2—2 剖面图。

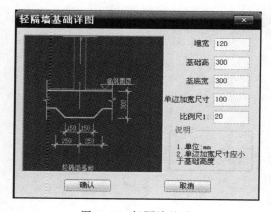

图 6.35　轻隔墙基础

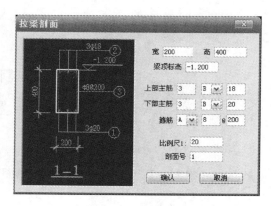

图 6.36　拉梁剖面

(8) 地沟

单击"地沟",屏幕弹出地沟基本参数输入框,输入各参数并确定之后,屏幕可显示地沟的剖面图。

6.2.2 基础详图

选择此项,在平面图上可添加绘制独立基础和条形基础的大样详图。点击"基础详图",填写"绘图参数"对话框(图 6.37)里面的各个选项。确定之后选择"插入详图"和"钢筋表",则在图 6.38 中标示了钢筋表,并插入了 J-1 详图。

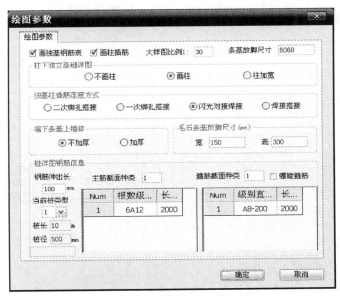

图 6.37 "绘图参数"对话框

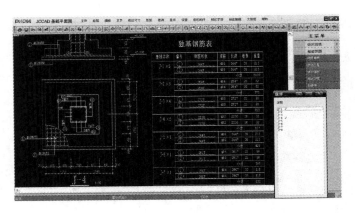

图 6.38 基础详图

第**7**章

框架手算结果与PK电算结果对比分析

7.1 框架PK电算与框架绘图

PK程序是二维结构（平面杆系）的结构计算软件，以一榀框架或其他平面结构作为分析对象。PK程序可单独使用完成平面框架的结构设计，也可完成三维结构分析后梁柱配筋图的绘制。应用PK电算结果可以与手算结果进行对比分析，这样既能够对电算结果做到心中有数，还有助于掌握结构设计的思想。

7.1.1 形成PK文件

单击PMCAD主菜单4"形成PK文件"，屏幕弹出"形成PK数据文件"选择框（图7.1），界面底部显示工程名称和已生成PK数据文件个数。在形成的PK数据文件中，不包括梁、柱的自重，杆件自重由PK程序计算。

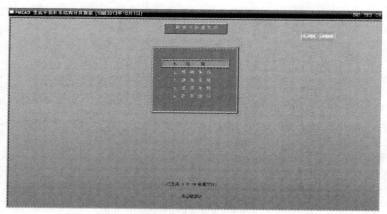

图7.1 形成PK数据文件选择框

点取"1.框架生成"，屏幕显示底层的结构平面图。用光标点取右侧风荷载选项，可输入风荷载信息（图7.2）；点取文件名称选项，可以输入指定的文件名称，缺省的文件名称为"PK—轴线号"；框架的选取方式可输入轴线号。

在图7.2中输入风荷载信息并确定，屏幕显示风荷载体形系数以供判断，若正确，直接回车。输入要计算框架的轴线号：5，取默认的文件名称 PK—5，屏幕显示本榀框架各层迎风面水平宽度（图 7.3），各层的迎风面水平宽度有错误的时候可以修正，若正确，直接回车。这样便生成了⑤轴的框架数据文件 PK—5。

点击结束，退出形成 PK 数据文件。

图 7.2　风荷载信息

图 7.3　框架各层迎风面水平宽度

7.1.2　PK 数据交互输入和计算

单击"PK"菜单，屏幕如图 7.4 所示，显示框、排架的 PK 设计菜单。选择此项，可以用人机交互方式新建一个 PK 数据文件，其文件名为在本菜单下输入的交互文件名加后缀 .SJ；还可以打开用 PMCAD 生成或用文本格式录入的 PK 数据文件，再用人机交互进行修改，存盘后会在原数据名后加上后缀 .SJ。

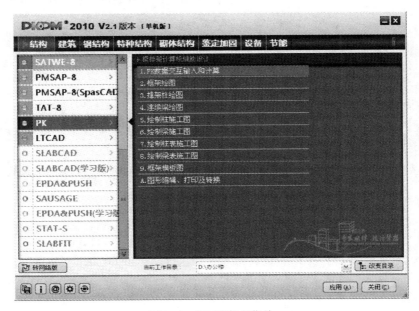

图 7.4　PK 程序主菜单

图 7.5　PK 文件选择菜单

点击"PK 数据交互输入和计算",屏幕弹出如图 7.5 所示的 PK 文件选择菜单。如果选择新建文件,则需输入要建立的新交互式文件,程序自动生成后缀名 .JH。如果选择打开已有交互文件,则弹出一个对话框,直接选择已有的交互式文件,文件名为 *.JH。选择打开已有数据文件,在打开已有数据文件对话框里选择已经生成的 PK-5 数据文件(图 7.6),屏幕显示框架立面简图和 PK 数据交互输入主菜单(图 7.7)。

图 7.6　打开已有数据文件对话框

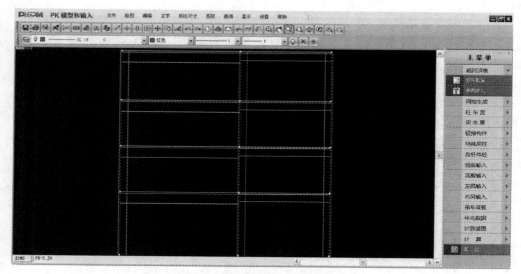

图 7.7　PK 数据交互输入主菜单

7.1.2.1　参数输入

单击"参数输入",屏幕弹出 5 页参数选择框,包括总信息参数(图 7.8)、地震计算参数(图 7.9)、结构类型(图 7.10)、分项及组合系数(图 7.11)和补充参数(图 7.12)。在图 7.8 中,选择"基础计算 KAA"中的"不计算",就是不计算基础数据;若选择"计算",就输出基础计算结果。为和手算结果进行对比,梁惯性矩增大系数取为 2。在图 7.9 中,选择"规则框架考虑层间位移校核及薄弱层地震力调整",则程序按照《建筑抗震设计规范》（GB 50011—2010）第3.4.2条~第3.4.4条的规定进行调整。在图7.11中，程序根据《建筑结构荷载规范》（GB 50009—2012）给出了默认值，一般不需要修改。

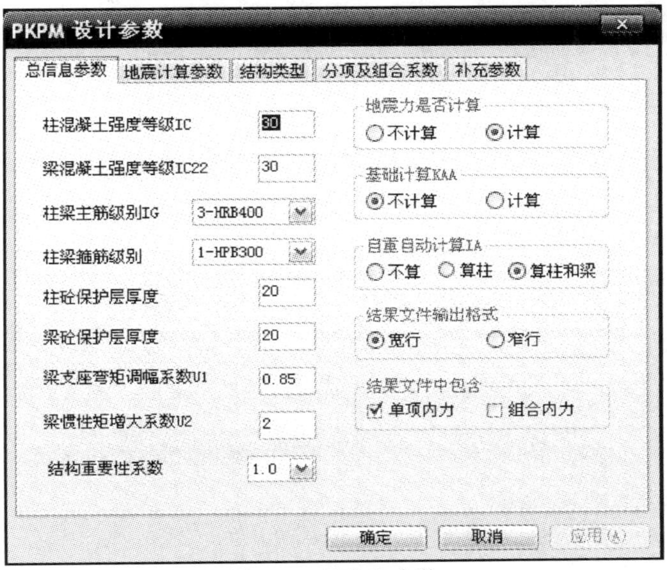

图 7.8　总信息参数

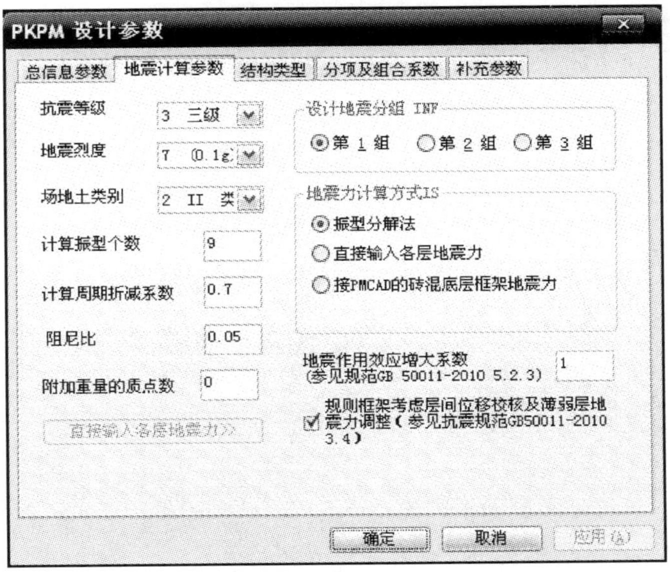

图 7.9　地震计算参数

7.1.2.2　计算简图

单击"计算简图"，屏幕弹出计算简图主菜单，可以显示框架立面图（图7.13），文件名为KLM.T；恒载图（图7.14，文件名为D-L.T）、活载图（图7.15，文件名为L-L.T）、左风载（图7.16，文件名为L-W.T）、右风载（图7.17，文件名为R-W.T）、吊车荷载和地震力的计算简图。

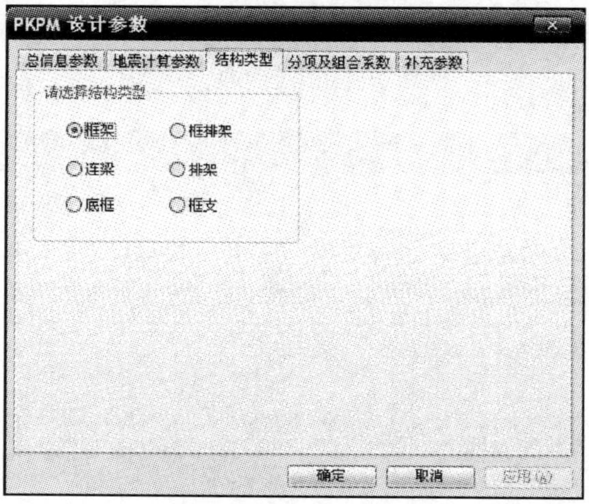

图 7.10　结构类型

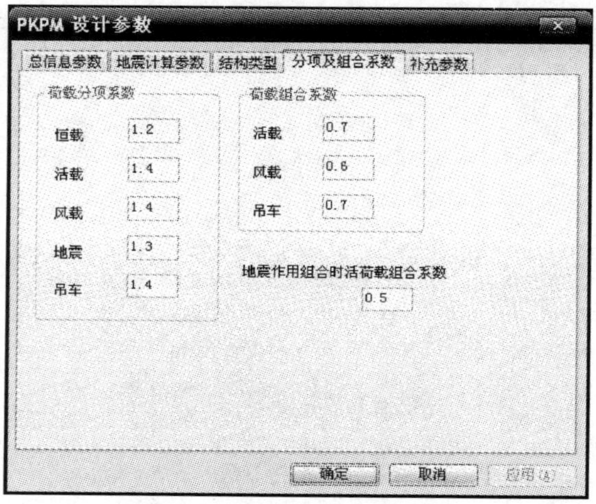

图 7.11　分项及组合系数

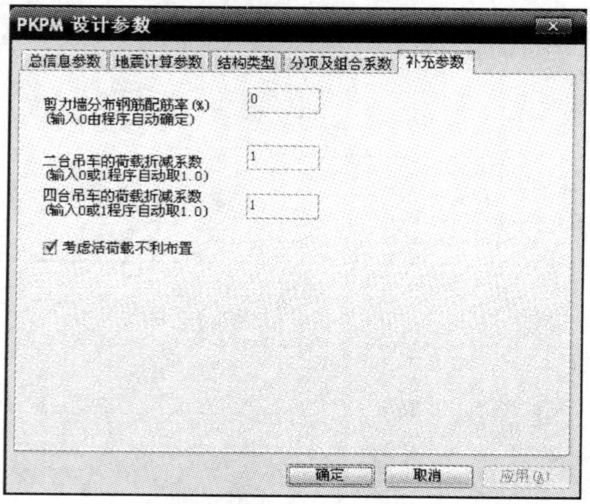

图 7.12　补充参数

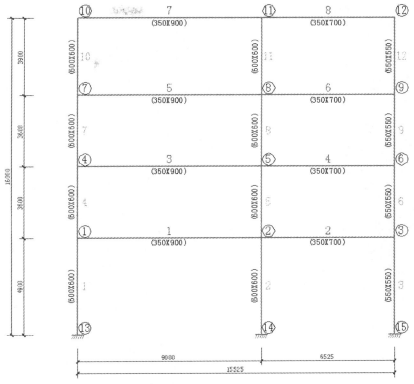

图 7.13 框架立面图

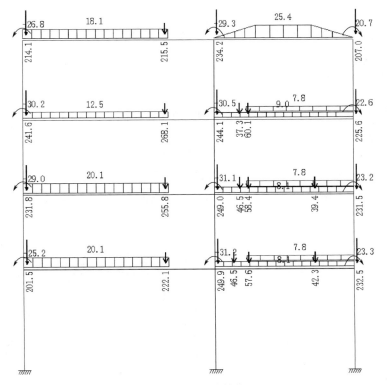

图 7.14 恒载计算简图

图 7.15　活载计算简图

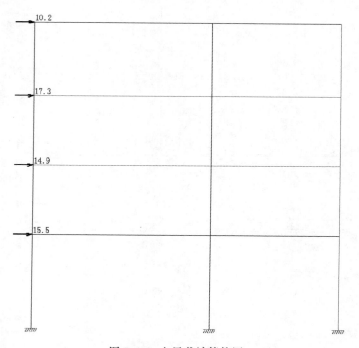

图 7.16　左风载计算简图

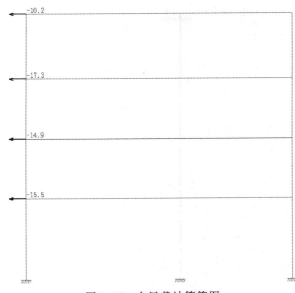

-10.2

-17.3

-14.9

-15.5

图 7.17 右风载计算简图

图 7.18 输入计算结果文件名对话框

7.1.2.3 计算

单击"计算",屏幕弹出输入计算结果文件名对话框（图 7.18），输入 pk-5.out，则程序将计算结果保存在 pk-5.out 文件中。

(1) 计算结果

单击"计算结果",屏幕弹出用记事本输出的 pk-5.out 计算结果文本文件（图 7.19），文件包括总信息、节点坐标、柱杆件关联号、梁杆件关联号、支座约束信息、柱平面内计算长度、柱平面外计算长度、节点偏心值、标准截面数据、柱截面类型号、梁截面类型号、恒载计算、活载计算、风荷载计算、地震力计算、梁柱配筋计算等。

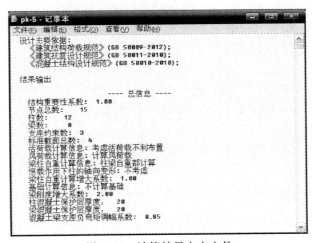

图 7.19 计算结果文本文件

(2) 恒载计算结果

恒荷载作用下的计算结果有恒载弯矩图（图 7.20）、恒载剪力图（图 7.21）和恒载轴力图（图 7.22）。

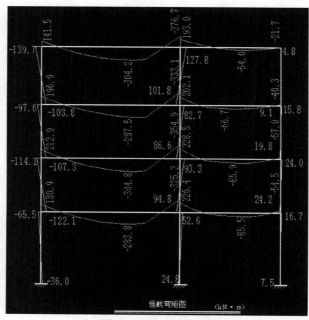

图 7.20　恒载弯矩图

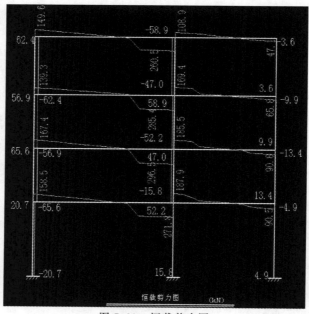

图 7.21　恒载剪力图

(3) 活载计算结果

活荷载作用下的计算结果有活载弯矩包络图（图7.23）、活载剪力包络图（图7.24）和活载轴力包络图（图7.25）。

(4) 风载计算结果

风荷载作用下的计算结果有左风载弯矩图（图7.26）和右风载弯矩图（图7.27）。

(5) 地震荷载计算结果

地震荷载作用下的计算结果有左震弯矩图（图7.28）和右震弯矩图（图7.29）。

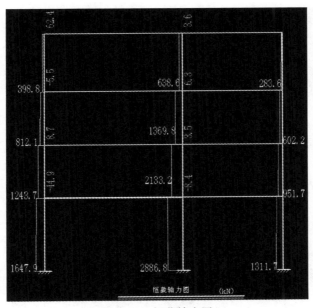

图 7.22　恒载轴力图

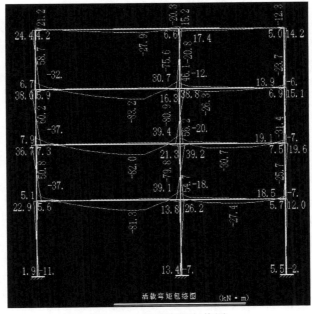

图 7.23　活载弯矩包络图

(6) 节点位移

节点位移包括恒载位移、活载位移、恒活组合下的节点位移、左风位移（图 7.30）、右风位移、左震位移（图 7.31）、右震位移和吊车位移等。

7.1.3　框架绘图

单击 PK 程序主菜单 2 "框架绘图"，屏幕弹出框架立面简图和 PK 钢筋混凝土梁柱配筋施工图选择菜单。菜单区包括的参数修改、柱纵筋、梁上配筋、梁下配筋、梁柱箍筋、节点

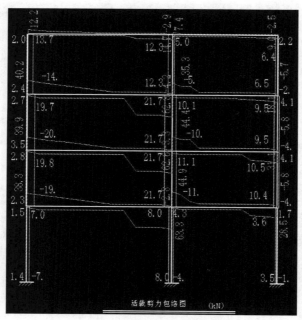

图 7.24　活载剪力包络图

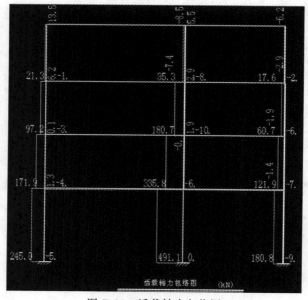

图 7.25　活载轴力包络图

箍筋、梁腰筋、节点箍筋等子菜单均同"5.3.1框架施工图绘制"中相应内容，在此不再赘述。

(1)　弹塑性位移计算

《建筑抗震设计规范》（GB 50011—2010）规定7～9度时楼层屈服强度系数小于0.5的钢筋混凝土框架结构应进行罕遇地震作用下薄弱层的弹塑性变形验算。

单击"弹塑位移"，程序根据梁柱配筋、材料强度标准值和重力荷载代表值，计算出各层屈服强度系数并显示，该系数小于0.5时，用红色显示，表示不满足要求，可修改梁柱钢

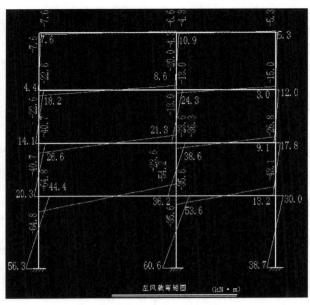

图 7.26　左风载弯矩图

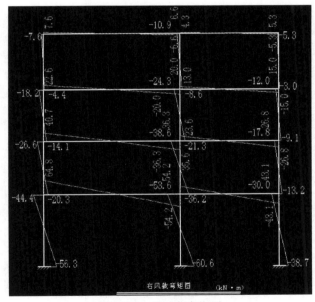

图 7.27　右风载弯矩图

筋后再计算一遍，同时显示薄弱层的层间弹塑性位移及层间弹塑性位移角。

　　结构薄弱层（部位）弹塑性层间位移应符合公式（4.2）的要求，也即结构薄弱层（部位）的弹塑性位移角应满足表 4.6 规定的弹塑性层间位移角限值。由于楼层屈服强度系数为按构件实际配筋和材料强度标准值计算的楼层受剪承载力和按罕遇地震作用标准值计算的楼层弹性地震剪力的比值。故也可修改梁柱钢筋，再进行计算，使楼层屈服强度系数不小于0.5。结构的弹塑性位移按照图 4.67 中的"薄弱层验算文件 SAT-K.OUT"分析即可。

　　（2）框架梁的裂缝宽度计算

　　选择"裂缝计算"，屏幕显示框架梁的裂缝宽度（图 7.32），与图 5.50 进行对比，结果

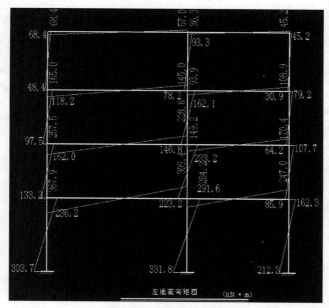

图 7.28　左震弯矩图

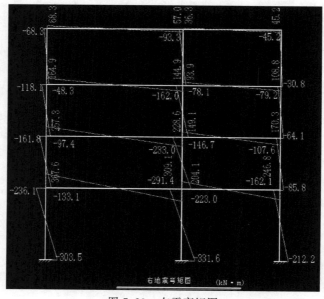

图 7.29　右震弯矩图

是不同的，这是由于裂缝宽度的计算与钢筋数量、直径等因素有关，配筋改变，裂缝宽度也就发生变化。

由于在"图 5.40 补充输入选项卡"中选择了"是否根据允许裂缝宽度自动选筋"，故图 7.32 中框架梁的裂缝宽度均满足要求，若不选择"是否根据允许裂缝宽度自动选筋"，则可能会有部分梁的裂缝宽度不满足要求，这时可以通过调整钢筋直径（配筋面积相同的情况下减小直径）或增大钢筋面积等措施使裂缝宽度满足要求。

（3）框架梁的挠度计算

选择"挠度计算"，输入活荷载准永久值系数 0.4，屏幕弹出框架梁的挠度图（图 7.33），

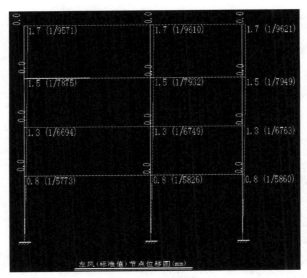

图 7.30　左风位移

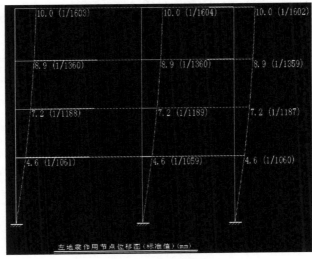

图 7.31　左震位移

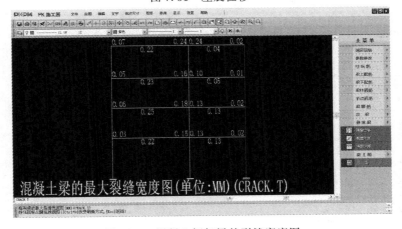

图 7.32　混凝土框架梁的裂缝宽度图

比较图 7.33 和图 5.51 中的挠度值是不同的。这是因为图 7.33 中混凝土梁的挠度是利用二维平面结构分析软件（PK 程序）进行计算的，图 5.51 中框架梁的挠度是利用三维空间结构分析软件进行计算的。

通过对比，可以发现利用三维空间结构分析软件计算的挠度比利用二维平面结构分析软件（PK 程序）计算的挠度小，这是因为三维空间结构分析软件考虑了空间的协同作用，更符合实际情况。

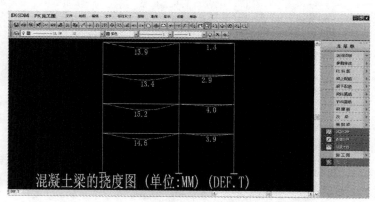

图 7.33　混凝土梁的挠度图

（4）施工图绘制

选择"施工图"，进入施工图绘制菜单。选择"画施工图"，出现对话框"请输入该榀框架的名称"，输入"KJ-5"，屏幕显示 KJ-5 的施工图，该施工图的文件名为 KJ-5.T。

7.2　框架 PK 电算结果与手算结果对比分析

7.2.1　框架 PK 电算计算简图与手算计算简图对比

（1）恒荷载作用下计算简图对比

恒荷载作用下的计算简图对比列于表 7.1 中。

表 7.1　恒荷载作用下计算简图对比

构件	第三层 AB 框架梁			第二层 AB 框架梁		
荷载	q_{AD}	q_{DB}	F_D	q_{AD}	q_{DB}	F_D
手算结果（图 2.56）	7.09（均布）＋17.55（梯形）近似换算成均布荷载：19.53	7.10	244.4	14.65（均布）＋17.55（梯形）近似换算成均布荷载：27.09	7.10	236.0
电算结果（图 7.14）	19.60	7.10	268.1	27.2	7.10	255.8
对比（以电算为准）	－0.36%	0%	－8.84%	－0.04%	0%	－7.74%

注：1. 表中 19.6＝12.5＋7.10，7.10 为梁自重，即 26×0.35×（0.9－0.12）＝7.10。

2. 表中 27.2＝20.1＋7.10。

3. 表中 19.53＝7.09＋17.55×（2.8＋6.7）÷2÷6.7。

4. 表中 27.09＝14.65＋17.55×（2.8＋6.7）÷2÷6.7。

5. 表中集中力的单位是 kN，分布力的单位是 kN/m。

（2）活荷载作用下计算简图对比

活荷载作用下的计算简图对比列于表 7.2 中。

表 7.2 活荷载作用下计算简图对比

构件	第三层 AB 框架梁		第二层 AB 框架梁	
荷载	$q_{AD梯形}$	F_D	q_{AD}	F_D
手算结果（图 2.76）	$q_{AD梯形}=7.8$ 近似换算成均布荷载：5.53	55.0	$q_{AD梯形}=7.8$ 近似换算成均布荷载：5.53	55.0
电算结果（图 7.15）	5.6	58.2	5.6	58.2
对比（以电算为准）	-1.25%	-5.50%	-1.25%	-5.50%

注：1. $5.53=7.8\times(2.8+6.7)\div2\div6.7$。

2. 表中集中力的单位是 kN，分布力的单位是 kN/m。

（3）风荷载作用下计算简图对比

风荷载作用下的计算简图对比列于表 7.3 中。

表 7.3 风荷载作用下计算简图对比

楼层	4	3	2	1
左风荷载	F_4	F_3	F_2	F_1
手算结果（图 2.106）	8.97	11.26	10.81	11.93
电算结果（图 7.16）	10.2	17.3	14.9	15.5
对比（以电算为准）	-12.1%	-34.9%	-27.4%	-23.0%

注：表中力的单位是 kN。

（4）结论

框架除个别地方恒荷载相差较大（-8.84%）外，其余部位的恒荷载相差不大。活荷载的手算结果与电算结果相差不大，最大 -5.50%。风荷载手算结果均小于电算结果，原因是风荷载手算时采用了简化方法，即取一榀框架承受其负荷宽度的风荷载进行计算，而未考虑风荷载的整体作用效应和分配，在手算时可适当考虑风振系数。

7.2.2 框架梁内力电算结果与手算结果对比分析

（1）恒荷载作用下框架梁弯矩电算结果与手算结果对比

恒荷载作用下框架梁弯矩电算结果与手算结果的对比列于表 7.4 中。图 7.20 为梁端调幅系数为 0.85 时的弯矩值，图 7.34 给出梁端不调幅时的弯矩值，这样便于对比。

表 7.4 恒荷载作用下框架梁弯矩电算结果与手算结果对比

构件	第三层 AB 框架梁				第二层 AB 框架梁	
弯矩	左端	跨中	右端	左端	跨中	右端
手算结果（图 2.92）	204.04	179.47	390.10	225.69	211.43	418.32
电算结果（图 7.34）	231.60	236.80	391.80	250.40	250.50	417.60
对比（以电算为准）	-11.90%	—	-0.43%	-9.87%	—	0.17%

注：1. 表中跨中弯矩不能对比，手算结果为跨中弯矩，电算结果为跨间最大弯矩，其比值为 1.2～1.3，可见计算时可以将跨中弯矩乘以 1.2～1.3 的系数作为跨间最大弯矩为宜。

2. 表中弯矩的单位是 kN·m。

（2）恒荷载作用下框架梁剪力电算结果与手算结果对比

恒荷载作用下框架梁剪力电算结果与手算结果的对比列于表 7.5 中。

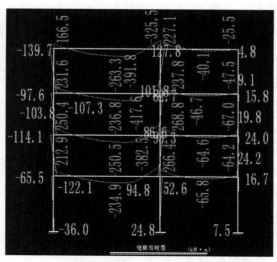

图 7.34　梁端不调幅时的恒载作用下弯矩值

表 7.5　恒荷载作用下框架梁剪力电算结果与手算结果对比

构件	第三层 AB 框架梁		第二层 AB 框架梁	
剪力	左端	右端	左端	右端
手算结果(图 2.93)	126.03	265.57	154.95	278.90
电算结果(图 7.21)	139.30	285.40	167.40	296.50
对比(以电算为准)	-9.53%	-6.95%	-7.44%	-5.94%

注：表中剪力的单位是 kN。

(3) 风荷载作用下框架梁弯矩电算结果与手算结果对比

风荷载作用下框架梁弯矩电算结果与手算结果的对比列于表 7.6 中。

表 7.6　风荷载作用下框架梁弯矩电算结果与手算结果对比

构件	第三层 AB 框架梁		第二层 AB 框架梁	
弯矩	左端	右端	左端	右端
手算结果(图 2.107)	18.16	14.01	30.81	23.91
电算结果(图 7.26)	22.60	20.00	40.70	36.30
对比(以电算为准)	-19.65%	-29.95%	-24.30%	-34.13%

注：表中弯矩的单位是 kN·m。

(4) 地震荷载作用下框架梁弯矩电算结果与手算结果对比

地震荷载作用下框架梁弯矩电算结果与手算结果的对比列于表 7.7 中。

表 7.7　地震荷载作用下框架梁弯矩电算结果与手算结果对比

构件	第三层 AB 框架梁		第二层 AB 框架梁	
弯矩	左端	右端	左端	右端
手算结果(图 2.111)	190.84	149.90	248.14	193.61
电算结果(图 7.28)	165.00	145.00	257.50	228.80
对比(以电算为准)	15.66%	3.38%	-3.63%	-15.38%

注：表中弯矩的单位是 kN·m。

（5）结论

在恒荷载作用下，框架梁弯矩和剪力的电算结果与手算结果吻合较好，误差基本在10%以内。在恒荷载作用下的跨中弯矩没有对比，因为框架受力复杂，手算时近似取跨度中点的弯矩作为跨中弯矩，而电算结果是跨中的绝对最大弯矩，从表7.4中看出，在手算时，近似取跨度中点的弯矩作为跨中弯矩是有一定误差的，因此，近似计算时，最好把跨度中点的弯矩适当放大后作为跨中弯矩。

在风荷载和地震荷载作用下，框架梁弯矩和剪力的电算结果与手算结果有的部分吻合较好，有的地方相差较大。

7.2.3　框架柱内力电算结果与手算结果对比分析

（1）恒荷载作用下框架柱弯矩电算结果与手算结果对比

恒荷载作用下框架柱弯矩电算结果与手算结果的对比列于表7.8中。

表 7.8　恒荷载作用下框架柱弯矩电算结果与手算结果对比

构件	第三层Ⓐ轴线框架柱		第二层Ⓐ轴线框架柱	
弯矩	柱顶	柱底	柱顶	柱底
手算结果（图2.92）	99.85	109.56	116.13	126.30
电算结果（图7.20）	97.60	107.30	114.10	122.10
对比（以电算为准）	2.31%	2.11%	1.78%	3.44%

注：表中弯矩的单位是 kN·m。

（2）恒荷载作用下框架柱剪力电算结果与手算结果对比

恒荷载作用下框架柱剪力电算结果与手算结果的对比列于表7.9中。

表 7.9　恒荷载作用下框架柱剪力电算结果与手算结果对比

构件	第三层Ⓐ轴线框架柱		第二层Ⓐ轴线框架柱	
剪力	柱顶	柱底	柱顶	柱底
手算结果（图2.93）	58.17	58.17	67.34	67.34
电算结果（图7.21）	56.90	56.90	65.60	65.60
对比（以电算为准）	2.23%	2.23%	2.65%	2.65%

注：表中剪力的单位是 kN。

（3）恒荷载作用下框架柱轴力电算结果与手算结果对比

恒荷载作用下框架柱轴力电算结果与手算结果的对比列于表7.10中。

表 7.10　恒荷载作用下框架柱轴力电算结果与手算结果对比

构件	第三层Ⓐ轴线框架柱		第二层Ⓐ轴线框架柱	
轴力	柱顶	柱底	柱顶	柱底
手算结果（图2.94）	718.76	751.16	1118.81	1151.21
电算结果（图7.22）	—	812.10	—	1243.70
对比（以电算为准）	—	−7.50%	—	−7.44%

注：表中轴力的单位是 kN。

（4）风荷载作用下框架柱弯矩电算结果与手算结果对比

风荷载作用下框架柱弯矩电算结果与手算结果的对比列于表7.11中。

表 7.11　风荷载作用下框架柱弯矩电算结果与手算结果对比

构件	第三层Ⓐ轴线框架柱		第二层Ⓐ轴线框架柱	
弯矩	柱顶	柱底	柱顶	柱底
手算结果(图 2.107)	13.57	11.10	19.71	18.13
电算结果(图 7.26)	18.20	14.1	26.6	20.3
对比(以电算为准)	−25.44%	−21.28%	−25.90%	−10.69%

注：表中弯矩的单位是 kN·m。

(5) 地震荷载作用下框架柱弯矩电算结果与手算结果对比

地震荷载作用下框架柱弯矩电算结果与手算结果的对比列于表 7.12。

表 7.12　地震荷载作用下框架柱弯矩电算结果与手算结果对比

构件	第三层Ⓐ轴线框架柱		第二层Ⓐ轴线框架柱	
弯矩	柱顶	柱底	柱顶	柱底
手算结果(图 2.111)	124.36	101.75	146.39	134.59
电算结果(图 7.28)	118.20	97.50	162.00	133.20
对比(以电算为准)	5.21%	4.36%	−9.64%	1.04%

注：表中弯矩的单位是 kN·m。

(6) 结论

① 在恒荷载作用下，框架柱弯矩和剪力的手算结果均与电算结果接近，误差在 3.44% 之内。框架柱轴力的手算结果均小于电算结果，但相差不大，均在 7.5% 以内。

② 在风荷载作用下，框架柱弯矩的手算结果小于电算结果，相差在 25.90% 以内。柱顶弯矩相差较大。

③ 在地震荷载作用下，框架柱弯矩的电算结果与手算结果吻合较好，最大误差在 10% 之内。

需要说明：以上对比分析仅选取了框架的部分杆件，未对整榀框架或者所有框架进行统计，因此，结论可能有一定的片面性。如果选择对所有的框架进行统计和对比，结论将更具有实际意义。

第8章

混凝土结构设计常用资料

8.1 力学计算

8.1.1 单跨梁计算公式

在多种荷载作用下，单跨简支梁和两端固定梁的支座反力、弯矩图、剪力图和挠度详见表 8.1 和表 8.2。表中符号的意义如下：

R——支座反力，方向向上者为正；

M——弯矩，使梁的下层纤维受拉者为正（弯矩画在受拉边）；

V——剪力，使梁的截出部分顺时针方向转动者为正（图形位于上方）；

w——挠度，梁的变位向下者为正；

x——计算截面距梁 A 端的距离。

表 8.1　单跨简支梁计算公式

序号	简图及计算公式	序号	简图及计算公式
1	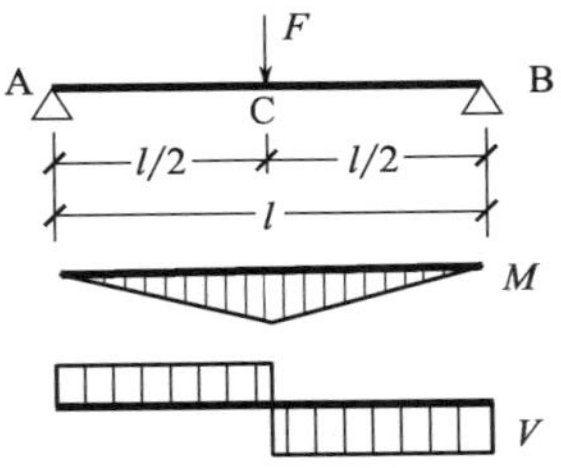 $R_A = R_B = \dfrac{F}{2}$ $M_{max} = \dfrac{Fl}{4}$ $w_{max} = \dfrac{Fl^3}{48EI}$	3	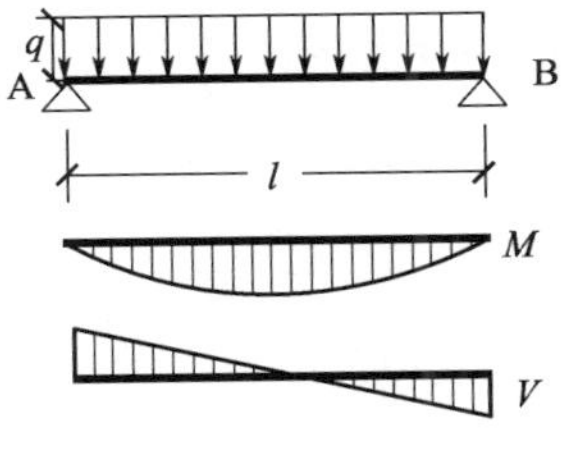 $R_A = R_B = \dfrac{ql}{2}$ $M_{max} = \dfrac{ql^2}{8}$ $w_{max} = \dfrac{5ql^4}{384EI}$
2	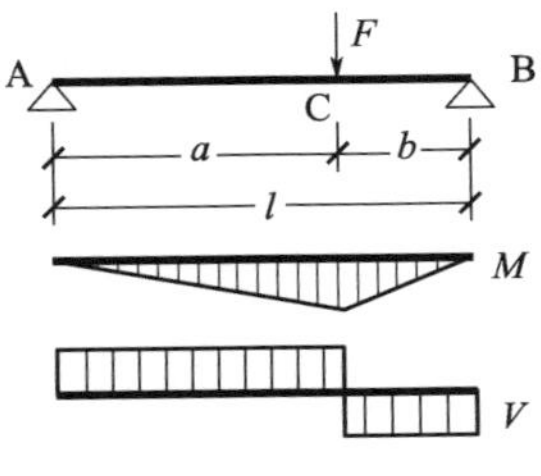 $R_A = \dfrac{Fb}{l}$ $R_B = \dfrac{Fa}{l}$ $M_{max} = \dfrac{Fab}{l}$ $w_c = \dfrac{Fa^2b^2}{3EIl}$ 当 $a>b$ 时，$x=\dfrac{l}{2}$，$w = \dfrac{Fb}{48EI}(3l^2-4b^2)$	4	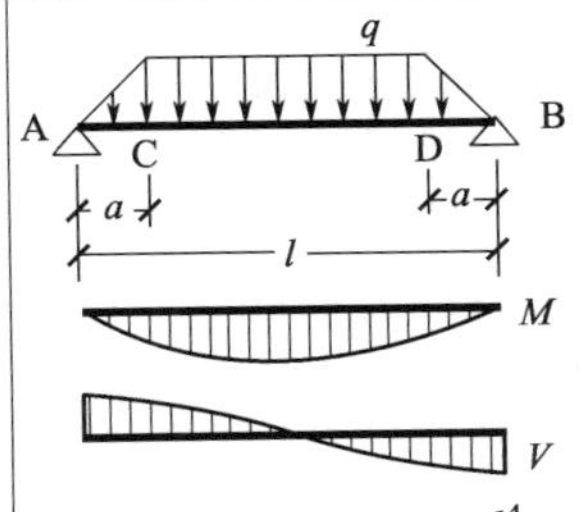 $R_A = R_B = \dfrac{q}{2}(l-a)$ $M_{max} = \dfrac{ql^2}{24}\left(3-4\dfrac{a^2}{l^2}\right)$ $w_{max} = \dfrac{ql^4}{240EI} \times \left(\dfrac{25}{8}-5\dfrac{a^2}{l^2}+2\dfrac{a^4}{l^4}\right)$

表 8.2　两端固定梁计算公式

序号	简图及计算公式	序号	简图及计算公式
1	$$R_A = R_B = \frac{F}{2}$$ $$M_A = M_B = -\frac{Fl}{8}$$ $$M_{max} = \frac{Fl}{8}$$ $$w_{max} = \frac{Fl}{192EI}$$	4	$$R_A = R_B = \frac{n}{2}F$$ $$M_A = M_B = \frac{-(2n^2+1)}{24n}Fl$$ 当 n 为奇数： $$M_{max} = \frac{n^2+2}{24n}Fl \qquad w_{max} = \frac{n^4+1}{384n^3EI}Fl^3$$ 当 n 为偶数： $$M_{max} = \frac{n^2-1}{24n}Fl \qquad w_{max} = \frac{nFl^3}{384EI}$$
2	$$R_A = R_B = F$$ $$M_A = M_B = -Fa \times \left(1 - \frac{a}{l}\right)$$ $$M_{max} = \frac{Fa^2}{l}$$ $$w_{max} = \frac{Fa^2 l}{24EI} \times \left(3 - 4\frac{a}{l}\right)$$	5	$$R_A = R_B = \frac{ql}{2}$$ $$M_A = M_B = -\frac{ql^2}{12}$$ $$M_{max} = \frac{ql^2}{24}$$ $$w_{max} = \frac{ql^4}{384EI}$$
3	$$R_A = \frac{Fb^2}{l^3}(3a+b),\ R_B = \frac{Fa^2}{l^3}(a+3b)$$ $$M_A = -\frac{Fab^2}{l^2},\ M_B = -\frac{Fa^2 b}{l^2}$$ $$M_{max} = \frac{2Fa^2 b^2}{l^3} \qquad w_C = \frac{Fa^3 b^3}{3EIl^3}$$ 若 $a > b$，当 $x = \frac{2al}{3a+b}$，$w_{max} = \frac{2F}{3EI} \times \frac{a^3 b^2}{(3a+b)^2}$	6	$$R_A = R_B = qa$$ $$M_A = -\frac{2l+b}{6l}qa^2$$ $$M_{max} = \frac{qa^3}{3l} \qquad w_{max} = \frac{l-a}{24EI}qa^3$$

序号	简图及计算公式	序号	简图及计算公式

7

$$R_A = R_B = \frac{l-a}{2}q$$

$$M_A = M_B = -\frac{ql^2}{12} \times \left(1 - \frac{2a^2}{l^2} + \frac{a^3}{l^3}\right)$$

$$M_{max} = \frac{ql^2}{24}\left(1 - \frac{2a^3}{l^3}\right)$$

$$w_{max} = \frac{ql^4}{480EI}\left(\frac{5}{4} - \frac{5a^3}{l^3} + \frac{4a^4}{l^4}\right)$$

10

$$R_A = R_B = \frac{ql}{4}$$

$$M_A = M_B = -\frac{17ql^2}{384}$$

$$M_{max} = \frac{7ql^2}{384}$$

$$w_{max} = \frac{ql^4}{768EI}$$

8

$$R_A = R_B = \frac{qc}{2}$$

$$M_A = M_B = -\frac{qcl}{24} \times \left(3 - 2\frac{c^2}{l^2}\right)$$

$$M_{max} = \frac{qcl}{24} \times \left(3 - 4\frac{c}{l} + 2\frac{c^2}{l}\right)$$

$$w_{max} = \frac{qcl^3}{960EI} \times \left(5 - 10\frac{c^2}{l^2} + 8\frac{c^3}{l^3}\right)$$

11

$$R_A = \frac{qc}{4l^3}(12b^2l - 8b^3 + c^2l - 2bc^2), R_B = qc - R_A$$

$$M_A = -\frac{qc}{12l^2}(12ab^2 - 3bc^2 + c^2l)$$

$$M_B = +\frac{qc}{12l^2}(12a^2b + 3bc^2 - 2c^2l)$$

$$当\ x = d + \frac{R_A}{q}, M_{max} = M_A + R_A\left(d + \frac{R_A}{2q}\right)$$

9

$$R_A = R_B = \frac{ql}{4}$$

$$M_A = M_B = -\frac{5ql^2}{96}$$

$$M_{max} = \frac{ql^2}{32}$$

$$w_{max} = \frac{7ql^4}{3840EI}$$

12

$$R_A = -R_B = -\frac{6Mab}{l^2}$$

$$M_A = \frac{Mb}{l^2}(2a - b)$$

$$M_B = \frac{Ma}{l^2}(a - 2b)$$

$$M_C^r = M_{max} = \frac{Ma}{l}\left(4 - 9\frac{a}{l} + 6\frac{a^2}{l^2}\right)$$

$$M_C^l = -M\left(1 - 4\frac{a}{l} + 9\frac{a^2}{l^2} - 6\frac{a^3}{l^3}\right)$$

序号	简图及计算公式	序号	简图及计算公式
13	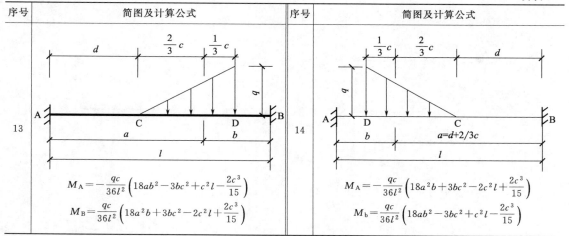 $$M_A = -\frac{qc}{36l^2}\left(18ab^2 - 3bc^2 + c^2l - \frac{2c^3}{15}\right)$$ $$M_B = \frac{qc}{36l^2}\left(18a^2b + 3bc^2 - 2c^2l + \frac{2c^3}{15}\right)$$	14	$$M_A = -\frac{qc}{36l^2}\left(18a^2b + 3bc^2 - 2c^2l + \frac{2c^3}{15}\right)$$ $$M_b = \frac{qc}{36l^2}\left(18ab^2 - 3bc^2 + c^2l - \frac{2c^3}{15}\right)$$

8.1.2 各种荷载的支座弯矩等效均布荷载

梁上的荷载类型有很多，根据固端弯矩相等的原则，可以将各种荷载的支座弯矩等效为均布荷载，具体详见表 8.3，表中的 $\alpha = a/l$，$\gamma = c/l$，l 为梁的跨度。

表 8.3 各种荷载的支座弯矩等效均布荷载

序号	计算简图	支座弯矩等效均布荷载 q_e
1		$\dfrac{n^2-1}{n} \times \dfrac{F}{l}$
2		$\dfrac{\gamma}{2}(3-\gamma^2)q$
3		$\dfrac{2n^2+1}{2n} \times \dfrac{F}{l}$
4		$2\alpha^2(3-2\alpha)q$
5		$\gamma[12(\alpha-\alpha^2)-\gamma^2]q$

序号	计算简图	支座弯矩等效均布荷载 q_e
6	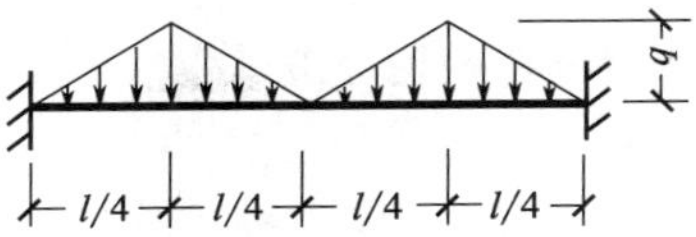	$\dfrac{17}{32}q$
7	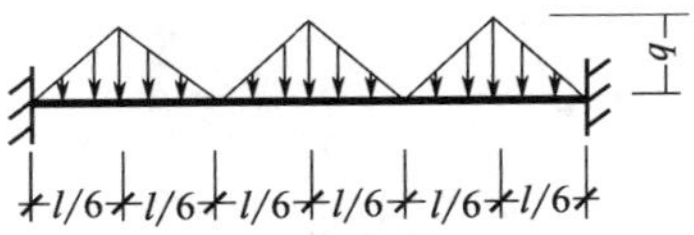	$\dfrac{37}{72}q$
8	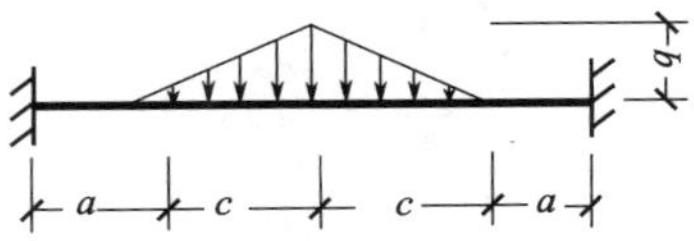	$\dfrac{\gamma}{2}(3-2\gamma^2)q$
9	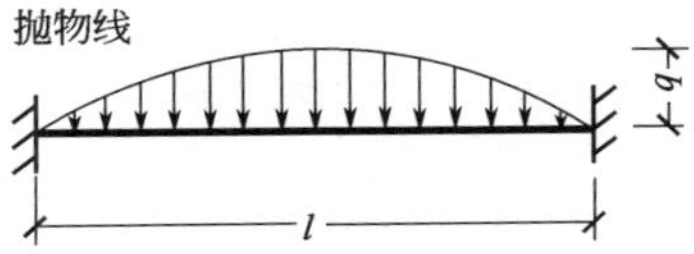	$\dfrac{4}{5}q$

8.2　四边支承双向板按弹性分析的计算系数表（泊松比 $\nu=0$）

双向板按弹性理论方法计算属于弹性理论小挠度薄板的弯曲问题，由于内力分析很复杂，在实际设计工作中，为了简化计算，通常是直接应用根据弹性理论编制的计算用表进行内力计算。表 8.4 和表 8.5 分别给出了四边简支双向板和四边固定双向板在均布荷载作用下的跨内弯矩系数（泊松比 $\nu=0$）、支座弯矩系数和挠度系数，根据表中系数，可算出相应截面的弯矩和挠度。图中短横线表示固定边，虚线表示简支边。

表中符号的意义如下：

M——跨内或支座弯矩设计值，使板的受荷面受压者为正，$M=$ 表中系数 $\times(g+q)l_x^2$；

f——板中心点的挠度，竖向位移与荷载方向相同时为正，$f=$ 表中系数 $\times$ $\dfrac{(g_k+q_k)l_x^4}{B_c}$；

B_c——板的截面抗弯刚度，$B_c=\dfrac{Eh^3}{12(1-\nu^2)}$；

g、q——均布恒载设计值和活载设计值；

g_k、q_k——均布恒载标准值和活载标准值；

E——弹性模量；

h——板厚；

ν——泊松比，对钢筋混凝土板，可取 $\nu=1/6$ 或 0.2；

l_x、l_y——双向板两个方向的计算跨度，$l_x<l_y$；

m_x、$m_{x,\max}$——分别为平行于 l_x 方向板中心点单位板宽内的弯矩和板跨内最大弯矩系数；

m_y、$m_{y,\max}$——分别为平行于 l_y 方向板中心点单位板宽内的弯矩和板跨内最大弯矩系数；

m'_x——固定边中点沿 l_x 方向单位板宽内的弯矩系数；

m'_y——固定边中点沿 l_y 方向单位板宽内的弯矩系数。

计算用表（表 8.4 和表 8.5）是根据材料的泊松比 $\nu=0$ 制定的，当泊松比 $\nu\neq0$ 时，其挠度和支座中点弯矩仍可按表 8.4 和表 8.5 查得。但求跨内弯矩时，还应考虑横向变形的影响，即考虑泊松比 ν 影响，以 m^ν_x、m^ν_y 表示平行于 l_x、l_y 的板中心点单位板宽内的弯矩，则 $m^\nu_x=m_x+\nu m_y$，$m^\nu_y=m_y+\nu m_x$。

表 8.4　四边简支双向板按弹性分析的计算系数表

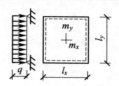

l_x/l_y	f	m_x	m_y	l_x/l_y	f	m_x	m_y
0.50	0.01013	0.0965	0.0174	0.80	0.00603	0.0561	0.0334
0.55	0.00940	0.0892	0.0210	0.85	0.00547	0.0506	0.0348
0.60	0.00867	0.0820	0.0242	0.90	0.00496	0.0456	0.0358
0.65	0.00796	0.0750	0.0271	0.95	0.00449	0.0410	0.0364
0.70	0.00727	0.0683	0.0296	1.00	0.00406	0.0368	0.0368
0.75	0.00663	0.0620	0.0317				

表 8.5　四边固定双向板按弹性分析的计算系数表

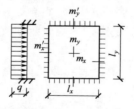

l_x/l_y	f	m_x	m_y	m'_x	m'_y
0.50	0.00253	0.0400	0.0038	-0.0829	-0.0570
0.55	0.00246	0.0385	0.0056	-0.0814	-0.0571
0.60	0.00236	0.0367	0.0076	-0.0793	-0.0571
0.65	0.00224	0.0345	0.0095	-0.0766	-0.0571
0.70	0.00211	0.0321	0.0113	-0.0735	-0.0569
0.75	0.00197	0.0296	0.0130	-0.0701	-0.0565

l_x/l_y	f	m_x	m_y	m_x'	m_y'
0.80	0.00182	0.0271	0.0144	-0.0664	-0.0559
0.85	0.00168	0.0246	0.0156	-0.0626	-0.0551
0.90	0.00153	0.0221	0.0165	-0.0588	-0.0541
0.95	0.00140	0.0198	0.0172	-0.0550	-0.0528
1.00	0.00127	0.0176	0.0176	-0.0513	-0.0513

8.3 钢筋混凝土构件正常使用极限状态的验算

8.3.1 钢筋混凝土受弯构件的挠度限值

受弯构件的最大挠度应按荷载效应的标准组合并考虑荷载长期作用影响进行计算，其计算值不应超过表 8.6 规定的挠度限值。

表 8.6 受弯构件的挠度限值

构件类型	挠度限值
吊车梁:手动吊车 电动吊车	$L_0/500$ $L_0/600$
屋盖、楼盖及楼梯构件: 当 $L_0<7m$ 时 当 $7m{\leqslant}L_0{\leqslant}9m$ 时 当 $L_0>9m$ 时	 $L_0/200(L_0/250)$ $L_0/250(L_0/300)$ $L_0/300(L_0/400)$

注：1. 表中 L_0 为构件的计算跨度；计算悬臂构件的挠度限值时，其计算跨度 L_0 按实际悬臂长度的 2 倍取用。

2. 表中括号内的数值适用于使用上对挠度有较高要求的构件。

3. 如果构件制作时预先起拱，且使用上也允许，则在验算挠度时，可将计算所得的挠度值减去起拱值；对预应力混凝土构件，还应减去预加力所产生的反拱值。

4. 构件制作时的起拱值和预加力所产生的反拱值，不宜超过构件在相应荷载组合作用下的计算挠度值。

8.3.2 钢筋混凝土受弯构件的裂缝控制

钢筋混凝土结构构件正截面的受力裂缝控制等级分为三级。裂缝控制等级的划分应符合下列规定。

(1) 一级

严格要求不出现裂缝的构件，按荷载标准组合计算时，构件受拉边缘混凝土不应产生拉应力。

(2) 二级

一般要求不出现裂缝的构件，按荷载标准组合计算时，构件受拉边缘混凝土拉应力不应大于混凝土抗拉强度的标准值。

(3) 三级

允许出现裂缝的构件：对钢筋混凝土构件，按荷载准永久组合并考虑长期作用影响计算时，构件的最大裂缝宽度不应超过表 8.7 规定的最大裂缝宽度限值。对预应力混凝土构件，按荷载标准组合并考虑长期作用的影响计算时，构件的最大裂缝宽度不应超过表 8.7 规定的最大裂缝宽度限值；对二 a 类环境的预应力混凝土构件，尚应按荷载准永久组合计算，且构件受拉边缘混凝土的拉应力不应大于混凝土的抗拉强度标准值。

表 8.7　结构构件的裂缝控制等级及最大裂缝宽度的限值　　　　单位：mm

环境类别	钢筋混凝土结构		预应力混凝土结构	
	裂缝控制等级	w_{lim}	裂缝控制等级	w_{lim}
一	三级	0.30(0.40)	三级	0.20
二 a				0.10
二 b		0.20	二级	—
三 a、三 b			一级	—

注：1　对处于年平均相对湿度小于 60% 地区一类环境下的受弯构件，其最大裂缝宽度限值可采用括号内的数值。
　　2.　在一类环境下，对钢筋混凝土屋架、托架及需作疲劳验算的吊车梁，其最大裂缝宽度限值应取为 0.20mm；对钢筋混凝土屋面梁和托梁，其最大裂缝宽度限值应取为 0.30mm。
　　3.　在一类环境下，对预应力混凝土屋架、托架及双向板体系，应按二级裂缝控制等级进行验算；对一类环境下的预应力混凝土屋面梁、托梁、单向板，应按表中二 a 环境的要求进行验算；在一类和二 a 类环境下需作疲劳验算的预应力混凝土吊车梁，应按裂缝控制等级不低于二级的构件进行验算。
　　4.　表中规定的预应力混凝土构件的裂缝控制等级和最大裂缝宽度限值仅适用于正截面的验算；预应力混凝土构件的斜截面裂缝控制验算应符合《混凝土结构设计规范》（GB 50010—2010）第 7 章的有关规定。
　　5.　对于烟囱、筒仓和处于液体压力下的结构，其裂缝控制要求应符合专门标准的有关规定。
　　6.　对于处于四、五类环境下的结构构件，其裂缝控制要求应符合专门标准的有关规定。
　　7.　表中的最大裂缝宽度限值为用于验算荷载作用引起的最大裂缝宽度。

8.4　混凝土结构的耐久性

8.4.1　混凝土结构的环境类别

混凝土结构的耐久性应根据表 8.8 的环境类别和设计使用年限进行设计。

表 8.8　混凝土结构的环境类别

环境类别	条　件
一	室内干燥环境； 无侵蚀性静水浸没环境
二 a	室内潮湿环境； 非严寒和非寒冷地区的露天环境； 非严寒和非寒冷地区与无侵蚀性的水或土壤直接接触的环境； 严寒和寒冷地区的冰冻线以下与无侵蚀性的水或土壤直接接触的环境
二 b	干湿交替环境； 水位频繁变动环境； 严寒和寒冷地区的露天环境； 严寒和寒冷地区冰冻线以上与无侵蚀性的水或土壤直接接触的环境
三 a	严寒和寒冷地区冬季水位变动区环境； 受除冰盐影响环境； 海风环境
三 b	盐渍土环境； 受除冰盐作用环境； 海岸环境
四	海水环境
五	受人为或自然的侵蚀性物质影响的环境

8.4.2 混凝土结构耐久性的基本要求

一类、二类和三类环境中，设计使用年限为 50 年的结构混凝土应符合表 8.9 的要求。

表 8.9 结构混凝土耐久性基本要求

环境等级	最大水胶比	最低强度等级	最大氯离子含量/%	最大碱含量/(kg/m³)
一	0.60	C20	0.30	不限制
二 a	0.55	C25	0.20	
二 b	0.50(0.55)	C30(C25)	0.15	3.0
三 a	0.45(0.50)	C35(C30)	0.15	
三 b	0.40	C40	0.10	

注：1. 氯离子含量系指其占胶凝材料总量的百分比。
2. 预应力构件混凝土中的最大氯离子含量为 0.06%；其最低混凝土强度等级宜按表中的规定提高两个等级。
3. 素混凝土构件的水胶比及最低强度等级的要求可适当放松。
4. 有可靠工程经验时，二类环境中的最低混凝土强度等级可降低一个等级。
5. 处于严寒和寒冷地区二 b、三 a 类环境中的混凝土应使用引气剂，并可采用括号中的有关参数。
6. 当使用非碱活性骨料时，对混凝土中的碱含量可不作限制。

一类环境中，设计使用年限为 100 年的混凝土结构应符合下列规定。

① 钢筋混凝土结构的最低混凝土强度等级为 C30；预应力混凝土结构的最低混凝土强度等级为 C40。

② 混凝土中的最大氯离子含量为 0.06%。

③ 宜使用非碱活性骨料；当使用碱活性骨料时，混凝土中的碱含量不能超过 3.0kg/m³。

④ 混凝土保护层厚度应按表 8.10 的规定；当采取有效的表面防护措施时，混凝土保护层厚度可适当减少。

⑤ 在使用过程中，应定期维护。

表 8.10 纵向受力钢筋的混凝土保护层最小厚度 单位：mm

环境类别	板、墙、壳	梁、柱、杆
一	15	20
二 a	20	25
二 b	25	35
三 a	30	40
三 b	40	50

注：1. 混凝土强度等级不大于 C25 时，表中保护层厚度数值应增加 5mm。
2. 钢筋混凝土基础宜设置混凝土垫层，基础中钢筋的混凝土保护层厚度应从垫层顶面算起，且不应小于 40mm。

8.5 地基基础设计

8.5.1 地基基础设计等级

建筑地基基础设计等级是按照地基基础设计的复杂性和技术难度确定的，划分时考虑了建筑物的性质、规模、高度和体型；对地基变形的要求；场地和地基条件的复杂程度；以及由于地基问题对建筑物的安全和正常使用可能造成影响的严重程度等因素。

地基基础设计等级采用三级划分，设计时应根据具体情况，按表 8.11 选用。

表 8.11 地基基础设计等级

设计等级	建筑和地基类型
甲级	重要的工业与民用建筑物 30 层以上的高层建筑 体型复杂，层数相差超过 10 层的高低层连成一体建筑物 大面积的多层地下建筑物（如地下车库、商场、运动场等） 对地基变形有特殊要求的建筑物 复杂地质条件下的坡上建筑物（包括高边坡） 对原有工程影响较大的新建建筑物 场地和地基条件复杂的一般建筑物 位于复杂地质条件及软土地区的二层及二层以上地下室的基坑工程 开挖深度大于 15m 的基坑工程 周边环境条件复杂、环境保护要求高的基坑工程
乙级	除甲级、丙级以外的工业与民用建筑物 除甲级、丙级以外的基坑工程
丙级	场地和地基条件简单、荷载分布均匀的七层及七层以下民用建筑及一般工业建筑；次要的轻型建筑物 非软土地区且场地地质条件简单、基坑周边环境条件简单、环境保护要求不高且开挖深度小于 5.0m 的基坑工程

8.5.2 地基变形设计

根据建筑物地基基础设计等级及长期荷载作用下地基变形对上部结构的影响程度，地基基础设计应符合下列规定。

① 所有建筑物的地基计算均应满足承载力计算的有关规定。

② 设计等级为甲级、乙级的建筑物，均应按地基变形设计。这是由于因地基变形造成上部结构的破坏和裂缝的事例很多，因此控制地基变形成为地基设计的主要原则，在满足承载力计算的前提下，应按控制地基变形的正常使用极限状态设计。

③ 表 8.12 所列范围内设计等级为丙级的建筑物可不作变形验算，如有下列情况之一时，仍应作变形验算：

a. 地基承载力特征值小于 130kPa，且体型复杂的建筑；

b. 在基础上及其附近有地面堆载或相邻基础荷载差异较大，可能引起地基产生过大的不均匀沉降时；

c. 软弱地基上的建筑物存在偏心荷载时；

d. 相邻建筑距离过近，可能发生倾斜时；

e. 地基内有厚度较大或厚薄不均的填土，其自重固结未完成时。

④ 对经常受水平荷载作用的高层建筑、高耸结构和挡土墙等，以及建造在斜坡上或边坡附近的建筑物和构筑物，应验算其稳定性。

⑤ 基坑工程应进行稳定性验算。

⑥ 当地下水埋藏较浅，建筑地下室或地下构筑物存在上浮问题时，应进行抗浮验算。

表 8.12　可不做地基变形计算设计等级为丙级的建筑物范围

地基主要受力层情况	地基承载力特征值 f_{ak}/kPa			$80 \leqslant f_{ak} < 100$	$100 \leqslant f_{ak} < 130$	$130 \leqslant f_{ak} < 160$	$160 \leqslant f_{ak} < 200$	$200 \leqslant f_{ak} < 300$
	各土层坡度/%			$\leqslant 5$	$\leqslant 10$	$\leqslant 10$	$\leqslant 10$	$\leqslant 10$
建筑类型	砌体承重结构、框架结构（层数）			$\leqslant 5$	$\leqslant 5$	$\leqslant 6$	$\leqslant 6$	$\leqslant 7$
	单层排架结构（6m柱距）	单跨	吊车额定起重量/t	10～15	15～20	20～30	30～50	50～100
			厂房跨度/m	$\leqslant 18$	$\leqslant 24$	$\leqslant 30$	$\leqslant 30$	$\leqslant 30$
		多跨	吊车额定起重量/t	5～10	10～15	15～20	20～30	30～75
			厂房跨度/m	$\leqslant 18$	$\leqslant 24$	$\leqslant 30$	$\leqslant 30$	$\leqslant 30$
	烟囱		高度/m	$\leqslant 40$	$\leqslant 50$	$\leqslant 75$		$\leqslant 100$
	水塔		高度/m	$\leqslant 20$	$\leqslant 30$	$\leqslant 30$		$\leqslant 30$
			容积/m³	50～100	100～200	200～300	300～500	500～1000

注：地基主要受力层是指条形基础底面下深度为 3b（b 为基础底面宽度），独立基础下为 1.5b，且厚度均不小于 5m 的范围（二层以下一般的民用建筑除外）。

8.6　材料

8.6.1　混凝土

素混凝土结构的混凝土强度等级不应低于 C15；钢筋混凝土结构的混凝土强度等级不应低于 C20；采用强度等级 400MPa 及以上的钢筋时，混凝土强度等级不应低于 C25。预应力混凝土结构的混凝土强度等级不宜低于 C40，且不应低于 C30。承受重复荷载的钢筋混凝土构件，混凝土强度等级不应低于 C30。

抗震设计时，框支梁、框支柱及抗震等级为一级的框架梁柱节点区混凝土的强度等级不应低于 C30；构造柱、芯柱、圈梁及其他各类构件不应低于 C20。

（1）混凝土强度标准值

混凝土轴心抗压、轴心抗拉强度标准值 f_{ck}、f_{tk} 按表 8.13 的规定采用。

表 8.13　混凝土强度标准值　　　　　　　　单位：N/mm²

强度种类	混凝土强度等级													
	C15	C20	C25	C30	C35	C40	C45	C50	C55	C60	C65	C70	C75	C80
f_{ck}	10.0	13.4	16.7	20.1	23.4	26.8	29.6	32.4	35.5	38.5	41.5	44.5	47.4	50.2
f_{tk}	1.27	1.54	1.78	2.01	2.20	2.39	2.51	2.64	2.74	2.85	2.93	2.99	3.05	3.11

（2）混凝土强度设计值

混凝土轴心抗压、轴心抗拉强度设计值 f_c、f_t 按表 8.14 采用。

表 8.14　混凝土强度设计值　　　　　　　　单位：N/mm²

强度种类	混凝土强度等级													
	C15	C20	C25	C30	C35	C40	C45	C50	C55	C60	C65	C70	C75	C80
f_c	7.2	9.6	11.9	14.3	16.7	19.1	21.1	23.1	25.3	27.5	29.7	31.8	33.8	35.9
f_t	0.91	1.10	1.27	1.43	1.57	1.71	1.80	1.89	1.96	2.04	2.09	2.14	2.18	2.22

（3）混凝土的弹性模量

混凝土受压或受拉的弹性模量 E_c 按表 8.15 采用。

表 8.15　混凝土弹性模量　　　　　　　　　　　单位：×10⁴N/mm²

混凝土强度等级	C15	C20	C25	C30	C35	C40	C45	C50	C55	C60	C65	C70	C75	C80
E_c	2.20	2.55	2.80	3.00	3.15	3.25	3.35	3.45	3.55	3.60	3.65	3.70	3.75	3.80

（4）构件常用混凝土选用

在结构设计时，构件常用的混凝土等级可参考表 8.16 选用。

表 8.16　构件常用混凝土等级

序号	结构类别		混凝土最低强度等级	混凝土适宜强度等级
1	素混凝土结构	垫层及填充混凝土	C15	C15,C20
2		现浇式结构	C15	C15,C20
3		装配式结构	C20	C20,C25
4	钢筋混凝土结构	配 HPB300 钢筋的结构	C15	C15,C20
5		配 HRB335、HRBF335 钢筋的结构	C20	C20,C30,C40,C50
6		配 HRB400、HRB500、HRBF400、HRBF500 和 RRB400 钢筋的结构	C20	C20,C30,C40,C50
7		承受重复荷载的结构	C20	C20,C30,C40,C50
8		叠合梁、板的叠合层	C20	C20,C30,C40
9		剪力墙	C20	C20,C30,C40
10		一级抗震等级的梁、柱、框架节点	C30	C30,C40,C50,C60
11		二、三级抗震等级的梁、柱、框架节点	C20	C30,C40,C50,C60
12		有侵蚀介质作用的现浇式结构	C30	C30,C40,C50
13		有侵蚀介质作用的装配式结构	C30	C30,C40,C50
14		处于露天或室内高湿度环境中的非主要承重构件	C25	C25,C30,C40
15		处于露天或室内高湿度环境中的主要承重构件	C30	C30,C40,C50
16		高层建筑	C40	C50,C55,C60,C70,C80
17	预应力混凝土结构	预应力混凝土结构	C30	C30,C40,C50
18		配钢绞线、钢丝、热处理钢筋的构件	C40	C40,C50,C60
19		配其他预应力钢筋的构件	C30	C30,C40
20	基础	刚性基础	C20	C20,C25
21		受侵蚀作用的刚性基础	C25	C25,C30
22		扩展基础	C20	C20,C25,C30
23		墙下筏板基础	C20	C20,C25
24		壳体基础	C20	C20,C25
25		桩基承台	C20	C20,C25
26		灌注桩	C20	C20,C25,C30
27		水下灌注桩	C20	C25,C30
28		预制桩	C30	C35,C40
29		大块式基础	C20	C20,C25
30		按受力确定的构架式基础	C20	C20,C25,C30
31		高层建筑箱形基础	C20	C20,C25,C30
32		高层建筑筏形基础和桩箱、桩筏基础	C30	C30,C40,C50

8.6.2 钢筋

钢筋混凝土结构和预应力混凝土结构中的普通钢筋（用于钢筋混凝土结构中的钢筋和预应力混凝土结构中的非预应力钢筋）宜采用 HRB400、HRB500、HRBF400、HRBF500 钢筋，也可采用 HPB300、HRB335、HRBF335 和 RRB400 钢筋；预应力钢筋宜采用预应力钢绞线、钢丝，也可采用热处理钢筋。

抗震设计时，抗震等级为一、二级的框架结构，其纵向受力钢筋采用普通钢筋时，钢筋的抗拉强度实测值与屈服强度实测值的比值不应小于 1.25，且钢筋的屈服强度实测值与强度标准值的比值不应大于 1.3，且钢筋在最大拉力下的总伸长率实测值不应小于 9%。

在施工中，当需要以强度等级较高的钢筋替代原设计中的纵向受力钢筋时，应按照钢筋受拉承载力设计值相等的原则换算，并应满足正常使用极限状态和抗震构造措施的要求。

（1）普通钢筋强度标准值

普通钢筋的强度标准值应按表 8.17 采用。

表 8.17　普通钢筋强度标准值　　　　　单位：N/mm²

牌号	符号	公称直径 d	屈服强度标准值 f_{yk}	极限强度标准值 f_{stk}
HPB300	ϕ	6～22mm	300	420
HRB335 HRBF335	ϕ ϕ^F	6～50mm	335	455
HRB400 HRBF400 RRB400	ϕ ϕ^F ϕ^R	6～50mm	400	540
HRB500 HRBF500	Φ Φ^F	6～50mm	500	630

（2）普通钢筋强度设计值

普通钢筋的抗拉强度设计值 f_y 及抗压强度设计值 f'_y 应按表 8.18 采用。当构件中配有不同种类的钢筋时，每种钢筋应采用各自的强度设计值。横向钢筋的抗拉强度设计值 f_{yv} 应按表中 f_y 的数值采用；当用作受剪、受扭、受冲切承载力计算时，其数值大于 360N/mm² 时应取 360N/mm²。

表 8.18　普通钢筋强度设计值　　　　　单位：N/mm²

牌号	抗拉强度设计值 f_y	抗压强度设计值 f'_y
HPB300	270	270
HRB335、HRBF335	300	300
HRB400、HRBF400、RRB400	360	360
HRB500、HRBF500	435	410

（3）钢筋的弹性模量

钢筋的弹性模量 E_s 按表 8.19 采用。

表 8.19	钢筋弹性模量	单位：$\times 10^5 \, N/mm^2$
牌号或种类		弹性模量 F_s
HPB300 钢筋		2.10
HRB335、HRB400、HRB500 钢筋 HRBF335、HRBF400、HRBF500 钢筋 RRB400 钢筋 预应力螺纹钢筋		2.00
消除应力钢丝、中强度预应力钢丝		2.05
钢绞线		1.95

（4）钢筋的计算截面面积及理论重量

钢筋的计算截面面积及理论重量按表 8.20 采用。

表 8.20　钢筋计算截面面积及理论重量

公称直径/mm	不同根数钢筋的公称截面面积/mm²									单根钢筋理论重量/(kg/m)
	1	2	3	4	5	6	7	8	9	
6	28.3	57	85	113	142	170	198	226	255	0.222
8	50.3	101	151	201	252	302	352	402	453	0.395
10	78.5	157	236	314	393	471	550	628	707	0.617
12	113.1	226	339	452	565	678	791	904	1017	0.888
14	153.9	308	461	615	769	923	1077	1231	1385	1.21
16	201.1	402	603	804	1005	1206	1407	1608	1809	1.58
18	254.5	509	763	1017	1272	1527	1781	2036	2290	2.00(2.11)
20	314.2	628	942	1256	1570	1884	2199	2513	2827	2.47
22	380.1	760	1140	1520	1900	2281	2661	3041	3421	2.98
25	490.9	982	1473	1964	2454	2945	3436	3927	4418	3.85(4.10)
28	615.8	1232	1847	2463	3079	3695	4310	4926	5542	4.83
32	804.2	1609	2413	3217	4021	4826	5630	6434	7238	6.31(6.65)
36	1017.9	2036	3054	4072	5089	6107	7125	8143	9161	7.99
40	1256.6	2513	3770	5027	6283	7540	8796	10053	11310	9.87(10.34)
50	1963.5	3928	5892	7856	9820	11784	13748	15712	17676	15.42(16.28)

注　括号内为预应力螺纹钢筋的数值。

（5）钢筋混凝土板每米宽的钢筋面积表

钢筋混凝土板每米宽的钢筋面积表按表 8.21 采用。

表 8.21　钢筋混凝土板每米宽的钢筋面积表　　　　单位：mm²

钢筋间距/mm	钢筋直径/mm											
	3	4	5	6	6/8	8	8/10	10	10/12	12	12/14	14
70	101.0	180.0	280.0	404.0	561.0	719.0	920.0	1121.0	1369.0	1616.0	1907.0	2199.0
75	94.2	168.0	262.0	377.0	524.0	671.0	859.0	1047.0	1277.0	1508.0	1780.0	2052.0
80	88.4	157.0	245.0	354.0	491.0	629.0	805.0	981.0	1198.0	1414.0	1669.0	1924.0
85	83.2	148.0	231.0	333.0	462.0	592.0	758.0	924.0	1127.0	1331.0	1571.0	1811.0
90	78.5	140.0	218.0	314.0	437.0	559.0	716.0	872.0	1064.0	1257.0	1483.0	1710.0
95	74.5	132.0	207.0	298.0	414.0	529.0	678.0	826.0	1008.0	1190.0	1405.0	1620.0
100	70.6	126.0	196.0	283.0	393.0	503.0	644.0	785.0	958.0	1131.0	1335.0	1539.0
110	64.2	114.0	178.0	257.0	357.0	457.0	585.0	714.0	871.0	1028.0	1214.0	1399.0
120	58.9	105.0	163.0	236.0	327.0	419.0	537.0	654.0	798.0	942.0	1113.0	1283.0
125	56.5	101.0	157.0	226.0	314.0	402.0	515.0	628.0	766.0	905.0	1068.0	1231.0
130	54.4	96.6	151.0	218.0	302.0	387.0	495.0	604.0	737.0	870.0	1027.0	1184.0

钢筋间距/mm	钢筋直径/mm											
	3	4	5	6	6/8	8	8/10	10	10/12	12	12/14	14
140	50.5	89.8	140.0	202.0	281.0	359.0	460.0	561.0	684.0	808.0	954.0	1099.0
150	47.1	83.8	131.0	189.0	262.0	335.0	429.0	523.0	639.0	754.0	890.0	1026.0
160	44.1	78.5	123.0	177.0	246.0	314.0	403.0	491.0	599.0	707.0	834.0	962.0
170	41.5	73.9	115.0	166.0	231.0	296.0	379.0	462.0	564.0	665.0	785.0	905.0
180	39.2	69.8	109.0	157.0	218.0	279.0	358.0	436.0	532.0	628.0	742.0	855.0
190	37.2	66.1	103.0	149.0	207.0	265.0	339.0	413.0	504.0	595.0	703.0	810.0
200	35.3	62.8	98.2	141.0	196.0	251.0	322.0	393.0	479.0	565.0	668.0	770.0
220	32.1	57.1	89.2	129.0	179.0	229.0	293.0	357.0	436.0	514.0	607.0	700.0
240	29.4	52.4	81.8	118.0	164.0	210.0	268.0	327.0	399.0	471.0	556.0	641.0
250	28.3	50.3	78.5	113.0	157.0	201.0	258.0	314.0	383.0	452.0	534.0	616.0
260	27.2	48.3	75.5	109.0	151.0	193.0	248.0	302.0	369.0	435.0	513.0	592.0
280	25.2	44.9	70.1	101.0	140.0	180.0	230.0	280.0	342.0	404.0	477.0	550.0
300	23.6	41.9	65.5	94.2	131.0	168.0	215.0	262.0	319.0	377.0	445.0	513.0
320	22.1	39.3	61.4	88.4	123.0	157.0	201.0	245.0	299.0	353.0	417.0	481.0

8.7 混凝土结构构造

8.7.1 混凝土保护层

混凝土保护层是指最外层钢筋外边缘至混凝土表面的距离，其作用是：

① 保证钢筋与混凝土之间的黏结锚固，混凝土保护层愈厚，黏结锚固作用愈大；

② 保护钢筋免遭锈蚀，混凝土的碱性环境使包裹在里面的钢筋表面形成钝化膜而不易锈蚀。一定厚度保护层是保证结构耐久性所必需的条件；

③ 过厚的保护层将影响构件截面的"有效高度"。

因此，确定混凝土保护层厚度应综合考虑黏结锚固、免遭锈蚀（耐久性）和构件截面的"有效高度"三个主要因素。规范给出的混凝土保护层最小厚度是保护层厚度的最低取值。构件中受力钢筋的保护层厚度不应小于钢筋的公称直径 d。设计使用年限为 50 年的混凝土结构，最外层钢筋的保护层厚度应符合表 8.10 的规定；设计使用年限为 100 年的混凝土结构，最外层钢筋的保护层厚度不应小于表 8.10 中数值的 1.4 倍。

当梁、柱、墙中纵向受力钢筋的保护层厚度大于 50mm 时，宜对保护层采取有效的构造措施。当在保护层内配置防裂、防剥落的钢筋网片时，网片钢筋的保护层厚度不应小于 25mm。

8.7.2 钢筋的锚固

(1) 受拉钢筋的基本锚固长度计算

当计算中充分利用钢筋的抗拉强度时，受拉钢筋的基本锚固长度应按下列公式计算：

普通钢筋：
$$l_{ab} = \alpha d f_y / f_t \tag{8.1}$$

预应力钢筋：
$$l_{ab} = \alpha d f_{py} / f_t \tag{8.2}$$

式中　　l_{ab}——受拉钢筋的基本锚固长度；

f_y、f_{py}——普通钢筋、预应力钢筋的抗拉强度设计值；

f_t——混凝土轴心抗拉强度设计值，当混凝土强度等级高于 C60 时，按 C60 取值；

d——钢筋的公称直径；

α——钢筋的外形系数，按表 8.22 查取。

表 8.22　锚固钢筋的外形系数 α

钢筋类型	光圆钢筋	带肋钢筋	螺旋肋钢丝	三股钢绞线	七股钢绞线
α	0.16	0.14	0.13	0.16	0.17

注：光圆钢筋末端应做 180°弯钩，弯后平直段长度不应小于 $3d$，但作受压钢筋时可不做弯钩。

（2）受拉钢筋的锚固长度计算

受拉钢筋的锚固长度根据式(8.3)计算，且不应小于 200mm。

$$l_a = \zeta_a l_{ab} \tag{8.3}$$

式中　l_a——受拉钢筋的锚固长度；

ζ_a——锚固长度修正系数，根据《混凝土结构设计规范》（GB 50010—2010）第 8.3.2 条选取。

（3）纵向受拉钢筋的基本锚固长度 l_{ab} 和纵向受拉钢筋的抗震基本锚固长度 l_{abE}

纵向受拉钢筋的基本锚固长度 l_{ab} 和纵向受拉钢筋的抗震基本锚固长度 l_{abE} 可参考表 8.23 取值。

表 8.23　纵向受拉钢筋的基本锚固长度 l_{ab} 和纵向受拉钢筋的抗震基本锚固长度 l_{abE}

钢筋种类	抗震等级	混凝土强度等级								
		C20	C25	C30	C35	C40	C45	C50	C55	≥C60
HPB300	一、二级(l_{abE})	45d	39d	35d	32d	29d	28d	26d	25d	24d
	三级(l_{abE})	41d	36d	32d	29d	26d	25d	24d	23d	22d
	四级(l_{abE}) 非抗震(l_{ab})	39d	34d	30d	28d	25d	24d	23d	22d	21d
HRB335 HRBF335	一、二级(l_{abE})	44d	38d	33d	31d	29d	26d	25d	24d	24d
	三级(l_{abE})	40d	35d	31d	28d	26d	24d	23d	22d	22d
	四级(l_{abE}) 非抗震(l_{ab})	38d	33d	29d	27d	25d	23d	22d	21d	21d
HRB400 HRBF400 RRB400	一、二级(l_{abE})	—	46d	40d	37d	33d	32d	31d	30d	29d
	三级(l_{abE})	—	42d	37d	34d	30d	29d	28d	27d	26d
	四级(l_{abE}) 非抗震(l_{ab})		40d	35d	32d	29d	28d	27d	26d	25d
HRB500 HRBF500	一、二级(l_{abE})	—	55d	49d	45d	41d	39d	37d	36d	35d
	三级(l_{abE})	—	50d	45d	41d	38d	36d	34d	33d	32d
	四级(l_{abE}) 非抗震(l_{ab})	—	48d	43d	39d	36d	34d	32d	31d	30d

注：d 为钢筋的公称直径。

8.8　建筑抗震设计

8.8.1　建筑抗震设防类别

建筑工程分为以下四个抗震设防类别。

(1) 特殊设防类

特殊设防类建筑指使用上有特殊设施，涉及国家公共安全的重大建筑工程和地震时可能发生严重次生灾害等特别重大灾害后果，需要进行特殊设防的建筑，简称甲类建筑。

(2) 重点设防类

重点设防类建筑指地震时使用功能不能中断或需尽快恢复的生命线相关建筑，以及地震时可能导致大量人员伤亡等重大灾害后果，需要提高设防标准的建筑，简称乙类建筑。

(3) 标准设防类

标准设防类建筑指大量的除1、2、4款以外按标准要求进行设防的建筑，简称丙类建筑。

(4) 适度设防类

适度设防类建筑指使用上人员稀少且震损不致产生次生灾害，允许在一定条件下适度降低要求的建筑，简称丁类建筑。

8.8.2 抗震设防标准

各抗震设防类别建筑的抗震设防标准，应符合下列要求。

(1) 标准设防类

应按本地区抗震设防烈度确定其抗震措施和地震作用，达到在遭遇高于当地抗震设防烈度的预估罕遇地震影响时不致倒塌或发生危及生命安全的严重破坏的抗震设防目标。

(2) 重点设防类

应按高于本地区抗震设防烈度一度的要求加强其抗震措施；但抗震设防烈度为9度时应按比9度更高的要求采取抗震措施；地基基础的抗震措施，应符合有关规定。同时，应按本地区抗震设防烈度确定其地震作用。

(3) 特殊设防类

应按高于本地区抗震设防烈度提高一度的要求加强其抗震措施；但抗震设防烈度为9度时应按比9度更高的要求采取抗震措施。同时，应按批准的地震安全性评价的结果且高于本地区抗震设防烈度的要求确定其地震作用。

(4) 适度设防类

允许比本地区抗震设防烈度的要求适当降低其抗震措施，但抗震设防烈度为6度时不应降低。一般情况下，仍应按本地区抗震设防烈度确定其地震作用。

8.8.3 地震作用的计算规定

① 一般情况下，应至少在建筑结构的两个主轴方向分别计算水平地震作用，各方向的水平地震作用应由该方向抗侧力构件承担。

② 有斜交抗侧力构件的结构，当相交角度大于15°时，应分别计算各抗侧力构件方向的水平地震作用。

③ 质量和刚度分布明显不对称的结构，应计入双向水平地震作用下的扭转影响；其他情况，允许采用调整地震作用效应的方法计入扭转影响。

④ 8、9度时的大跨度和长悬臂结构及9度时的高层建筑，应计算竖向地震作用。

8.8.4 地震作用的计算方法

① 高度不超过40m、以剪切变形为主且质量和刚度沿高度分布比较均匀的结构，以及近似于单质点体系的结构，可采用底部剪力法等简化方法。

② 除上述范围外的建筑结构，宜采用振型分解反应谱法。

③ 特别不规则的建筑、甲类建筑和表 8.24 所列高度范围的高层建筑，应采用时程分析法进行多遇地震下的补充计算，可取多条时程曲线计算结果的平均值与振型分解反应谱法计算结果的较大值。

表 8.24　采用时程分析的房屋高度范围

烈度、场地类别	房屋高度范围/m
8 度Ⅰ、Ⅱ类场地和 7 度	>100
8 度Ⅲ、Ⅳ类场地	>80
9 度	>60

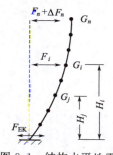

图 8.1　结构水平地震作用计算简图

8.8.5　底部剪力法

理论分析表明，对于质量和刚度沿高度分布比较均匀、高度不超过 40m，并以剪切变形为主（房屋高宽比小于 4）的结构，振动时位移反应以基本振型为主，且基本振型接近直线。《建筑抗震设计规范》（GB 50011—2010）规定此类多层建筑的水平地震作用可采用近似计算法，即底部剪力法。

采用底部剪力法时，各楼层可仅取一个自由度，结构的水平地震作用标准值，应按下列公式确定（图 8.1）。

$$F_{EK} = \alpha_1 G_{eq} \tag{8.4}$$

$$F_i = \frac{G_i H_i}{\sum\limits_{j=1}^{n} G_j H_j} F_{EK}(1 - \delta_n) \tag{8.5}$$

$$\Delta F_n = \delta_n F_{EK} \tag{8.6}$$

式中　F_{EK}——结构总水平地震作用标准值；

α_1——相应于结构基本自振周期的水平地震影响系数值，可按《建筑抗震设计规范》（GB 50011—2010）第 5.1.4 条和 5.1.5 条确定，多层砌体房屋、底部框架和多层内框架砖房，宜取水平地震影响系数最大值；

G_{eq}——结构等效总重力荷载，单质点应取总重力荷载代表值，多质点可取总重力荷载代表值的 85%；

F_i——质点 i 的水平地震作用标准值；

G_i、G_j——分别为集中于质点 i、j 的重力荷载代表值；

H_i、H_j——分别为质点 i、j 的计算高度；

δ_n——顶部附加地震作用系数，多层钢筋混凝土和钢结构房屋可按表 8.25 采用，其他房屋可采用 0.0；

ΔF_n——顶部附加水平地震作用，结构顶层水平地震作用为 $F_n + \Delta F_n$。

表 8.25　顶部附加地震作用系数

T_g/s	$T_1 > 1.4 T_g$	$T_1 \leqslant 1.4 T_g$
≤0.35	$0.08 T_1 + 0.07$	
<0.35~0.55	$0.08 T_1 + 0.01$	0.0
>0.55	$0.08 T_1 - 0.02$	

注：T_1 为结构基本自振周期，s；T_g 为场地特征周期，s。

8.8.6 结构基本周期的近似计算

(1) 能量法（Rayleigh 法）

能量法的依据是能量守恒定律，适用于一般结构基本自振周期的计算，其优点是计算结果可靠。

$$T_1 = 2\pi\psi_{\mathrm{T}} \sqrt{\frac{\sum\limits_{i=1}^{n} G_i u_i^2}{g \sum\limits_{i=1}^{n} G_i u_i}} \tag{8.7}$$

式中　G_i——质点 i 的重力荷载代表值；

　　　u_i——各质点的重力荷载代表值作为一组水平荷载时，结构质点 i 处的水平位移，m；

　　　g——重力加速度，$\mathrm{m/s^2}$。

　　　ψ_{T}——考虑非承重砖墙影响的折减系数，框架结构可取 0.6～0.7；框架-剪力墙结构可取 0.7～0.8；剪力墙结构可取 0.9～1.0。

(2) 经验公式

《建筑结构荷载规范》（GB 50009—2012）给出了高层建筑结构的基本自振周期近似计算公式。

钢筋混凝土框架和框剪结构的基本自振周期：

$$T_1 = 0.25 + 0.53 \times 10^{-3} \frac{H^2}{\sqrt[3]{B}} \tag{8.8}$$

钢筋混凝土剪力墙结构的基本自振周期：

$$T_1 = 0.03 + 0.03 \frac{H}{\sqrt[3]{B}} \tag{8.9}$$

式中　H——房屋总高度，m；

　　　B——房屋宽度，m。

(3) 假想顶点位移法

对于刚度和质量沿高度分布比较均匀的框架结构、框架-剪力墙结构及剪力墙结构，按照《高层建筑混凝土结构技术规程》（JGJ 3—2010）的规定，其基本自振周期可按下式计算：

$$T_1 = 1.7\psi_{\mathrm{T}} \sqrt{u_{\mathrm{T}}} \tag{8.10}$$

式中　T_1——结构基本自振周期，s；

　　　ψ_{T}——考虑非承重砖墙影响的折减系数，框架结构可取 0.6～0.7；框架-剪力墙结构可取 0.7～0.8；剪力墙结构可取 0.9～1.0，框架-核心筒结构可取 0.8～0.9；剪力墙结构可取 0.8～1.0；对于其他结构体系或采用其他非承重墙体时，可根据工程情况确定周期折减系数；

　　　u_{T}——假想的结构顶点水平位移，m，即假想把集中在各楼层处的重力荷载代表值 G_i 作为该楼层的水平荷载，计算出结构的顶点弹性水平位移。

8.9　规则框架各层柱反弯点高度比

8.9.1　均布水平荷载作用时各层柱标准反弯点高度比

规则框架承受均布水平荷载作用时各层柱标准反弯点高度比详见表 8.26。

表 8.26　规则框架承受均布水平荷载作用时各层柱标准反弯点高度比

n	j \ K	0.1	0.2	0.3	0.4	0.5	0.6	0.7	0.8	0.9	1.0	2.0	3.0	4.0	5.0
1	1	0.80	0.75	0.70	0.65	0.65	0.60	0.60	0.60	0.60	0.55	0.55	0.55	0.55	0.55
2	2	0.45	0.40	0.35	0.35	0.35	0.35	0.40	0.40	0.40	0.40	0.45	0.45	0.45	0.45
	1	0.95	0.80	0.75	0.70	0.65	0.65	0.65	0.60	0.60	0.60	0.55	0.55	0.55	0.50
3	3	0.15	0.20	0.20	0.25	0.30	0.30	0.30	0.35	0.35	0.35	0.40	0.45	0.45	0.45
	2	0.55	0.50	0.45	0.45	0.45	0.45	0.45	0.45	0.45	0.45	0.45	0.50	0.50	0.50
	1	1.00	0.85	0.80	0.75	0.70	0.70	0.65	0.65	0.65	0.60	0.55	0.55	0.55	0.55
4	4	−0.05	0.05	0.15	0.20	0.25	0.30	0.30	0.35	0.35	0.35	0.40	0.45	0.45	0.45
	3	0.25	0.30	0.30	0.35	0.35	0.40	0.40	0.40	0.40	0.45	0.45	0.50	0.50	0.50
	2	0.65	0.55	0.50	0.50	0.45	0.45	0.45	0.45	0.45	0.45	0.50	0.50	0.50	0.50
	1	1.10	0.90	0.80	0.75	0.70	0.70	0.55	0.65	0.55	0.60	0.55	0.55	0.55	0.55
5	5	−0.20	0.00	0.15	0.20	0.25	0.30	0.30	0.30	0.35	0.35	0.40	0.45	0.45	0.45
	4	0.10	0.20	0.25	0.30	0.35	0.35	0.40	0.40	0.40	0.40	0.45	0.45	0.50	0.50
	3	0.40	0.40	0.40	0.40	0.40	0.45	0.45	0.45	0.45	0.45	0.50	0.50	0.50	0.50
	2	0.65	0.55	0.50	0.50	0.50	0.50	0.50	0.50	0.50	0.50	0.50	0.50	0.50	0.50
	1	1.20	0.95	0.80	0.75	0.75	0.70	0.70	0.65	0.65	0.65	0.55	0.55	0.55	0.55
6	6	−0.30	0.00	0.10	0.20	0.25	0.25	0.30	0.30	0.35	0.35	0.40	0.45	0.45	0.45
	5	0.00	0.20	0.25	0.30	0.35	0.35	0.40	0.40	0.40	0.40	0.45	0.45	0.50	0.50
	4	0.20	0.30	0.35	0.35	0.40	0.40	0.40	0.45	0.45	0.45	0.50	0.50	0.50	0.50
	3	0.40	0.40	0.40	0.45	0.45	0.45	0.45	0.45	0.45	0.45	0.50	0.50	0.50	0.50
	2	0.70	0.60	0.55	0.50	0.50	0.50	0.50	0.50	0.50	0.50	0.50	0.50	0.50	0.50
	1	1.20	0.95	0.85	0.80	0.75	0.70	0.70	0.65	0.65	0.65	0.55	0.55	0.55	0.55
7	7	−0.35	−0.05	0.10	0.20	0.20	0.25	0.30	0.30	0.35	0.35	0.40	0.45	0.45	0.45
	6	−0.10	0.15	0.25	0.30	0.35	0.35	0.35	0.40	0.40	0.40	0.45	0.45	0.50	0.50
	5	0.10	0.25	0.30	0.35	0.40	0.40	0.40	0.45	0.45	0.45	0.50	0.50	0.50	0.50
	4	0.30	0.35	0.40	0.40	0.40	0.45	0.45	0.45	0.45	0.45	0.50	0.50	0.50	0.50
	3	0.50	0.45	0.45	0.45	0.45	0.45	0.45	0.45	0.45	0.45	0.50	0.50	0.50	0.50
	2	0.75	0.60	0.55	0.50	0.50	0.50	0.50	0.50	0.50	0.50	0.50	0.50	0.50	0.50
	1	1.20	0.95	0.85	0.80	0.75	0.70	0.70	0.65	0.65	0.65	0.55	0.55	0.55	0.55
8	8	−0.35	−0.15	0.10	0.10	0.25	0.25	0.30	0.30	0.35	0.35	0.40	0.45	0.45	0.45
	7	−0.10	0.15	0.25	0.30	0.35	0.35	0.40	0.40	0.40	0.40	0.45	0.50	0.50	0.50
	6	0.05	0.25	0.30	0.35	0.40	0.40	0.45	0.45	0.45	0.45	0.45	0.50	0.50	050
	5	0.20	0.30	0.35	0.40	0.40	0.45	0.45	0.45	0.45	0.45	0.50	0.50	0.50	0.50
	4	0.35	0.40	0.40	0.45	0.45	0.45	0.45	0.45	0.45	0.45	0.50	0.50	0.50	0.50
	3	0.50	0.45	0.45	0.45	0.45	0.45	0.45	0.45	0.50	0.50	0.50	0.50	0.50	0.50
	2	0.75	0.60	0.55	0.55	0.50	0.50	0.50	0.50	0.50	0.50	0.50	0.50	0.50	0.50
	1	1.20	1.00	0.85	0.80	0.75	0.70	0.70	0.65	0.65	0.65	0.55	0.55	0.55	0.55
9	9	−0.40	−0.05	0.10	0.20	0.25	0.25	0.30	0.30	0.35	0.35	0.45	0.45	0.45	0.45
	8	−0.15	0.15	0.25	0.30	0.35	0.35	0.35	0.40	0.40	0.40	0.45	0.45	0.50	0.50
	7	0.05	0.25	0.30	0.35	0.40	0.40	0.40	0.45	0.45	0.45	0.50	0.50	0.50	0.50
	6	0.15	0.30	0.35	0.40	0.40	0.45	0.45	0.45	0.45	0.45	0.50	0.50	0.50	0.50
	5	0.25	0.35	0.40	0.40	0.45	0.45	0.45	0.45	0.45	0.45	0.50	0.50	0.50	0.50
	4	0.40	0.40	0.40	0.45	0.45	0.45	0.45	0.45	0.45	0.45	0.50	0.50	0.50	0.50
	3	0.55	0.45	0.45	0.45	0.45	0.45	0.45	0.45	0.50	0.50	0.50	0.50	0.50	0.50
	2	0.80	0.65	0.55	0.55	0.50	0.50	0.50	0.50	0.50	0.50	0.50	0.50	0.50	0.50
	1	1.20	1.00	0.85	0.80	0.75	0.70	070	0.65	0.65	0.65	0.55	0.55	0.55	0.55

n	j	K 0.1	0.2	0.3	0.4	0.5	0.6	0.7	0.8	0.9	1.0	2.0	3.0	4.0	5.0
10	10	−0.40	−0.05	0.10	0.20	0.25	0.30	0.30	0.30	0.30	0.35	0.40	0.45	0.45	0.45
	9	−0.15	0.15	0.25	0.30	0.35	0.35	0.40	0.40	0.40	0.40	0.45	0.45	0.50	0.50
	8	0.00	0.25	0.30	0.35	0.40	0.40	0.40	0.45	0.45	0.45	0.45	0.50	0.50	0.50
	7	0.10	0.30	0.35	0.40	0.40	0.40	0.45	0.45	0.45	0.45	0.50	0.50	0.50	0.50
	6	0.20	0.35	0.40	0.40	0.45	0.45	0.45	0.45	0.45	0.50	0.50	0.50	0.50	0.50
	5	0.30	0.40	0.40	0.45	0.45	0.45	0.45	0.45	0.45	0.50	0.50	0.50	0.50	0.50
	4	0.40	0.40	0.45	0.45	0.45	045	0.45	0.45	0.45	0.50	0.50	0.50	0.50	0.50
	3	0.55	0.50	0.45	0.45	0.45	0.50	0.50	0.50	0.50	0.50	0.50	0.50	0.50	0.50
	2	0.80	0.65	0.55	0.55	0.55	0.50	0.50	0.50	0.50	0.50	0.50	0.50	0.50	0.50
	1	1.30	1.00	0.85	0.80	0.75	0.70	0.70	0.65	0.65	0.65	0.60	0.55	0.55	0.55
11	11	−0.40	−0.05	0.10	0.20	0.25	0.30	0.30	0.30	0.35	0.35	0.40	0.45	0.45	0.45
	10	−0.15	0.15	0.25	0.30	0.35	0.35	0.40	0.40	0.40	0.40	0.45	0.50	0.50	0.50
	9	0.00	0.25	0.30	0.35	0.40	0.40	0.40	0.45	0.45	0.45	0.45	0.50	0.50	0.50
	8	0.10	0.30	0.35	0.40	0.40	0.45	0.45	0.45	0.45	0.45	0.50	0.50	0.50	0.50
	7	0.20	0.35	0.40	0.45	0.45	0.45	0.45	0.45	0.45	0.45	0.50	0.50	0.50	0.50
	6	0.25	035	0.40	0.45	0.45	0.45	0.45	0.45	0.45	0.45	0.50	0.50	0.50	0.50
	5	0.35	0.40	0.40	0.45	0.45	0.45	0.45	0.45	0.45	0.50	0.50	0.50	0.50	0.50
	4	0.40	0.45	0.45	0.45	0.45	0.45	0.45	0.50	0.50	0.50	0.50	0.50	0.50	0.50
	3	0.55	0.50	0.50	0.50	0.50	0.50	0.50	0.50	0.50	0.50	0.50	0.50	0.50	0.50
	2	0.80	0.65	0.60	0.55	0.55	0.50	0.50	0.50	0.50	0.50	0.50	0.50	0.50	0.50
	1	1.30	1.00	0.85	0.80	0.75	0.70	0.70	0.65	0.65	0.65	0.60	0.55	0.55	0.55
12 以 上	自上1	−0.40	−0.05	0.10	0.20	0.25	0.30	0.30	0.30	0.35	0.35	0.40	0.45	0.45	0.45
	2	−015	0.15	0.25	0.30	0.35	0.35	0.40	0.40	0.40	0.40	0.45	0.45	0.50	0.50
	3	0.00	0.25	0.30	0.35	0.40	0.40	0.40	0.45	0.45	0.45	0.45	0.50	0.50	0.50
	4	0.10	0.30	0.35	0.40	0.40	0.45	0.45	0.45	0.45	0.45	0.50	0.50	0.50	0.50
	5	0.20	0.35	0.30	0.40	0.45	0.45	0.45	0.45	0.45	0.45	0.50	0.50	0.50	0.50
	6	0.25	0.35	0.30	0.45	0.45	0.45	0.45	0.45	0.45	0.45	0.50	0.50	0.50	0.50
	7	0.30	0.40	0.40	0.45	0.45	0.45	0.45	0.45	0.50	0.50	0.50	0.50	0.50	0.50
	8	0.35	0.40	0.45	0.45	0.45	0.45	0.45	0.50	0.50	0.50	0.50	0.50	0.50	0.50
	中间	0.40	0.40	0.45	0.45	0.45	0.45	0.50	0.50	0.50	0.50	0.50	0.50	0.50	0.50
	4	0.45	0.45	0.45	0.45	0.50	0.50	0.50	0.50	0.50	0.50	0.50	0.50	0.50	0.50
	3	0.60	0.50	0.50	0.50	0.50	0.50	0.50	0.50	0.50	0.50	0.50	0.50	0.50	0.50
	2	0.80	0.65	0.60	0.55	0.55	0.50	0.50	0.50	0.50	0.50	0.30	0.50	0.50	0.50
	自下1	1.30	1.00	1.85	0.80	0.75	0.70	0.70	0.65	0.65	0.55	0.55	0.55	0.55	0.55

8.9.2 倒三角形荷载作用时各层柱标准反弯点高度比

规则框架承受倒三角形荷载作用时各层柱标准反弯点高度比详见表 8.27。

表 8.27　规则框架承受倒三角形荷载作用时各层柱标准反弯点高度比

n	j	K 0.1	0.2	0.3	0.4	0.5	0.6	0.7	0.8	0.9	1.0	2.0	3.0	4.0	5.0
1	1	0.80	0.75	0.70	0.65	0.65	0.60	0.60	0.60	0.50	0.55	0.55	0.55	0.55	0.55
2	2	0.50	0.45	0.40	0.40	0.40	0.40	0.40	0.40	0.40	0.45	0.45	0.45	0.45	0.50
	1	1.00	0.85	0.75	0.70	0.70	0.65	0.65	0.65	0.60	0.60	0.55	0.55	0.55	0.55
3	3	0.25	0.25	0.25	0.30	0.30	0.35	0.35	0.35	0.40	0.40	0.45	0.45	0.45	0.50
	2	0.60	0.50	0.50	0.50	0.50	0.45	0.45	0.45	0.45	0.45	0.50	0.50	0.55	0.50
	1	1.15	0.90	0.80	0.75	0.75	0.70	0.70	0.65	0.65	0.85	0.60	0.55	0.55	0.55

n	j / K	0.1	0.2	0.3	0.4	0.5	0.6	0.7	0.8	0.9	1.0	2.0	3.0	4.0	5.0
4	4	0.10	0.15	0.20	0.25	0.30	0.30	0.35	0.35	0.35	0.40	0.45	0.45	0.45	0.45
	3	0.35	0.35	0.35	0.40	0.40	0.40	0.40	0.45	0.45	0.45	0.45	0.50	0.50	0.50
	2	0.70	0.60	0.55	0.50	0.50	0.50	0.50	0.50	0.50	0.50	0.50	0.50	0.50	0.50
	1	1.20	0.95	0.85	0.80	0.75	0.70	0.70	0.70	0.65	0.65	0.55	0.55	0.55	0.50
5	5	−0.05	0.10	0.20	0.25	0.30	0.30	0.35	0.35	0.35	0.35	0.40	0.45	0.45	0.45
	4	0.20	0.25	0.35	0.35	0.40	0.40	0.40	0.40	0.40	0.45	0.45	0.50	0.50	0.50
	3	0.45	0.40	0.45	0.45	0.45	0.45	0.45	0.45	0.45	0.45	0.50	0.50	0.50	0.50
	2	0.75	0.60	0.55	0.55	0.50	0.50	0.50	0.60	0.50	0.50	0.50	0.50	0.50	0.50
	1	1.30	1.00	0.85	0.80	0.75	0.70	0.70	0.65	0.65	0.65	0.65	0.55	0.55	0.55
6	6	−0.15	0.05	0.15	0.20	0.25	0.30	0.30	0.35	0.35	0.35	0.40	0.45	0.45	0.45
	5	0.10	0.25	0.30	0.35	0.35	0.40	0.40	0.40	0.45	0.45	0.45	0.50	0.50	0.50
	4	0.30	0.35	0.40	0.40	0.45	0.45	0.45	0.45	0.45	0.45	0.50	0.50	0.50	0.50
	3	0.50	0.45	0.45	0.45	0.45	0.45	0.45	0.45	0.45	0.50	0.50	0.50	0.50	0.50
	2	0.80	0.65	0.55	0.55	0.55	0.55	0.50	0.50	0.50	0.50	0.50	0.50	0.50	0.50
	1	1.30	1.00	0.85	0.80	0.75	0.70	0.70	0.65	0.65	0.65	0.60	0.55	0.55	0.55
7	7	−0.20	0.05	0.15	0.20	0.25	0.30	0.30	0.35	0.35	0.35	0.45	0.45	0.45	0.45
	6	0.05	0.20	0.30	0.35	0.35	0.40	0.40	0.40	0.40	0.45	0.45	0.50	0.50	0.50
	5	0.20	0.30	0.35	0.40	0.40	0.45	0.45	0.45	0.45	0.45	0.50	0.50	0.50	0.50
	4	0.35	0.40	0.40	0.45	0.45	0.45	0.45	0.45	0.45	0.45	0.50	0.50	0.50	0.50
	3	0.55	0.50	0.50	0.50	0.50	0.50	0.50	0.50	0.50	0.50	0.50	0.50	0.50	0.50
	2	0.80	0.65	0.60	0.55	0.55	0.55	0.50	0.50	0.50	0.50	0.50	0.50	0.50	0.50
	1	1.30	1.00	0.90	0.80	0.75	0.70	0.70	0.70	0.65	0.65	0.60	0.55	0.55	0.55
8	8	−0.20	0.05	0.15	0.20	0.25	0.30	0.30	0.35	0.35	0.35	0.45	0.45	0.45	0.45
	7	0.00	0.20	0.30	0.35	0.35	0.40	0.40	0.40	0.40	0.45	0.45	0.50	0.50	0.50
	6	0.15	0.30	0.35	0.40	0.40	0.45	0.45	0.45	0.45	0.45	0.50	0.50	0.50	0.50
	5	0.30	0.45	0.40	0.45	0.45	0.45	0.45	0.45	0.45	0.45	0.50	0.50	0.50	0.50
	4	0.40	0.45	0.45	0.45	0.45	0.45	0.45	0.50	0.50	0.50	0.50	0.50	0.50	0.50
	3	0.60	0.50	0.50	0.50	0.50	0.50	0.50	0.50	0.50	0.50	0.50	0.50	0.50	0.50
	2	0.85	0.65	0.60	0.55	0.55	0.55	0.50	0.50	0.50	0.50	0.50	0.50	0.50	0.50
	1	1.30	1.00	0.90	0.80	0.75	0.70	0.70	0.70	0.65	0.65	0.60	0.55	0.55	0.55
9	9	−0.25	0.00	0.15	0.20	0.25	0.30	0.30	0.35	0.35	0.40	0.45	0.45	0.45	0.45
	8	0.00	0.20	0.30	0.35	0.35	0.40	0.40	0.40	0.40	0.45	0.45	0.50	0.50	0.50
	7	0.15	0.30	0.35	0.40	0.40	0.45	0.45	0.45	0.45	0.45	0.50	0.50	0.50	0.50
	6	0.25	0.35	0.40	0.40	0.45	0.45	0.45	0.45	0.45	0.50	0.50	0.50	0.50	0.50
	5	0.35	0.40	0.45	0.45	0.45	0.45	0.45	0.45	0.50	0.50	0.50	0.50	0.50	0.50
	4	0.45	0.45	0.05	0.45	0.45	0.50	0.50	0.50	0.50	0.50	0.50	0.50	0.50	0.50
	3	0.65	0.50	0.50	0.50	0.50	0.50	0.50	0.50	0.50	0.50	0.50	0.50	0.50	0.50
	2	0.80	0.65	0.65	0.55	0.55	0.55	0.55	0.50	0.50	0.50	0.50	0.50	0.50	0.50
	1	1.35	1.00	1.00	0.80	0.75	0.75	0.70	0.70	0.65	0.65	0.60	0.55	0.55	0.55
10	10	−0.25	0.00	0.15	0.20	0.25	0.30	0.30	0.35	0.35	0.40	0.45	0.45	0.45	0.45
	9	−0.05	0.20	0.30	0.35	0.35	0.40	0.40	0.40	0.40	0.45	0.45	0.50	0.50	0.50
	8	0.10	0.30	0.35	0.40	0.40	0.40	0.45	0.45	0.45	0.45	0.50	0.50	0.50	0.50
	7	0.20	0.35	0.40	0.40	0.45	0.45	0.45	0.45	0.45	0.50	0.50	0.50	0.50	0.50
	6	0.30	0.40	0.40	0.45	0.45	0.45	0.45	0.45	0.45	0.50	0.50	0.50	0.50	0.50
	5	0.40	0.45	0.45	0.45	0.45	0.45	0.45	0.50	0.50	0.50	0.50	0.50	0.50	0.50
	4	0.50	0.45	0.45	0.45	0.50	0.50	0.50	0.50	0.50	0.50	0.50	0.50	0.50	0.50
	3	0.60	0.55	0.50	0.50	0.50	0.50	0.50	0.50	0.50	0.50	0.50	0.50	0.50	0.50
	2	0.85	0.65	0.60	0.55	0.55	0.55	0.55	0.50	0.50	0.50	0.50	0.50	0.50	0.50
	1	1.35	1.00	0.90	0.80	0.75	0.75	0.70	0.70	0.65	0.65	0.60	0.55	0.55	0.55

n	j \ K	0.1	0.2	0.3	0.4	0.5	0.6	0.7	0.8	0.9	1.0	2.0	3.0	4.0	5.0
11	11	−0.25	0.00	0.15	0.20	0.25	0.30	0.30	0.30	0.35	0.35	0.45	0.45	0.45	0.45
	10	−0.05	0.20	0.25	0.30	0.35	0.40	0.40	0.40	0.40	0.45	0.45	0.50	0.50	0.50
	9	0.10	0.30	0.35	0.40	0.40	0.40	0.45	0.45	0.45	0.45	0.50	0.50	0.50	0.50
	8	0.20	0.35	0.40	0.40	0.45	0.45	0.45	0.45	0.45	0.50	0.50	0.50	0.50	0.50
	7	0.25	0.40	0.40	0.45	0.45	0.45	0.45	0.45	0.45	0.50	0.50	0.50	0.50	0.50
	6	035	0.40	0.45	0.45	0.45	0.45	0.45	0.50	0.50	0.50	0.50	0.50	0.50	0.50
	5	0.40	0.44	0.45	0.45	0.45	0.50	0.50	0.50	0.50	0.50	0.50	0.50	0.50	0.50
	4	0.50	0.50	0.50	0.50	0.50	0.50	0.50	0.50	0.50	0.50	0.50	0.50	0.50	0.50
	3	0.65	0.55	0.50	0.50	0.50	0.50	0.50	0.50	0.50	0.50	0.50	0.50	0.50	0.50
	2	0.85	0.65	0.60	0.55	0.55	0.55	0.55	0.50	0.50	0.50	0.50	0.50	0.50	0.50
	1	0.35	1.50	0.90	0.80	0.75	0.75	0.70	0.70	0.65	0.65	0.60	0.55	0.55	0.55
12以上	自上 1	−0.30	0.00	0.15	0.20	0.25	0.30	0.30	0.30	0.35	0.40	0.45	0.45	0.45	0.45
	2	−0.10	0.20	0.25	0.30	0.35	0.40	0.40	0.40	0.40	0.40	0.45	0.45	0.45	0.50
	3	0.05	0.25	0.35	0.40	0.40	0.40	0.45	0.45	0.45	0.45	0.45	0.50	0.50	0.50
	4	0.15	0.30	0.40	0.40	0.45	0.45	0.45	0.45	0.45	0.45	0.45	0.50	0.50	0.50
	5	0.25	0.30	0.40	0.45	0.45	0.45	0.45	0.45	0.45	0.45	0.50	0.50	0.50	0.50
	6	0.30	0.40	0.40	0.45	0.45	0.45	0.45	0.50	0.50	0.50	0.50	0.50	0.50	0.50
	7	0.35	0.40	0.40	0.45	0.45	0.45	0.50	0.50	0.50	0.50	0.50	0.50	0.50	0.50
	8	0.35	0.45	0.45	0.45	0.50	0.50	0.50	0.50	0.50	0.50	0.50	0.50	0.50	0.50
	中间	0.45	0.45	0.50	0.45	0.50	0.50	0.50	0.50	0.50	0.50	0.50	0.50	0.50	0.50
	4	0.55	0.50	0.50	0.50	0.50	0.50	0.50	0.50	0.50	0.50	0.50	0.50	0.50	0.50
	3	0.65	0.55	0.50	0.50	0.50	0.50	0.50	0.50	0.50	0.50	0.50	0.50	0.50	0.50
	2	0.70	0.70	0.60	0.55	0.55	0.55	0.55	0.50	0.50	0.50	0.50	0.50	0.50	0.50
	自下 1	1.35	1.05	0.70	0.80	0.75	0.70	0.70	0.70	0.65	0.65	0.60	0.55	0.55	0.55

8.9.3 标准反弯点高度比的修正

（1）上下梁相对刚度变化时的修正值 y_1 详见表 8.28。

表 8.28 上下梁相对刚度变化时的修正值 y_1

α_1 \ K	0.1	0.2	0.3	0.4	0.5	0.6	0.7	0.8	0.9	1.0	2.0	3.0	4.0	5.0
0.4	0.55	0.40	0.30	0.25	0.20	0.20	0.20	0.15	0.15	0.15	0.05	0.05	0.05	0.05
0.5	0.45	0.30	0.20	0.20	0.15	0.15	0.15	0.10	0.10	0.10	0.05	0.05	0.05	0.05
0.6	0.30	0.20	0.15	0.15	0.10	0.10	0.10	0.10	0.05	0.05	0.05	0.05	0.00	0.00
0.7	0.20	0.15	0.10	0.10	0.10	0.05	0.05	0.05	0.05	0.05	0.05	0.00	0.00	0.00
0.8	0.15	0.10	0.05	0.05	0.05	0.05	0.05	0.05	0.00	0.00	0.00	0.00	0.00	0.00
0.9	0.05	0.05	0.05	0.05	0.00	0.00	0.00	0.00	0.00	0.00	0.00	0.00	0.00	0.00

在表 8.28 中，$K = \dfrac{i_1 + i_2 + i_3 + i_4}{2i_c}$，$\alpha_1 = \dfrac{i_1 + i_2}{i_3 + i_4}$，当 $i_1 + i_2 > i_3 + i_4$ 时，α_1 取倒数，即 $\alpha_1 = \dfrac{i_3 + i_4}{i_1 + i_2}$，并且 y_1 值取负号。i_1、i_2、i_3、i_4、i_c 详见图 8.2。

（2）上下层柱高度变化时的修正值 y_2 和 y_3 详见表 8.29。

表 8.29 上下层柱高度变化时的修正值 y_2 和 y_3

α_2 / α_3 ＼ K	0.1	0.2	0.3	0.4	0.5	0.6	0.7	0.8	0.9	1.0	2.0	3.0	4.0	5.0
2.0	0.25	0.15	0.15	0.10	0.10	0.10	0.10	0.10	0.05	0.05	0.05	0.05	0.0	0.0
1.8	0.20	0.15	0.10	0.10	0.10	0.05	0.05	0.05	0.05	0.05	0.05	0.05	0.0	0.0
1.6 / 0.4	0.15	0.10	0.10	0.05	0.05	0.05	0.05	0.05	0.05	0.05	0.0	0.0	0.0	0.0
1.4 / 0.6	0.10	0.05	0.05	0.05	0.05	0.05	0.05	0.05	0.05	0.05	0.0	0.0	0.0	0.0
1.2 / 0.8	0.05	0.05	0.05	0.0	0.0	0.0	0.0	0.0	0.0	0.0	0.0	0.0	0.0	0.0
1.0 / 1.0	0.0	0.0	0.0	0.0	0.0	0.0	0.0	0.0	0.0	0.0	0.0	0.0	0.0	0.0
0.8 / 1.2	−0.05	−0.05	−0.05	0.0	0.0	0.0	0.0	0.0	0.0	0.0	0.0	0.0	0.0	0.0
0.6 / 1.4	−0.10	−0.05	−0.05	−0.05	−0.05	−0.05	−0.05	−0.05	−0.05	0.0	0.0	0.0	0.0	0.0
0.4 / 1.6	−0.15	−0.10	−0.10	−0.05	−0.05	−0.05	−0.05	−0.05	−0.05	0.0	0.0	0.0	0.0	0.0
/ 1.8	−0.20	−0.15	−0.10	−0.10	−0.05	−0.05	−0.05	−0.05	−0.05	0.0	−0.05	0.0	0.0	0.0
/ 2.0	−0.25	−0.15	−0.15	−0.10	−0.10	−0.10	−0.10	−0.05	−0.05	0.0	−0.05	−0.05	0.0	0.0

图 8.2　梁柱线刚度

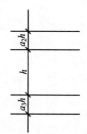

图 8.3　上下层柱高度变化

在表 8.29 中，$K=\dfrac{i_1+i_2+i_3+i_4}{2i_c}$，$y_2$ 按 α_2 查表求得，上层较高时为正值。但对于最上层，不考虑 y_2 修正值。y_3 按 α_3 查表求得，对于最下层，不考虑 y_3 修正值。i_1、i_2、i_3、i_4、i_c 详见图 8.2，α_2、α_3 详见图 8.3。

主要参考文献

[1] 建筑制图标准 (GB/T 50104—2010). 中华人民共和国国家标准. 北京：中国计划出版社，2010.

[2] 房屋建筑制图统一标准 (GB/T 50001—2010). 中华人民共和国国家标准. 北京：中国计划出版社，2010.

[3] 建筑结构制图标准 (GB/T 50105—2010). 中华人民共和国国家标准. 北京：中国计划出版社，2010.

[4] 建筑结构荷载规范 (GB 50009—2012). 中华人民共和国国家标准. 北京：中国建筑工业出版社，2012.

[5] 建筑抗震设计规范 (GB 50011—2010). 中华人民共和国国家标准. 北京：中国建筑工业出版社，2010.

[6] 高层建筑混凝土结构技术规程 (JGJ 3—2010). 中华人民共和国行业标准. 北京：中国建筑工业出版社，2010.

[7] 赵西安编著. 高层建筑结构设计与施工问答. 上海：同济大学出版社，1991.

[8] 赵西安编著. 钢筋混凝土高层建筑结构设计. 北京：中国建筑工业出版社，1992.

[9] 张维斌主编. 多层及高层钢筋混凝土结构设计释疑及工程实例. 北京：中国建筑工业出版社，2005.

[10] 程懋堃主编. 高层建筑结构构造资料集. 北京：中国建筑工业出版社，2005.

[11] 《建筑结构静力计算手册》编写组. 建筑结构静力计算手册 (第 2 版). 北京：中国建筑工业出版社，1998.

[12] 欧新新，崔钦淑主编. 建筑结构设计与 PKPM 系列程序应用. 北京：机械工业出版社，2007.

[13] 王小红，罗建阳主编. 建筑结构 CAD—PKPM 软件应用. 北京：中国建筑工业出版社，2004.

[14] 崔钦淑，欧新新编著. PKPM 系列程序在土木工程中的应用. 北京：中国水利水电出版社，2006.

[15] 周献祥著. 品位钢筋混凝土. 北京：中国水利水电出版社，2006.

[16] 腾智明，朱金铨编著. 混凝土结构及砌体结构 (上册，第二版). 北京：中国建筑工业出版社，2003.

[17] 彭少民主编. 混凝土结构 (下册，第二版). 武汉：武汉理工大学出版社，2004.

[18] 周俐俐，陈小川编著. 土木工程专业钢筋混凝土及砌体结构课程设计指南. 北京：中国水利水电出版社，2006.

[19] 沈蒲生编著. 高层建筑结构设计例题. 北京：中国建筑工业出版社，2005.

[20] 周俐俐，张志强，苏有文. 计算机辅助设计 (CAD) 应用于毕业设计的利与弊. 四川建筑科学研究. 2005.

[21] 建筑地基基础设计规范 (GB50007—2011). 中华人民共和国国家标准. 北京：中国建筑工业出版社，2011.

[22] 混凝土结构设计规范 (GB50010—2010). 中华人民共和国国家标准. 北京：中国建筑工业出版社，2010.

[23] 中国建筑标准设计研究院. 混凝土结构施工图平面整体表示方法制图规则和构造详图 (11G101—1). 北京：中国建筑标准设计研究院，2011.

[24] 中国建筑科学研究院 PKPM CAD 工程部. 结构平面计算机辅助设计软件 PMCAD. 北京：中国建筑科学研究院，2013.

[25] 中国建筑科学研究院 PKPM CAD 工程部. 多层及高层建筑结构三维分析与设计软件 TAT. 北京：中国建筑科学研究院，2013.

[26] 中国建筑科学研究院 PKPM CAD 工程部. 多层及高层建筑结构空间有限元分析与设计软件 SATWE. 北京：中国建筑科学研究院，2013.

[27] 混凝土结构工程施工质量验收规范 (GB 50204—2011). 中华人民共和国国家标准. 北京：中国建筑工业出版社，2011.

[28] 方鄂华编著. 多层及高层建筑结构设计. 北京：地震出版社，2002.

[29] 中国建筑标准设计研究院. 混凝土结构施工图平面整体表示方法制图规则和构造详图 (11G101-3). 北京：中国建筑标准设计研究院，2011.

[30] 中国建筑标准设计研究院. 民用建筑工程结构施工图设计深度图样 (09G103). 北京：中国建筑标准设计研究院，2009.

[31] 董军，张伟郁，顾建平等编著. 土木工程专业毕业设计指南 房屋建筑工程分册. 北京：中国水利水电出版社，2002.

[32] 周俐俐编著. 多层钢筋混凝土框架结构设计实用手册——手算与 PKPM 应用. 北京：中国水利水电出版社. 2012.

[33] 《建筑结构设计资料集》编写组编写. 建筑结构设计资料集 (混凝土结构分册). 北京：中国建筑工业出版社，2007.

[34] 李国胜编著. 多高层钢筋混凝土结构设计中疑难问题的处理及算例. 北京：中国建筑工业出版社，2004.

[35] 建筑工程抗震设防分类标准 (GB 50223—2008). 中华人民共和国国家标准. 北京：中国建筑工业出版社，2008.

[36] 建筑桩基技术规范 (JGJ 94—2008). 中华人民共和国国家标准. 北京：中国建筑工业出版社，2008.